普通高等院校土建类应用型人才培养系列教材

钢结构设计基本原理

主　编　王新杰　伍君勇
副主编　耿　犟　曹建峰

北京理工大学出版社
BEIJING INSTITUTE OF TECHNOLOGY PRESS

内 容 提 要

本书根据高等院校人才培养目标以及专业教学改革的需要，依据最新标准规范进行编写。全书共6章，主要内容包括绪论、钢结构材料、钢结构的连接、轴心受力构件、受弯构件、拉弯和压弯构件等。

本书可作为高等院校土木工程类相关专业的教材，也可作为函授和自考辅导用书，还可供钢结构工程施工现场相关技术和管理人员工作时参考使用。

图书在版编目（CIP）数据

钢结构设计基本原理 / 王新杰，伍君勇主编.—北京：北京理工大学出版社，2017.3（2023.8重印）

ISBN 978-7-5682-3778-9

Ⅰ.①钢… Ⅱ.①王… ②伍… Ⅲ.①钢结构–结构设计–高等学校–教材 Ⅳ.①TU391.04

中国版本图书馆CIP数据核字（2017）第044040号

出版发行 / 北京理工大学出版社有限责任公司
社 址 / 北京市海淀区中关村南大街5号
邮 编 / 100081
电 话 / （010）68914775（总编室）
（010）82562903（教材售后服务热线）
（010）68944723（其他图书服务热线）
网 址 / http://www.bitpress.com.cn
经 销 / 全国各地新华书店
印 刷 / 北京紫瑞利印刷有限公司
开 本 / 787毫米×1092毫米 1/16
印 张 / 18
字 数 / 420千字
版 次 / 2017年3月第1版 2023年8月第4次印刷
定 价 / 48.00元

责任编辑 / 陆世立
文案编辑 / 赵 轩
责任校对 / 周瑞红
责任印制 / 边心超

图书出现印装质量问题，请拨打售后服务热线，本社负责调换

前 言

近年来，随着我国经济的发展，钢结构越来越广泛地在各类工程中应用，不仅用于大跨度空间结构、超高层钢结构以及重型工业厂房，而且应用范围不断拓宽，包括各种厂房、住宅、构架等各类结构。钢结构设计基本原理课程是土木工程、道路工程、岩土工程和工程管理专业学生的必修课，属于专业基础课。通过本课程的学习，学生可较全面地了解钢结构的基本性能，掌握基本构件及其连接的设计计算方法，熟悉基本构件的构造设计。

本书共分为6章，第1章为绪论，重点介绍钢结构的主要特点、应用范围、发展与应用前景；第2章着重介绍钢结构材料的特性及工程中最常用的钢材品种、规格及使用要点，强调钢材选用的基本原则；第3章重点讲述了钢结构常用的焊接连接和螺栓连接的设计原理和设计方法；第4、5、6章介绍了钢结构基本构件（轴心受力、受弯构件、拉弯和压弯构件）的工作原理和设计方法等。

本书注重应用能力的培养，以阐述基本理论、解决实际

通俗易懂的方式阐述钢结构基本原理和设计方法，同时结

大量的计算实例，使读者能够学以致用，理论与实际设计

用型高等院校土木工程、道路工程、岩土工程和工程管

关专业高等院校以及教师函授学生的教材，同时可作

人员的参考书籍。

本书内容大量参考了国内外钢结构相关的教材和专著，在此对相关的作者表示衷心感谢。本书由常州大学王新杰和伍君勇担任主编，常州大学耿犟和合肥经济技术开发区建设发展局曹建峰担任副主编。具体编写分工为：王新杰编写第3、4章，伍君勇编写第2章，耿犟编写第1章，曹建峰编写第5、6章。

限于编者的水平，教材中难免还有不妥之处，恳请同行的专家和读者不吝指导。

编　者

目　录

第1章 绪 论

学习要点

本章主要介绍了钢结构的构成特点、钢结构的建造特点与基本程序、钢结构设计方法的改进与展望。通过本章的学习，应对钢结构的构成特点、建造特点、设计文件的形成及设计方法的改进与展望等钢结构设计的相关知识有全面了解。

学习重点与难点

重点：掌握钢结构的特点和应用范围。

难点：掌握钢结构的极限状态设计方法，特别是概率极限状态设计法的基本概念和原理，以及用分项系数的设计表达式进行计算的方法。

钢结构是土木工程结构的主要形式之一，广泛应用于各类工程结构中。钢结构的广泛应用源自钢材的优异性能、制作安装的高度工业化、结构形式的丰富多样化，以及对复杂结构的良好适应性等特点。特别是21世纪以来，随着科学技术的迅猛发展及人们对物质文化生活要求的不断提高，钢结构行业面临着飞速发展的机遇和挑战。新的结构形式、新的设计理念、新的计算分析理论、新的制作安装技术层出不穷，为钢结构的发展提供了前提和保障。

1.1 钢结构的发展历史

1.1.1 钢结构在我国的发展历史

钢结构的历史和炼铁、炼钢技术的发展是密不可分的。人类利用钢结构的历史较为悠久，早在公元前2000年左右，在人类古代文明的发祥地之一的美索不达米亚平原(位于现代伊拉克境内的幼发拉底河和底格里斯河之间)就出现了早期的炼铁技术。

我国也是较早发明炼铁技术的国家之一，在河南辉县等地出土的大批战国时代(公元前221年)的铁制生产工具说明，早在战国时期，我国的炼铁技术就已经很盛行了。公元65年(汉明帝时代)，我国已成功地用锻铁为环并相扣成链，建成了世界上最早的铁链悬桥——兰津桥。此后，为了交通便利，跨越深谷，我国曾陆续建造了数十座铁链桥。其中，跨度最大的为1705年(清康熙四十四年)建成的四川泸定大渡河桥，桥宽为2.8 m，跨长为100 m，由9根桥面铁链和4根桥栏铁链构成，两端系在直径为20 cm、长为4 m的生铁铸成的锚桩上。该桥比美洲1801年建造的跨长为23 m的铁索桥早近百年，比号称世界最早的英格兰30 m跨铸铁拱桥早74年。

除铁链悬桥外，我国古代还建有许多金属建筑物，如公元694年(周武氏十一年)在洛阳建成的"天枢"，高为35 m，直径为4 m，顶有直径为11.3 m的"腾云承露盘"，底部有直径约为16.7 m用来保持天枢稳定的"铁山"，相当符合力学原理。又如公元1061年(宋代)在湖北荆州玉泉寺建成的13层铁塔，目前依然存在。所有这些实例都表明，我国对钢结构的应用，曾经居于世界领先地位。

我国古代在金属结构方面虽有卓越的成就，但由于受到内部的束缚和外部的侵略，相当长的一段时间内发展较为缓慢。我国在1907年才建成汉阳钢铁厂，年产量只有0.85万吨。但仍建设了一些著名的建筑，如1927年建成的沈阳皇姑屯机车厂房，1928—1931年建成的广州中山纪念堂钢结构屋顶。

新中国成立后，随着经济建设的发展，钢结构曾起到重要的作用，如第一个五年计划期间，建设了一大批钢结构厂房、桥梁。但由于受到钢产量的制约，在其后的很长一段时间内，钢结构被限制使用在其他结构不能代替的重大工程项目中，在一定程度上，影响了钢结构的发展。但自1978年我国实行改革开放政策以来，经济建设获得了飞速的发展，钢产量逐年增加。自1996年钢产量超过1亿吨以来，我国一直位居世界钢产量的首位，2003年更达到创纪录的2.2亿吨，逐步改变了钢材供不应求的局面。我国的钢结构技术政策，也从"限制使用"改为积极合理地推广应用。在2006年钢产量达到1 738万吨，2015年达到最高值11.2亿吨。随着钢结构设计理论、制造、安装等方面技术的迅猛发展，各地建成了大量的高层钢结构建筑、轻钢结构、高耸结构、市政设施等。

2008年奥运会和2010年世博会在我国举办，更为钢结构在我国的发展提供了前所未有的历史契机。例如，118层的上海中心大厦(图1.1)；长轴为332.3 m，短轴为296.4 m，最高点高度为68.5 m，最低点高度为42.8 m，最多可容纳10万人的国家体育馆鸟巢(图1.2)；建筑面积为90多万 m^2 的北京首都国际机场3号航站楼；主跨跨径达到1 088 m的苏通长江大桥。随着市场经济的不断完善，钢结构制作和安装企业像雨后春笋般在全国各地涌现，国外著名钢结构厂商也纷纷打入中国市场。在多年工程实践和科学研究的基础之上，我国新的《钢结构设计规范》(GB 50017—2003)和《冷弯薄壁型钢结构技术规范》(GB 50018—2002)也已发布实施。所有这些实例，都为钢结构在我国的快速发展创造了条件。

图 1.1 上海中心大厦

图 1.2 国家体育馆鸟巢

1.1.2 钢结构在国外的发展历史

1779 年英国在英格兰中部西米德兰兹郡建成了世界第一座铸铁拱桥——雪纹(Coalbrookdale)桥，其跨度为 30.7 m，如图 1.3 所示。以此为起点，国外的钢结构开始了

图 1.3 雪纹桥

快速发展。1890 年英国在爱丁堡陈蓓福兹河(Firth of Forth)上建成了福兹双线铁路桥(Forth Bridge)，主跨达 519 m，是英国人引以为豪的工程杰作。20 世纪 30 年代，美国进入钢铁产业的迅猛发展时期，钢铁产量和质量的提高带动了钢结构突飞猛进的发展，在纽约、芝加哥等城市建设了大量高层钢结构工程。

1.2 钢结构的特点

钢结构是钢材制成的工程结构，通常由型钢和钢板等制成的梁、桁架、柱、板等构件组成，各部分之间用焊缝、螺栓或铆钉连接，有些钢结构还部分采用钢丝绳或钢丝束。

1. 钢结构的优点

与其他结构形式诸如钢筋混凝土结构、砖石等砌体结构相比，钢结构具有如下优点：

(1)强度高、质量轻。与混凝土、木材等其他结构材料相比，钢材的密度虽然较大，但其强度较其他结构材料高得多，从而使钢结构具有较大的承载能力。钢材的强度与密度的比值远大于混凝土和木材。因此，在相同的荷载和条件下，钢结构构件的截面面积小，自重较轻。例如，当跨度和荷载均相同时，钢屋架的质量仅为钢筋混凝土屋架的 1/4～1/3，冷弯薄壁型钢屋架甚至接近 1/10。轻质的结构使得钢结构可以跨越大空间，因此，钢结构更适合大跨度结构及荷载大的结构。

(2)塑性、韧性好。钢材属于理想的弹塑性材料，具有很好的变形能力。因塑性(plasticity)较好，一般情况下，钢结构不会因偶然或局部超载而发生突然断裂，而是以事先有较大变形为先兆。钢材的韧性(toughness)好，则使钢结构能很好地承受动力荷载。这些性能均对钢结构的安全提供了可靠保证。

(3)抗震性能好。钢结构由于自重轻，受到的地震作用较小。钢材具有较高的强度和较好的塑性和韧性，合理设计的钢结构具有很好的延性、很强的抗倒塌能力。国内外历次地震中，钢结构损坏程度相对较轻。

(4)材质均匀，与力学计算的假定比较符合。钢材在冶炼和轧制过程中质量可严格控制，材质波动的范围小，材质均匀性好，内部组织比较接近于匀质和各向同性，而且在一定的应力幅度内几乎是完全弹性的。因此，钢结构实际受力情况与力学计算结果吻合得好，可以根据力学原理建立钢结构的计算方法，工作可靠性高。

(5)适于机械化加工，工业化程度高，施工周期短。钢结构所用的材料单纯而且是成品材料，加工比较简便，并能使用机械操作。因此，大量的钢结构一般在专业化的金属结构工厂做成构件，然后运至工地安装。型钢的大量采用再加上专业化的生产，故精度高、制作周期短。工地安装广泛采用螺栓连接，良好的装配性可大幅度缩短工期，进而为降低造价、提高效益创造有利条件。

(6)密闭性较好。钢材本身组织致密，钢材和焊缝连接的水密性和气密性较好，甚至铆接或螺栓连接都可以做到。因此，适宜建造密闭的板壳结构，如高压容器、油库和管道，甚至载人太空结构物等。

(7)绿色环保，符合可持续发展的要求。钢结构产业对能源和能源的利用相对合理，对环境破坏相对较少，是一项绿色环保型建筑产业，钢材是具有很高再循环利用价值的材料，边角料都可以回炉再生循环利用。对同样规模的建筑物，钢结构建造过程中有害气体的排放量只相当于混凝土结构的65%。钢结构建筑物由于很少使用砂、石、水泥等散料，从而在根本上避免了扬尘、废弃物堆积和噪声等污染问题。

2. 钢结构的缺点

虽然钢结构有很多优点，但也存在着可能会影响其选择应用的一些缺点，主要有以下几点：

(1)耐腐蚀性差。普通钢材容易锈蚀，对钢结构必须注意防护，特别是薄壁构件。处于较强腐蚀性介质内的建筑物不宜采用钢结构。在设计中应避免使结构受潮、淋雨，构造上应尽量避免存在难以检查、维修的死角。一般还需要定期维护，导致维护费用较高。不过在没有侵蚀性介质的一般厂房结构中，构件经过彻底除锈并涂上合格的油漆，锈蚀问题并不严重。近年来出现的耐候钢具有较好的抗锈蚀性能，已经逐步推广应用。

(2)钢材耐热但不耐火。钢材受热，长期经受100 ℃辐射热时，强度没有多大变化，具有一定的耐热性能，但温度达到150 ℃以上时，就需要用隔热层加以保护。但温度超过250 ℃后，材质变化较大，强度总趋势逐步降低，还有变脆和徐变现象。温度达到600 ℃时，钢材进入塑性状态已不能承载。因此，《钢结构设计规范》(GB 50017—2003)规定钢材表面温度超过150 ℃后需要加以隔热防护，有防火要求者，更需要按相应规定采取隔热保护措施。

(3)失稳和变形过大造成的破坏。由于钢材强度高，一般钢结构构件截面面积小、壁厚薄，因此在压力和弯矩等作用下易受稳定承载力和刚度要求所控制，使强度难以充分发挥，必须在设计、施工中给予足够重视，确保安全。

(4)钢结构可能发生脆性断裂。钢结构在低温和某些条件下可能发生脆性断裂，通常，低温下的材质较脆，使得钢材在低于常规强度下突然脆断。此外，还有交变应力的动荷载条件下的疲劳破坏和厚板的层状撕裂，都应引起设计者的特别注意。

(5)钢结构对缺陷较为敏感。任何事物都不是十全十美的，钢结构也不例外。不仅钢材出厂时就有内在缺陷，构件在制作和安装过程中还会出现新的缺陷。钢结构对缺陷较为敏感，设计时需要考虑其效应。

1.3 钢结构的应用范围

钢结构是土木工程的主要结构形式之一，随着我国国民经济的迅速发展，其发展极为迅速，钢结构在土木工程各个领域都得到广泛的应用，如高层和超高层建筑等。普通钢结构在土木工程中的主要应用如下(图1.4～图1.8)。

图1.4　苏通长江大桥

1. 大跨结构

大跨结构(large span structure)可以充分发挥钢结构强度高、自重轻的优点。结构

图 1.5　工业厂房的钢架

图 1.6　上海环球金融中心

图 1.7　广州电视塔

图 1.8　立式油罐

跨度越大，自重在荷载中所占的比例就越大，减轻结构的自重会带来明显的经济效益，对减轻横梁自重有明显的经济效果。因此，钢结构在大跨度空间结构和大跨度桥梁结构中得到广泛的应用。所采用的结构体系主要有网架结构、网壳结构、悬索结构、充气结构、张拉整体结构、膜结构、杂交结构及预应力钢结构等。大跨结构主要用于飞机库、汽车库、火车站、大会堂、体育馆、展览馆、影剧院等。

2. 工业厂房

工业厂房(industrial factory building)可分为轻型、中型和重型工业厂房。其主要根据是否设置吊车以及吊车吨位的大小和运行频繁程度而定。由于工业厂房跨度和柱距大、高度高，设有工作繁忙和起重量大的起重运输设备及有较大振动的生产设备，并需要兼顾厂房改建、扩建要求，常采用由钢柱、钢屋架和钢吊车梁等组成的全钢结构。例如，炼钢车间、锻压车间等。近年来，轻型门式刚架结构在工业厂房中的应用十分普遍。

3. 高层结构

高层结构(high-rise structure)，房屋越高所受侧向水平作用如风荷载及地震作用的影响也越大。采用钢结构可减小柱截面，减小结构质量，增大建筑物的使用面积，提高房屋抗震性能。尤其是超高层结构，能充分发挥钢结构强度高，塑性、韧性好，抗震性能优越等优点。其结构形式主要为多层框架、框架-支撑结构，框筒、巨型框架等。近年来，随着我国钢产量的逐年增加，钢结构在多层、高层、超高层建筑中的应用将会更加广泛。如上海环球金融中心、上海中心大厦。

4. 高耸结构

高耸结构(towering structure)主要包括塔架和桅杆结构，如电视塔、输电线塔、钻井塔、环境大气监测塔、广播发射桅杆等。例如，广州电视塔、上海东方明珠电视塔。

5. 容器、储罐、管道

用钢板焊成的容器具有密封和耐高压的特点，广泛用于冶金、石油、化工企业中。其包括容器、储罐、管道，如大型油库、油罐、气罐、煤气库、输油管等。

6. 可拆卸或移动的结构

可拆卸或移动的结构如建筑工地的活动房、临时的商业或旅游业建筑、塔式起重机、龙门吊等。此类结构多为轻钢结构并采用螺栓或扣件连接。

7. 其他构筑物

其他构筑物如高炉、运输通廊、栈桥、管道支架等。

1.4 钢结构的设计方法

钢结构设计的目的是保证结构和结构构件在充分满足功能要求的基础上安全可靠地工作，即在施工和规定的设计使用年限内能满足预期的安全性、适用性和耐久性的要求，并做到“技术先进、经济合理、安全适用、确保质量”。钢结构的设计方法可分为容许应力法和极限状态设计法两种。

1.4.1 容许应力法

容许应力法(allowable stress method)也称为安全系数法或定值法，即将影响结构设计的诸因素取为定值，采用一个凭经验选定的安全系数来考虑设计诸因素变异的影响，以衡量结构的安全度。其表达式为

$$\sigma \leqslant [\sigma] \tag{1.1}$$

式中 σ——由标准荷载与构件截面尺寸所计算的应力；

$[\sigma]$——容许应力，$[\sigma]=\dfrac{f_k}{K}$；

f_k——材料的标准强度，对于钢材为屈服点；

K——安全系数。

容许应力法作为一种传统的设计方法计算简便，目前许多国家在不同的规范中仍在采用。但此设计方法采用定值的安全系数考虑不确定诸因素的影响不科学，不能定量度量结构的可靠度，而且给人一种误导，只要有安全系数结构就百分之百可靠；K 的取值越大，结构越安全(砌

体结构的 K 最大，但不能说明砌体结构比其他结构安全)；静力荷载和动力荷载没有区分。目前，《钢结构设计规范》(GB 50017—2003)中，只有结构构件或连接的疲劳强度计算采用此方法。

1.4.2 极限状态设计法

极限状态设计法(limit-state design method)问世于20世纪50年代。其将变异性的设计参数采用概率分析引入结构设计中。根据应用概率分析的程度分为三种水准，即半概率极限状态设计法、近似概率极限状态设计法和全概率极限状态设计法。目前，钢结构设计方法采用的是近似概率极限状态设计法，有时也称为概率极限状态设计法。

1. 可靠性定义

按照概率极限状态设计法，结构可靠性(reliability)可定义为：结构在规定的时间内，在规定的条件下，完成预定功能的概率，其是结构安全性、适用性和耐久性的总称。

2. 极限状态的定义及分类

当结构或其组成部分超过某一特定状态不能满足设计规定的某一功能要求时，此特定状态就称为该功能的极限状态(limit state)。结构的极限状态可分为承载能力极限状态和正常使用极限状态。

(1)承载能力极限状态。对应于结构或结构构件达到最大承载能力或不适于继续承载的变形时的状态，即称为承载能力极限状态。当结构或结构构件出现下列状态之一时，则认为超过了承载能力极限状态：

1)结构构件或连接因超过材料强度而破坏(包括疲劳破坏)，或因过度变形而不适于继续承载。

2)整个结构或结构构件的一部分作为刚体失去平衡，如倾覆等。

3)结构转变为机动体系。

4)结构或结构构件丧失稳定或屈曲。

5)地基丧失承载能力而破坏。

(2)正常使用极限状态。对应于结构或结构构件达到正常使用或耐久性能的某项规定限值时的状态，即称为正常使用极限状态。当结构或结构构件出现下列状态之一时，则认为超过了正常使用极限状态：

1)影响正常使用或影响外观的变形。

2)影响正常使用或耐久性能的局部损坏(包括组合结构中混凝土的裂缝)。

3)影响正常使用的振动。

4)影响正常使用的其他特定状态。

3. 结构的功能函数

结构的工作性能可以用结构的功能函数来描述，若结构设计时需要考虑影响结构可靠性的随机变量有 n 个，即 x_1，x_2，…，x_n，则在 n 个随机变量之间通常可以建立函数关系，若仅考虑 R、S 两个参数，则结构的功能函数为

$$Z=g(R, S)=R-S \tag{1.2}$$

式中 R——结构的抗力；

S——荷载效应。

在实际工程中，随着条件的不同，Z 有以下三种可能性：

(1)当 $Z>0$ 时，结构处于可靠状态；

(2)当 $Z=0$ 时，结构达到临界状态，即极限状态；

(3)当 $Z<0$ 时，结构处于失效状态。

结构的可靠度及失效概率：

结构的可靠度

$$P_s=P(Z\geqslant 0) \tag{1.3}$$

结构的失效概率

$$P_f=P(Z<0) \tag{1.4}$$

两者关系：

$$P_s+P_f=1 \tag{1.5}$$

4. 设计表达式

现行国家标准《钢结构设计规范》(GB 50017—2003)中除疲劳计算外，都采用设计人员熟悉的分项系数设计表达式表示以概率理论为基础的极限状态设计方法。

(1)承载能力极限状态表达式。

1)基本组合。对于承载能力极限状态，应按荷载效应的基本组合或偶然组合进行荷载组合。基本组合按下列设计表达式中最不利值确定。

①由可变荷载效应控制的组合。

$$\gamma_0\left(\sum_{j=1}^{m}\gamma_{G_j}S_{G_{jk}}+\gamma_{Q_1}\gamma_{L_1}S_{Q_{1k}}+\sum_{i=2}^{n}\gamma_{Q_i}\gamma_{L_i}\psi_{ci}S_{Q_{ik}}\right)\leqslant f \tag{1.6}$$

②由永久荷载效应控制的组合。

$$\gamma_0\left(\sum_{j=1}^{m}\gamma_{G_j}S_{G_{jk}}+\sum_{i=1}^{n}\gamma_{Q_i}\gamma_{L_i}\psi_{ci}S_{Q_{ik}}\right)\leqslant f \tag{1.7}$$

式中 γ_0——结构重要性系数，对安全等级为一级或设计使用年限为 100 年及以上的结构构件，不应小于 1.1；对安全等级为二级或设计使用年限为 50 年的结构构件，不应小于 1.0；对安全等级为三级或设计使用年限为 5 年的结构构件，不应小于 0.9；对使用年限为 25 年的结构构件，不应小于 0.95；

γ_{G_j}——永久荷载分项系数，对式(1.6)取 1.2，对式(1.7)则取 1.35，但是当永久荷载效应对结构构件承载能力有利时，取为 1.0；验算结构倾覆、滑移或漂浮时取 0.9；

γ_{Q_i}——第 i 个可变荷载的分项系数，一般情况下可采用 1.4，当楼面活荷载标准值大于 4.0 kN/m^2 的工业建筑，取 1.3；当可变荷载效应对结构构件承载能力有利时，应取为 0；其中 γ_{Q_1} 为主导可变荷载 Q_1 的分项系数；

γ_{L_i}——第 i 个可变荷载考虑设计使用年限的调整系数，其中 γ_{L_1} 为主导可变荷载 Q_1 考虑设计使用年限的调整系数；

γ_{Q_1}、γ_{Q_i}——第 1 个和第 i 个可变荷载的分项系数，一般情况下可采用 1.4，当楼面活荷载标准值大于 4.0 kN/m^2 的工业建筑，取 1.3；当可变荷载效应对结构构件承载能力有利时，应取为 0；各项可变荷载中在结构构件或连接中产生应力最大者为第一个可变荷载。

$S_{G_{jk}}$——按第 j 个永久荷载标准值 G_{jk} 计算的荷载在结构构件截面或连接中产生的应力。

$S_{Q_{ik}}$——在基本组合中起控制作用的第 i 个可变荷载标准值 Q_{ik} 在结构构件截面或连接中产生的应力(该值使计算结果为最大)；其中 $S_{Q_{1k}}$ 为诸可变荷载效应中起控制作用者；

φ_{ci}——第 i 个可变荷载 Q_i 的组合值系数；

m——参与组合的永久荷载；

n——参与组合的可变荷载数；

f——钢材或连接的强度设计值。

对于一般排架、框架结构，基本组合可用简化规则，即

$$\gamma_0\left(\sum_{j=1}^{m}\gamma_{G_j}S_{G_{jk}}+\gamma_{Q_1}\gamma_{L_1}S_{Q_{1k}}\right)\leqslant f \tag{1.8}$$

$$\gamma_0\left(\sum_{j=1}^{m}\gamma_{G_j}S_{G_{jk}}+0.9\sum_{i=1}^{n}\gamma_{Q_i}\gamma_{L_i}S_{Q_{ik}}\right)\leqslant f \tag{1.9}$$

2)偶然组合。对于偶然组合，极限状态设计表达式宜按下列原则确定：偶然作用的代表值不乘以分项系数；与偶然作用同时出现的可变荷载，应根据观测资料和工程经验采用适当的代表值，具体的设计表达式及各种系数，应符合有关规范的规定。

(2)正常使用的极限状态。对于正常使用的极限状态，钢结构设计主要是控制变形和挠度，如梁的挠度、柱顶的水平位移、高层建筑层间相对位移等。按正常使用极限状态计算时，应根据不同情况分别采用荷载的标准组合、频遇组合及准永久组合进行计算，并使变形等设计值不超过相应的规定限制。

钢结构只考虑荷载的标准组合，其设计表示式为

$$v=v_{G_k}+v_{Q_{1k}}+\sum_{i=2}^{n}\psi_{ci}v_{Q_{ik}}\leqslant[v] \tag{1.10}$$

式中 v_{G_k}——永久荷载的标准值在结构或结构构件中产生的变形值；

$v_{Q_{1k}}$——起控制作用的第 1 个可变荷载标准值，在结构或结构构件中产生的变形值(该值使计算结果为最大)；

$v_{Q_{ik}}$——其他第 i 个可变荷载标准值，在结构或结构构件中产生的变形值；

v——为结构或结构构件中的变形值；

$[v]$——结构或结构构件的变形容许值，取值见附录 2。

1.5 钢结构的发展

建筑结构的设计规范把技术先进作为对结构要求的一个重要方面。先进的技术并非一成不变，而是随时间推移而不断发展。钢结构的发展主要体现在以下几个方面：开发高性能钢材，深入了解和掌握结构的真实极限状态，开发新的结构形式和提高钢结构制造工业的技术水平。

(1)开发高性能钢材。

1)高强度钢材。钢材的发展是钢结构发展的关键因素，应用高强度钢材，对大跨重型结构非常有利，可以有效减轻结构自重。现行国家标准《钢结构设计规范》(GB 50017—2003)将Q420钢列为推荐钢种，Q460钢已在国家体育场等工程成功应用。从发展趋势来看，强度更高的结构用钢将会不断出现。

2)冷成型钢。冷成型钢是指用薄钢板经冷轧形成各种截面形式的型钢。由于其壁薄，材料离形心轴较普通型钢远，因此能有效地利用材料，节约钢材。近年来，冷成型钢的生产在我国已形成了一定规模，壁厚不断增加，截面形式也越来越多样化。冷成型钢用于轻钢结构住宅，并形成产业化，将会使我国的住宅建筑出现新面貌。

3)耐火钢和耐候钢。随着钢结构广泛应用于各种领域，对钢材各种性能的要求也不断提高，包括耐腐蚀和耐火性能等。目前，我国对于这两种钢材的开发有了很大的进步。宝钢等公司生产的耐火钢，在600 ℃时屈服强度下降幅度不大于其常温标准值的1/3，同国外的耐火钢相当。

(2)开发新的结构形式。

1)高强度钢索。用高强钢丝束作为悬索桥的主要承重构件，已经有七八十年的历史。钢索用于房屋结构可以说是方兴未艾，新的大跨度结构形式如索膜结构和张拉整体结构等不断出现。钢索是只能承受拉力的柔性构件，需要和刚性构件如桁架、环、拱等配合使用，并施加一定的预应力。预应力技术也是钢结构形式改革的一个因素，可以少用钢材和减轻结构质量。

2)钢与混凝土组合结构。钢与混凝土组合结构是将两种不同性能的材料组合起来，共同受力并发挥各自的长处，从而达到提高承载力和节约材料的目的。组合楼盖已经在高层建筑中得到大量应用，压型钢板可以充当模板和受拉钢筋，不仅减小楼板厚度，还方便施工，缩短工期；钢梁和所承的钢筋混凝土楼板(或组合楼板)协同工作，楼板当作钢梁的受压翼缘，可以节约钢材15％～40％，降低造价约10％。钢与混凝土组合梁可以节约钢材，减小梁高，节省空间；钢管混凝土柱具有很好的塑性和韧性，抗震性能好，而且其耐火性能优于钢柱，具有很好的发展前景。

3)杂交结构。索和拱配合使用，常被称为杂交结构，这是结构形式的杂交。钢和混凝土组合结构，可以认为是不同材料的杂交。相信今后还会有其他方式的杂交出现。制造业正在趋向于机电一体化，钢结构也不例外。发达国家的工业软件将钢材切割、焊接技术和焊接标准集成在一起，既保证构件质量又节省劳动力。我国参与国际竞争，必须在提高技术水平和降低成本方面下功夫。提高技术水平除技术标准(包括设计规范)要与国际接轨外，制造和安装质量也必须跟上。

4)大跨空间结构。大跨空间结构在我国得到了较大发展，我国已兴建了大量各种类型的钢网架结构，属于空间结构体系，节约了大量钢材。以后除改进设计方法外，还应积极研究开发更加省钢的新型空间结构，如将网架、悬索、拱等几种不同的结构结合在一起的杂交结构，这是一种在建筑形式上新颖别致、受力非常合理的结构形式，是钢结构形式创新的重要方向。

5)预应力钢结构。采用高强度钢材，对钢结构施加适当的预应力，可增加结构的承载能力，减少钢材用量和减轻结构质量。预应力钢结构是发展的重要方向。

(3)深入了解和掌握结构的真实极限状态。人们对结构承载能力的表现认识得越清楚，设计中对钢材的利用就越合理。结构承载能力极限状态的研究，经历着从构件和连接向整体结构发展的过程。常用构件的极限状态大多已经了解清楚，不过仍然不断有新问题出现，例如，新截面形状冷弯型钢的特性。连接的极限状态的研究滞后于构件，整体结构的极限状态则更有大量工作要做。计算手段的不断改进，为此提供了有利条件。极限状态的研究成果，需要迅速吸收到设计规范中。目前的发展情况，多层框架的弹塑性极限承载力和单层房屋蒙皮效应利用等研究效果，已经有条件纳入规范或规程中。

(4)提高钢结构制造业的工业化水平。钢结构制造业正在趋向于设计—制作—安装一体化，国外发达国家已通过相关的软件和设备初步实现了上述目标，我国钢结构产业在这方面差距明显，必须加大力度，迎头赶上。

习题

1.1 目前钢结构主要应用在哪些方面？

1.2 结构的承载能力极限状态包括哪些计算内容？正常使用极限状态包括哪些计算内容？

1.3 钢结构的优缺点有哪些？

1.4 分项系数设计表达式中各项符号的含义是什么？

第2章　钢结构材料

学习要点

本章主要介绍了钢结构对钢材的基本要求；钢材的生产过程；钢材的主要性能指标及影响钢材性能的主要因素；钢结构疲劳及影响疲劳的主要因素、疲劳计算的方法；钢材的两种破坏形式的概念，建筑用钢的种类、规格和表示方法；钢结构钢材的选用原则。

学习重点与难点

重点：掌握对钢结构用材的要求，掌握建筑钢材的可能破坏形式及各主要因素对钢材性能的影响。

难点：各种因素对钢材性能及钢结构破坏形式的影响；疲劳破坏及影响因素，疲劳验算的方法。

钢结构所用材料是钢材(steel)，但钢材种类繁多，性能差异较大，适用于各种不同的用途。如有的机械零件需要钢材有较高的强度、较好的耐磨度和中等的韧性；石油化工设备需要钢材有耐高温性能；用于机械加工的切削工具需要钢材有很高的强度和硬度等。用于钢结构的钢材不仅要有较高的强度、足够的变形能力(塑性、韧性)，还应具有良好的加工性能(冷加工、热加工、焊接性能等)，同时根据结构的具体工作条件，在必要时还应该具有适应低温、有害介质侵蚀(包括大气锈蚀)以及重复荷载作用等性能。因此，虽然碳素钢(carbon steel)有100多种，合金钢(alloy steel)有300多种，符合钢结构性能要求的钢材只有碳素钢和合金钢中的少数几种。如《钢结构设计规范》(GB 50017—2003)推荐的普通碳素结构钢有Q235钢，低合金高强度结构钢有Q345钢、Q390钢及Q420钢等。

所以，要深入了解钢结构的特性，必须从钢结构的材料——钢材开始，掌握钢材在各种应力状态、不同生产过程和不同使用条件下的工作性能，了解影响钢材性能的主要因素，才能够正确地选择适用的钢材，使结构安全可靠地满足使用要求，同时，最大限度地节约钢材和降低造价。

2.1 钢结构对材料的要求

(1)较高的强度。用作钢结构的钢材必须具有较高的抗拉强度和屈服点。钢结构设计中常把钢材应力达到屈服点作为承载能力极限状态的标志，因此，其值高可以减小截面尺寸，从而减轻自重，节约钢材，降低造价。而抗拉强度是钢材塑性变形很大且将破坏时的强度，其值高可以增加结构的安全保障。

(2)足够的变形能力。足够的变形能力即为要求钢材有较好的塑性和韧性。塑性和韧性好，结构在静载和动载作用下有足够的应变能力，既可减轻结构脆性破坏的倾向，又能通过较大的塑性变形调整局部应力，同时，又具有较好的抵抗重复荷载作用的能力。

(3)良好的加工性能。加工性能包括冷、热加工和可焊性能。钢材应具有良好的加工性能，以保证其不但易于加工成各种形式的结构，而且不致因加工对强度、塑性及韧性带来较大的不利影响。

此外，根据结构的具体工作条件，在必要时还要求钢材具有适应低温和腐蚀性环境、抵抗冲击及疲劳荷载作用的能力。

按以上要求，《钢结构设计规范》(GB 50017—2003)规定，承重结构的钢材应具有抗拉强度、伸长率、屈服点和碳、磷含量的合格保证；焊接结构还应具有冷弯试验的合格保证；对某些承受动力荷载的结构以及重要的受拉或受弯的焊接结构，还应具有常温或负温冲击韧性的合格保证。

2.2 钢材的破坏形式

钢材有两种性质完全不同的破坏形式，即塑性破坏和脆性破坏。钢结构所用的材料虽然有较高的塑性和韧性，一般为塑性破坏，但在一定的条件下，仍然有脆性破坏的可能性。

塑性破坏的主要特征是破坏前具有较大的塑性变形，常在钢材表面出现明显的相互交错的锈迹剥落线，只有当构件中的应力达到抗拉强度后才会发生破坏，破坏后的断口呈纤维状，色泽发暗，由于塑性破坏前总有较大的塑性变形发生，且变形持续时间较长，容易被发现和抢修加固，因此不致发生严重后果。钢材塑性破坏前的较大塑性变形能力，可以实现构件和结构中的内力重分布，使结构中原先受力不等的部分应力趋于均匀，因而，提高结构的承载能力，钢结构的塑性设计就是建立在这种足够的塑性变形能力上。

脆性破坏的主要特征是破坏前塑性变形很小，或根本没有塑性变形，而突然迅速断裂。计算应力可能小于钢材的屈服点，断裂从应力集中处开始，破坏后的断口平直，呈有光泽的晶粒状或有人字纹。由于破坏前没有任何预兆，破坏速度又极快，无法察觉和补救，而且一旦发生常引发整个结构的破坏，后果非常严重，因此，在钢结构的设计、施工和使用过程中，要特别注意防止这种破坏的发生。

2.3 钢材的种类和规格

2.3.1 钢材的种类

钢材的种类(简称钢种)按用途可分为结构钢、工具钢和特殊用途钢等，其中结构钢又分为建筑用钢和机械用钢；按化学成分可分为碳素钢和合金钢；按冶炼方法可分为平炉钢、转炉钢和电炉钢等；按脱氧方法可分为沸腾钢、半镇静钢、镇静钢和特殊镇静钢；按成型方法可分为轧制钢(热轧和冷轧)、锻钢和铸钢；按硫、磷含量和质量控制可分为高级优质钢、优质钢和普通钢等。

我国的建筑用钢主要为碳素结构钢和低合金高强度结构钢两种，优质碳素结构钢在冷拔碳素钢丝和连接用紧固件中也有应用。另外，厚度方向性能钢板、焊接结构用耐候钢、铸钢等在某些情况下也有应用。

(1)碳素结构钢。碳素结构钢的质量等级按由低到高的顺序分为A、B、C、D四级。质量的高低主要是以冲击韧性的要求区分，对冷弯性能的要求也有所区别。碳素结构钢交货时，应有化学成分和力学性能的合格保证书。其化学成分要求碳、锰、硅、硫、磷含量符合相应级别的规定，A级钢的碳、锰含量可以不作为交货条件。其力学性能要求屈服点、抗拉强度、伸长率和冷弯性能合格。A级钢的冷弯性能只在需方要求时才提供；B、C、D级钢应分别保证20 ℃、0 ℃、−20 ℃的冲击韧性合格。

碳素结构钢有Q195、Q215、Q235、Q255、Q275五种，Q是屈服点的汉语拼音的首位字母，数字代表钢材厚度(直径)小于等于16 mm时的屈服点(N/mm^2)。数字的由低到高，不仅代表了钢材强度的由低到高，在较大程度上也代表了钢材含碳量的由低到高和塑件、韧性、可焊性的由好变差。建筑结构用碳素结构钢主要应用Q235钢，其碳的质量分数为0.12%～0.22%，强度、塑性和焊接性能均适中，冶炼方法一般由供方自行决定，设计者可再另行提出，如需方有特殊要求时可在合同中加以注明。

碳素结构钢的牌号由代表屈服点的字母Q、屈服点数值、质量等级、脱氧方法符号四部分按顺序组成。对Q235钢来说，A、B两级的脱氧方法可以是沸腾钢(F)、半镇静钢(b)和镇静钢(Z)；C级为镇静钢(Z)；D级为特殊镇静钢(TZ)。

(2)低合金高强度结构钢。低合金高强度结构钢是在冶炼碳素结构钢时加入一种或几种适量的合金元素(锰、硅、钒等)而炼成的钢种，可提高强度、冲击韧性、耐腐蚀性又不太降低塑性。由于合金元素的总质量分数低于5%，故称为低合金高强度结构钢。根据钢材厚度(直径)小于等于16 mm时的屈服点(N/mm^2)，分为Q295、Q345、Q390、Q420、Q460五种。其中，Q345、Q390和Q420三种钢材均有较高的强度和较好的塑性、韧性和焊接性能，被《钢结构设计规范》(GB 50017—2003)选为承重结构用钢。

钢的牌号仍有质量等级符号，分为A、B、C、D和E五个等级，与碳素结构钢相同，不同质量等级是按对冲击韧性的要求区分。E级主要是要求−40 ℃的冲击韧性。低合金高强度结构钢的A、B级属于镇静钢，C、D、E级属于特殊镇静钢，因此，钢的牌号中不注明脱氧方法。其冶炼方法也由供方自行选择，低合金高强度结构钢交货时，应有化学成分和屈服点、抗拉强度、冷弯等力学性能的合格保证书。当需要时，还应提出 20 ℃、0 ℃、−20 ℃或−40 ℃的冲击韧性合格的附加交货条件。

(3)优质碳素结构钢。优质碳素结构钢与碳素结构钢的主要区别在于钢中含杂质元素较少，磷、硫等有害元素的质量百分数均不大于0.035％，其他缺陷的限制也较严格，具有较好的综合性能。按照国家标准《优质碳素结构钢》(GB/T 699—2015)生产的钢材共有两大类：一类为普通含锰量的钢；另一类为较高含锰量的钢。两类的钢号均用两位数字表示，它表示钢中的平均含碳量的万分数，前者数字后不加 Mn，后者数字后加 Mn，如 45 号钢，表示平均含碳量为0.45％的优质碳素钢；45Mn 号钢，则表示同样含碳量，但锰的含量也较高的优质碳素钢。可按不进行热处理或热处理(正火、淬火或高温回火)状态交货，要求热处理状态交货的应在合同中注明，未注明者按不进行热处理交货。由于价格较高，钢结构中使用较少，仅用经热处理的优质碳素结构钢冷拔高强度钢丝或制作高强度螺栓、自攻螺钉等。

(4)Z 向钢和耐候钢。Z 向钢是在某一级结构钢(母级钢)的基础上，经过特殊冶炼、处理的钢材。Z 向钢在厚度方向有较好的延展性，有良好的抗层状撕裂能力，适用于高层建筑和大跨度钢结构的厚钢板结构。我国生产的 Z 向钢板的标记是在母级钢牌号后面加 Z 向钢板等级标记，如 Z15、Z25、Z35 等，数字分别表示沿厚度方向的断面收缩率分别大于或等于 15％、25％、35％。

耐候钢是在低碳钢或低合金结构钢中加入铜、铬、镍等合金元素冶炼成的一种耐腐蚀钢材，在大气作用下，表面自动生成一种致密的防腐薄膜，起到抗腐蚀的作用。这种钢材适用于外露环境，且对耐腐蚀有特殊要求的或在腐蚀性气体和固态介质作用下的承重结构。

2.3.2 钢材的规格

钢结构采用的型材主要为热轧成型的钢板和型钢，以及冷弯(或冷压)成型的薄壁型钢。由工厂生产供应的钢板和型钢等有成套的截面形状和一定的尺寸间隔，称为钢材的规格。

(1)热轧钢板。热轧钢板包括厚钢板、薄钢板和扁钢等。厚钢板常用作大型梁、柱等实腹式的翼缘和腹板以及节点板等；薄钢板主要用来制造冷弯薄壁型钢；扁钢可用作焊接组合梁、柱的翼缘板，各种连接板、加劲肋等。钢板的表示方法是在钢板截面符号“－”后加“厚×宽×长”，如－12×800×2 100，单位均为 mm。钢板的供应规格如下：

1)厚钢板：厚度为 4.5～60 mm，宽度为 600～3 000 mm，长度为 4～12 m；

2)薄钢板：厚度为 0.35～4 mm，宽度为 500～1500 mm，长度为 0.5～4 m；

3)扁钢：厚度为 4～60 mm，宽度为 12～200 mm，长度为 3～9 m。

(2)热轧型钢。热轧型钢包括角钢、工字钢、H 型钢、槽钢和钢管等，具体如图 2.1(a)～2.1(f)所示。

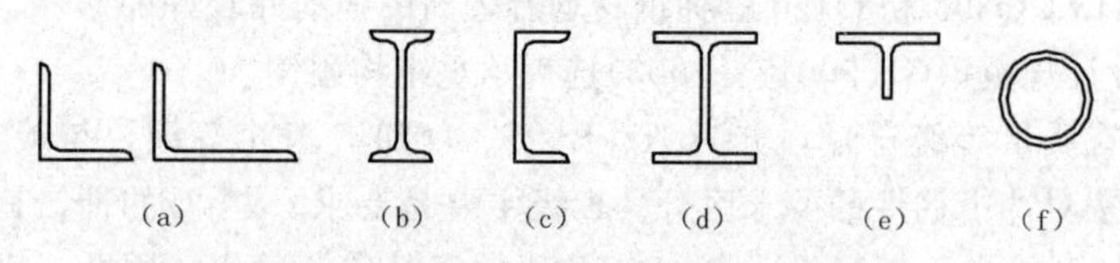

图 2.1　热轧型钢截面

(a)角钢；(b)工字钢；(c)槽钢；(d)H 型钢；(e)T 字钢；(f)钢管

角钢分为等边和不等边两种，主要用来制作桁架等格构式结构的杆件和支撑等连接杆件。等边角钢的表示方法为在符号"∟"后加"边长×厚度"，如∟125×8；不等边角钢的表示方法为在符号"∟"后加"长边宽×短边宽×厚度"，如∟125×80×8，单位均为mm。角钢的长度一般为3～19 m，规格有∟20×3～∟200×24和∟25×16×3～∟200×125×18。

工字钢分为普通工字钢和轻型工字。这两种工字钢的两个主轴方向的惯性矩相差较大，不宜单独用作受压构件，而宜用作腹板平面内受弯的构件，或由工字钢与其他型钢组成的组合构件或格构式构件。普通工字钢的型号用符号"I"后加截面高度的厘米数来表示；20号以上的工字钢，又按腹板的厚度不同，同一号数分为a、b或a、b、c等类别。a类腹板较薄，如I36 a表示截面高度为36 cm的a类工字钢。轻型工字钢的腹板和翼缘均比普通工字钢的薄，因而，在相同质量的前提下截面回转半径较大。

H型钢是目前使用很广泛的热轧型钢，与普通工字钢相比，其翼缘板的内外两侧平行，便于与其他构件连接。其基本类型可分为宽翼缘H型钢(代号HW，翼缘宽度b与截面高度h相等)、中翼缘H型钢[代号HM，$b\approx(1/2\sim2/3)h$]及窄翼缘H型钢[代号HN，$b=(1/3\sim1/2)h$]三类。各种H型钢均可剖分为T型钢供应，代号分别为TW、TM、TN。

H型钢和剖分T型钢的型号分别为代号后加"高度h×宽度b×腹板厚度t_1×翼缘厚度t_2"，例如HW400×400×13×21和TW200×400×13×21等，单位均为mm。宽翼缘和中翼缘H型钢可用于钢柱等受压构件；窄翼缘H型钢则适用于钢梁等受弯构件。

槽钢分为普通槽钢和轻型槽钢两种，适用于檩条等双向受弯的构件，也可用其组合成格构式构件。普通槽钢的型号与工字钢相似，如[36 a指截面高度为36 cm，腹板厚度为a类的槽钢。号码相同的轻型槽钢，其翼缘和腹板较普通槽钢宽而薄，回转半径较大，质量较轻。

钢管有热轧无缝钢管或由钢板卷焊成的焊接钢管两种。钢管截面对称，外形圆滑，受力性能良好，由于回转半径较大，常用作桁架、网架、网壳等平面和空间格构式结构的杆件，在钢管混凝土柱中也有广泛的应用。规格用符号"ϕ"后加"外径×壁厚"表示，如ϕ400×16，单位为mm。

(3)薄壁型钢。薄壁型钢是用薄钢板经模压或弯曲成形，其壁厚一般为1.5～5.0 mm，截面形式和尺寸可按工程要求合理设计，通常有角钢、卷边角钢、槽钢、卷边槽钢、Z型钢、卷边Z型钢、方管、圆管及各种形状的压型钢板等，如图2.2所示。压型钢板是近年来开始使用的薄壁型材，是由热轧薄钢板经冷压或冷轧成型的，所用钢板厚度为0.4～2.0 mm，主要用作轻型屋面及墙面等构件。

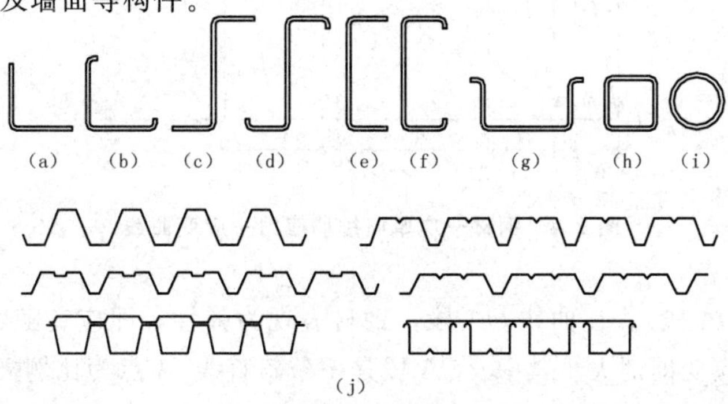

图2.2　薄壁型钢的截面形式

(a)等边角钢；(b)等边卷边角钢；(c)Z型钢；(d)卷边Z型钢；(e)槽钢；
(f)卷边槽钢；(g)向外卷边槽钢(槽型钢)；(h)方管；(i)圆管；(j)压型板

2.4 钢材的主要性能

2.4.1 钢材在一次单向拉伸时的性能

1. 应力—应变曲线

钢材在常温、静载条件下一次拉伸所表现的性能最具有代表性，拉伸试验也比较容易进行，并且便于规定标准的试验方法和多项性能指标。所以，钢材的主要强度指标和塑性性能都是根据标准试件一次拉伸试验确定的。该试验是在常温(20 ℃±5 ℃)、静载的条件下按规定的加荷速度逐渐施加拉力荷载，使试件逐渐伸长，直至拉断破坏。

图 2.3 所示为低碳钢标准试件，单向一次拉伸试验得到简化光滑应力—应变曲线，如图 2.4 所示。从图 2.4 中可见，钢材历经：弹性阶段(*OA*)、弹塑性阶段(*AB*)、塑性阶段(*BC*)、应变硬化阶段(*CD*)和颈缩阶段(*DE*)五个阶段。

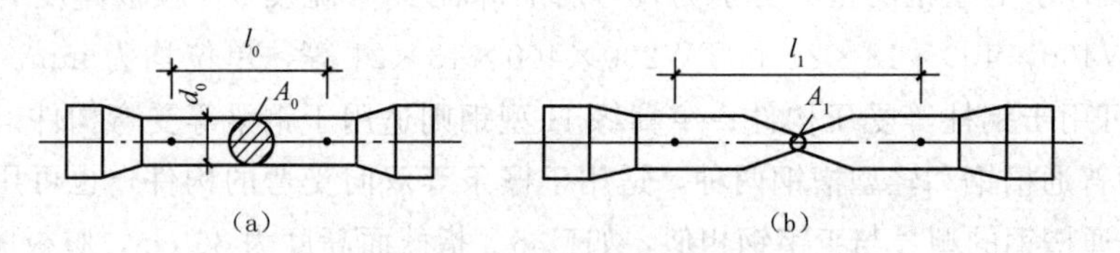

图 2.3 静力拉伸试验的标准试件

(a)试验前；(b)试验后

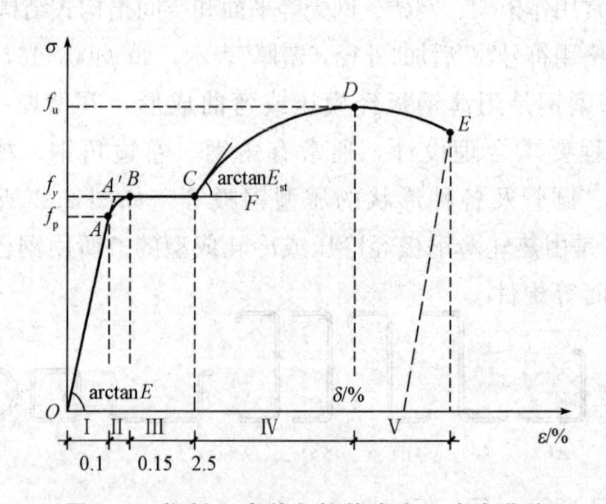

图 2.4 钢材一次单向拉伸应力—应变曲线

(1)弹性阶段(*OA* 段)。在曲线 *OA* 段，钢材表现为弹性，即应变随着应力的增加而增加，当应力为零时应变即消失。其中，*OA* 段是一条斜直线(*A* 点为比例极限 f_p)，当 $\sigma<f_p$ 时，应力和应变成正比，符合胡克定律，其斜率即弹性模量很大，$E=\Delta\sigma/\Delta\varepsilon=206\times10^3\ \text{N/mm}^2$，因而变形很小。当 $\sigma>f_p$ 时，曲线弯曲，应力—应变呈非线性，但钢材仍具有弹性性质，因此，弹性阶段(elastic stage)的终点 *E* 点为弹性极限 f_e。但由于残余应力的影响，f_e 和

f_p 非常接近，一般可不加区分。

(2)弹塑性阶段(AB 段)。由弹性极限到屈服点 f_y，钢材进入弹塑性阶段(elastic-plastic stage)，应力—应变呈曲线关系，弹性模量逐渐降到零。$\sigma > f_e$ 后，变形包括弹性变形(elastic deformation)和塑性变形(plastic deformation)两个部分。卸载时，塑性变形不会因荷载消失而消失，故又称为残余变形或永久变形。B 点对应应力 f_y 称为屈服点，对应的应变约为 0.15%。在此阶段，σ 与 ε 呈非线性关系，称 $E_t = d\sigma/d\varepsilon$ 为切线模量。$E_t = d\sigma/d\varepsilon$ 为切线模量。E_t 随应力增大而减小，当 σ 达到 f_y 时，E_t 为零。

(3)塑性阶段(BC 段，也称屈服阶段)。应力达到屈服点 f_y 后，应力保持不变而应变持续发展，应力—应变关系呈水平线段 BC，称为屈服平台。这时犹如钢材屈服于所施加的荷载，故称为屈服阶段。钢材表现为完全塑性，整个屈服平台对应的应变幅称为流幅(为 0.15%～2.5%)，流幅越大，钢材的塑性越好。

实际上，由于加载速度及试件状况等试验条件的不同，屈服开始时总是形成曲线上下波动，波动最高点称为上屈服点，最低点称为下屈服点。下屈服点对试验条件不敏感，所以计算时取下屈服点作为钢材的屈服强度 f_y。

(4)应变硬化阶段(CD 段，亦称强化阶段)。经过屈服阶段后，钢材内部组织重新排列并建立了新的平衡，因此，又恢复了继续承受荷载的能力，并能抵抗更大的荷载，此阶段的应力—应变为上升的非线性关系，但此时钢材的弹性并没有完全恢复，塑性特性非常明显，这个阶段称为强化阶段。对于 D 点对应的应力称为抗拉强度或极限强度，用符号 f_u 表示。当应力增大到抗拉强度 f_u 时，σ—ε 曲线达到最高点，这时应变已经很大，大约为 15%。

(5)颈缩阶段(DE 段)。当荷载达到极限荷载后，试件发生不均匀变形，在试件材料质量较差处，截面出现横向收缩，截面面积开始显著缩小，塑性变形迅速增大，这种现象称为颈缩现象。此时，荷载不断降低，变形却延续发展，直至 D 点试件被拉断破坏。颈缩现象的出现和颈缩的程度以及与 D 点上相应的塑性变形是反映钢材塑性性能的重要指标。在承载力最弱的截面处，横截面急剧收缩——颈缩，变形也随之剧增，承载力下降，直至断裂。

2. 应力—应变曲线所反映的钢材力学性能

钢材的单调一次单向均匀拉伸的 σ—ε 反映了钢材强度和塑性两个方面的力学性能。主要有比例极限 f_p、屈服点 f_y、抗拉强度 f_u 和伸长率 δ。

(1)比例极限 f_p。对应于 σ—ε 曲线保持直线关系的上限，是钢结构稳定设计计算中弹性失稳和非弹性失稳的界限，它受残余应力的影响很大。

(2)屈服强度 f_y。对应于下屈服点，是钢材在结构中能有效发挥作用的应力上界，被视为结构静力强度计算的承载力极限。由于钢材在应力小于 f_y 时接近于理想弹性体，因应力达到 f_y 后在很大变形范围内接近理想弹塑性体，因此，在实用上常将其应力—应变关系视为理想弹塑性模型(图 2.5)。

低碳钢和低合金钢有明显的屈服强度和屈服平台，而热处理钢材则具有较好的塑性性质但没有明显的屈服强度和屈服平台，它的应力—应变曲线是一条连续的曲线，如图 2.6 所示。对于这种没有明显屈服强度的钢材，其屈服强度是根据试验分析结果而人为规定的，即以残余应变为 $\varepsilon = 0.2\%$ 时对应的应力作为屈服强度，用 $\sigma_{0.2}$ 表示，称为名义屈服强度或条件屈服强度。钢结构设计中对以上二者不加以区别，统称屈服强度，以 f_y 表示。

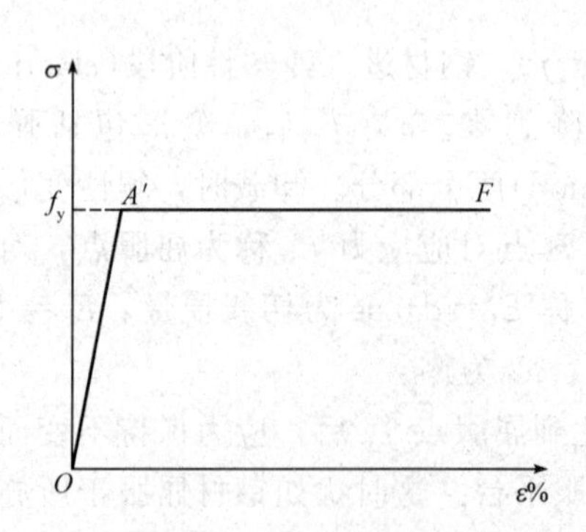

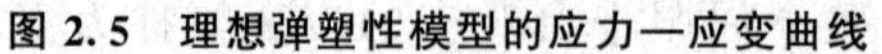

图 2.5　理想弹塑性模型的应力—应变曲线

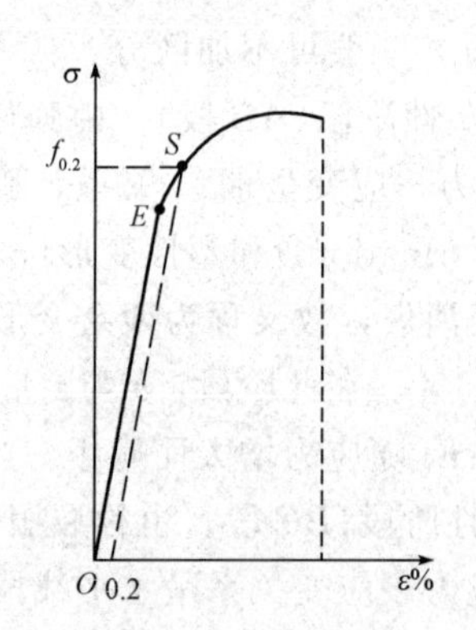

图 2.6　高强度钢材的应力—应变曲线

(3)抗拉强度 f_u。是钢材破坏前所能承受的最大应力，是衡量钢材经过大幅度变形后的抗拉能力。它不仅是一般的强度指标，而且直接反映钢材内部组织的优劣，并与疲劳强度有比较密切的关系。虽然钢材屈服后，由于产生很大的塑性变形而不能继续使用，但从屈服开始到抗拉强度 f_u 为结构提供了安全保障。强屈比可以看作是衡量钢材强度储备的一个系数，强屈比越高，钢材的安全储备越大。

塑性设计虽然把钢材看作理想弹塑性体，忽略应变硬化的有利影响，却是以 f_u 高出 f_y 为条件的。如果没有硬化阶段，或 f_u 高出 f_y 不多，就不具备塑性设计应具有的转动能力。因此，《钢结构设计规范》(GB 50017—2003)规定，塑性设计时，钢材的强屈比必须满足 $f_u/f_y \geqslant 1.2$。

(4)伸长率 δ。常用 δ_5 和 δ_{10} 表示。它等于试件拉断后的原标距的塑性变形(即伸长值)和原标距的比值，以百分比表示。伸长率反映了钢材的塑性变形能力，其值越大，构件破坏前出现的变形越大，越易发现和采取适当的补救措施。伸长率 δ 与原标距 l_0 和试件中间部分的直径 d_0 的比值有关，当 $l_0/d_0=10$ 时，以 δ_{10} 表示；当 $l_0/d_0=5$ 时，以 δ_5 表示，δ 值可按式(2.1)计算。

$$\delta=\frac{l_1-l_0}{l_0}\times 100\% \tag{2.1}$$

式中　δ——伸长率；

l_0——试件原标距长度；

l_1——试件拉断后标距的长度。

2.4.2　冷弯性能

冷弯性能可衡量钢材在常温下冷加工弯曲产生塑性变形对裂缝的抵抗能力。其是根据钢材的牌号和不同的厚度，按国家相关标准规定的弯心直径，放在如图 2.7 所示的冷弯试验机上，用一定的弯心直径 d 的冲头，在常温下对标准试件中部施加荷载，将试样弯曲 180°，然后检查其表面及侧面，如果不出现裂纹、缝隙、断裂和起层，则认为材料的冷弯试验合格。

冷弯试验合格，一方面与伸长率符合规定一样，表示钢材冷加工(常温下加工)产生塑性变形时对裂缝的抵抗能力；另一方面表示钢材的冶金质量(颗粒结晶及非金属夹杂分布，甚至在一定程度上包括可焊性)符合要求。因此，冷弯性能是判别钢材塑性变形能力及冶金质量的综合指标。焊接承重结构的钢材和重要的非焊接承重结构的钢材需要有良好的冷热加工性能时，都需要冷弯试验合格做保证。

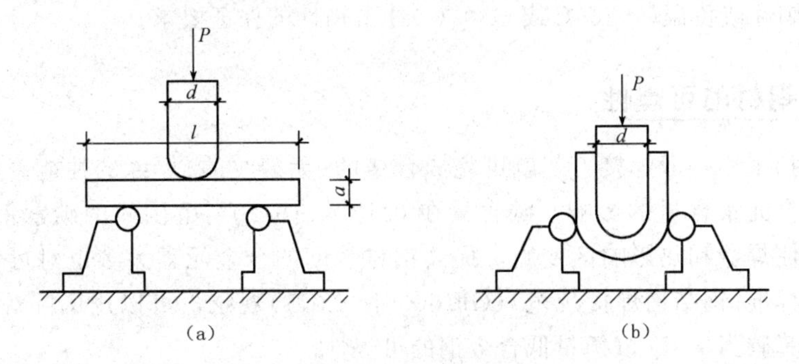

图 2.7　冷弯性能试验

(a)弯曲前；(b)弯曲后

2.4.3　冲击韧性

冲击韧性是衡量钢材在断裂时所做功的指标，是钢材在冲击荷载或多向拉力下具有可靠性能的保证，可间接反映钢材抵抗低温、应力集中、多向拉应力、加载速率和重复荷载等因素导致脆断的能力。钢材在产生塑性和断裂过程中要吸收能量，断裂时所吸收的能量，如果用单位体积所吸收的能量来表示，其值正好等于拉伸应力—应变曲线与横坐标之间的面积。塑性好或强度高的钢材，其应力—应变曲线下方的面积较大，所以韧性值大，因此，可以说韧性值是强度和塑性的综合表现。韧性与塑性关系密切，塑性好、韧性也好。

实际结构的脆性破裂往往发生在动荷载条件下，尤其在低温时，结构中的缺陷(如缺口和裂纹)常常是脆性断裂的发源地，因而，通常用冲击韧性来衡量钢材抗脆性的能力。钢材的冲击韧性是用有特定缺口的标准试件，在冲击试验机上进行冲击荷载试验，使试件断裂，并量测相应的冲击功。冲击韧性的量测可以用不同的方法进行，具体指标值可能有数量和量纲上的差异，但意义是一致的。

国家标准规定采用国际上通用的夏比试验法测量冲击韧性。该法所用的试件带 V 形缺口，由于缺口比较尖锐(图 2.8)，缺口根部的应力集中现象能很好地描绘实际结构的缺陷。夏比缺口韧性用 A_{KV} 表示，其值为试件折断所需的功，单位为 J。

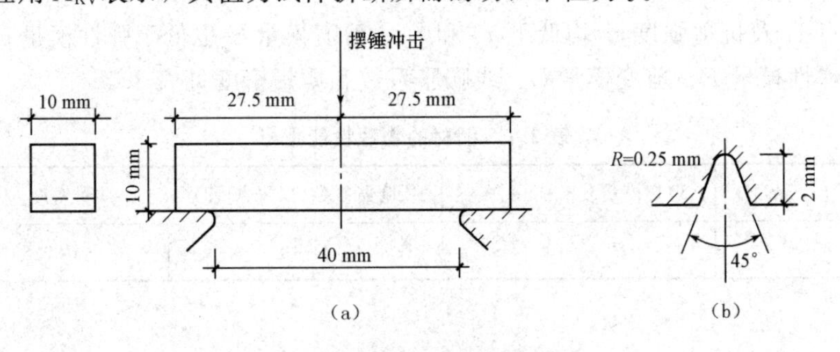

图 2.8　冲击试验

(a)冲击韧性试件；(b)夏比试件 V 形缺口

冲击韧性指标受温度影响，温度低于某值时将急剧降低。对处于不同环境温度的重要结构，尤其是受动荷载作用的结构，要根据相应的环境温度提出常温[(20±5)℃]冲击韧性，0 ℃冲击韧性或负温(−20 ℃或−40 ℃)冲击韧性的保证要求。

2.4.4 钢材的可焊性

可焊性是指采用一般焊接工艺就可完成合格的(无裂纹的)焊缝的性能。钢材的可焊性受碳含量和合金元素含量的影响。碳含量在0.12%～0.20%范围内的碳素钢可焊性最好。碳含量再高可使焊缝和热影响区变脆，提高钢材强度的合金元素大多也对可焊性有不利影响。现行国家标准《钢结构焊接规范》(GB 50661—2011)规定，可以用国际焊接学会(IIW)提出的公式计算碳当量 C_E 以衡量低合金钢的可焊性。

$$C_E = C + \frac{M_n}{6} + \frac{1}{5}(Cr + Mo + V) + \frac{1}{15}(Ni + Cu) \tag{2.2}$$

式中的元素符号均表示该元素的质量分数。当 C_E 不超过0.38%时，钢材的可焊性很好，Q235和Q345钢属于这一类。当 C_E 大于0.38%但未超过0.45%时，钢材淬硬倾向逐渐明显，需要采取适当的预热措施并注意控制施焊工艺。预热的目的在于使焊缝和热影响区缓慢冷却，以免因淬硬而开裂。当 C_E 大于0.45%时，钢材的淬硬倾向明显，需采用较高的预热温度和严格的工艺措施来获得合格的焊缝。《钢结构焊接规范》(GB 50661—2011)给出常用结构钢材最低施焊温度表。厚度不超过40 mm的Q235钢和厚度不超过25 mm的Q345钢，在温度不低于0 ℃时一般不需预热。除碳当量外，预热温度还和钢材厚度及构件变形受到约束的程度有直接关系。因此，重要结构施焊时实际采用的焊接制度最好由工艺试验确定。

除碳当量外，可焊性与焊接方法、焊接材料、焊接工艺参数及工艺措施都有一定关系，重要结构施焊时实际采用的焊接制度最好由工艺试验确定。

综上所述，钢材可焊性的优劣实际上是指钢材在采用一定的焊接方法、焊接材料、焊接工艺参数及一定的结构形式等条件下，获得合格焊缝的难易程度。可焊性稍差的钢材，要求采用更为严格的工艺措施。

2.4.5 钢材受压和受剪时的性能

钢材在单向受压(短试件)时，受力性能基本上与单向受拉相同，受剪的情况也相似，但抗剪屈服点 τ_y 及抗剪强度 τ_u 均低于 f_y 和 f_u；剪变模量 G 也低于弹性模量 E。

钢材的弹性模量 E、剪变模量 G、线膨胀系数和质量密度见表2.1。

表2.1 钢材的物理性能指标

弹性模量 $E/(N \cdot mm^{-2})$	剪切模量/$(N \cdot mm^{-2})$	线膨胀系数(以每 ℃计)	质量密度 $\rho/(kg \cdot m^{-3})$
2.06×10^5	7.9×10^4	1.2×10^{-5}	7.85×10^3

2.5 钢材在多轴应力作用下的力学性能

如前所述，钢材可以看作理想弹塑性体，在单向均匀应力作用下，当应力达到屈服点 f_y 时，钢材进入塑性工作状态。但在实际结构中，有些构件往往是受双向或三向应力状态作用，如实腹梁的腹板。当钢材处于这种复杂应力状态(图 2.9)时，确定钢材的屈服条件，就不能以某一方向的应力是否达到屈服点 f_y 来判定，而是应按材料力学的能量强度理论(或第四强度理论)用折算应力 σ_{red} 与钢材在单向应力时的屈服点 f_y 相比较来判别。

$$\sigma_{red}=\sqrt{\sigma_x^2+\sigma_y^2+\sigma_z^2-(\sigma_x\sigma_y+\sigma_y\sigma_z+\sigma_z\sigma_x)+3(\tau_{xy}^2+\tau_{yz}^2+\tau_{zx}^2)} \tag{2.3}$$

或

$$\sigma_{red}=\sqrt{\frac{1}{2}[(\sigma_1-\sigma_2)^2+(\sigma_2-\sigma_3)^2+(\sigma_3-\sigma_1)^2]} \tag{2.4}$$

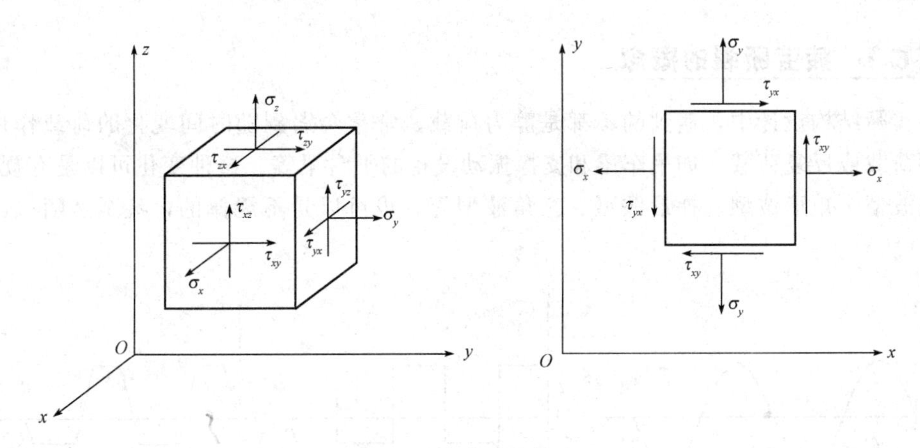

图 2.9　复杂应力状态

当 $\sigma_{red}<f_y$ 时，钢材处于弹性工作阶段；

当 $\sigma_{red}\geqslant f_y$ 时，钢材处于塑性工作阶段。

当三向应力中有一向应力很小(如钢材厚度很薄，厚度方向的应力可忽略不计)或等于零时，则为二向应力状态，式(2.3)或式(2.4)可简化为

$$\sigma_{red}=\sqrt{\sigma_x^2+\sigma_y^2-\sigma_x\sigma_y+3\tau_{xy}^2} \tag{2.5}$$

或

$$\sigma_{red}=\sqrt{\sigma_1^2+\sigma_2^2-\sigma_1\sigma_2} \tag{2.6}$$

在普通梁中，一般只有正应力 σ 和剪应力 τ 作用，$\sigma_y=0$，$\sigma_x=\sigma$，$\tau_{xy}=\tau$，则式(2.5)可简化为

$$\sigma_{red}=\sqrt{\sigma^2+3\tau^2} \tag{2.7}$$

当受纯剪时，只有剪应力 τ，$\sigma=0$，则有

$$\sigma_{red}=\sqrt{3\tau^2}=\sqrt{3}\tau\leqslant f_y \tag{2.8}$$

于是有

$$\tau \leqslant \frac{f_y}{\sqrt{3}} = 0.58 f_y \tag{2.9}$$

即当剪应力达到屈服点 f_y 的 0.58 倍时，钢材将进入塑性状态。所以，钢材的抗剪强度为抗拉强度的 0.58 倍。

由式(2.4)可见，三个主应力同号且差值很小时，即使 σ_1、σ_2、σ_3 的绝对值很大，远远超过屈服点 f_y，折算应力也很小，材料很难进入塑性状态，甚至到破坏时也没有明显的塑性变形，呈现脆性破坏。这就是同号应力状态容易产生脆断的原因；相反，当有一个方向为异号应力，且同号两个应力差较大时，材料较容易进入塑性状态，这说明钢材处于异号应力状态时，容易发生塑性破坏。

2.6 钢材的疲劳性能

2.6.1 疲劳断裂的概念

在实际结构设计中，遇到的不都是静力荷载，常常会遇到随时间变化的荷载作用，称为循环荷载或反复荷载，如吊车梁和支撑振动设备的平台梁等。这种变化可以是有规律的，如正弦波型、矩形波型、梯形波型、三角波型等，也可以是不规律的，甚至是随机的。如图 2.10 所示。

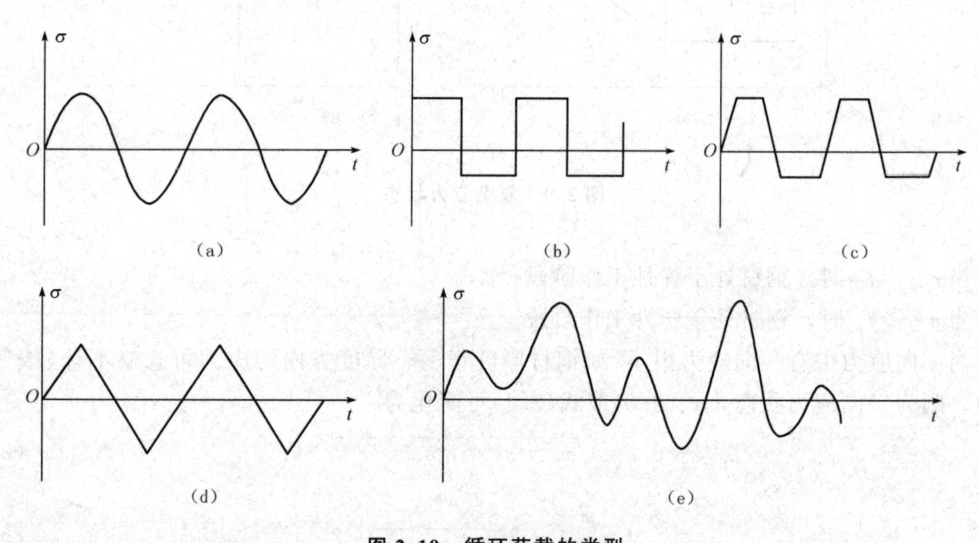

图 2.10 循环荷载的类型

(a)正弦波型；(b)矩形波型；(c)梯形波型；(d)三角波型；(e)随机应力循环

在连续反复荷载作用下，钢材的抗力和性能都会发生重要变化。试验证明，钢材在反复荷载作用下，在应力低于抗拉强度甚至低于屈服点时发生破坏，这种现象称为钢材的疲劳破坏(fatigue breaking)。疲劳破坏往往是突发的，没有明显的变形破坏。所以，疲劳断裂属于反复荷载作用下的脆性破坏。即使是塑性很好的材料，在荷载的反复作用下，也与脆性材料一样，大都会发生疲劳破坏。

实际上，疲劳断裂是一个“发展过程”。从断裂力学的角度讲，疲劳断裂是钢材的微观裂纹在重复荷载作用下不断扩展直至断裂的脆性破坏。破坏过程可分为三个阶段，即裂纹的形成、裂纹缓慢扩展和最后迅速断裂而破坏。由于钢材在制作、加工过程中总是难免存在各种微小的缺陷，如非金属杂质、轧制时形成的微裂纹、加工造成的刻槽、孔洞和裂纹等。当受循环荷载作用时，在这些缺陷处的截面上应力分布不均匀，产生应力集中现象。在应力集中处常存在同号的双向和三向应力，限制钢材塑性发展，因此，在荷载的反复作用下，这里最先出现裂纹。裂纹使一部分材料失去承载能力，使其余材料中的平均应力提高，由于构件一般都有一定的剩余强度，所以出现裂纹并不会立刻造成彻底破坏，但是裂纹尖端形成了尖锐的缺口，它又变成了新的应力集中区，在循环荷载作用下，裂纹继续扩展，构件能传递应力的材料越来越少，直到剩下的材料不足以传递载荷时，构件就会突然发生破坏。如果钢材中存在由于轧制或焊接而形成的分布不均匀的残余应力时，将更加剧疲劳破坏的倾向。疲劳破坏的断口上一部分呈现半椭圆的光滑区，其余为粗糙区(图 2.11)。微观裂纹随应力的连续重复作用而缓慢扩展，裂纹两边的材料时而相互挤压时而分离，形成光滑区。当截面逐渐被削弱至不足以抵抗破坏时，构件突然撕裂而形成粗糙区。

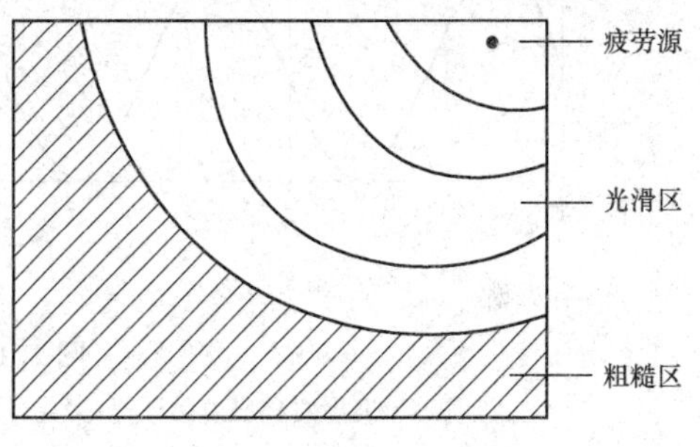

图 2.11 疲劳断口示意图

2.6.2 影响钢材疲劳性能的因素

影响疲劳破坏的因素很多，疲劳强度主要与应力循环的性质、应力循环特征值、应力循环次数以及应力集中的程度等有关。

1. 应力种类

疲劳破坏是由于裂纹的不断扩展引起的，因此，不出现拉应力的部位一般不会发生疲劳破坏。

2. 应力幅 $\Delta\sigma$ 和应力比 ρ

应力幅 $\Delta\sigma$ 是每次应力循环中最大拉应力(取正值)σ_{max}与最小拉应力或压应力(拉应力取正值、压应力取负值)σ_{min}之差，即

$$\Delta\sigma=\sigma_{max}-\sigma_{min} \tag{2.10}$$

按应力幅是常幅(所有应力循环内的应力幅保持常量，不随时间变化)或变幅(应力循环内的应力幅随时间而变化)，应力循环特征还可分为常幅循环应力谱(图 2.12)和变幅循环应力谱。

应力比 ρ 是应力循环中最小应力 σ_{min} 和最大应力 σ_{max} 之比(拉应力取正值、压应力取负值)，即

$$\rho=\frac{\sigma_{min}}{\sigma_{max}} \tag{2.11}$$

$\rho>0$ 为同号应力循环；$\rho=1$ 为静荷载；$\rho=0$ 为脉动应力循环；$\rho<0$ 为异号应力循环；$\rho=-1$ 为完全对称应力循环，其疲劳强度最低。

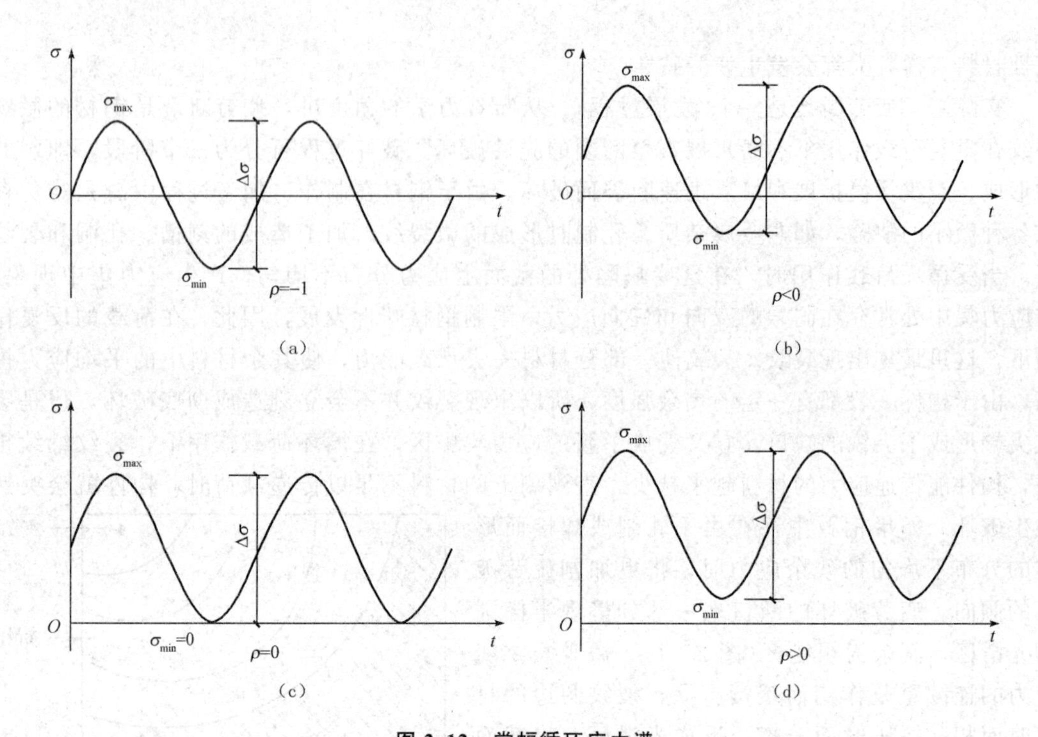

图 2.12 常幅循环应力谱

(a)完全对称应力循环；(b)异号应力循环；(c)脉动应力循环；(d)同号应力循环

对焊接结构，由于焊缝附近存在很大的焊接残余应力，其峰值甚至可以达到钢材屈服点 f_y，故在反复荷载作用下的实际应力状态和名义应力有很大差别。实际应力循环是从 f_y 开始，变动一个应力幅 $\Delta\sigma=\sigma_{max}-\sigma_{min}$，其中 σ_{max} 和 σ_{min} 分别为名义最大应力和最小应力。应力比 ρ 不能代表疲劳裂纹处的应力状态。因此，无论何种循环应力谱，都可以用 $\Delta\sigma=\sigma_{max}-\sigma_{min}$ 表示其应力幅，且只要它们的应力幅相等，不论其循环特征有无差异，名义最大应力是否相等，其疲劳强度都相等。因而，焊缝连接或焊接构件的疲劳性能直接与应力幅 $\Delta\sigma$ 有关，而与应力比 ρ 的关系不是非常密切。

3. 循环次数 *N*(疲劳寿命)

应力循环次数 N 是指在连续重复荷载作用下应力由最大到最小的循环次数。在不同应力幅作用下，应力循环次数(疲劳寿命)不同，应力幅越大，循环次数越少，疲劳寿命越短。当应力幅小于一定数值时，即使应力无限次循环，也不会产生疲劳破坏，这就是所谓的疲劳强度极限，简称疲劳极限(图 2.13)。依据国家有关标准建议，规定 $N=5\times10^6$ 次为疲劳极限对应的循环次数。我国《钢结构设计规范》(GB 50017—2003)规定，当应力循环次数等于或大于 5×10^4 次时，应进行疲劳计算。

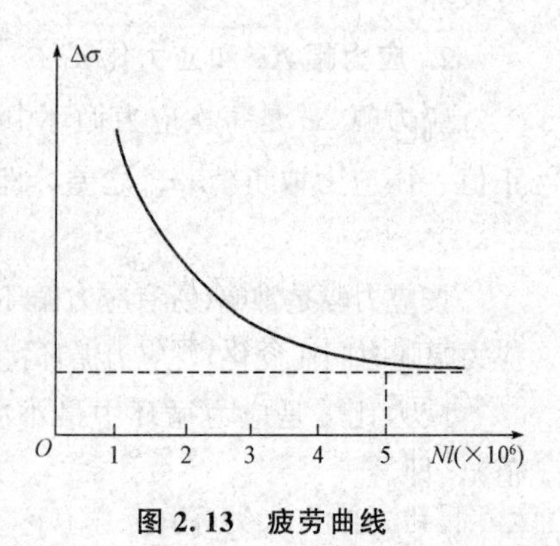

图 2.13 疲劳曲线

4. 应力集中

应力集中的程度由构造细节所决定，包括微小缺陷，空洞、缺口、凹槽及截面的厚度和宽度是否有变化等，对焊接结构表现为零件之间相互连接的方式和焊缝的形式。因此，对于相同的连接形式，构造细节的处理不同，也会对疲劳强度有较大的影响。

研究表明，钢材的静力强度对疲劳性能无显著影响，因此，在疲劳强度起控制作用时，采用高强度钢材往往不能发挥作用。

2.6.3 常幅疲劳破坏的计算

应力幅在整个应力循环过程中保持常量的循环称为常幅应力循环，若应力幅是随时间随机变化的，称为变幅应力循环。

对不同的构件和连接用不同的应力幅进行常幅循环应力试验，可得疲劳破坏时不同的循环次数 N，将足够多的试验点连接起来就可得到 $\Delta\sigma$—N 曲线，如图 2.14(a)所示。即疲劳曲线，采用双对数坐标时，所得结果呈直线，如图 2.14(b)所示，其方程为

$$\lg N = b_1 - \beta \lg(\Delta\sigma) \tag{2.12}$$

式中　b_1——轴上的截距；

β——直线对纵坐标的斜率(绝对值)。

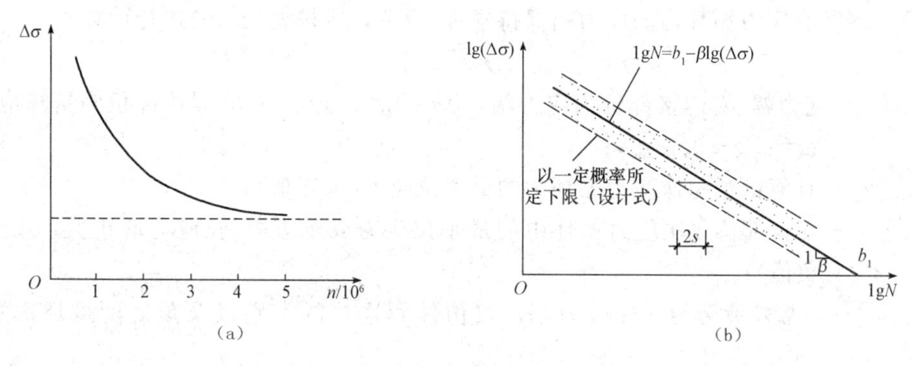

图 2.14　疲劳曲线

(a)算术坐标；(b)对数坐标

考虑到试验点的离散型，需要有一定的概率保证，则方程改为

$$\lg N = b_1 - \beta \lg(\Delta\sigma) - 2s = b_2 - \beta \lg(\Delta\sigma) \tag{2.13}$$

即

$$N\ (\Delta\sigma)^{\beta} = 10^{b_2} = C \tag{2.14}$$

取此时的 $\Delta\sigma$ 作为容许应力幅，由式(2.14)可得

$$[\Delta\sigma] = \left(\frac{C}{n}\right)^{1/\beta} \tag{2.15}$$

式中　n——应力循环次数；

C，β——参数(根据构件和连接类别按表 2.2 采用)。

不同构件和连接形式的试验回归直线方程的斜率和截距不尽相同，为了设计方便，《钢结构设计规范》(GB 50017—2003)根据试验研究结果将构件和连接形式按应力集中的影响程度由低到高分为八类(附录 6)，第一类是没有应力集中处的主体金属；第八类是应力集中最严重的角焊缝；第二类至第七类则是有不同程度的应力集中的主体金属。

表 2.2　参数 C、β

构件和连接类别	1	2	3	4	5	6	7	8
C	$1\ 940\times10^{12}$	861×10^{12}	3.26×10^{12}	2.18×10^{12}	1.47×10^{12}	0.96×10^{12}	0.65×10^{12}	0.41×10^{12}
β	4	4	3	3	3	3	3	3

由式(2.15)可知，只要确定了系数 C 和 β，就可根据设计基准期内可能出现的应力循环次数 N 确定容许应力幅 $[\sigma]$，或根据设计应力幅水平预估应力循环次数 N。

一般钢结构都是按照概率极限状态进行验算，但对疲劳部分，《钢结构设计规范》(GB 50017—2003)规定按容许应力原则进行验算。这是由于现阶段对疲劳裂缝的形成、扩展以致断裂这一过程的极限状态定义，以及相关影响因素研究不足的缘故。

应力幅由重复作用的可变荷载产生，所以，疲劳验算可按可变荷载标准值进行。由于验算方法以试验为依据，而疲劳试验中包括了动力影响，故计算荷载时不再乘以动力系数。

对常幅(所有应力循环内的应力幅保持常量)疲劳，应按式(2.16)进行计算。

$$\Delta\sigma \leqslant [\Delta\sigma] \tag{2.16}$$

式中　$\Delta\sigma$——应力幅(对焊接部位为应力幅，$\Delta\sigma=\sigma_{max}-\sigma_{min}$；对非焊接部位为折算应力幅，$\Delta\sigma=\sigma_{max}-0.7\sigma_{min}$)；

σ_{max}——计算部位每次应力循环中的最大拉应力(取正值)；

σ_{min}——计算部位每次应力循环中的最小拉应力或压应力(拉应力取正值，压应力取负值)；

$[\Delta\sigma]$——常幅疲劳的容许应力幅，按构件和连接的类别以及预期的循环次数由式(2.15)计算。

注意，式(2.16)中计算疲劳应力时应采用荷载的标准值，动力荷载产生的应力计算也不考虑动力系数。如为全压应力循环，不出现拉应力，则对这一部位不必进行疲劳计算。

2.6.4　变幅疲劳破坏的计算

大部分结构实际所承受的循环应力不是常幅的，而是变幅随机的，如吊车梁、桥梁荷载等。对变幅(应力循环内的应力幅随机变化)疲劳，若能预测结构在使用寿命期间各种荷载的频率分布、应力幅水平以及频次分布总和所构成的设计应力谱，则可将其折算为等效常幅疲劳，按式(2.17)进行计算。

$$\Delta\sigma_e \leqslant [\Delta\sigma] \tag{2.17}$$

式中　$\Delta\sigma_e$——变幅疲劳的等效应力幅，按下式确定：

$$\Delta\sigma_e=\left[\frac{\sum n_i(\Delta\sigma_i)^{\beta}}{\sum n_i}\right]^{1/\beta} \tag{2.18}$$

$\sum n_i$——以应力循环次数表示的结构预期使用寿命；

n_i——预期使用寿命内应力幅水平达到 $\Delta\sigma_i$ 的应力循环次数。

2.7 影响钢材性能的因素

钢材的性能并非是一直不变，在不同条件下其性能会有不同的变化，影响钢材机械和加工等性能的因素有很多，其中钢材的化学成分及其微观组织结构是最主要的，而冶炼、浇铸、轧制的过程，残余应力、温度、钢材硬化、热处理的影响等也是重要的因素，现分述如下。

2.7.1 化学成分

铁是钢的基本元素。纯铁质软，在碳素结构钢中约占 99%，碳和其他元素仅占 1%。其他元素主要包括锰(Mn)、硅(Si)、硫(S)、磷(P)、氧(O)、氮(N)等。低合金结构钢的组成，通常在此基础上加入总量不超过 5%的合金元素，如钒(V)、铌(Nb)、钛(Ti)、铬(Cr)、镍(Ni)、铜(Cu)等。尽管碳和其他元素所占比重不大，但却对钢材的性能有较大的影响。

碳是钢中的重要元素之一，在碳素结构钢中则是铁以外的最主要元素。碳是形成钢材强度的主要成分，随着含碳量的提高，钢的强度逐渐增高，而塑性和韧性、冷弯性能、可焊性及抗锈蚀能力等下降。因此，不选用含碳量高的钢材，以便保持其他的优良性能。碳素钢按碳的含量区分，小于 0.25%的为低碳钢，介于 0.25%和 0.6%之间的为中碳钢，大于 0.6%的为高碳钢。碳含量超过 0.3%时，钢材的抗拉强度很高，但却没有明显的屈服点，且塑性很小。碳含量超过 0.2%时，钢材的焊接性能将开始恶化。因此，建筑钢结构用的钢材基本上都是低碳钢，含碳量均不超过 0.22%，对于焊接结构则应严格控制在 0.2%以内。

在普通碳素钢中，锰是一种弱脱氧剂，可提高钢材强度，消除硫对钢的热脆影响，改善钢的冷脆倾向，含量适宜时不显著降低塑性和韧性；在碳素钢中锰是有益杂质，低合金钢中锰是合金元素。我国碳素结构钢中，锰的含量为 0.3%～0.8%。低合金高强度结构钢中，锰的含量可达 1.0%～1.6%。锰可使钢材的可焊性降低，故含量应受限制。

硅是有益元素，有更强的脱氧作用，是强脱氧剂。而且硅能使钢材的晶粒变细，适量的硅可提高钢材的强度而对其塑性、冷弯性能、冲击韧性和可焊性不会产生不良的影响。过量的硅将降低钢材的塑性和冲击韧性，恶化其抗锈能力和焊接性。硅的含量，在碳素镇静钢中为 0.12%～0.3%，在低合金钢中为 0.2%～0.55%。

钒、铌、钛等元素在钢中形成微细碳化物，适量加入，能起细化晶粒的作用，作为锰以外的合金元素可以提高钢材的强度，也可以保持良好的塑性和韧性。钒是熔炼锰钒低合金钢时特意添加的一种合金元素，可提高钢材强度和细化钢的晶粒，钒的化合物具有高温稳定性，使钢材的高温硬度提高。15MnV 钢是在低合金 16Mn 的基础上加上适量的钒而熔炼成的一种新的强度较高的低合金结构钢。

铝是强脱氧剂，用铝进行补充脱氧，不仅能进一步减少钢中的有害氧化物，而且还能细化晶粒，可提高钢的强度和低温韧性，在要求低温冲击韧性合格保证的低合金钢中，其含量不小于 0.015%。

铬、镍是提高钢材强度的合金元素，用于 Q390 及以上牌号钢材的强度，但其含量应受限制，以免影响钢材的其他性能。

硫和磷是两种极为有害的元素。硫与铁化合成硫化铁(FeS)，散布在纯铁体晶粒的间层中。含硫量过大时，会降低钢材的塑性、冲击韧性、疲劳强度和抗锈性等。当温度在800 ℃～1 200 ℃时，如在焊、铆和热加工时，硫化铁将熔化使钢材变脆而产生裂纹，称之为"热脆"。故应限制结构尤其是焊接结构的含硫量，一般要求不超过0.033%～0.050%。磷的有害作用主要是使钢在低温时韧性降低并且容易产生脆性破坏，称之为"冷脆"。故也应限制其含量不超过0.035%～0.045%。但是磷可以提高钢的强度和抗锈蚀能力。当采取特殊的冶炼工艺时，磷可作为一种合金元素来制造含磷的低合金钢，此时其含量可达0.13%，这时应减少钢材中的碳含量，以保持一定的塑性和韧性。

氧和氮属于有害元素。氧与硫类似使钢热脆，氮与磷类似使钢冷脆，因此，其含量均应严格控制。但当采用特殊的合金组分匹配时，氮可作为一种合金元素来提高低合金钢的强度和抗腐蚀性，如在九江长江大桥中已成功使用的15MnVN钢，就是Q420中的一种含氮钢，氮含量控制在0.010%～0.020%。由于氧和氮容易在冶炼过程中逸出，一般不会超过极限含量，故通常不要求做含量分析。

2.7.2 成材过程

钢材的生产是经过冶炼、脱氧和浇铸、轧制、热处理等工艺过程，在这些过程中，可能出现化学成分偏析、夹杂、裂纹、分层等缺陷而影响钢材性能。

(1)冶炼。当用生铁制钢时，必须通过氧化作用除去生铁中多余的碳和其他杂质，使它们转变为氧化物进入渣中或成气体逸出，这一过程需要在高温下进行，称为炼钢。钢材的冶炼方法主要有平炉炼钢法、转炉炼钢法和电炉炼钢法。

1)平炉炼钢是利用煤气或其他燃料供应热能，把废钢、生铁熔液或铸铁块和不同的合金元素等冶炼成各种用途的钢。平炉的原料广泛，容积大，产量高，冶炼工艺简单，化学成分易于控制，炼出的钢质量优良。但平炉炼钢周期长，效率低，成本高，现已逐渐被顶吹氧气转炉炼钢所取代。

2)转炉炼钢是利用高压空气或氧气使炉内生铁熔液中的碳和其他杂质氧化，在高温下使铁液变为钢液。氧气顶吹转炉冶炼的钢中有害元素和杂质少，质量和加工性能优良，且可以根据需要添加不同的元素冶炼碳素钢和合金钢。由于氧气顶吹转炉可以利用高炉炼出的生铁熔液直接炼钢，生产周期短，效率高，质量好，成本低，已成为国内外发展最快的炼钢方法。而碱性侧吹转炉炼钢生产的钢材质量较差，目前已基本被淘汰。

3)电炉炼钢是利用电热原理，以废钢和生铁等为主要原料，在电弧炉内冶炼。由于不与空气接触，易于清除杂质和严格控制化学成分，炼成的钢质量好。但因耗电量大，成本高，通常只用来冶炼特种用途的钢材。电炉冶炼的钢材一般不在建筑结构中使用。

(2)脱氧和浇铸。熔炼好的钢液中通常都残留氧，这将造成钢材晶粒粗细不均匀并发生热脆现象，因此，应在炼钢炉中或盛钢桶内加入脱氧剂以消除氧，从而改善钢材的质量。按脱氧方法和程度的不同，碳素结构钢可分为沸腾钢、半镇静钢、镇静钢和特殊镇静钢四类。

沸腾钢采用脱氧能力较弱的锰作脱氧剂，脱氧不完全，在将钢液浇铸入钢锭模时，会有气体逸出，出现钢液的沸腾现象。沸腾钢在铸模中冷却很快，钢液中的氧化铁和碳反应生成的一氧化碳气体不能全部逸出，凝固后在钢材中留有较多的氧化铁夹杂和气孔，钢的质量较差。镇静钢采用锰和硅作脱氧剂，脱氧较完全，硅在还原氧化铁的过程中还会产生热量，使钢液冷却缓慢，使气体充分逸出，浇铸时不会出现沸腾现象，这种钢质量好，但成本高。半镇静钢的脱氧程度介于上述二者之间。特殊镇静钢是在锰和硅脱氧后，再用铝补充脱氧，其脱氧程度高于镇静钢。

随着冶炼技术的不断发展，用连铸法生产钢坯的工艺和设备已逐渐取代了传统的铸锭—开坯—初轧的工艺流程和设备。连铸法的特点是：钢液由钢包经过中间包连续注入被水冷却的铜制铸模中，冷却后的坯材被切割成半成品。连铸法的机械化、自动化程度高，生产的钢坯整体质量均匀，只有轻微的偏析现象，但只有镇静钢才适合连铸工艺，因此，国内大钢厂已很少生产沸腾钢。若采用沸腾钢，不但质量差，而且供货困难，价格并不便宜。

钢材在冶炼、浇铸过程中不可避免地存在冶金缺陷，包括偏析、非金属夹杂、气孔、裂纹及分层等。偏析是指金属结晶后化学成分分布不均匀，特别是硫、磷的偏析严重恶化了钢材的性能；非金属夹杂是指钢中含有如硫化物等杂质；气孔是指浇铸时由 FeO 与 C 作用所生成的 CO 气体不能充分逸出而留在钢锭内形成的微小空洞。这些缺陷都将影响钢材的力学性能。

(3)轧制。钢材的轧制是在 1 200 ℃～1 300 ℃高温和压力作用下将钢锭热轧成钢板或型钢，轧制能使钢材的晶粒变得细小而致密，也能将钢锭中的小气泡、裂纹等缺陷焊合起来，它不仅改变了钢材的形状及尺寸，改善了钢材的内部组织，而且也改善了钢材的内部组织，从而显著地改善了钢材的各种力学性能。试验证明，钢材的力学性能与轧制方向有关，沿轧制方向比垂直轧制方向强度高。因此，轧制后的钢材在一定程度上不再是各向同性，进行钢板拉力试验时，试件应在垂直轧制方向上切取。一般来说，经过轧制的钢材，厚度越薄，其强度也越高，塑性和韧性越好。

(4)热处理。一般钢材以热轧状态交货，而某些特殊用途的钢材在轧制后还经常经过热处理进行调质，以改善钢材性能。热处理是将钢在固态范围内，施以不同的加热、保温和冷却措施，通过改变钢的内部组织构造而改善其性能的一种加工工艺。热处理的目的是取得高强度的同时能够保持良好的塑性和韧性。钢材的普通热处理包括退火、正火、淬火和回火四种基本工艺。《低合金高强度结构钢》(GB/T 1591—2008)规定：钢一般应以热轧、控扎、正火及正火加回火状态交货。Q420、Q460 的 C、D、E 级钢也可以按淬火加回火状态交货；具体交货状态由需方提出并在合同中注明，否则向供方自行决定。

退火和正火是应用非常广泛的热处理工艺，用其可以消除加工硬化、软化钢材、细化晶粒、改善组织以提高钢的机械性能，消除残余应力以防钢件的变形和开裂，为进一步的热处理做好准备。对一般低碳钢和低合金钢而言，其操作方法为：在炉中将钢材加热至 850 ℃～900 ℃，保温一段时间后，若随炉温冷却至 500 ℃以下，再放至空气中冷却的工艺称为完全退火；若保温后从炉中取出在空气中冷却的工艺称为正火。正火的冷却速度比退火快，正火后的钢材组织比退火细，强度和硬度有所提高。如果钢材在终止热轧时的温度正好控制在上述范围内，可得到正火的效果，称为控轧。如果热轧卷板的成卷温度正好在上述范围内，则卷板内部的钢材可得到退火的效果，钢材会变软。还有一种去应力退火，又称低温退火，主要采于用消除铸件、热轧件、锻件、焊接件和冷加工件中的残余应力。

去应力退火的操作是将钢件随炉缓慢加热至500 ℃～600 ℃，经一段时间后，随炉缓慢冷却至200 ℃～300 ℃以下出炉，钢材在去应力退火过程中并无组织变化，残余应力是在加热、保温和冷却过程中消除。

淬火工艺是将钢件加热到900 ℃以上，保温后快速在水中或油中冷却。该工艺增加了钢材的强度和刚度，但同时使钢材的塑性和韧性降低。回火工艺是将淬火后的钢材加热到某一温度进行保温，而后在空气中冷却。其目的是消除残余应力，调整强度和硬度，减少脆性，增加塑性和韧性。将淬火后的钢材加热至500 ℃～650 ℃，保温后在空气中冷却，称为高温回火。高温回火后的钢具有强度、塑性、韧性都较好的综合机械性能。通常称淬火加高温回火的工艺为调质处理。强度较高的钢材，包括高强度螺栓的材料都要经过调质处理。

2.7.3 应力集中的影响

前述的钢材的工作性能及力学性能指标，通常是以轴心受力构件中应力均匀分布的情况为基础，事实上钢构件当中不可避免地存在着孔洞、刻槽、凹角、裂纹以及厚度或宽度的突然改变，此时构件中的应力不再保持均匀分布，而是在某些区域产生高峰应力，另外一些区域则应力降低，即所谓应力集中的现象，如图2.15所示。

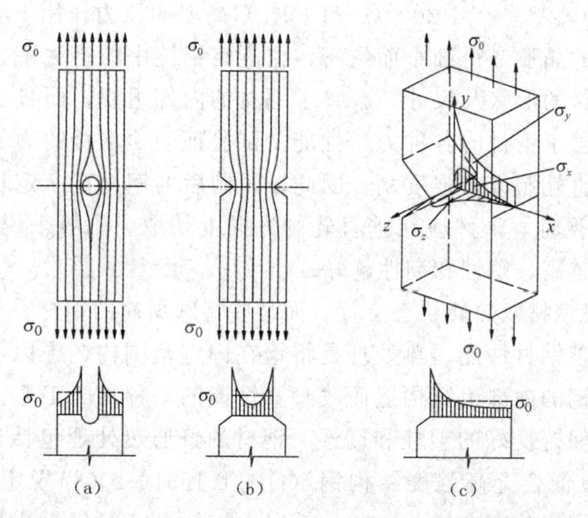

图2.15 板件孔洞、缺口处的应力集中

(a)薄板圆孔处的应力与分布；(b)薄板缺口处的应力分布；(c)厚板缺口处的应力分布

这主要是由于应力线在绕过孔口等缺陷时发生弯转，不仅在孔口边缘处会产生沿力作用方向的应力高峰，而且会在孔口附近产生垂直于力的作用方向的横向应力，甚至会产生三向拉应力，而且厚度越厚的钢板，在其缺口中心部位的三向拉应力也越大，这是因为在轴向拉力作用下，缺口中心沿板厚方向的收缩变形受到较大的限制，形成所谓平面应变状态所致。高峰区的最大应力与净截面的平均应力的比值称为应力集中系数，应力集中的严重程度用应力集中系数来衡量，其值越大，钢材变脆的倾向越严重。

研究表明：在应力高峰区域总是存在着同号的双向或三向应力，使材料处于复杂受力状态，这种同号的平面或立体应力场使钢材有变脆的趋势，而且应力集中越严重，出现的同号三向力场的应力水平越接近，钢材越趋于脆性。具有不同缺口形状的钢材拉伸试验结果也表明，截面改变尖锐程度越大的试件，其应力集中现象就越严重，引起钢材脆性破坏的危险性就越大。

应力集中现象还可能由内应力产生。内应力的特点是力系在钢材内自相平衡，而与外力无关，其在浇铸、轧制和焊接加工过程中，因不同部位钢材的冷却速度不同，或因不均匀加热和冷却而产生。其中，焊接残余应力的量值往往很高，在焊缝附近的残余拉应力常达到屈服点，而且在焊缝交叉处经常出现双向，甚至三向残余拉应力场，使钢材局部变脆。当外力引起的应力与内应力处于不利组合时，会引发脆性破坏。

因此，在进行钢结构设计时，应尽量使构件和连接节点的形状和构造合理，防止截面的突然改变。在进行钢结构的焊接构造设计和施工时，应尽量减少焊接残余应力。

2.7.4 钢材的硬化

钢材的硬化有冷作硬化(或应变硬化)、时效硬化和应变时效硬化三种情况。

在常温下对钢材进行加工称为冷加工。冷拉、冷弯、冲孔、机械剪切等加工使钢材产生很大塑性变形，产生塑性变形后的钢材在重新加荷时将提高屈服点，同时，降低塑性和韧性的现象称为冷作硬化。由于降低了塑性和韧性性能，普通钢结构中通常不利用该现象所提高的强度，重要结构还把钢板因剪切而硬化的边缘部分刨去。而用作冷弯薄壁型钢结构的冷弯型钢，是由钢板或钢带经冷轧成型，也有的是经压力机模压成型或在弯板机上弯曲成型的。由于冷成型操作，实际构件截面上各点的屈服强度和抗拉强度都有不同程度的提高，其性能与原钢板已经有所不同，故冷弯薄壁型钢设计中允许利用因局部冷加工而提高的强度。

在高温时溶于铁中的少量氮和碳，随着时间的增长逐渐由固溶体中析出，生成氮化物和碳化物，对纯铁体的塑性变形起遏制作用，从而使钢材的强度提高，塑性和韧性下降。这种现象称为时效硬化，俗称老化。产生时效硬化的过程一般较长，仅在振动荷载、反复荷载及温度变化等情况下，会加速其发展。

在钢材产生一定数量的塑性变形后，铁素晶体中的固溶氮和碳将更容易析出，从而使已经冷作硬化的钢材又发生时效硬化现象，称为应变时效硬化。这种硬化在高温作用下会快速发展，人工时效就是据此提出来的，方法是：先使钢材产生10%左右的塑性变形，卸载后再加热至250 ℃，保温一小时后在空气中冷却。用人工时效后的钢材进行冲击韧性试验，可以判断钢材的应变时效硬化倾向，确保结构具有足够的抗脆性破坏能力。

2.7.5 温度变化的影响

钢材对温度非常敏感，温度升高和降低都能使钢材性能发生变化(图 2.16)。总的趋势是：温度升高，强度降低，塑性增大；温度降低，强度略有提高，塑性、韧性降低。相比之下，低温性能更为重要。

1. 正温范围

在正温范围内，当温度升高时，钢材的抗拉强度 f_u、屈服点 f_y 和弹性模量 E 均有变化。约在200 ℃内，强度降低，塑性增大，但数值变化不大。当温度在250 ℃左右时，抗

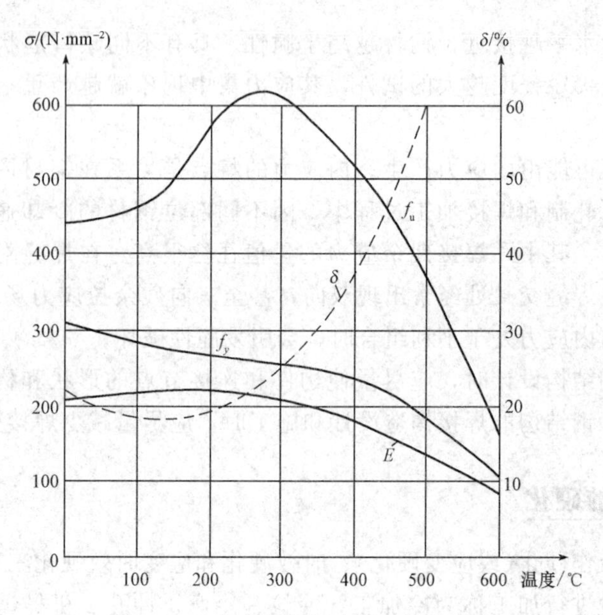

图 2.16　温度对钢材力学性能的影响

拉强度 f_u 局部性提高，而塑性和冲击韧性下降，钢材呈现脆性，这种现象称为“蓝脆现象”(因表面氧化碘呈蓝色)。在蓝脆温度区域对钢材进行热加工，可能引起热裂纹。温度超过260 ℃～320 ℃时，f_u 和 f_y 显著下降，而伸长率 δ 明显增大，钢材产生徐变。徐变是应力持续不变的情况下钢材以缓慢速度继续变形的现象。另外，钢材长期处于 150 ℃～200 ℃时，将出现低温回火现象，加剧其时效硬化，若和塑性变形同时作用，将更加快时效硬化速度。因此，当结构表面长期受辐射热达 150 ℃以上或在短时间内可能受到火焰作用时，应采取有效的防护措施(如加隔热层或水套等)；当结构可能受炽热熔化金属侵害时，熔化金属喷溅在结构表面的聚结和烧灼，将影响结构的正常使用寿命，应采用砖或耐热材料做成隔热层加以保护。

温度达到 600 ℃时，钢材强度基本消失，因而钢材的耐火性能很低。为了满足建筑物防火要求，应用耐火材料加以防护，但提高了钢结构的造价。目前，国内外都已开发出具有一定耐火性能的钢材。宝山钢铁公司的耐火铬钢系列和耐候耐火钢系列新产品，在 600 ℃高温下屈服点下降不大于其标准值的 1/3，可以减少或省去外涂或外包防火材料。

2. 负温范围

当温度从常温下降时，钢材的强度略有提高，但塑性和韧性降低，脆性增大，特别是在负温范围内的某一区间，其冲击韧性急剧下降，破坏特征明显地由塑性破坏转变为脆性破坏，出现低温脆断现象。图 2.17 所示为钢材冲击韧性与温度关系曲线。由图 2.17 可见，随着温度的下降，在一个温度区段 T_1T_2 内，冲击断裂功迅速下降，此温度区段称为钢材的冷脆转变温度区。冷脆转变温度越低的钢材其韧性越好。因此，在低温(计算温度≤－20 ℃)工作的结构，特别是承受动力荷载作用的结构，钢材除具有常温冲击韧性的合格保证外，还应具有负温(－20 ℃或－40 ℃)冲击韧性的合格保证，以提高结构抵抗低温脆断的能力。

另外，钢材在不同受力情况下有不同的冷脆转变温度区，如冲击拉伸试验的冷脆温度

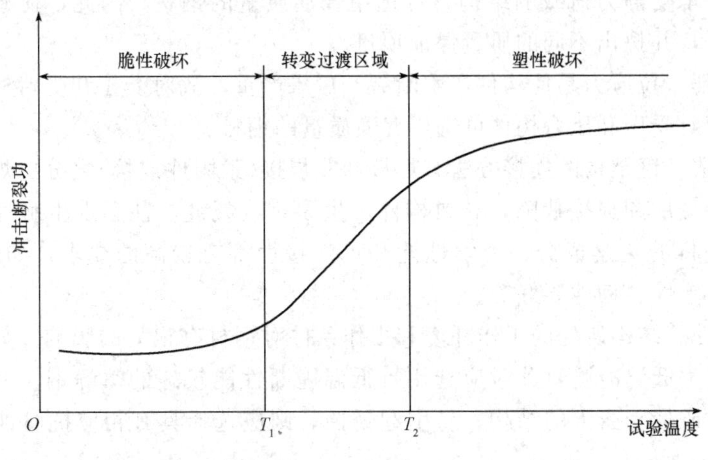

图 2.17　钢材冲击韧性与温度的关系曲线

比冲击弯曲试验的低。如果把冷脆温度 T_1 作为钢材的脆断设计温度，即可保证钢结构低温工作的安全。

2.7.6　重复荷载作用的影响

在重复荷载的作用下，钢材的破坏强度低于静力作用下的抗拉强度，且呈现突发性的脆性破坏特征，这种现象称之为钢材的疲劳破坏。疲劳破坏前，钢材并无明显的变形，它是一种突然发生的脆性破坏。

一般认为，钢材的疲劳破坏是由拉应力引起的，对长期承受动荷载重复作用的钢结构构件(如吊车梁)及其连接，应进行疲劳计算。不出现拉应力的部位，不必计算疲劳。

2.8　钢材的选用

1. 钢材选用的原则和考虑因素

钢材选用的原则是：即使结构安全可靠地满足使用要求，也要尽最大可能节约钢材，降低造价。对于不同的使用条件，应当有不同的质量要求。钢材的力学性质中，屈服点、抗拉强度、伸长率、冷弯性能、冲击韧性等各项指标是从不同的方面来衡量钢材的质量。显然，没有必要在不同的使用条件下都要符合这些质量指标。钢材的选用应考虑以下主要因素：

(1)结构的类型和重要性。结构和构件按其用途、部位和破坏后果的严重性，可分为重要的、一般的和次要的三类，相应的安全等级则为一级、二级和三级。大跨度屋梁、重型工作制吊车梁等按一级考虑，故应采用质量好的钢材；一般的屋架、梁和柱按二级考虑，梯子、平台和栏杆按三级考虑，可选择质量较低的钢材。

(2)荷载性质。结构所受荷载分为静力荷载和动力荷载两种。对直接承受动力荷载的结构或构件中，如吊车梁，应选用综合质量和韧性较好的钢材。若需验算疲劳时，则应选用更好的钢材。对承受静力荷载的结构，可选用普通质量的钢材。因此，荷载性质不同，应选用不同的钢材，并提出不同的质量保证项目。

(3)应力特征。拉应力易使构件产生断裂，后果严重，故对受拉和受弯构件应选用较好质量的钢材。而对受压和压弯构件可选用普通质量的钢材。

(4)连接方法。钢结构的连接方法有焊接和非焊接(紧固件连接)之分。焊接结构会产生焊接应力、焊接变形和焊接缺陷，导致构件产生裂纹或裂缝，甚至发生脆性断裂。故在焊接钢结构中对钢材的化学成分、力学性能和可焊接性都有较高的要求，如钢材的碳、硫、磷的含量要低，塑性、韧性要好等。

(5)工作条件。结构所处的工作环境和工作条件对钢材有很大的影响，如钢材处于低温工作环境时易产生低温冷脆，此时应选用抗低温脆断性能较好的镇静钢。另外，对周围环境有腐蚀性介质或处于露天的结构，易引起锈蚀，则应选择具有相应抗腐蚀性能好的耐候钢材。

(6)钢材厚度。厚度大的钢材不仅强度、塑性、冲击韧性较差，而且其焊接性能和沿厚度方向的受力性能亦较差。故在需要采用大厚度钢板时，应选择质量好的厚板或Z向钢板。

2. 钢材选择和保证项目要求

承重结构选择钢材的任务是确定钢材的牌号(包括钢种、冶炼方法、脱氧方法和质量等级)以及提出应有的机械性能和化学成分的保证项目。

(1)一般结构多采用Q235钢，但对于跨度较大、荷载较重、较大动荷载作用下以及低温条件下，可选用16Mn或15MnV钢。

(2)结构钢用的平炉钢和氧气转炉钢，质量相当，订货和设计时一般不加区别。

(3)一般结构采用Q235钢时可用沸腾钢，通常能满足使用要求，但较大动荷载和低温条件下不宜用沸腾钢。

(4)钢结构至少有屈服强度、抗拉强度和伸长率三项机械性能和磷、硫两项化学成分的合格保证。焊接结构还需有含碳量的合格保证。

(5)对重级工作制和吊车起重量大于50 t的中级工作制吊车梁、吊车桁架等构件，应具有常温(20 ℃)的冲击韧性的保证。低温工作时，还需要有0 ℃、−20 ℃和−40 ℃时低温冲击韧性的合格保证。

(6)较大房屋的柱、屋架、托架等构件承受直接动力荷载的结构等，应有冷弯试验的合格保证。

习题

2.1　钢结构需要具备的力学性能有哪些？

2.2　影响结构钢力学性能的因素有哪些？

2.3　钢材有哪几种基本破坏形式？试述各自的破坏特征和微观实质。

2.4　简述疲劳破坏产生的条件以及疲劳断裂过程。

2.5　选择钢材应考虑的因素有哪些？

2.6　钢材中常见的冶金缺陷有哪些？

第3章 钢结构的连接

学习要点

本章主要介绍了钢结构的连接种类和各种连接的优缺点；常用焊条及焊条的选用；焊缝连接的形式；焊缝的缺陷及焊缝质量检验；对接焊缝连接的构造和计算；角焊缝的形式、构造要求和计算；焊接残余应力和焊接变形的产生原因及对构件工作性能的影响；普通螺栓的规格、受力性能及破坏形式，普通螺栓的计算；高强度螺栓连接的性能和计算。

学习重点与难点

重点：角焊缝的计算，普通螺栓和高强度螺栓连接的计算。

难点：角焊缝计算的基本公式，焊接残余应力产生的原因，普通螺栓及高强度螺栓同时承受拉力和剪力的计算。

钢结构是由钢板、型钢通过必要的连接组成基本构件(梁、柱、桁架等)，再将基本构件安装连接成整体结构(框架、塔架、屋盖等)。连接往往是传力的关键部位，连接构造不合理，将使结构的计算简图与真实情况相差很远；连接强度不足，将使连接破坏，导致整个结构迅速破坏。因此，连接在钢结构中占有很重要的地位，连接设计是钢结构设计的重要环节。

钢结构的连接方法主要分为焊缝连接(welded connection)、铆钉连接(riveted connection)和螺栓连接(bolted connection)，如图3.1所示。

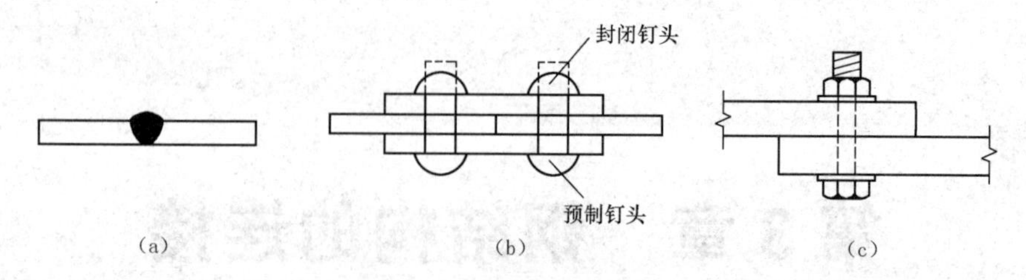

图 3.1　钢结构的连接方法

(a)焊缝连接；(b)铆钉连接；(c)螺栓连接

3.1 钢结构的连接方法及其特点

3.1.1 焊缝连接

19 世纪下半叶出现焊缝连接，20 世纪 20 年代之后焊缝连接逐渐取代铆钉连接，成为钢结构最主要的连接方法。其优点是：①构造简单，对几何形体适应性强，任何形式的构件均可直接连接；②不削弱截面，省工省材；③制作加工方便，可实现自动化操作，工作效率高，质量可靠；④连接的密闭性好、结构的刚度大。

焊缝连接的缺点是：①在焊缝附近的热影响区内，钢材的金相组织发生改变，导致局部材质劣化变脆；②焊接残余应力和残余变形使受压构件的承载力降低；③焊接结构对裂纹很敏感，局部裂纹一旦发生，就容易扩展到整体，低温冷脆问题较为突出；④对材质要求高，焊接程序严格，质量检验工作量大。

3.1.2 铆钉连接

铆钉连接的制作方法有热铆和冷铆两种。热铆是将烧红的钉坯插入构件的钉孔中，用铆钉枪或压铆机铆和而成；冷铆是在常温下铆合而成，建筑中常用热铆。

铆钉打铆完成后，钉杆由高温逐渐冷却而发生收缩，但被钉头之间的钢板阻止住，故钉杆中产生收缩拉应力，对钢板则产生压紧力，使得连接十分紧密。当构件受剪力作用时，钢板接触面上产生很大的摩擦力，因而大大提高连接的工作性能。

铆钉连接的质量和受力性能与钉孔的制作方法密切相关。钉孔的制作方法分为Ⅰ、Ⅱ两类。Ⅰ类孔是用钻模钻成，或先冲成较小的孔，装配时再扩钻而成，质量较好；Ⅱ类孔是冲成或采用钻模钻成，虽然制法简单，但构件拼装时钉孔不易对齐，质量较差，重要的结构应该采用Ⅰ类孔。

与焊缝连接相比，铆钉连接的钢结构的塑性和韧性好，质量易于检查，连接可靠，抗动力荷载性能好，对主体钢材的材质要求低。但是，铆钉连接的构造复杂，制孔和打铆费钢费工，钉孔削弱主材截面，打铆时噪声大，劳动条件差。因此，除在一些重型和直接承受动力荷载的结构中应用外，一般钢结构已很少采用。

3.1.3 螺栓连接

18 世纪中叶开始出现普通螺栓连接，目前仍是钢结构安装连接的重要方法之一。20 世纪中叶又发展使用高强度螺栓连接，与焊缝连接同等重要。螺栓连接分为普通螺栓连接和高强度螺栓连接两种。

1. 普通螺栓连接

普通螺栓(common bolt)连接一般采用 Q235 钢制作。根据螺栓的加工精度分为 A、B、C 三级，A 级和 B 级螺栓为精制螺栓，其材料性能等级分为 5.6 级和 8.8 级，其中小数点前的数字表示螺栓成品的抗拉强度，小数点后的数字表示其屈强比，即螺栓的抗拉强度不小于 500 N/mm^2 和 800 N/mm^2，屈强比分别为 0.6 和 0.8。C 级螺栓为粗制螺栓，其材料性能等级为 4.6 级或 4.8 级(即螺栓的抗拉强度不小于 400 N/mm^2，屈强比为 0.6 或 0.8)。

A、B 级精制螺栓是由毛坯在车床上经过切削加工精制而成，表面光滑，尺寸精确，螺杆直径与螺栓孔径相同，但螺杆直径仅允许负公差，螺栓孔直径仅允许正公差，对成孔质量要求高。由于有较高的精度，因而受剪性能好。但制作和安装复杂，价格较高，已很少在钢结构中采用。

C 级螺栓由未经加工的圆钢压制而成。由于螺栓表面粗糙，一般采用在单个零件上一次冲成或采用钻模钻成设计孔径的孔(Ⅱ类孔)。螺栓孔的直径比螺栓杆的直径大 1.5～3 mm(详见表 3.1)。对于采用 C 级螺栓的连接，由于栓杆与孔的间隙大，故用于受剪连接时，产生较大的滑移变形，因此，宜用于沿其杆轴方向受拉的连接中。用于受剪连接时，只宜用于承受静力荷载或间接承受动力荷载结构中的次要连接、承受静力荷载的可拆卸结构的连接以及临时固定构件用的安装连接中。

表 3.1 C 级螺栓孔径

螺杆公称直径/mm	12	16	20	(22)	24	(27)	30
螺栓孔公称直径/mm	13.5	17.5	22	(24)	26	(30)	33

2. 高强度螺栓连接

高强度螺栓(high strength bolt)采用的材料为 45 号钢、40Cr 钢和 20MnTiB 钢等，其材料性能等级为 8.8 级和 10.9 级。由于高强度螺栓采用的材料强度比普通螺栓高，因而可以对栓杆施加较大的紧固预拉力，使连接的板件压紧，产生较大的摩擦力。摩擦型连接高强度螺栓的孔径比螺栓公称直径 d 大 1.5～2.0 mm，承压型连接高强度螺栓的孔径比螺栓公称直径 d 大 1.0～1.5 mm。摩擦型连接的优点是施工方便，对构件的削弱较小，可拆换，螺栓的剪切变形小，能承受动力荷载，耐疲劳，韧性和塑性好，包含了普通螺栓和铆钉连接的各自优点，目前已成为代替铆钉连接的优良连接形式，特别适用于承受动力荷载的结构。承压型连接的承载力高于摩擦型连接，但整体性、刚度均较差，剪切变形大，强度储备相对较低，故不得用于承受动力荷载的结构中。

3.2 焊缝连接形式和焊缝的质量等级

焊接是对焊缝连接的简称。焊缝连接是现代钢结构最常用的连接方法。其优点是可以连接任何形状的结构，不削弱构件截面，构造简单，节约钢材，加工方便，易于采用自动化操作，连接刚度大，密封性能较好。在工业与民用建筑中，只有少数情况下不宜采用焊接，如重级工作制吊车梁、制动梁及制动梁与柱的连接部位。

自20世纪下半叶以来，由于焊接技术的改进提高，目前焊接已在钢结构连接中处于主宰地位。其不仅是制造构件的基本连接方法，同时，也是构件安装连接的一种重要方法。除了少数直接承受动力荷载结构的某些部位(吊车梁的工地拼接、吊车梁与柱的连接等)，因容易产生疲劳破坏而在采用时宜有所限制外，其他部位均可普遍应用。

3.2.1 钢结构中常用的焊接方法

钢结构中常用的焊接方法是电弧焊、电渣焊、气体保护焊和电阻焊。

1. 电弧焊

电弧焊是利用通电后焊条和焊件之间产生的强大电弧提供热源，熔化焊条，滴落在焊件被电弧吹成凹槽的熔池中，并与焊件熔化部分结合形成焊缝，将两焊件连接成一个整体。根据操作的自动化程序，电弧焊的质量比较可靠，是最常用的一种焊接方法。电弧焊可分为手工电弧焊、自动或半自动埋弧焊等。

(1)手工电弧焊。图3.2所示为手工电弧焊的原理示意图。其是由焊条、焊钳、焊件、电焊机和导线等组成电路。通电后在涂有焊药的焊条与焊件之间产生电弧，由电弧提供热源，使焊条熔化，滴落在焊件上被电弧所吹成的小凹槽熔池中，并与焊件溶化部分结成焊缝。由焊条药皮形成的熔渣和气体覆盖熔池，防止空气中的氧、氮等有害气体与熔化的液体金属接触，避免形成脆性易裂的化合物。焊缝金属冷却后就把焊件连成整体。手工电弧焊焊条应与焊件金属品种相适应，对Q235钢焊件用E43系列型焊条(E4300—4328)，Q345钢焊件用E50系列型焊条(E5000—5048)，Q390钢焊件用E55系列型焊条(E5500—5518)，E表示焊条(Electrode)，第1、2位数字为熔融金属的最小抗拉强度，第3、4位数字表示使用的焊接位置、电流及药皮的类型。例如，E43××表示最小抗拉强度 $f_u=430\ N/mm^2$，××代表了不同的焊接位置、焊接电流的种类、药皮类型和熔敷金属化学成分代号等。当不同钢种的钢材相连接时，宜采用与较低强度钢材相适应的焊条。如Q235钢与Q345钢焊接时宜选择E43型焊条。

(2)埋弧焊。埋弧焊是电弧在焊剂层下燃烧的一种电弧焊方法，埋弧焊的优点是与大气隔离，保护效果好，且无金属飞溅，弧光也不外露，有时焊剂还可提供焊缝必要的合金元素，以改善焊缝的质量。埋弧焊根据操作方式分为自动埋弧焊和半自动埋弧焊。自动和半自动埋弧焊的原理如图3.3所示。自动埋弧焊的焊丝送进和焊接方向的移动有专门机构控制，半自动埋弧焊的焊丝送进有专门机构，而焊接方向的移动靠人工操作。进行焊接时，焊接设备或焊件自行移动，焊剂不断由漏斗漏下，电弧完全被埋在焊剂之内，其焊缝面常呈均匀鱼鳞状。自动埋弧焊采用没有涂层的焊丝，插入从漏斗中流出的覆盖在被焊金属上面的焊剂中，通电后由于电弧作用熔化焊丝和焊剂，熔化后的焊剂浮在熔化金属表面保护熔化金属。同时，绕在转盘上的焊丝也不断自动熔化和下降进行焊接。自动埋弧焊的焊缝均匀，塑性好，冲击韧性高，抗腐蚀性强。焊接时可采用较大电流使熔深加大，相应可减小对接焊件的间隙和坡口角度，节省材料和电能，劳动条件好，生产效率高。

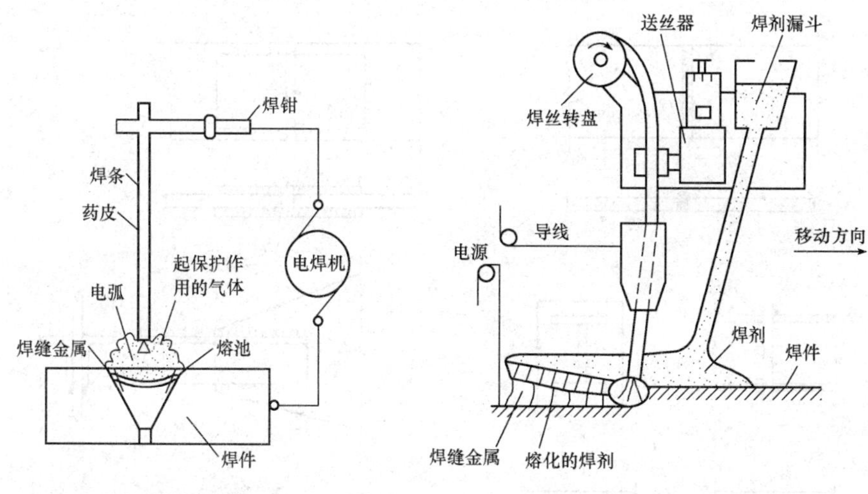

图 3.2　手工电弧焊原理　　图 3.3　自动埋弧焊原理

2. 电渣焊

电渣焊是利用电流通过熔渣所产生的电阻来熔化金属，焊丝作为电极伸入并穿过渣池，使渣池产生电阻热将焊件金属及焊丝熔化，沉积于熔池中，形成焊缝。电渣焊一般在立焊位置进行，目前多用熔嘴电渣焊，以管状焊条作为熔嘴，焊丝从管内递进。熔嘴周围有均匀涂层，厚度为 1.5～3.0 mm，管材用 15 号或 20 号冷拔无缝钢管。填充丝在焊接 Q235 钢时用 H08MnA，焊接 Q345 钢时用 H08MnMoA。

3. 气体保护焊

气体保护焊是利用惰性气体或 CO_2 气体作为保护介质的一种电弧熔焊的方法。焊接时，在电弧周围形成保护气体，使被熔化的金属不与空气接触，电弧加热集中，焊接速度快，熔化深度大，焊缝强度高，塑性好。CO_2 气体保护焊采用高锰高硅型焊丝，具有较强的抗锈能力，焊缝不易产生气孔，适用于低碳钢、低合金高强度钢以及其他合金钢的焊接。但该方法不适用于在风较大的地方施焊。

4. 电阻焊

电阻焊是将被焊工件压紧于两电极之间，并施以电流，利用电流流经工件接触面及邻近区域产生的电阻热效应将其加热到熔化或塑性状态，使之形成金属结合的一种方法，如图 3.4 所示。电阻焊具有生产效率高、低成本、节省材料、易于自动化等特点，因此，广泛应用于航空、航天、能源、电子、汽车等工业部门。电阻焊适用于模压及冷弯薄壁型钢的焊接，且板叠厚度为 6～12 mm。

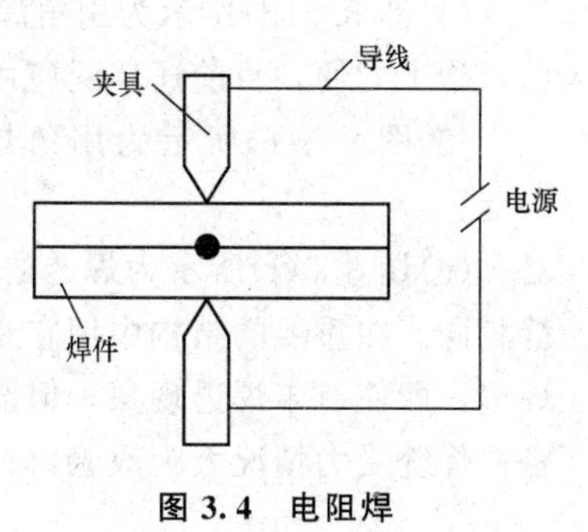

图 3.4　电阻焊

3.2.2 焊缝连接形式及焊缝形式

1. 焊缝连接形式

焊缝连接形式按被连接构件间的相对位置分为平接、搭接、T形连接和角接四种。这些连接所采用的焊缝形式主要有对接焊缝和角焊缝，如图 3.5 所示。

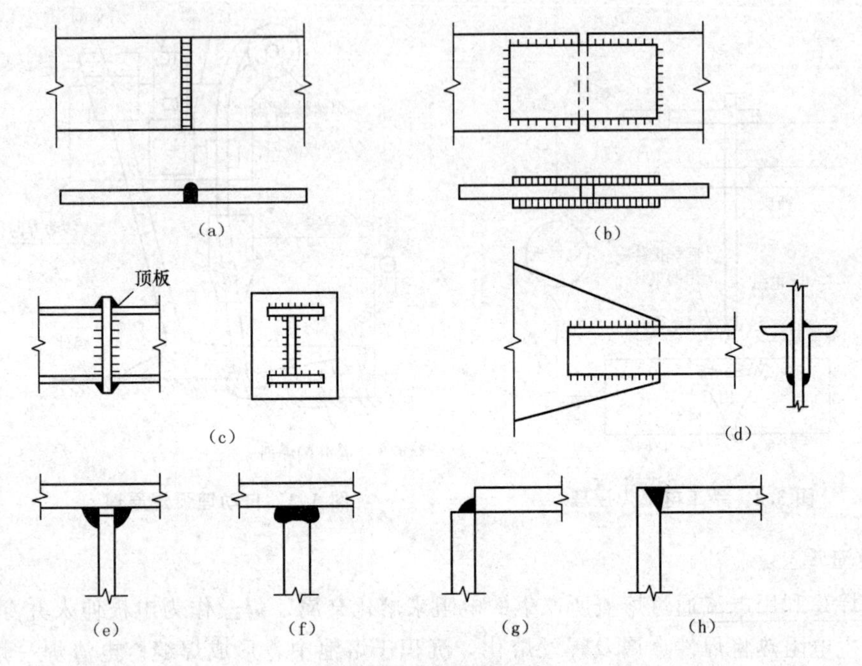

图 3.5 焊缝连接形式

(1)图 3.5(a)所示为用对接焊缝的平接连接。其特点是用料经济，传力均匀平缓，没有明显的应力集中，当符合一、二级焊缝质量检验标准时，焊缝和被焊构件的强度相等，承受动力荷载的性能较好，但是焊件边缘需要加工。被连接两板的间隙和坡口尺寸有严格要求。

(2)图 3.5(b)所示为用拼接板和角焊缝的平接连接，这种连接传力不均匀、费料，但施工简便，所连接两板的间隙大小无须严格控制。

(3)图 3.5(c)所示为用顶板和角焊缝的平接连接，施工方便，用于受压构件较好。受拉构件为了避免层间撕裂，不宜采用。

(4)图 3.5(d)所示为用角焊缝的搭接连接，这种连接传力不均匀，材料较费，但构造简单，施工方便，目前还广泛应用。

(5)图 3.5(e)所示为用角焊缝的 T 形连接，构造简单，受力性能较差，应用也颇为广泛。

(6)图 3.5(f)所示为焊透的 T 形连接，其焊缝形式为对接与角接的结合，性能与对接焊缝相同。在重要的结构中用它来代替 3.5(e)的连接。实践证明：这种要求焊透的 T 形连接焊缝，即使有未焊透现象，但因腹板边缘经过加工，焊缝收缩后使翼缘和腹板顶得十分紧密，焊缝受力情况大为改善，一般能保证使用要求。

(7)图 3.5(g)、(h)所示为用角焊缝和对接焊缝的角接连接。

2. 焊缝形式

对接焊缝按所受力的方向可分为对接正焊缝和对接斜焊缝[图 3.6(a)、(b)]。角焊缝长度方向垂直于力作用方向的称为正面角焊缝，平行于力作用方向的称为侧面角焊缝[图 3.6(c)]。

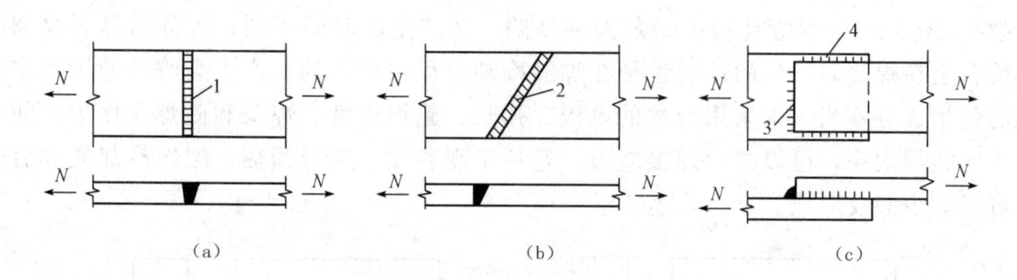

图 3.6　焊缝形式

1—对接正焊缝；2—对接斜焊缝；3—正面角焊缝；4—侧面角焊缝

焊缝按沿长度方向的分布情况来看，有连续角焊缝和断续角焊缝两种形式(图 3.7)。连续角焊缝受力性能较好，为主要的角焊缝形式；断续角焊缝容易引起应力集中，重要结构中应避免使用，它只用于一些次要构件的连接或次要焊缝中，断续焊缝的间距 L 不宜太长，以免因距离过大使连接不宜紧密，潮气易侵入而引起锈蚀。间接距离 L 一般在受压构件中不应大于 $15t$，在受拉构件中不应大于 $30t$，t 为较薄构件的厚度。

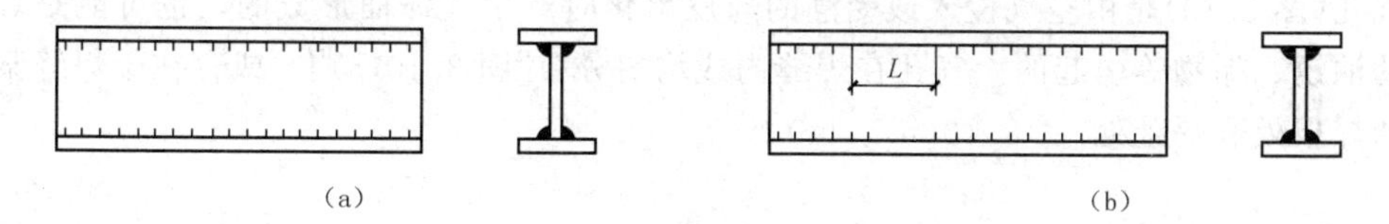

图 3.7　连续角焊缝和断续角焊缝

(a)连续角焊缝；(b)断续角焊缝

焊缝按施焊位置分为俯焊(平焊)、立焊、横焊、仰焊几种(图 3.8)。俯焊的施焊工作方便，质量最易保证；立焊、横焊的质量及生产效率比俯焊的差一些；仰焊的操作条件最差，施焊质量不易保证，因此应尽量避免采用仰焊焊缝。

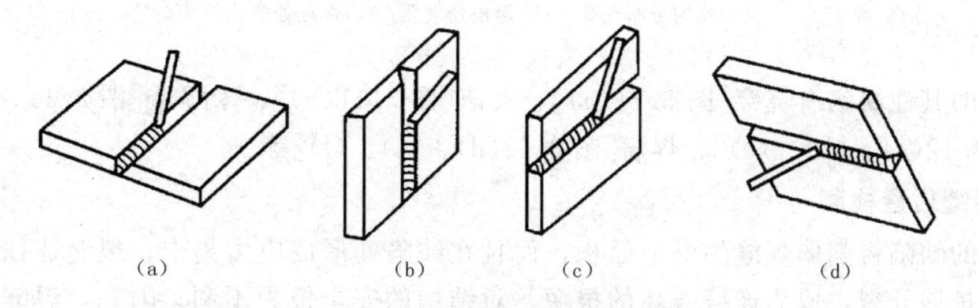

图 3.8　焊缝的施焊位置

(a)俯焊；(b)立焊；(c)横焊；(d)仰焊

3.2.3 焊缝质量缺陷和检测

1. 焊缝质量缺陷

焊缝缺陷是指在焊接过程中产生于焊缝金属或其附近热影响区钢材表面或内部的缺陷。焊缝中可能存在裂纹、气孔、烧穿、焊瘤、弧坑、夹渣、咬边未熔合和末焊透等缺陷。

裂纹(图 3.9)是焊缝连接中最危险的缺陷。按产生的时间不同，可分为热裂纹和冷裂纹。前者是在焊接时产生的；后者是在焊缝冷却过程中产生的。产生裂纹的原因很多，如钢材的化学成分不当，未采用合适的电流、弧长、施焊速度、焊条和施焊次序等。如果采用合理的施焊次序，可以减少焊接应力，避免出现裂纹。进行预热，缓慢冷却或焊后热处理，可以减少裂纹形成。

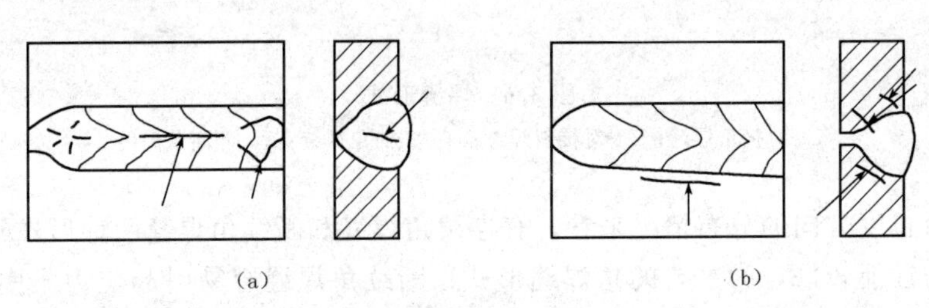

图 3.9 焊缝裂纹

(a)热裂纹分布示意图；(b)冷裂纹分布示意图

气孔(图 3.10)是由空气侵入或受潮的药皮熔化时产生气体而形成的，也可能是焊件金属上的油锈、垢物等引起的。气孔在焊缝内或均匀分布[图 3.10(a)]，或存在于焊缝某一部位，如焊根处和焊趾处[图 3.10(b)、(c)]。

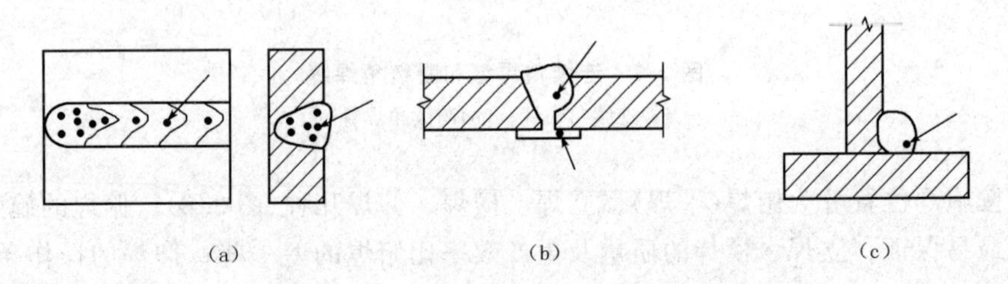

图 3.10 气孔

(a)均匀分布气孔；(b)焊根处气孔；(c)焊趾处气孔

焊缝的其他缺陷有烧穿[图 3.11(a)]、夹渣[图 3.11(b)]、未焊透[图 3.11(e)、(f)]、咬边[图 3.12(a)、(b)、(c)]、焊瘤[图 3.12(d)、(e)、(f)]等。

2. 焊缝质量检测

焊缝的缺陷将削弱焊缝的受力面积，而且在缺陷处形成应力集中，裂缝往往先从那里开始，并扩展开裂，成为连接破坏的根源，对结构的安全极为不利。因此，焊缝质量检查极为重要。《钢结构工程施工质量验收规范》(GB 50205—2001)规定，焊缝质量检查标准共分为三级，其中三级要求通过外观检查，即检查焊缝实际尺寸是否符合设计要求和有无看得见的裂纹、咬边等缺陷。对于重要结构或要求焊缝金属强度等于被焊金属强度的对接焊

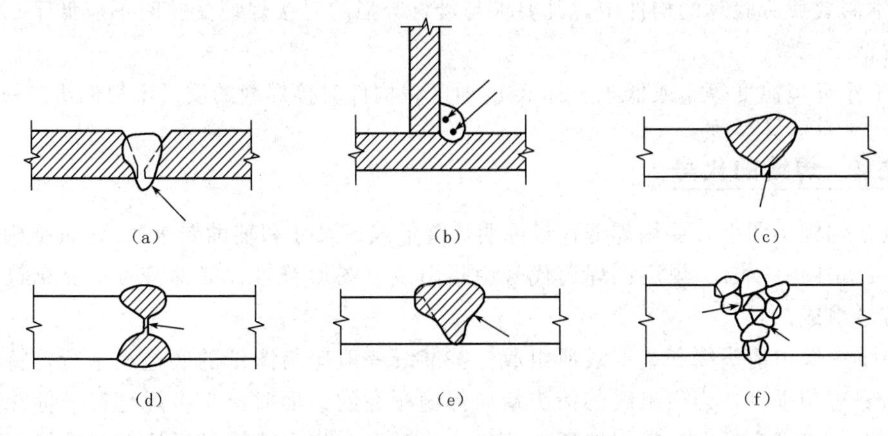

图 3.11　烧穿、夹渣、未焊透

(a)烧穿；(b)夹渣；(c)、(d)根部未焊透；(e)边缘未熔合；(f)焊缝层间未熔合

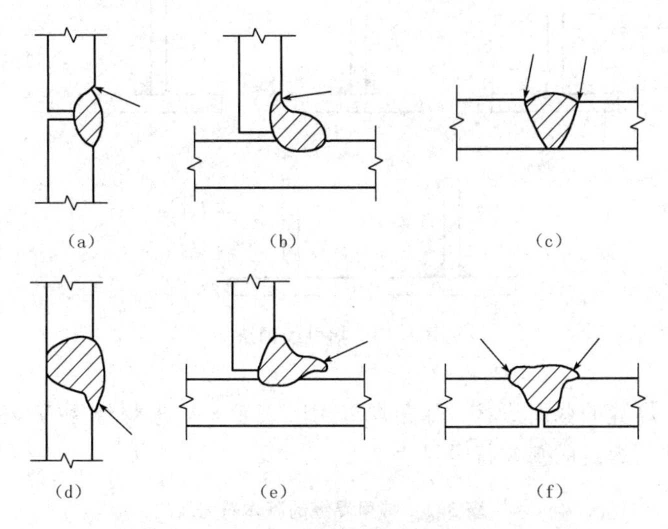

图 3.12　咬边、焊瘤

(a)横焊缝的咬边；(b)平角焊缝的咬边；(c)平对接焊缝的咬边；

(d)横焊缝的焊瘤；(e)平角焊缝的焊瘤；(f)平对接焊缝的焊瘤

缝，必须进行一级或二级质量检验，即在外观检查的基础上再做无损检验。其中，二级要求用超声波检验每条焊缝的 20％长度，一级要求用超声波检验每条焊缝全部长度，以便揭示焊缝内部缺陷。对承受动载的重要构件焊缝，还可增加射线探伤。

焊缝质量与施焊条件有关，对于施焊条件较差的高空安装焊缝，其强度设计值应乘以折减系数 0.9。

《钢结构设计规范》(GB 50017—2003)对焊缝质量等级的规定如下：

(1)承受动荷载且需要疲劳验算的构件焊缝质量要求。

1)作用力垂直于焊缝长度方向的横向对接焊缝或 T 形对接与角接组合焊缝，受拉时应为一级，受压时不应低于二级；

2)作用力平行于焊缝长度方向的纵向对接焊缝不应低于二级。

(2)不需要疲劳验算的构件中，凡要求与母材等强的对接焊缝受拉时不应低于二级，受压时不宜低于二级。

(3)工作环境温度等于或低于-20 ℃的地区，构件对接焊缝的质量不得低于二级。

3.2.4 焊缝的代号

在钢结构施工图上，要用焊缝代号标明焊缝形式、尺寸和辅助要求。《建筑结构制图标准》(GB/T 50105—2010)规定：焊缝代号由指引线、图形符号、辅助符号、补充符号和焊缝尺寸符号组成。

指引线一般由箭头线和基准线所组成。基准线一般应与图纸的底边相平行，特殊情况下也可与底边相垂直，当引出线的箭头指向焊缝所在的一面时，应将焊缝符号标注在基准线的实线上；当箭头指向对应焊缝所在的另一面时，应将焊缝符号标注在基准线上的虚线上，标注对称焊缝及双面焊缝时，可不加虚线，如图 3.13 所示。

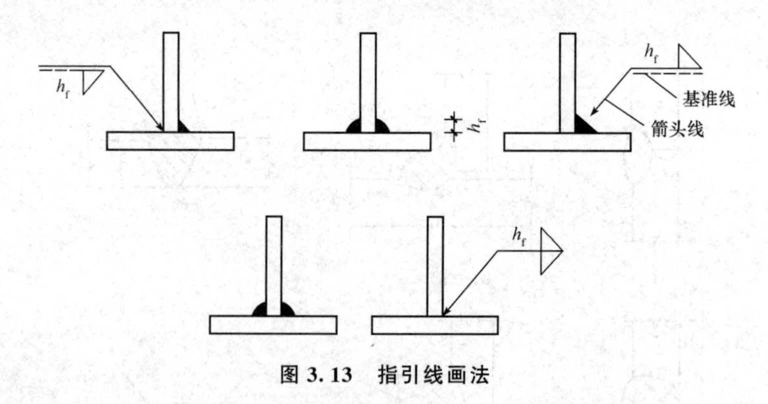

图 3.13 指引线画法

图形符号表示焊缝的截面形状。如角焊缝用◺表示，V 形焊缝用 V 表示。符号的线条宜粗于指引线，常用焊缝的基本符号见表 3.2。

表 3.2 常用焊缝的基本符号

名称	封底焊缝	对接焊缝					角焊缝	塞焊缝与槽焊缝	点焊缝
		I 形焊缝	V 形焊缝	单边 V 形焊缝	带钝边的 V 形焊缝	带钝边的 U 形焊缝			
符号	◡	‖	V	⋁	Y	Ụ	◺	⊓	○
注：单边 V 形与角焊缝的竖边画在符号的左边。									

辅助符号用以表示焊缝表面形状特征，如对接焊缝表面余高部分需要加工使之与焊件表面平齐，则需在基本符号上加一短划，此短划即为辅助符号。补充符号是为了补充说明焊缝的某些特征而采用的符号，如带有垫板，三面或四面围焊及工地施焊等。钢结构中常用的辅助符号和补充符号见表 3.3。

表 3.3　焊缝符号中的辅助符号和补充符号

	名称	示意图	符号	类别
辅助符号	平面符号	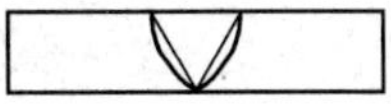	—	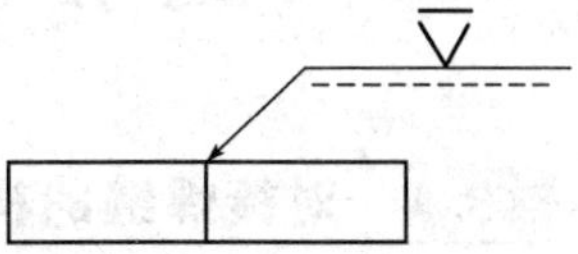
	凹面符号	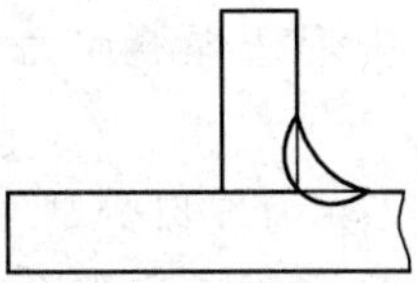	 ◡	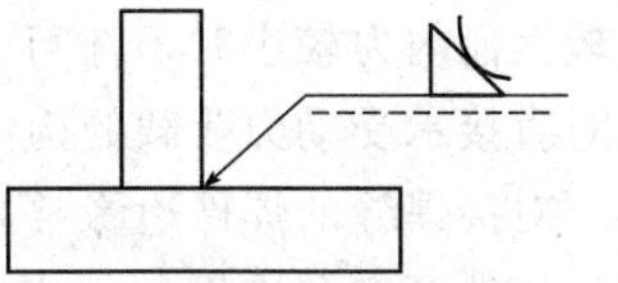
补充符号	三面围焊符号	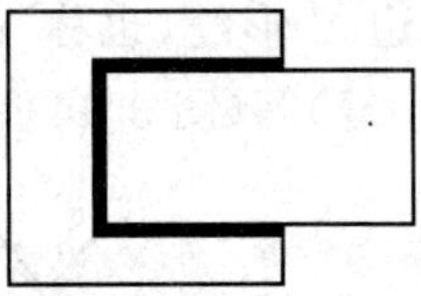	⊏	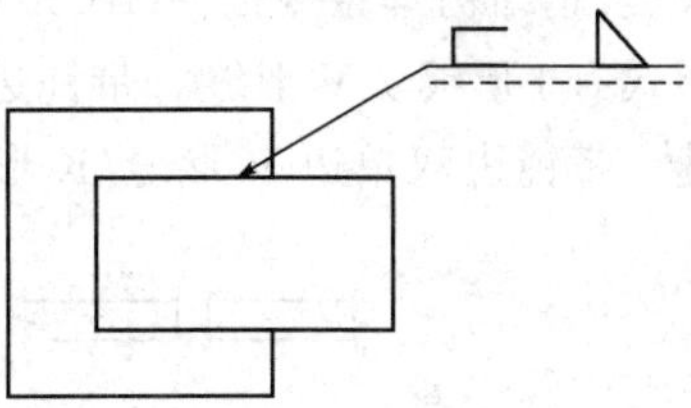
	周边焊缝符号	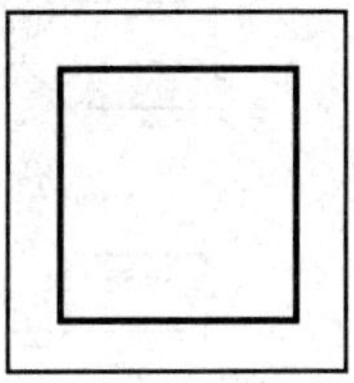	○	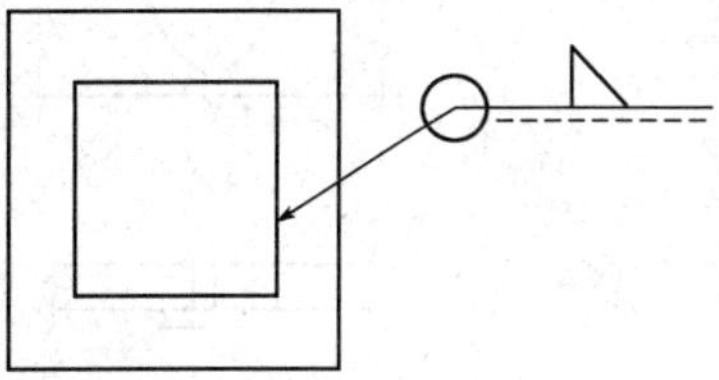
	工地现场焊符号			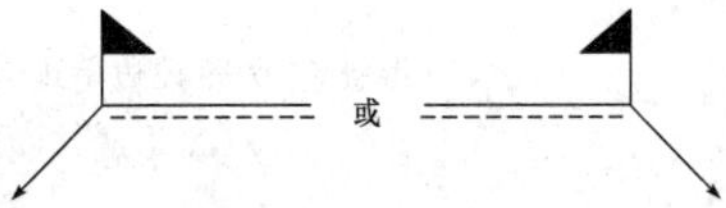 或
	焊缝底部有垫板的符号	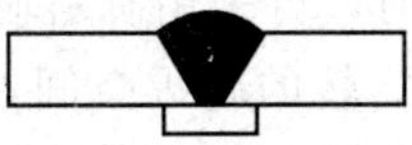	▭	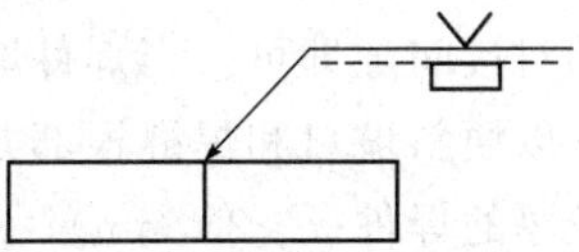
	尾部符号		<	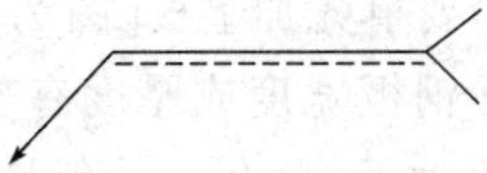

注：工地现场焊符号的旗尖指向基准线的尾部。

3.3 对接焊缝的构造和计算

3.3.1 对接焊缝的构造要求

对接焊缝按焊缝是否焊透分为焊透焊缝和未焊透焊缝。一般采用焊透焊缝，当板件厚度较大而内力较小时，才可采用未焊透焊缝。由于未焊透焊缝应力集中和残余应力严重，故对直接承受动力荷载的构件不宜采用未焊透焊缝。

对接焊缝的焊件边缘常需要加工成坡口，因此又称为坡口焊缝。坡口的形式和尺寸应根据焊件厚度和施焊条件来确定。按照保证焊缝质量、便于施焊和减小焊缝截面的原则，根据《钢结构焊接规范》(GB 50661—2011)中推荐的焊接接头基本形式和尺寸，常见的坡口形式有I形缝、V形缝、带钝边单边V形缝、带钝边V形缝(也称Y形缝)、带钝边U形缝、带钝边双单边V形缝(K形缝)和双Y形缝(X形缝)等(图3.14)。

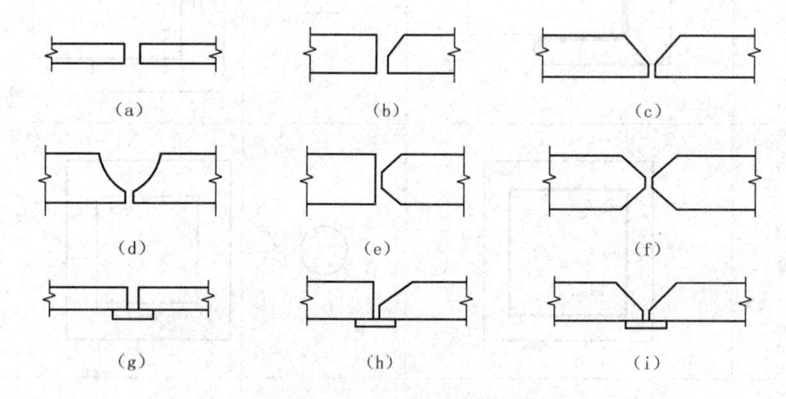

图 3.14 对接焊缝坡口形式

(a)I形缝；(b)带钝边单边V形缝；(c)Y形缝；(d)带钝边U缝；(e)带钝边双单边V形缝；(f)双Y形缝；(g)、(h)、(i)加垫板的I形、带钝边单边V形和Y形缝

当用手工焊时，板件较薄(约 $t \leqslant 6$ mm)时可用I形坡口，即不开口坡，只在板边间留适当的对接间隙即可。当焊件厚度 t 很小($t \leqslant 10$ mm)时，可采用有斜坡口的带钝边单边V形缝，以便斜坡口和焊缝根部共同形成一个焊条能够运转的施焊空间，使焊缝易于焊透。对于较厚的焊件($t > 20$ mm)，应采用带钝边U形缝或带钝边双单边V形缝，或双Y形缝。对于Y形缝和带钝边U形缝的根部中还需要清除焊根并进行补焊。对于没有条件清根或补焊者，要事先加垫板[图3.14(g)、(h)、(i)]，以保证焊透。

在钢板宽度或厚度有变化的连接中，为了减少应力集中，应从板的一侧或两侧作成坡度不大于1∶2.5的斜坡(图3.15)，形成平缓过渡；对承受动荷载的构件可改为不大于1∶4的坡度过渡。如板厚度相差不大于4 mm，可不做斜坡焊缝的计算，厚度取较薄板的厚度。

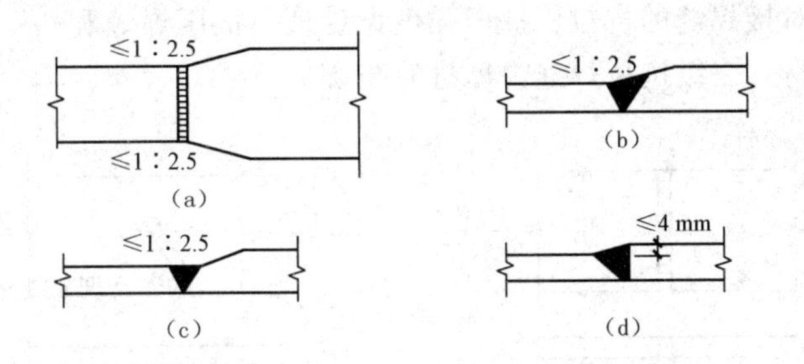

图 3.15　不同宽度和厚度的钢板拼接

(a)钢板宽度不同；(b)、(c)钢板厚度不同；(d)不做斜坡

一般情况下，每条焊缝的两端常因焊接时起弧、灭弧的影响而较易出现弧坑、未熔透等缺陷，常称为焊口，容易引起应力集中，对受力不利。因此，对接焊缝焊接时应在两端设置引弧板(图 3.16)。引弧板的钢材和坡口因与焊件相同，长度≥60 mm(手工焊)、150 mm(自动焊)。焊毕用气割将引弧板切除，并将板边沿受力方向修磨平整。只在受条件限制，无法放置引弧板时才允许不用引弧板焊接，这时每条对接焊缝有效长度按实际长度减去 $2t$。

在 T 形或角接接头中，以及对接接头一边板件不便开坡口时，可采用单边 V 形、单边 U 形或 K 形开口。受装配条件限制板缝较大时，可采用上述各种坡口而焊接时在下面加垫板。对于焊透的 T 形连接焊缝，其构造要求如图 3.17 所示。

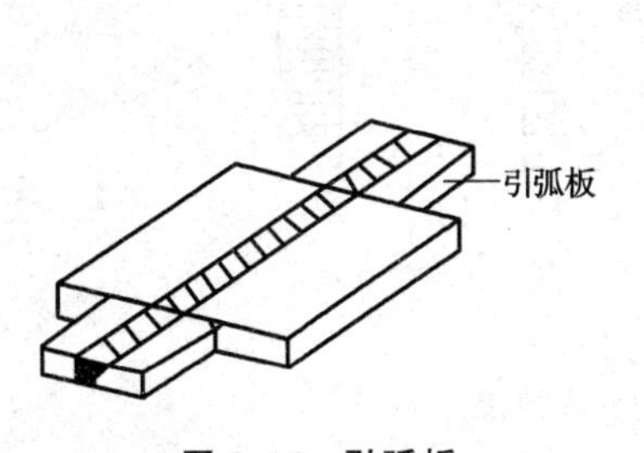

图 3.16　引弧板

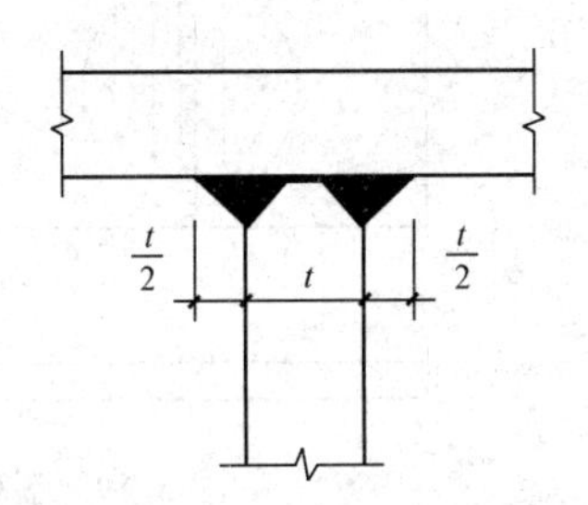

图 3.17　焊透的 T 形连接焊缝

3.3.2　对接焊缝的计算

对接焊缝的应力分布情况，基本上与焊件原来的情况相同，可用计算焊件的方法进行计算。对于重要的构件，按一、二级标准检验焊缝质量，焊缝和构件等强，不必另行计算。

(1)轴心力作用时，对接焊缝承受轴心拉力或压力 N(设计值)时，如图 3.18(a)所示，其强度应按式(3.1)计算：

$$\sigma = N/(l_w t) \leqslant f_t^w \text{ 或 } f_c^w \tag{3.1}$$

式中　N——轴心拉力或压力设计值；

l_w——焊缝计算长度，当采用引弧板时，取焊缝实际长度；当未采用引弧板时，每条焊缝取实际长度减去 $2t$；

t——在对接接头中为被连接两钢板的较小厚度，在 T 形或角接接头中为对接焊缝所在面钢板的厚度；

f_t^w、f_c^w——对接焊缝的抗拉、抗压强度设计值，抗压焊缝和一、二级抗拉焊缝同母材，三级抗拉焊缝为母材的85%。

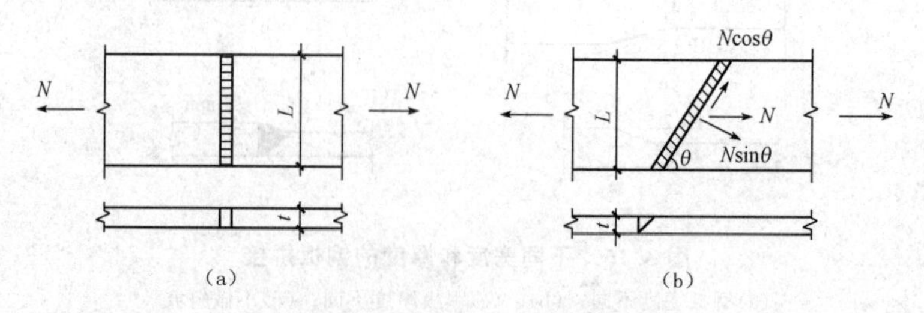

图3.18　轴心力作用下对接焊缝连接

(a)正缝；(b)斜缝

质量为三级的受拉或无法采用引弧板的对接焊缝需要进行强度计算时，当正缝连接的强度低于焊件的强度时，可将其移到受力较小处，不便移动时可改用二级焊缝或者采用三级斜焊缝，如图3.18(b)所示。《钢结构设计规范》(GB 50017—2003)规定：当斜缝和作用力间的夹角θ符合$\tan\theta \leqslant 1.5(\theta \leqslant 56°)$时，可不计算焊缝强度。

(2)受弯、剪力共同作用时，矩形截面的对接焊缝，其正应力与剪应力的分布分别为三角形与抛物线形，如图3.19所示，应分别按式(3.2)、式(3.3)计算正应力和剪应力。

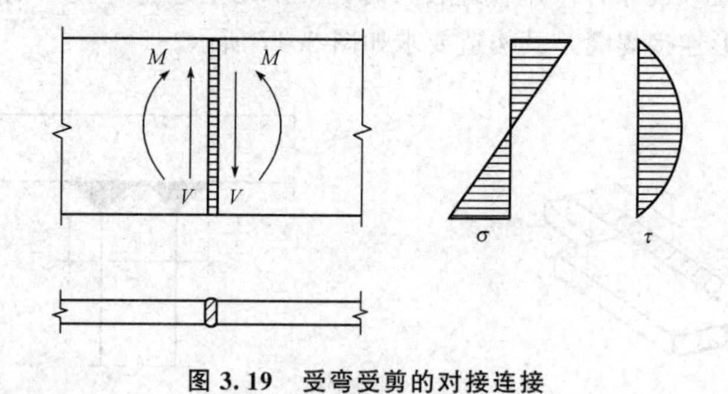

图3.19　受弯受剪的对接连接

$$\sigma=\frac{M}{W_w} \leqslant f_t^w \tag{3.2}$$

$$\tau=\frac{VS_w}{I_w t} \leqslant f_v^w \tag{3.3}$$

式中　W_w——焊缝截面的截面模量；

I_w——焊缝截面对其中和轴的惯性矩；

S_w——焊缝截面在计算剪力处以上部分对中和轴的面积矩；

f_v^w——对接焊缝的抗剪强度，由附表1.3查得。

I字形、箱型、T形截面等构件，在腹板与翼缘交接处(图3.20)，焊缝截面同时受有较大的正应力σ_1和较大的剪应力τ_1。对此类截面构件，除应分别验算焊缝截面最大正应力和剪应力外，还应按式(3.4)计算折算应力。

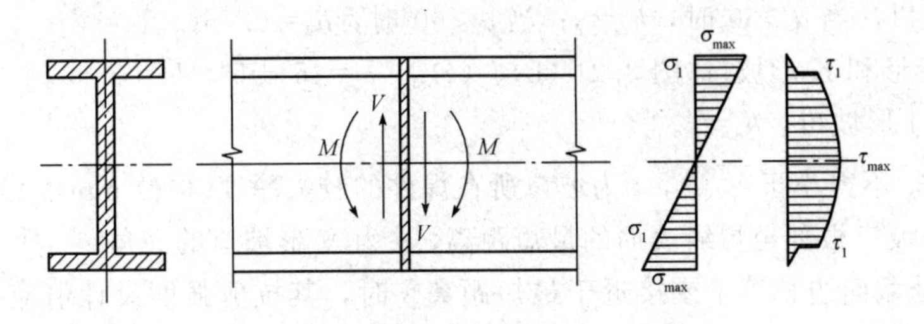

图 3.20　受弯剪的工字形截面的对接焊缝

$$\sigma_1^2+3\tau_1^2\leqslant 1.1\ f_t^w \qquad (3.4)$$

式中　σ_1、τ_1——验算点处(腹板与翼缘交接点)焊缝截面正应力和剪应力。

另外，当焊缝质量为一、二级时可不必计算。

(3)轴力、弯矩、剪力共同作用时，对接焊缝的最大正应力应为轴力和弯矩引起的应力之和，剪应力按式(3.3)验算，折算应力仍按式(3.4)验算。

3.3.3　部分焊透的对接焊缝

在钢结构设计中，有时遇到板件较厚，而板件间连接受力较小，这时可以采用不焊透的对接焊缝(图 3.21)，例如当用四块较厚的钢板焊成的箱形截面轴心受压柱时，由于焊缝主要起联系作用，就可以用不焊透的坡口焊缝[图 3.21(f)]。在此情况下，用焊透的坡口焊缝并非必要，而采用角焊缝则外形不能平整，都不如采用未焊透的坡口焊缝为好。

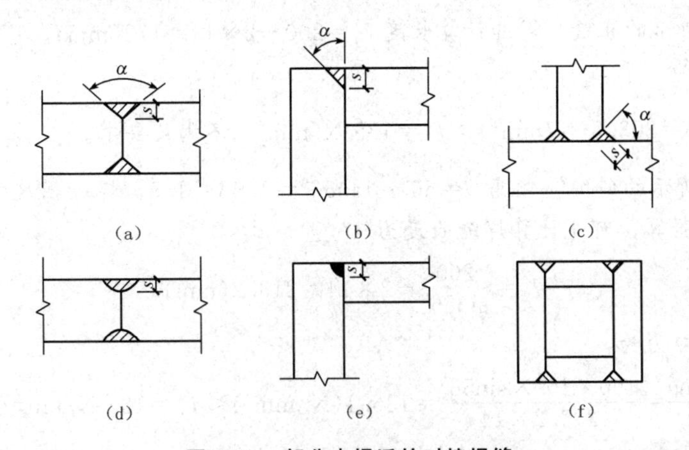

图 3.21　部分未焊透的对接焊缝

(a)、(b)、(c)V 形坡口；(d)U 形坡口；(e)J 形坡口；(f)焊缝只起联系作用的坡口焊缝

当垂直于焊缝长度方向受力时，因部分焊透处的应力集中带来不利的影响，对于直接承受动力荷载的连接不宜采用；但当平行于焊缝长度方向受力时，其影响较小，可以采用。

部分焊透的对接焊缝，由于它们未焊透，只起类似于角焊缝的作用，因此设计中应按角焊缝的计算式(3.10)、式(3.13)和式(3.14)进行，可取 $\beta_f=1.0$，仅在垂直于焊缝长度的压力作用下，可取 $\beta_f=1.22$。其有效厚度则取为

(1)V 形坡口，当 $\alpha \geqslant 60°$时，$h_e = s$；当 $\alpha < 60°$时，$h_e = 0.75s$。

(2)单边 V 形和 K 形坡口[图 3.21 (b)、(c)]，$\alpha = 45° \pm 5°$，$h_e = s - 3$。

(3)U 形、J 形坡口，$h_e = s$。

有效厚度 h_e 不得小于 $1.5\sqrt{t}$，t 为坡口所在焊件的较大厚度(单位 mm)。

其中，s 为坡口根部至焊缝表面的最短距离，α 为 V 形坡口的夹角。

当熔合线处截面边长等于或接近于最短距离 s 时，其抗剪强度设计值应按角焊缝的强度设计值乘以 0.9 采用。

【例题 3.1】 试验算图 3.22 所示钢板的对接焊缝的强度。钢板宽度为 200 mm，板厚为 14 mm，轴心拉力设计值为 $N = 490$ kN，钢材为 Q235，手工焊，焊条为 E43 型，焊缝质量标准为三级，施焊时不加引弧板。

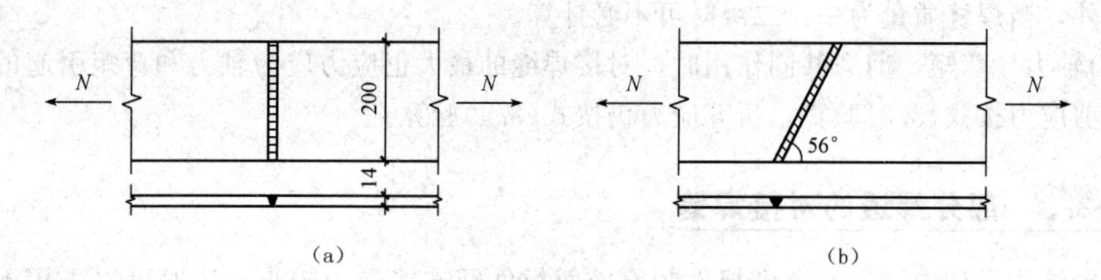

图 3.22 例题 3.1 图

(a)正缝；(b)斜缝

【解】 本题已知为轴心受力对接焊缝连接设计，要求验算强度是否满足。

图 3.22(a)所示的正缝，焊缝计算长度 $l_w = 200 - 2 \times 14 = 172$(mm)。

焊缝正应力为

$$\sigma = \frac{490 \times 10^3}{172 \times 14} = 203.5(\text{N/mm}^2) > f_t^w = 185 \text{ N/mm}^2\text{，不满足要求。}$$

图 3.22(b)所示的斜缝，倾角 $\theta = 56°$，$\tan 56° = 1.48 < 1.5$，焊缝强度能够保证，可不必验算。如希望验算，可先计算焊缝长度为

$$l'_w = \frac{200}{\sin 56°} - 2 \times 14 = 213.2(\text{mm})$$

此时焊缝正应力为

$$\sigma = \frac{N\sin\theta}{l'_w t} = \frac{490 \times 10^3 \times \sin 56°}{213.2 \times 14} = 136.1(\text{N/mm}^2) < f_f^w = 185 \text{ N/mm}^2\text{(满足)}$$

剪应力为

$$\sigma = \frac{N\cos\theta}{l'_w t} = \frac{490 \times 10^3 \times \cos 56°}{213.2 \times 14} = 91.80(\text{N/mm}^2) < f_v^w = 125 \text{ N/mm}^2\text{(满足)}$$

【例题 3.2】 计算图 3.23 所示 T 形截面牛腿与柱翼缘连接的对接焊缝。牛腿翼缘板宽为 130 mm，厚为 12 mm，腹板高为 200 mm、厚为 10 mm。牛腿承受竖向荷载设计值 $V = 100$ kN，力作用点到焊缝截面距离 $e = 200$ mm。钢材为 Q345，焊条 E50 型，焊缝质量标准为三级，施焊时不加引弧板。

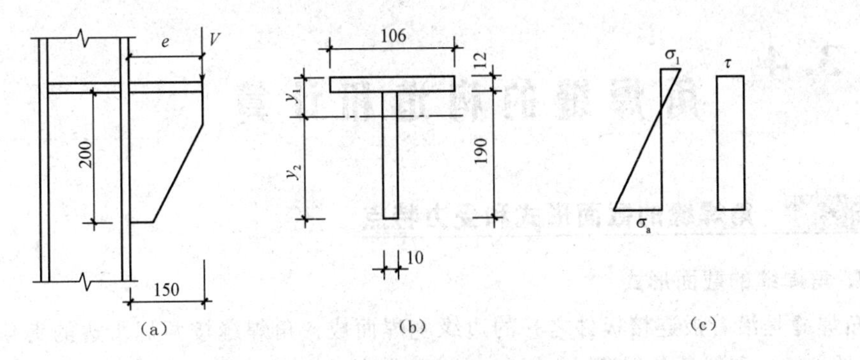

图 3.23　例题 3.2 图

(a)T 形牛腿对接焊缝连接；(b)焊缝有效截面；(c)应力分布

【解】 本题已知为同时受弯剪时焊缝连接设计，要求验算强度是否满足。

将力 V 移到焊缝形心，可知焊缝受剪力 $V=100$ kN，弯矩 $M=Ve=100\times0.2=20$(kN·m)。

翼缘焊缝计算长度为：$130-2\times12=106$(mm)

腹板焊缝计算长度为：$200-10=190$(mm)

焊缝的有效截面如图 3.23(b)所示，焊缝有效截面形心的位置为

$$y_1=\frac{10.6\times1.2\times0.6+19\times1.0\times10.7}{10.6\times1.2+19\times1.0}=6.65(\text{cm})$$

$$y_2=19+1.2-6.65=13.55(\text{cm})$$

焊缝有效截面惯性矩为

$$I_x=\frac{1}{12}\times19^3+19\times1\times4.05^2+10.6\times1.2\times6.05^2=1\ 349(\text{cm}^4)$$

翼缘上边缘产生最大拉应力，其值为

$$\sigma_t=\frac{My_1}{I_x}=\frac{20\times10^6\times6.65\times10}{1\ 349\times10^4}=98.59(\text{N/mm}^2)<f_t^{\text{w}}=265\ \text{N/mm}^2(\text{满足})$$

腹板下边缘压应力最大，其值为

$$\sigma_c=\frac{My_2}{I_x}=\frac{20\times10^6\times13.55\times10}{1\ 349\times10^4}=200.89(\text{N/mm}^2)<f_c^{\text{w}}=310\ \text{N/mm}^2(\text{满足})$$

为简化计算，考虑剪力由腹板焊缝承受，并沿焊缝均匀分布，剪应力为

$$\tau=\frac{V}{A_{\text{w}}}=\frac{100\times10^3}{190\times10}=52.63(\text{N/mm}^2)<f_{\text{v}}^{\text{w}}=180\ \text{N/mm}^2(\text{满足})$$

腹板下边缘正应力和剪应力都存在，该点折算应力为

$$\sigma=\sqrt{\sigma_a^2+3\tau^2}=\sqrt{200.89^2+3\times52.63^2}=220.6(\text{N/mm}^2)<1.1f_t^{\text{w}}=1.1\times265=291.5(\text{N/mm}^2)$$

(满足)

结论：牛腿与柱的对接焊缝强度满足要求。

3.4 角焊缝的构造和计算

3.4.1 角焊缝的截面形式和受力特点

1. 角焊缝的截面形式

角焊缝是沿着被连接板件之一的边缘施焊而成。角焊缝按两焊脚边的夹角分为直角角焊缝(图 3.24)和斜角角焊缝(图 3.25)。在钢结构中，最常用的是直角角焊缝，斜角角焊缝主要用于钢管结构中。

直角角焊缝按其截面形式分为普通型、平坦型和凹面型，分别如图 3.24(a)、(b)、(c)所示。钢结构中一般情况下采用普通等边外凸截面，但其力线弯折较多，应力集中严重，对直接承受动力荷载的结构中，为使传力较平顺和改善受力性能，正面角焊缝常采用长边顺内力方向的不等边外凸形式截面，侧面角焊缝则采用不等边内凹形截面。

斜角角焊缝两焊脚边的夹角不等于 90°。夹角 $\alpha>135°$ 或 $\alpha<60°$ 的斜角角焊缝，除钢管结构外，不宜用作受力焊缝。

各种角焊缝的焊脚尺寸 h_f 如图 3.24 所示，不等边角焊缝以较小尺寸为 h_f。下面主要讨论图 3.24(a)所示的等边外凸直角焊缝。

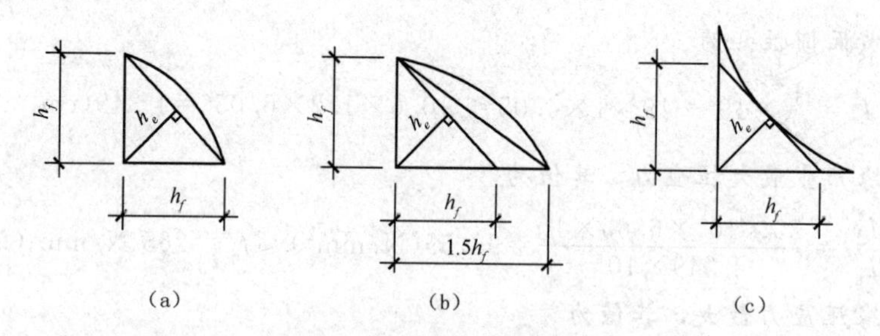

图 3.24　直角角焊缝截面

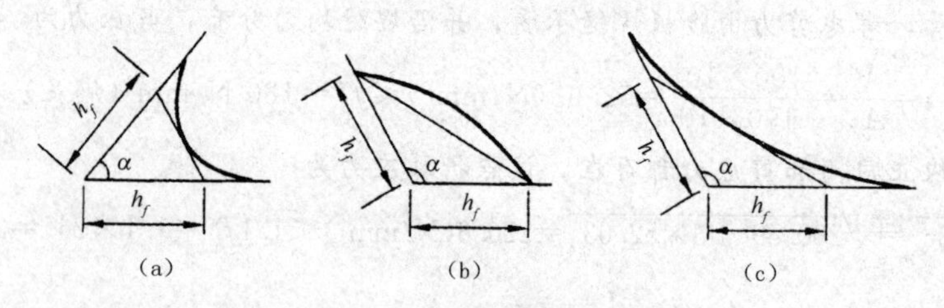

图 3.25　斜角角焊缝截面

2. 角焊缝的受力特点

角焊缝按其受力方向和位置可分为平行于受力方向的侧面角焊缝，垂直于受力方向的正面角焊缝，倾斜于受力方向的斜向角焊缝，以及几个方向混合使用的周围角焊缝(图 3.26)。

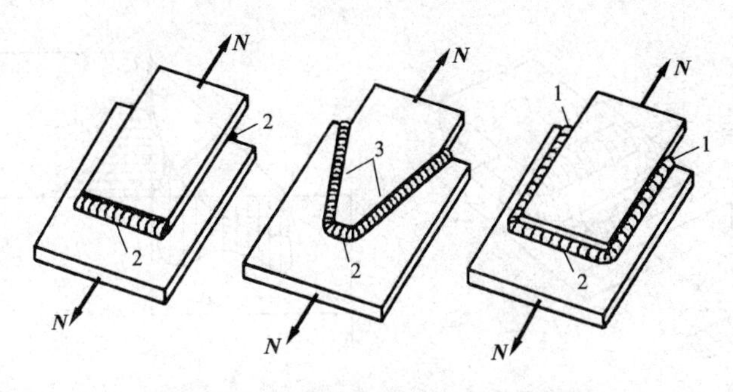

图 3.26　角焊缝与作用力方向的关系

1—侧面角焊缝；2—正面角焊缝；3—斜向角焊缝

侧面角焊缝主要承受剪力，应力状态比正面角焊缝简单。在弹性受力阶段，剪应力沿焊缝长度方向呈两端大而中间小的不均匀分布，焊缝越长越不均匀。但侧面角焊缝的塑性较好，故受力增大进入弹塑性受力状态时，剪应力分布将渐趋均匀，破坏时可按沿全长均匀受力考虑，如图 3.27 所示。

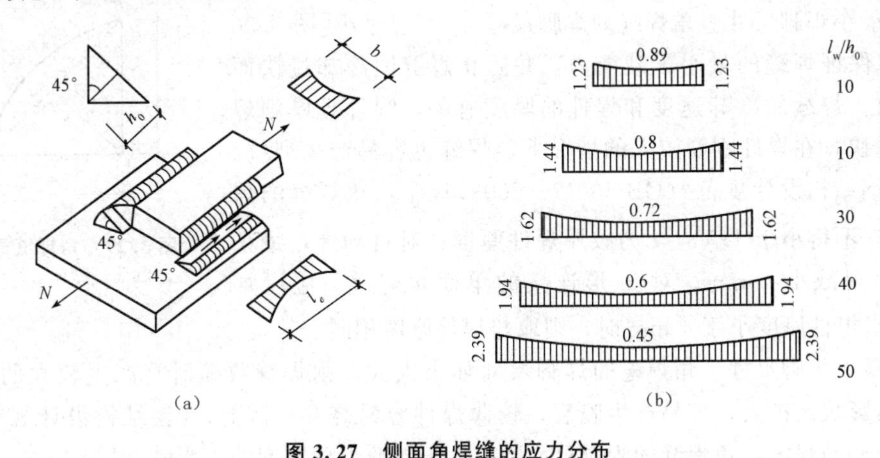

图 3.27　侧面角焊缝的应力分布

(a)侧面角焊缝破坏形式；(b)侧面角焊缝应力分布与长度的关系

正面角焊缝的应力状态比侧面角焊缝复杂，其破坏强度比侧面角焊缝要高，但塑性变形要差一些[图 3.28(a)]。沿焊缝长度的应力分布则比较均匀，两端应力比中间的应力略低。但正面角焊缝连接中传力路线有较剧烈弯折，应力状态较复杂，如图 3.28(b)所示。截面中的各面(如两个焊脚截面 AB、BC 和 45°的 BD 面)均存在不均匀的正应力和剪应力，焊缝根部 B 处存在严重的应力集中。但焊缝截面中的应力沿焊缝长度分布比较均匀，两端应力略比中间的低一些。

试验证明：正面角焊缝的破坏强度高于侧面角焊缝，但塑性变形能力要差一些。斜向角焊缝的受力性能和强度介于正面角焊缝和侧面角焊缝之间。

角焊缝的最小截面和两边焊脚成 $\alpha/2$ 角(直角角焊缝为 45°)，称为有效截面(图 3.29 中的 AD 截面)或计算截面。不计余高和熔深，图中 h_e 称为角焊缝的有效厚度，$h_e=h_f\cos45°\approx 0.7h_f$。试验证明，多数角焊缝破坏都发生在这一截面。计算时假定有效截面上应力均匀分布，并且不分抗拉、抗压或抗剪，都采用同一强度设计值，用 f_f^w 表示，见附表 1.3。

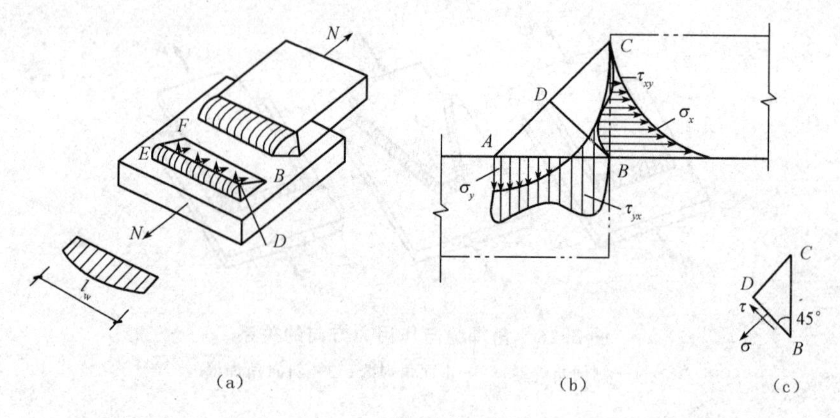

图 3.28　正面角焊缝的应力分布

3.4.2　角焊缝尺寸的构造要求

(1)最小焊脚尺寸。角焊缝的焊脚尺寸 h_f 不应过小[图 3.30(a)]，以保证焊缝的最小承载能力，并防止焊缝因冷却过快而产生裂纹。焊缝的冷却速度和焊件的厚度有关，焊件越厚则焊缝冷却越快，在焊件刚度较大的情况下，焊缝也容易产生裂纹。因此，《钢结构设计规范》(GB 50017—2003)规定：角焊缝的焊脚尺寸 h_f 不得小于 $1.5\sqrt{t}$，t 为较厚焊件厚度；对自动焊，最小焊脚尺寸则减小 1 mm；对 T 形连接的单面角焊缝，应增加 1 mm；当焊件厚度小于 4 mm 时，则取与焊件厚度相同。

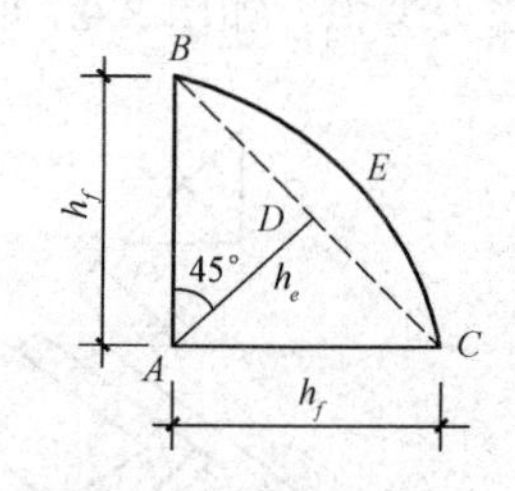

图 3.29　角焊缝截面

(2)最大焊脚尺寸。角焊缝的焊脚尺寸如果太大，则焊缝收缩时将产生较大的焊接变形，且热影响区扩大，容易产生脆裂，较薄焊件容易烧穿。因此，《钢结构设计规范》(GB 50017—2003)规定：角焊缝的焊脚尺寸不宜大于较薄焊件厚度的 1.2 倍[图 3.30(a)]。但板件(厚度为 t)的边缘焊缝的焊脚尺寸 h_f，还应符合下列要求：

1)当 $t \leqslant 6$ mm 时，$h_f \leqslant t$[图 3.30(b)]；

2)当 $t > 6$ mm 时，$h_f \leqslant t-(1 \sim 2)$mm[图 3.30(b)]。

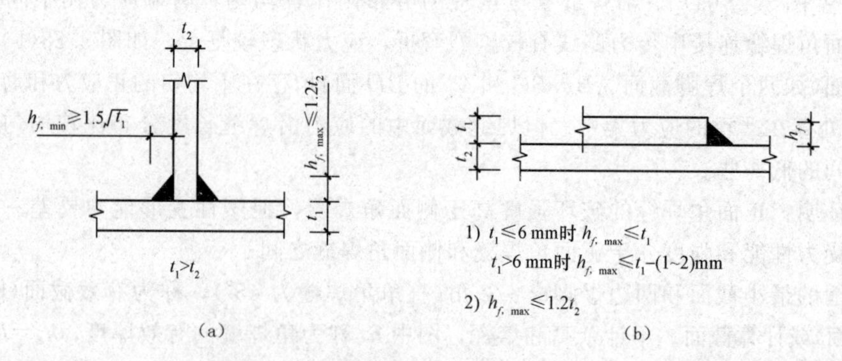

图 3.30　角焊缝最大、最小的焊脚尺寸

(3)不等焊脚尺寸。当两焊件厚度相差悬殊，用等焊脚尺寸无法满足最大、最小焊缝厚度要求时，可用不等焊脚尺寸，即与较薄焊件接触的焊脚尺寸满足 $h_f \leqslant 1.2t_1$，与较厚焊件接触的焊脚尺寸满足 $h_f \geqslant 1.5\sqrt{t_2}$，其中 $t_2 > t_1$，如图 3.31 所示。

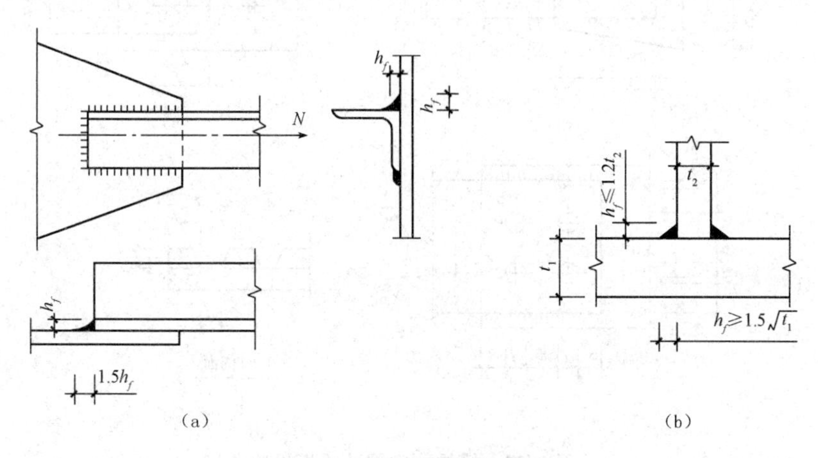

图 3.31　角焊缝焊脚尺寸

(4)侧面角焊缝的最小焊缝长度。角焊缝的焊脚尺寸大而长度较小时，焊件的局部加热严重，焊缝起弧灭弧所引起的缺陷相距太近，以及焊缝中可能产生的其他缺陷，使焊缝不够可靠。对搭接连接的侧面角焊缝而言，如果焊缝长度过小，由于力线弯折大，也会造成严重应力集中。因此，为了使焊缝能够有一定的承载能力，根据使用经验，侧面角焊缝或正面角焊缝的计算长度均不得小于 $8h_f$ 和 40 mm，考虑到焊缝两端的缺陷，其实际焊接长度应较前述数值还要大 $2h_f$(单位为 mm)。

(5)侧面角焊缝的最大计算长度。试验结果表明：侧面角焊缝的应力沿长度分布不均匀，两端大、中间小。侧面角焊缝的长度和焊脚尺寸之比越大，应力分布的不均匀性也越大。当此比值过大时，虽然因塑性变形可产生应力重分布，但局部高峰应力可能导致焊缝端部提前破坏，这时在焊缝长度中部的应力还较低。因此，侧面角焊缝的计算长度不宜大于 $60h_f$，当大于上述数值时，其超出部分在计算中不予考虑。若内力沿侧面角焊缝全长分布时，如焊接梁、柱的翼缘与腹板的连接焊缝，其计算长度不受此限。

(6)搭接连接的构造要求。当板件仅用两条侧面角焊缝连接时，为了避免应力传递的过分弯折而使板件中应力过分不均匀，应使每条侧面角焊缝长度不宜小于两侧面角焊缝之间的距离，即 $l_w > b$，如图 3.32(a)所示。为了避免焊缝横向收缩时引起板件的拱曲太大，两侧面角焊缝之间的距离 b 不宜大于 $16t$(当 $t > 12$ mm)或 190 mm(当 $t \leqslant 12$ mm)，t 为较薄焊件厚度。当宽度 b 超过此规定时，应加正面角焊缝，或加槽焊或塞焊，如图 3.32(b)、(c)所示。

在搭接连接中(图 3.33)，搭接连接不能只用一条正面角焊缝传力，搭接长度不得小于焊件较小厚度的 5 倍，并不得小于 25 mm，以减少收缩应力及因搭接偏心影响而产生的次应力。

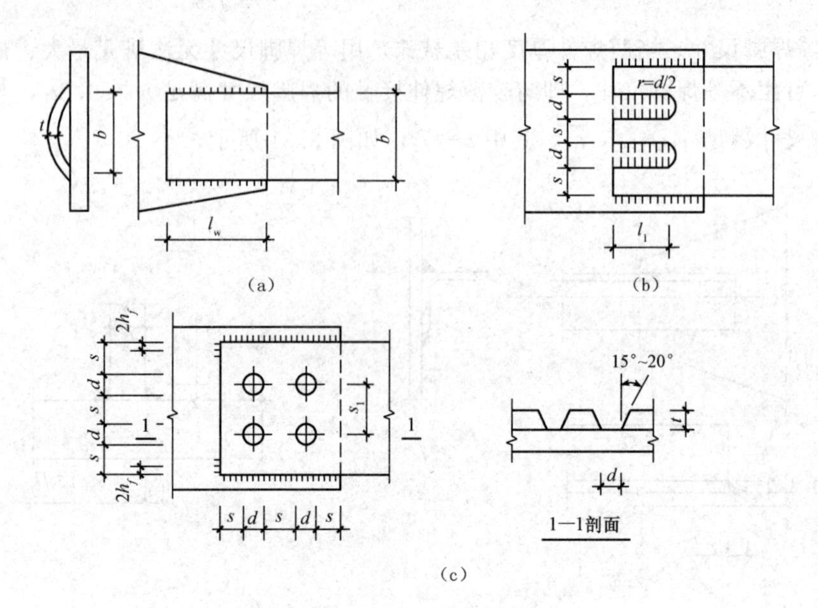

图 3.32 槽焊、塞焊防止板拱曲

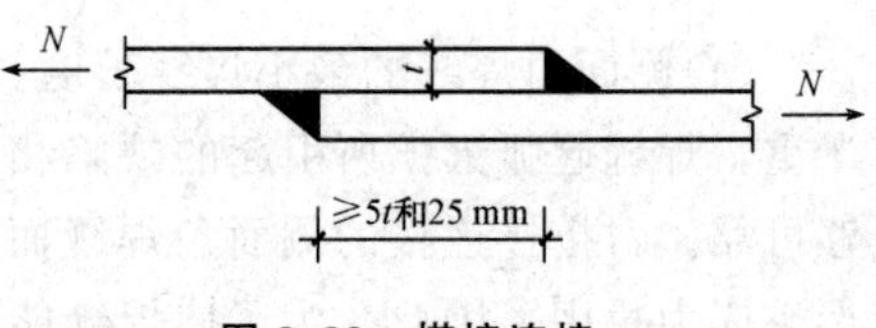

图 3.33 搭接连接

杆件与节点板的连接焊缝一般采用两面侧焊，也可采用三面围焊，对角钢杆件还可采用 L 形围焊，所有围焊的转角处必须连续施焊，如图 3.34 所示。当角焊缝的端部在构件转角处时，可连续地作长度为 $2h_f$ 的绕角焊，以免起落弧缺陷发生在应力集中较大的转角处，从而可改善连接的工作状况，如图 3.35 所示。

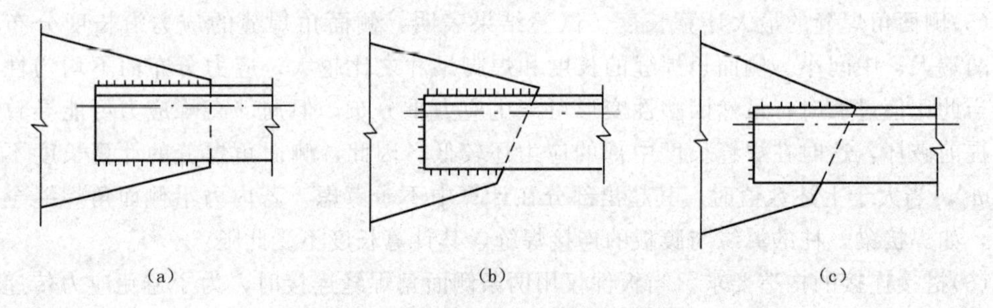

图 3.34 杆件与节点板的连接焊缝

(a)两面侧焊；(b)三面围焊；(c)L 形围焊

3.4.3 角焊缝计算的基本公式

1. 计算截面

试验证明，角焊缝有多种可能破坏截面，且实际破坏截面很难完全是平面。根据试验结果统计分析，为方便计算同时又能保证安全，可不考虑外凸部分，而假定等边直角角焊缝的破坏截面在与焊脚

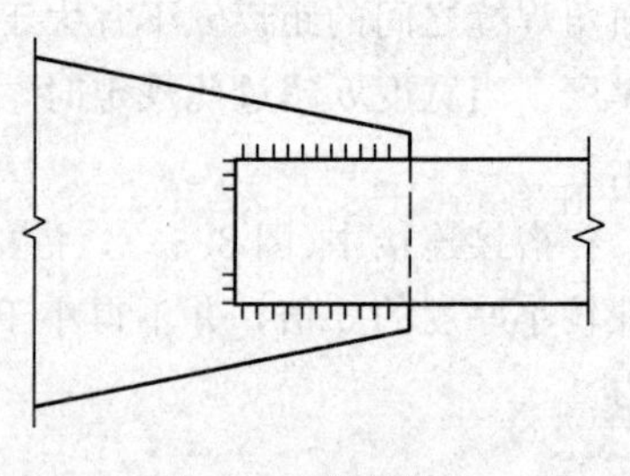

图 3.35 焊缝绕角

边成45°的有效截面处，强度分析以有效截面为基准，如图3.36所示。考虑三向轴力作用的一般受力状态时，在焊缝有效截面上的应力状态可用三个互相垂直的应力分量表示，即垂直于有效截面的正应力 $\sigma_\perp$、垂直于焊缝长度方向的剪应力 $\tau_\perp$ 和平行于焊缝长度方向的剪应力 $\tau_{/\!/}$。

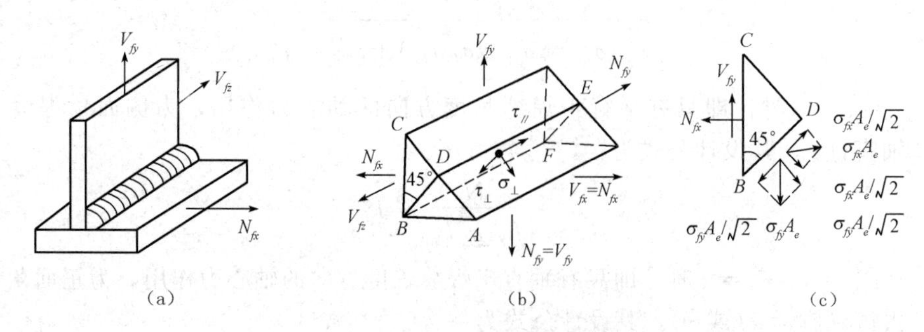

图3.36　角焊缝计算截面及一般应力状态

(a)焊缝一般受力状态；(b)焊缝计算有效截面；(c)计算截面上应力分解

2. 强度标准

试验证明，角焊缝的强度条件与母材类似，在复杂应力作用下，可用第四强度理论即能量强度理论表示。

$$\sqrt{\sigma_\perp^2+3(\tau_\perp^2+\tau_{/\!/}^2)}\leqslant\sqrt{3}f_f^w \tag{3.5}$$

式中　f_f^w——角焊缝的强度设计值，其实质是剪切强度，因而乘以$\sqrt{3}$，角焊缝剪切强度相对容易通过试验测得。

3. 基本公式

为了便于计算角焊缝，对于如图3.36(b)所示的有效截面 $BDEF$ 上的正应力和剪应力，改用两个垂直于焊脚 CB 和 BA 并在有效截面上分布的应力 σ_{fx} 和 σ_{fy} 表示。同时，剪力 $\tau_{/\!/}$ 改用符号 τ_{fz} 表示。计算时不考虑诸力的偏心作用，而且认为有效截面上的诸力都是均匀分布的。有效截面面积 A_e 为

$$A_e=\sum l_w h_e \tag{3.6}$$

式中　h_e——角焊缝的计算厚度，对于直角角焊缝等于 $0.7h_f$，h_f 为较小焊脚尺寸；

$\sum l_w$——连接一侧的角焊缝计算长度总和，对每条焊缝取其实际长度减去 $2h_f$，以考虑起落弧缺陷。

在图3.36(b)、(c)中 N_{fx}、N_{fy}、N_{fz} 分别为

$$N_{fx}=\sigma_{fx}A_e,\ N_{fy}=\sigma_{fy}A_e,\ V_{fz}=\tau_{fz}A_e \tag{3.7}$$

在有效截面上，σ_{fx} 和 σ_{fy} 既不是正应力，也不是剪应力。根据平衡条件，得

$$\sigma_\perp A_e=\frac{N_{fx}}{\sqrt{2}}+\frac{N_{fy}}{\sqrt{2}}=\frac{\sigma_{fx}A_e}{\sqrt{2}}+\frac{\sigma_{fy}A_e}{\sqrt{2}}$$

这样可得

$$\sigma_\perp=\frac{\sigma_{fx}}{\sqrt{2}}+\frac{\sigma_{fy}}{\sqrt{2}}$$

而 $\tau_{\perp}=\sigma_{fz}/\sqrt{2}-\sigma_{fx}/\sqrt{2}$，$\tau_{/\!/}=\tau_{fz}$，把 $\sigma_{\perp}$、$\tau_{\perp}$ 和 $\tau_{/\!/}$ 带入式(3.5)中可以得到

$$\sqrt{\left(\frac{\sigma_{fx}}{\sqrt{2}}+\frac{\sigma_{fy}}{\sqrt{2}}\right)^2+3\left[\left(\frac{\sigma_{fy}}{\sqrt{2}}-\frac{\sigma_{fx}}{\sqrt{2}}\right)^2+\tau_{fa}^2\right]}\leqslant\sqrt{3}f_f^{\mathrm{w}} \tag{3.8}$$

化简得

$$\sqrt{\frac{2}{3}(\sigma_{fx}{}^2+\sigma_{fy}^2-\sigma_{fx}\sigma_{fy})+\tau_{fz}{}^2}\leqslant f_f^{\mathrm{w}} \tag{3.9}$$

当 $\sigma_{fx}=\sigma_{fy}=0$ 时，即只有平行于焊缝长度方向的轴心力作用，为侧面角焊缝受力情况。去掉轴脚标 z，其设计公式为

$$\tau_f=\frac{N}{h_e\sum l_{\mathrm{w}}}\leqslant f_f^{\mathrm{w}} \tag{3.10}$$

当 σ_{fx}(或 σ_{fy})$=\tau_{fz}=0$ 时，即只有垂直于焊缝长度方向的轴心力作用，为正面角焊缝受力情况。去掉轴脚标 x(或 y)，其设计公式为

$$\sigma_f=\frac{N}{h_e\sum l_{\mathrm{w}}}\leqslant 1.22\ f_f^{\mathrm{w}} \tag{3.11}$$

亦即正面角焊缝的承载能力高于侧面角焊缝，这是由于两者受力性能不同所决定的。

当 σ_{fx}(或 σ_{fy})$=0$ 时，即具有平行和垂直于焊缝长度方向的轴心力同时作用于焊缝的情况，同理去掉轴脚标 x(或 y)、z，其设计公式为

$$\sqrt{\left(\frac{\sigma_f}{1.22}\right)^2+\tau_f^2}\leqslant f_f^{\mathrm{w}} \tag{3.12}$$

当作用力不与焊缝长度平行或垂直时，有效截面上的应力可分解为平行和垂直于焊缝长度方向的两种应力，然后按式(3.12)进行计算。

若用 β_f 代替 1.22，则式(3.11)和式(3.12)为

$$\sigma_f=\frac{N}{h_e\sum l_{\mathrm{w}}}\leqslant\beta_f f_f^{\mathrm{w}} \tag{3.13}$$

$$\sqrt{\left(\frac{\sigma_f}{\beta_f}\right)^2+\tau_f^2}\leqslant f_f^{\mathrm{w}} \tag{3.14}$$

式中 β_f——正面角焊缝的强度设计值增大系数，对承受静力荷载和间接承受动力荷载的直角角焊缝取 $\beta_f=1.22$；对直接承受动力荷载的直角角焊缝，鉴于正面角焊缝的刚度较大，变形能力低，故把它和侧面角焊缝一样看待，取 $\beta_f=1.0$；对斜角角焊缝，不论静力荷载还是动力荷载，一律取 $\beta_f=1.0$；

h_e——角焊缝的有效厚度，对于直角角焊缝等于 $0.7h_f$，其中 h_f 为较小焊脚尺寸；

$\sum l_{\mathrm{w}}$——两焊件间角焊缝计算长度总和，每条焊缝取实际长度减去 $2h_f$ 以考虑扣除施焊时起弧、落弧处形成的弧坑缺陷。对圆孔或槽孔内的焊缝，取有效长度中心线实际长度。

圆钢与平板、圆钢与圆钢之间的焊缝(图 3.37)，其有效厚度 h_e 可按下式计算。

圆钢与平板：$h_e=0.7h_f$

圆钢与圆钢：$h_e=0.1(d_1+2d_2)-a$

式中 d_1、d_2——大、小圆钢直径(mm)；

a——焊缝表面至两个圆钢公切线距离(mm)。

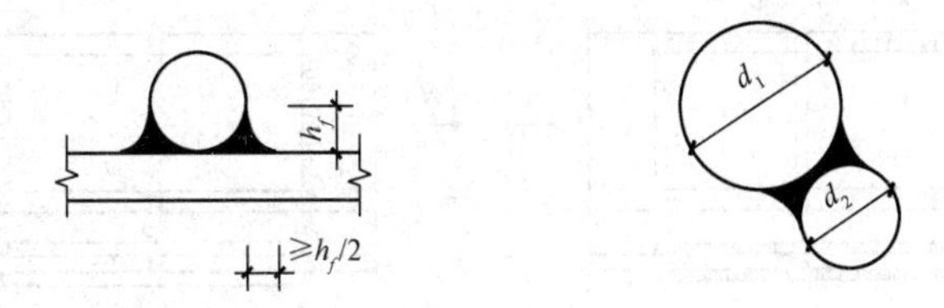

图 3.37　圆钢与平板、圆钢与圆钢间焊缝

3.4.4　常用连接方式的角焊缝计算

1. 受轴心力焊件的拼接板连接

当焊件受轴心力时，且轴力通过连接焊缝群形心时，焊缝有效截面上的应力可认为是均匀分布的。用拼接板将两焊件连成整体，需要计算拼接板和连接一侧角焊缝的强度。

(1)侧面角焊缝连接。图 3.38(a)所示的矩形拼接板，侧面角焊缝连接。此时，外力与焊缝长度方向平行，可按式(3.15)计算。

$$\tau_f=\frac{N}{h_e\sum l_w}\leqslant f_f^w \tag{3.15}$$

式中　f_f^w——角焊缝的强度设计值，见附表 1.3；

h_e——角焊缝的有效厚度；

$\sum l_w$——连接一侧角焊缝的计算长度总和。

(2)正面角焊缝连接。图 3.38(b)所示为矩形拼接板，正面角焊缝连接。此时，外力与焊缝长度方向垂直，可按式(3.16)计算。

$$\sigma_f=\frac{N}{h_e\sum l_w}\leqslant \beta_f f_f^w \tag{3.16}$$

(3)矩形拼接板三面围焊。图 3.38(c)所示为矩形拼接板，三面围焊。可先按式(3.16)计算正面角焊缝所承担的内力 N_1，再由 $N-N_1$ 按式(3.15)计算侧面角焊缝。如三面围焊受直接动力荷载，由于 $\beta_f=1.0$，则按轴力由连接一侧角焊缝有效截面面积平均承担计算。

$$\frac{N}{h_e\sum l_w}\leqslant f_f^w \tag{3.17}$$

(4)为使传力线平缓过渡，减小矩形拼接板转角处的应力集中，可改用菱形拼接板[图 3.38(d)]，按式(3.18)计算。当菱形拼接板正面角焊缝长度较小，为使计算简化，可忽略正面角焊缝及斜角焊缝的 β_f 增大系数。

$$\frac{N}{\sum(\beta_f h_e l_w)}\leqslant f_f^w \tag{3.18}$$

对于承受静力或间接动力荷载的结构，式(3.18)中的 β_f 按下列规定采用：侧面角焊缝部分取 $\beta_f=1.0$；正面角焊缝部分取 $\beta_f=1.22$；斜向角焊缝按 $\beta_f=\beta_{f\theta}=1/\sqrt{1-\frac{\sin^2\theta}{3}}$，$\beta_{f\theta}$称为斜向角焊缝强度增大系数，其值在 1.0～1.22。表 3.4 列出了轴心力与焊缝长度方向的夹角 θ 与 $\beta_{f\theta}$的关系。对直接承受动力荷载的结构则一律取 $\beta_f=1.0$。

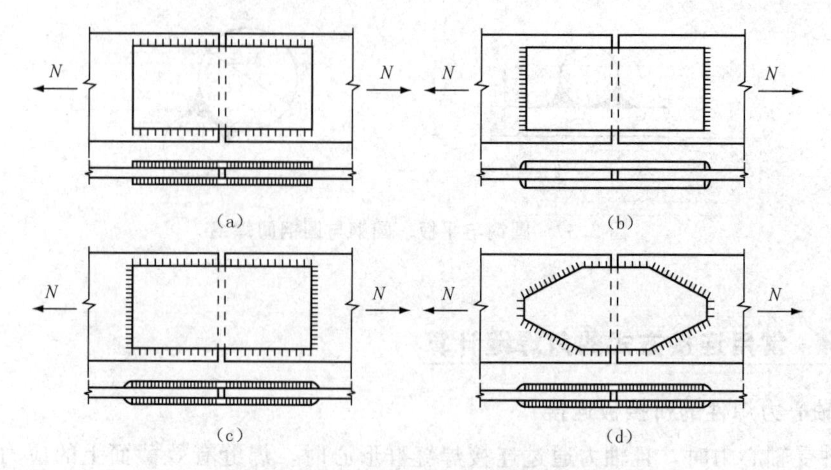

图 3.38　轴心力作用下角焊缝的连接

(a)矩形拼接板侧面角焊缝连接；(b)矩形拼接板正面角焊缝连接；
(c)矩形拼接板三面围焊连接；(d)菱形拼接板围焊连接

表 3.4　$\beta_{f\theta}$ 值

θ	0°	20°	30°	40°	45°	50°	60°	70°	80°～90°
$\beta_{f\theta}$	1	1.02	1.04	1.08	1.10	1.11	1.15	1.19	1.22

(5)对于塞焊缝，可按式(3.19)进行计算。

$$\frac{4N}{n\pi D^2}\leqslant f_f^w \tag{3.19}$$

式中　f_f^w——角焊缝强度设计值；

n——塞焊点数；

D——孔径。

【例题 3.3】　试设计图 3.39 所示一双盖板的对接接头。已知钢板截面尺寸为 250 mm×14 mm，盖板截面为 2－200×10 mm，承受轴心力设计值 700 kN(静力荷载)，钢材为 Q235，焊条 E43 型，手工焊。

【解】　确定角焊缝的焊脚尺寸 h_f：

取 $h_f=8\text{ mm}\leqslant h_{f,\max}=t-(1\sim2)=8\sim9\text{ mm}$

$\leqslant 1.2t_{\min}=1.2\times10=12(\text{mm})$

$>h_{f,\min}=1.5\sqrt{t_{\max}}=1.5\times\sqrt{14}=5.6(\text{mm})$

由附表 1.3 查得角焊缝强度设计值 $f_f^w=160\text{ N/mm}^2$。

(1)采用侧面角焊缝。因用双盖板，接头一侧共有 4 条焊缝，每条焊缝所需的计算长度为

$$l_w=\frac{N}{4h_ef_f^w}=\frac{700\times10^3}{4\times0.7\times8\times160}=195.3(\text{mm})\text{取 } l_w=200\text{ mm}$$

盖板总长：$L=(200+2\times8)\times2+10=442(\text{mm})$，取 $L=450\text{ mm}$

$$l_w=200\text{ mm}<60h_f=60\times8=480(\text{mm})$$

$$>8h_f=8\times8=64(\text{mm})$$

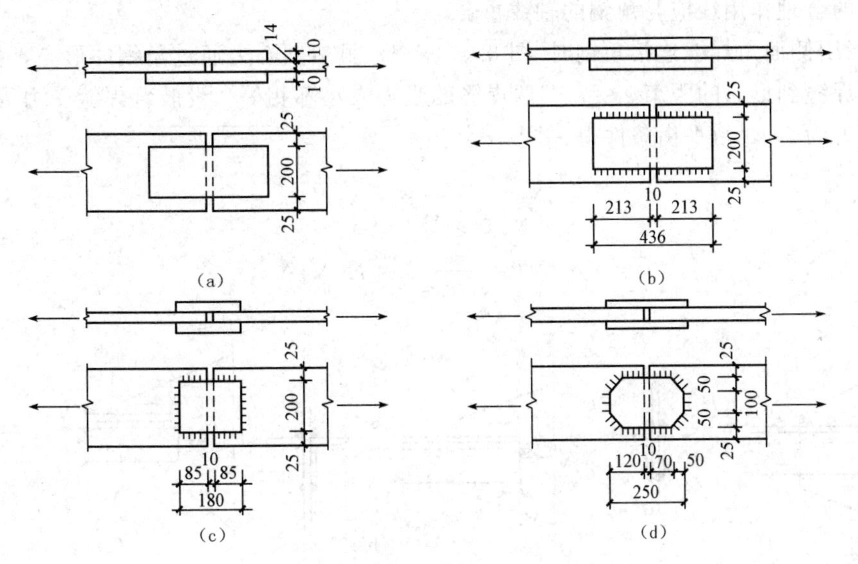

图 3.39　例题 3.3 图

$$l=220\ \text{mm}>b=200\ \text{mm}$$

$t=10$ mm<12 mm 且 $b=200$ mm 满足构造要求。

(2)采用三面围焊。正面角焊缝所能承受的内力 N' 为

$$N'=2\times 0.7h_f l'_w \beta_f f_f^w=2\times 0.7\times 8\times 200\times 1.22\times 160=437\ 248(\text{N})$$

接头一侧所需侧焊缝的计算长度为

$$l'_w=\frac{N-N'}{4h_e f_f^w}=\frac{700\ 000-437\ 248}{4\times 0.7\times 8\times 160}=73.3(\text{mm})$$

盖板总长：$L=(73.3+8)\times 2+10=172.6$(mm)取 180 mm。

(3)采用菱形盖板。为使传力较平顺或减小拼接盖板四角焊缝的应力集中，可将拼接盖板做成菱形。连接焊缝由三部分组成，取：①两条端缝 $l_{w1}=100$ mm；②四条侧缝 $l_{w2}=70-8=62$ mm；③四条斜缝 $l_{w3}=\sqrt{50^2+50^2}=71$(mm)。其承载能力分别为

$$N_1=\beta_f h_e \sum l_w f_f^w=1.22\times 0.7\times 8\times 2\times 100\times 160=218\ 624(\text{N})$$

$$N_2=h_e \sum l_w f_f^w=0.7\times 8\times 62\times 4\times 160=222\ 208(\text{N})$$

斜焊缝因 $\theta=45°$，$\beta_{f,0}=1/\sqrt{1-\frac{1}{3}\sin^2 45°}=1.1$，则

$$N_3=h_e \sum l_w \beta_{f,0} f_f^w=0.7\times 8\times 4\times 71\times 1.1\times 160=279\ 910(\text{N})$$

连接一侧所承受的内力为：$N_1+N_2+N_3=218\ 624+222\ 208+279\ 910=720\ 742\approx 720.7(\text{kN})>700$ kN

所需拼接盖板总长：$L=(100+20)\times 2+10=250$(mm)，比采用三面围焊的矩形盖板的长度有所增加。

2. 受轴心力角钢的连接

在钢桁架中，杆件一般采用角钢，各杆件与连接板用角焊缝连接在一起，连接焊缝可采用两面侧焊、三面围焊和 L 形围焊三种形式，如图 3.40 所示。为了避免焊缝偏心受力，

焊缝传递的合理作用线应与角钢的轴线重合。

(1)当用侧面角焊缝连接角钢时[图 3.40(a)]，虽然轴心力通过角钢的形心，但肢背焊缝和肢尖焊缝到形心的距离 $e_1 \neq e_2$，两焊缝的受力大小不相等。设肢背焊缝受力为 N_1，肢尖焊缝受力为 N_2，由平衡条件得：

$$N_1 = \frac{e_2}{e_1 + e_2} N = K_1 N \tag{3.20}$$

$$N_2 = \frac{e_1}{e_1 + e_2} N = K_2 N \tag{3.21}$$

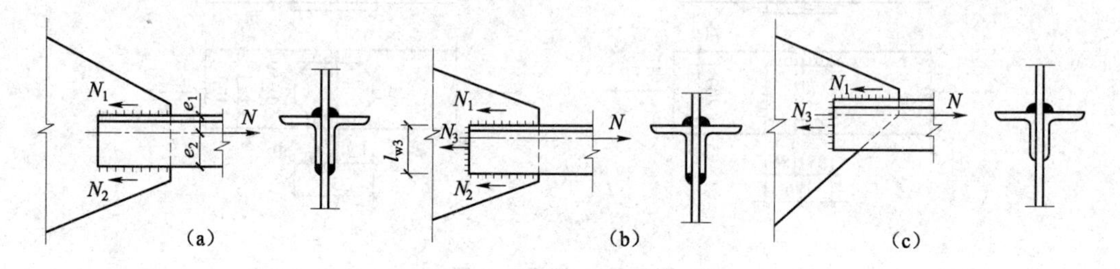

图 3.40　角钢角焊缝上受力分配

(a)两面侧焊；(b)三面围焊；(c)L 形围焊

式中　K_1、K_2——焊缝内力分配系数，可按表 3.5 查得。

表 3.5　角钢角焊缝的内力分配系数

连接情况	连接形式	分配系数	
		K_1	K_2
等肢角钢肢连接		0.7	0.3
不等肢角钢板肢连接		0.75	0.25
不等肢角钢长肢连接		0.65	0.35

(2)当采用三面围焊时[图 3.40(b)]，可选定正面角焊缝的焊脚尺寸 h_f，并算出它所能承担的内力 $N_3 = 0.7 h_f \sum l_{w3} \beta_f f_f^w$ 。

再通过平衡关系，可以解得

$$N_1 = N e_2 / (e_1 + e_2) - N_3 / 2 \tag{3.22a}$$

$$N_2 = N e_1 / (e_1 + e_2) - N_3 / 2 \tag{3.22b}$$

根据上述方法求得两条焊缝的内力 N_1、N_2 以后，按构造要求确定肢背与肢尖焊缝的焊脚尺寸，可计算肢背和肢尖焊缝的计算长度。对于双角钢组成的 T 形截面：

肢背的一条侧面角焊缝长为

$$l_{w1} = \frac{N_1}{2 \times 0.7 h_{f1} f_f^w} \tag{3.23a}$$

肢尖的一条侧面角焊缝长为

$$l_{w2}=\frac{N_2}{2\times0.7h_{f2}f_f^w} \tag{3.23b}$$

(3)对于L形的角焊缝[图3.40(c)]。

令式(3.22b)中的 $N_2=0$，可得：

$$N_3=2K_2N \tag{3.24}$$

$$N_1=N-N_3=(1-2K_2)N \tag{3.25}$$

求得 N_1 后，也可按式(3.21)计算侧面角焊缝。

【例题3.4】 试确定图3.41所示承受轴心力的三面围焊连接的承载力及肢尖焊缝的长度。已知角钢为2∟125×10，与厚度为8 mm的节点板连接，其肢背搭接长度为300 mm，焊脚尺寸均为 $h_f=8$ mm，钢材为Q235B，手工焊，焊条为E43型。

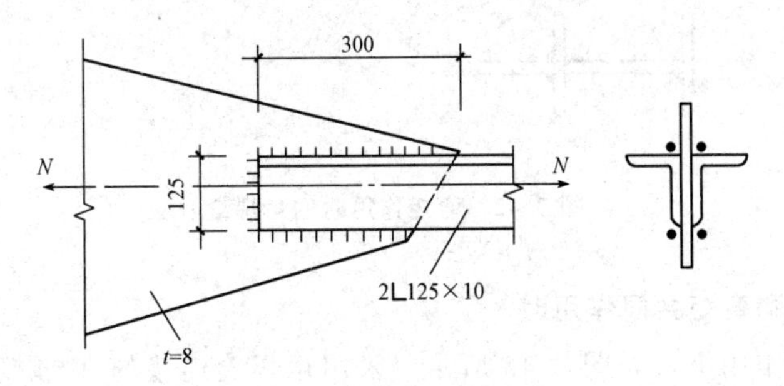

图3.41 例题3.4附图

【解】 角焊缝强度设计值 $f_f^w=160\ \text{N/mm}^2$，焊缝内力分配系数为 $K_1=0.7$，$K_2=0.3$。正面角焊缝的长度等于角钢肢的宽度，即 $l_{w3}=b=125$ mm，则正面角焊缝所能承受的内力 N_3 为

$$N_3=2h_el_{w3}\beta_ff_f^w=2\times0.7\times8\times125\times1.22\times160=273.3(\text{kN})$$

肢背所能承受的内力 $N_1=2h_el_{w1}f_f^w=2\times0.7\times8\times(300-8)\times160=523.3(\text{kN})$

而
$$N_1=K_1N-\frac{N_3}{2}=0.7N-\frac{273.3}{2}=523.3$$

$$N=\frac{523.3+136.7}{0.7}=942.9(\text{kN})$$

肢尖承受的力为

$$N_2=K_2N-\frac{N_3}{2}=0.3\times942.9-136.7=146.2(\text{kN})$$

肢尖焊缝的长度为

$$l'_{w2}=\frac{N_2}{2h_ef_f^w}=\frac{146.2\times10^3}{2\times0.7\times8\times160}+8=90(\text{mm})$$

3. 弯矩作用下角焊缝计算

当力矩作用平面与焊缝群所在平面垂直时，焊缝受弯(图3.42)。弯矩在焊缝有效截面上产生和焊缝长度方向垂直的应力 σ_f，此弯曲应力呈三角形分布，边缘应力最大，图3.42(b)给出焊缝有效截面，计算公式为

$$\sigma_f = \frac{M}{W_w} \leqslant \beta_f f_f^w \tag{3.26}$$

式中　W_w——角焊缝有效截面的截面模量。

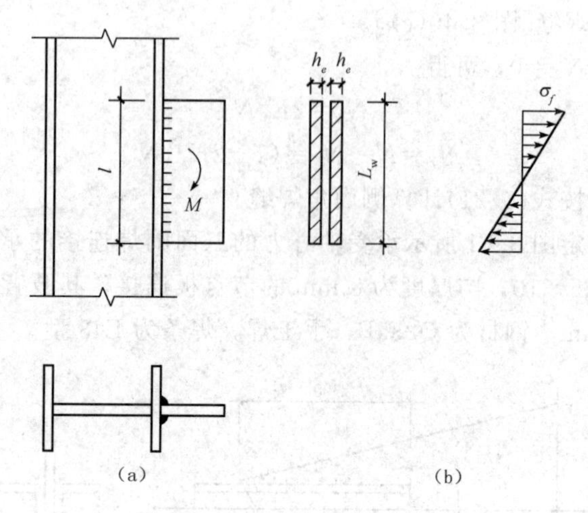

图 3.42　弯矩作用时的角焊缝

4. 轴力、剪力和弯矩共同作用时

在各种力综合作用下，如图 3.43 所示，采用角焊缝连接的 T 形接头，角焊缝受 M、N、V 共同作用时，N 引起垂直焊缝长度方向的应力 σ_f^N，V 引起沿焊缝长度方向的应力 τ_f，M 引起垂直焊缝长度方向按三角形分布的应力 σ_f^M，即

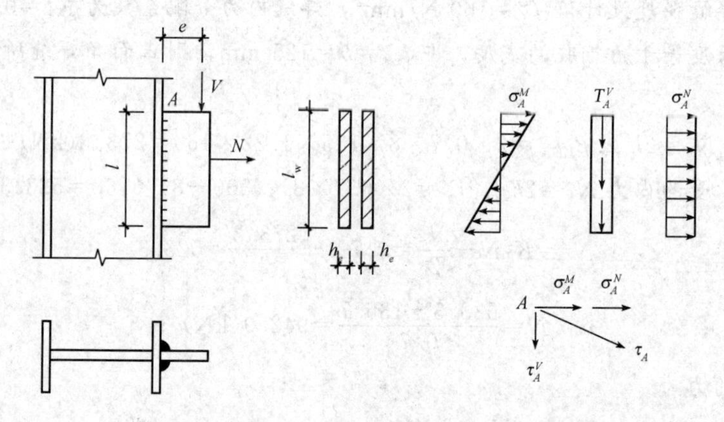

图 3.43　轴心力、剪力和弯矩作用下的角焊缝

$$\sigma_f^N = \frac{N}{h_e l_w} \tag{3.27}$$

$$\sigma_f^M = \frac{M}{W_e} \tag{3.28}$$

$$\tau_f = \frac{V}{h_e l_w} \tag{3.29}$$

且

$$\sigma_f = \sigma_f^N + \sigma_f^M \tag{3.30}$$

则最大应力在焊缝的上端，其验算公式为

$$\sqrt{\tau_f^2+\left(\frac{\sigma_f}{\beta_f}\right)^2}\leqslant f_f^w \tag{3.31}$$

式中　W_e——角焊缝有效截面的抵抗矩。

其余符号意义同前。

5. 扭矩作用下的角焊缝计算

(1)焊缝群受扭。当力矩作用平面与焊缝群所在平面平行时，焊缝受扭(图 3.44)。计算时采取下述假定：

1)被连接构件是绝对刚性的，焊缝则是弹性的。

2)被连接件在扭矩作用下绕焊缝有效截面形心 O 旋转，焊缝有效截面上任一点的应力方向垂直于该点与形心 O 的连线，应力大小与其到形心距离 r 成正比。按上述假定，焊缝有效截面上距形心最远点应力最大为

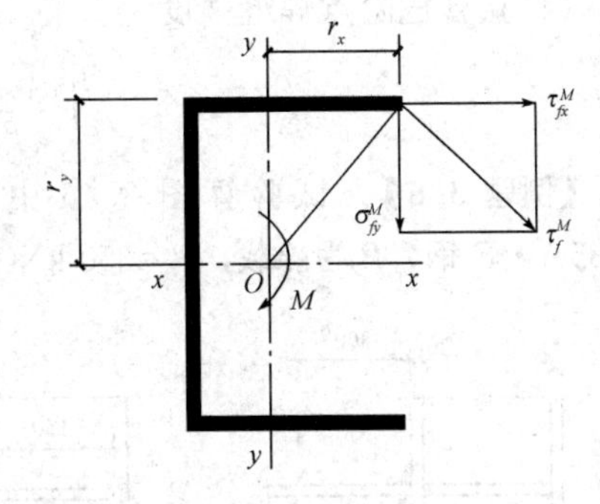

图 3.44　扭矩作用时的角焊缝应力

$$\tau_A=\frac{Tr}{J} \tag{3.32}$$

式中　J——焊缝有效截面(图 3.44)绕形心 O 的极惯性矩，其值为 I_x+I_y，I_x、I_y 分别为焊缝有效截面绕 x、y 轴的惯性矩；

r——形心最远点到形心的距离；

T——扭矩设计值。

式(3.32)给出的应力与焊缝长度方向成斜角，将其沿着 x 轴方向(沿焊缝长度方向)和 y 轴方向(垂直于焊缝长度方向)分解得：

$$\tau_A^T=\tau_A\cos\varphi=\frac{Tr_y}{J} \tag{3.33}$$

$$\sigma_A^T=\tau_A\sin\varphi=\frac{Tr_x}{J} \tag{3.34}$$

将 $\tau_f=\tau_A^T$，$\sigma_f=\sigma_A^T$ 代入角焊缝计算的基本公式，得设计公式为

$$\sqrt{\left(\frac{\sigma_A^T}{\beta_f}\right)^2+(\tau_A^T)^2}\leqslant f_f^w \tag{3.35}$$

(2)环焊缝受扭。扭矩作用下环形角焊缝(图 3.45)有效截面只有剪应力沿切线方向(环向)的作用，计算公式为

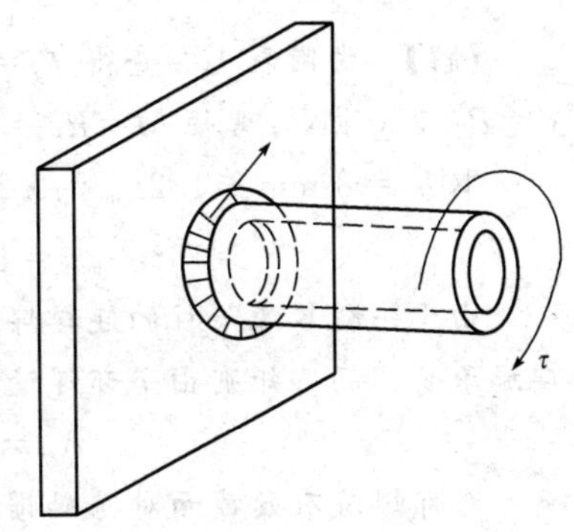

图 3.45　环形焊缝受扭

$$\tau_f=\frac{TD}{2J}\leqslant f_f^w \tag{3.36}$$

式中　J——焊缝环形有效截面极惯性矩，焊缝有效厚度 $h_e<0.1D$ 时，$J\approx0.25\pi h_e D^3$；

D——可近似地取为管的外径。

6. 扭矩、剪力、轴力共同作用下角焊缝的计算

计算步骤如下：

(1)求出焊缝有效截面形心 O；

(2)将连接所受外力平移到形心 O，可得扭矩 $T=V(a+e)$，剪力 V，轴力 N；

(3)计算 T、V、N 单独作用下危险点 A 的应力为

$$\tau_A^N=\frac{N}{h_e\sum l_w},\sigma_A^V=\frac{V}{he\sum l_w} \tag{3.37}$$

$$\tau_A^T=\frac{Tr_y}{J} \tag{3.38}$$

$$\sigma_A^T=\frac{Tr_x}{J} \tag{3.39}$$

(4)验算危险点焊缝强度。

$$\sqrt{\left(\frac{\sigma_A^T+\sigma_A^V}{\beta_f}\right)^2+(\tau_A^V+\tau_A^T)^2}\leqslant f_f^w \tag{3.40}$$

【例题 3.5】 试验算图 3.46 中牛腿与柱的角焊缝连接强度。牛腿与柱的钢材用 Q235A·F 钢，P 为静载，$P=350$ kN(设计值)，偏心距 $e=300$ mm。手工焊，焊条 E43 系列。

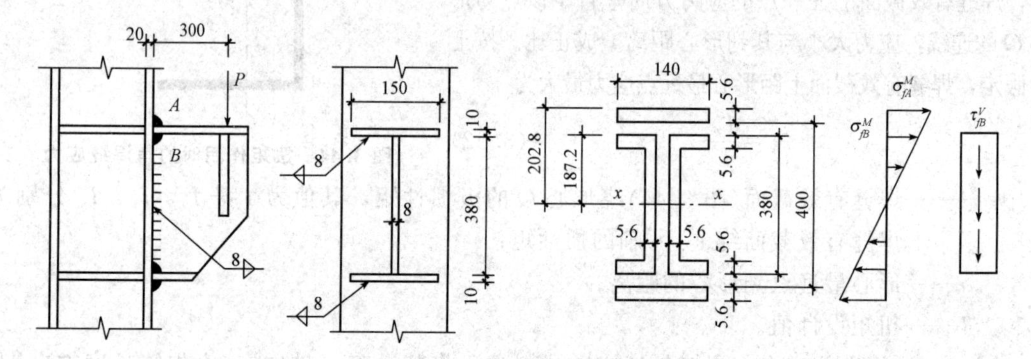

图 3.46　例题 3.5 图

【解】 由附表 1.3 查得 $f_f^w=160\ \text{N/mm}^2$。牛腿和柱连接的角焊缝承受牛腿传来的剪力 $V=P=350$ kN，弯矩 $M=Pe=350\times0.3=105(\text{kN·m})$

取 $h_f=8\ \text{mm}<1.2t_{\min}=1.2\times8=9.6(\text{mm})$

$>1.5\sqrt{t_{\max}}=1.5\times\sqrt{20}=6.7(\text{mm})$

由于牛腿翼缘与柱的连接焊缝竖向刚度较低，故一般考虑剪力全部由腹板上的两条竖焊缝承受，而弯矩则由全部焊缝承受。两条竖向焊缝有效截面面积为

$$A_w=2\times0.7\times0.8\times38=42.56(\text{cm}^2)$$

全部焊缝有效截面对 x 轴惯性矩和抵抗矩为

$I_w=2\times\frac{1}{12}\times0.7\times0.8\times38^3+2\times0.7\times0.8\times(15-1)\times20.28^2+4\times0.7\times0.8\times(7.1-0.56-0.5)\times18.72^2=16\ 311.5(\text{cm}^4)$

$$W_w=\frac{I_w}{y}=\frac{16\ 311.5}{20.56}=793(\text{cm}^3)$$

翼缘焊缝最外边缘 A 点的最大应力为

$\sigma_A^M=\frac{M}{W_w}=\frac{105\times10^6}{793\times10^3}=132.4(\text{N/mm}^2)<\beta_f f_f^w=160\times1.22=195.2(\text{N/mm}^2)$，满足要求。

腹板有效边缘 B 点的应力为

$$\sigma_B^M=132.4\times\frac{19}{20.56}=122.4(\text{N/mm}^2)$$

$$\tau_B^V=\frac{V}{A_w}=\frac{350\times10^3}{4\ 256}=82.2(\text{N/mm}^2)$$

$$\sqrt{\left(\frac{\sigma_B^M}{\beta_f}\right)^2+(\tau_B^V)^2}=\sqrt{\left(\frac{122.4}{1.22}\right)^2+82.2^2}=129.7(\text{N/mm}^2)<f_f^w=160\ \text{N/mm}^2\text{，满足要求。}$$

【例题 3.6】 验算支托板与柱的连接(图 3.47)。板厚 $t=12$ mm，钢材为 Q235，采用三面围焊，在焊缝群重心上作用有轴力 $N=50$ kN，剪力 $V=200$ kN，扭矩 $T=160$ kN·m，手工焊，焊条用 E43 型，焊脚尺寸 $h_f=10$ mm(设计焊缝端部无缺陷影响)。

【解】 焊缝有效截面计算图示如图 3.47 所示。

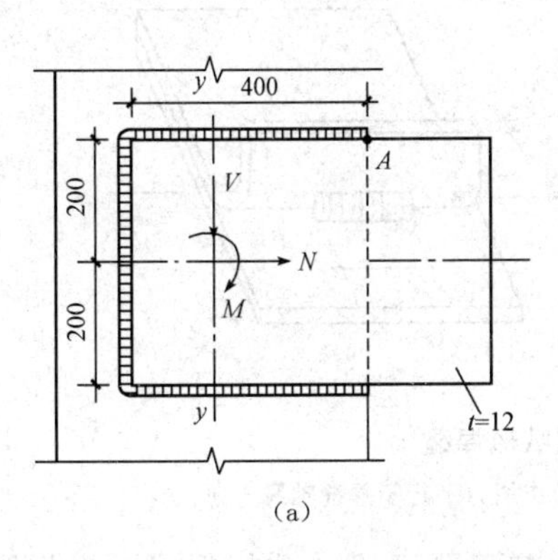

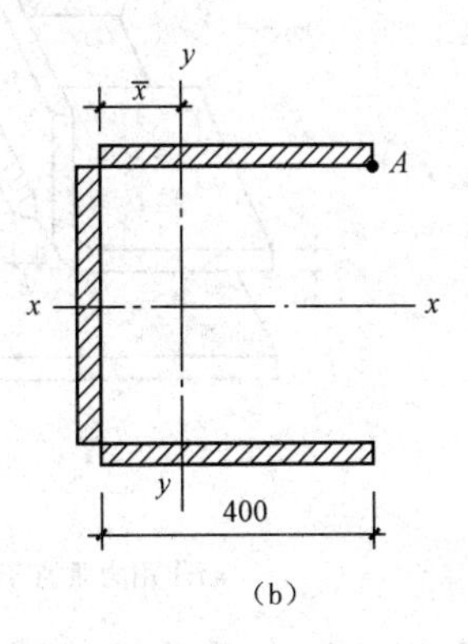

图 3.47 例题 3.6 图

(1)计算有效截面几何特征。

有效截面面积：$A_e=0.7\times10\times(2\times400+400)=8\ 400(\text{mm}^2)$

形心位置：$\bar{x}=\dfrac{2\times0.7\times10\times400\times\left(\dfrac{1}{2}\times400\right)}{8\ 400}=133(\text{mm})$

惯性矩：$I_x=0.7\times10\times\left(\dfrac{1}{12}\times400^3+2\times400\times200^2\right)=261\times10^6(\text{mm}^4)$

$$I_y=0.7\times10\times\left[2\times\frac{1}{12}\times400^3+(200-133)^2\times400\times2+400\times133^2\right]=149\times10^6(\text{mm}^4)$$

$$I_p=I_x+I_y=(261+149)\times10^6=410\times10^6(\text{mm}^4)$$

(2)验算危险点 A 的应力。

$$\tau_{fx}^N=\frac{N}{A_e}=\frac{50\times10^3}{8\ 400}=6(\text{N/mm}^2)$$

$$\sigma_{fy}^V=\frac{V}{A_e}=\frac{200\times10^3}{8\ 400}=23.8(\text{N/mm}^2)$$

$$\sigma_{fy}^T=\frac{T}{I_p}\cdot x_A=\frac{160\times10^6\times(400-133)}{410\times10^6}=104.2(\text{N/mm}^2)$$

$$\tau_{fx}^T=\frac{T}{I_p}\cdot y_A=\frac{160\times10^6\times200}{410\times10^6}=78(\text{N/mm}^2)$$

$$\sqrt{\left(\frac{\sigma_{fy}^V+\sigma_{fy}^T}{\beta_f}\right)^2+(\tau_{fx}^N+\tau_{fx}^T)^2}=\sqrt{\left(\frac{23.8+104.2}{1.22}\right)^2+(6+78)^2}=134.4(\text{N/mm}^2)<160\ \text{N/mm}^2$$

所以，此连接的焊缝强度满足要求。

3.4.5 喇叭形焊缝的计算

在冷弯薄壁型钢结构中，经常遇到如图 3.48、图 3.49 所示的喇叭形焊缝(flare groove welds)。喇叭形焊缝分为单边喇叭形焊缝(图 3.48)和喇叭形焊缝(图 3.49)。从外形看，与斜角角焊缝相似。试验研究证明，当被连板件的厚度 $t \leqslant 4.5$ mm 时，沿焊缝横向和纵向传递剪力连接的破坏模式均为沿焊缝轮廓线处的薄板撕裂。

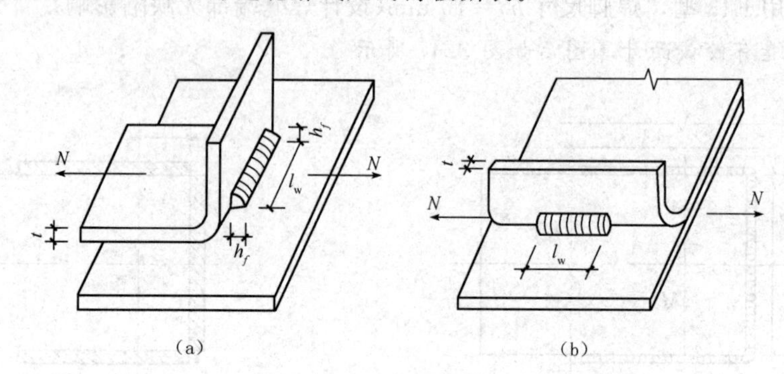

图 3.48 单边喇叭形焊缝

(a)作用力垂直于焊缝轴线方向；(b)作用力平行于焊缝轴线方向

喇叭形焊缝纵向受剪时(图 3.49、图 3.50)有两种可能的破坏形式：当焊脚高度 h_f(图 3.50)和被连板厚 t 满足 $t \leqslant 0.7h_f < 2t$，或当卷边高度小于焊缝长度时，卷边部分传力甚少，薄板为单剪破坏；当焊脚高度满足 $0.7h_f \geqslant 2t$，或卷边高度大于焊缝长度时，卷边部分也可传递较大的剪力，能在焊缝的两侧发生薄板的双剪破坏，承载力成倍增长。考虑到喇叭形焊缝在我国的研究和应用尚不充分，在我国《冷弯薄壁型钢结构技术规范》(GB 50018—2002)中规定，暂不考虑双剪破坏的承载力提高，一律按单剪计算。

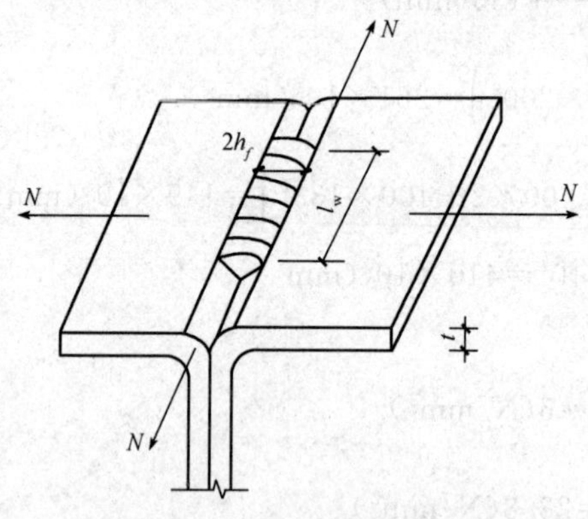

图 3.49 纵向受剪的喇叭形焊缝

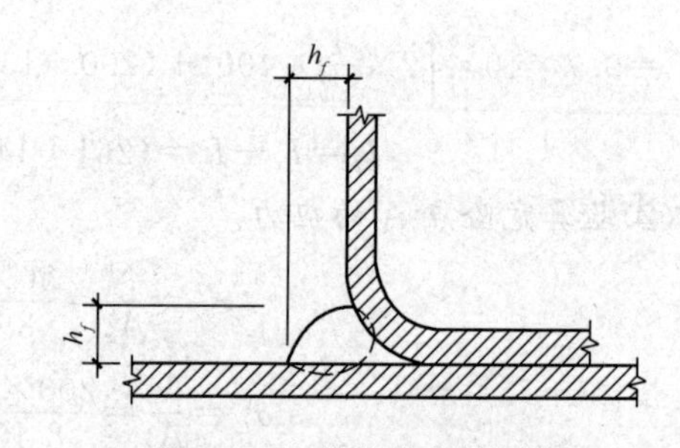

图 3.50 单边喇叭形焊缝

喇叭形焊缝的强度按下列公式计算：

(1)当连接板件的最小厚度小于或等于 4 mm 时，轴力 N 垂直于焊缝轴线方向作用的焊缝[图 3.48(a)]的抗剪强度应按下式计算：

$$\tau = \frac{N}{l_w t} \leqslant 0.8f \tag{3.41}$$

轴力 N 平行于焊缝轴线方向作用的焊缝[图 3.48(b)]的抗剪强度应按下式计算：

$$\tau=\frac{N}{l_{w}t}\leqslant 0.7f \tag{3.42}$$

式中　t——连接钢板的最小厚度；

l_w——焊缝计算长度之和，每条焊缝的计算长度均取实际长度 l 减去 $2h_f$，应按图 3.50 确定；f 为被连接钢板的抗拉强度设计值。

(2)当连接板件的最小厚度大于 4 mm 时，纵向受剪的喇叭形焊缝的强度除按式(3.42)计算外，还应按式(3.43)做补充验算，但 h_f 应按图 3.49 或图 3.50 确定。

$$\tau_f=\frac{N}{h_e l_w}\leqslant 0.7f_f^w \tag{3.43}$$

当采用喇叭形焊缝时，为了保证焊接质量，单边喇叭形焊缝和焊脚尺寸 h_f(图 3.50)不得小于被连接板件最小厚度的 1.4 倍。

3.5 焊接应力和焊接变形

3.5.1 焊接残余应力

钢结构的焊接过程是在焊件局部区域加热，焊缝及热影响区的热膨胀因周边材料约束而发生塑性压缩，在冷却时，焊缝和焊缝附近的钢材不能自由收缩，受到约束而产生焊接残余应力(welding stress)，相应的变形为焊接变形(welding deformation)，也称为焊接残余应力和残余变形。影响焊接结构变形和内力的因素有焊缝在结构中的位置、结构刚性、焊接顺序、焊接电流、焊接速度、焊接方向和操作方法等。焊接残余应力按其与焊缝长度方向或厚度方向的关系可分为沿焊缝长度方向的纵向焊接应力和垂直于焊缝长度方向的横向焊接应力，以及当焊缝较厚时，沿厚度方向的焊接应力。

1. 纵向残余应力

在两块钢板上施焊时(图 3.51)，钢板上产生不均匀的温度场，焊缝附近温度最高，达 1 600 ℃以上，其邻近区域温度较低。由于不均匀的温度场，产生了不均匀的膨胀，焊缝附近高温处的钢材膨胀大，远处的钢材温度低，膨胀小。膨胀大的钢材受到膨胀小的钢材的限制，产生热塑性压缩。焊缝冷却时钢材收缩，热塑性压缩区的焊缝受到两侧钢材的限制而产生纵向拉应力，远处焊缝因中间焊缝的收缩而产生纵向压应力。由于焊接应力是在无外荷载作用下产生的，因此纵向拉应力和压应力是自相平衡的内应力。

2. 横向残余应力

横向焊接残余应力产生的原因由两个部分组成：一部分是焊缝的纵向收缩，使两块钢板趋向于形成反方向的弯曲变形，但实际上焊缝是将两块钢板连成整体的，因此在焊缝中部产生横向拉应力，两端则产生压应力[图 3.52(b)]；另一部分是由于焊缝在施焊过程中冷却时间的不同，先焊的焊缝已经凝固，具有一定强度，会阻止后焊焊缝在横向自由膨胀，使其产生热塑性压缩。当焊缝冷却时，后焊焊缝的收缩又会受到先焊焊缝的限制，从而产生横向拉应力，而先焊焊缝则产生横向压应力[图 3.52(c)]。这两个部分的横向应力叠加而

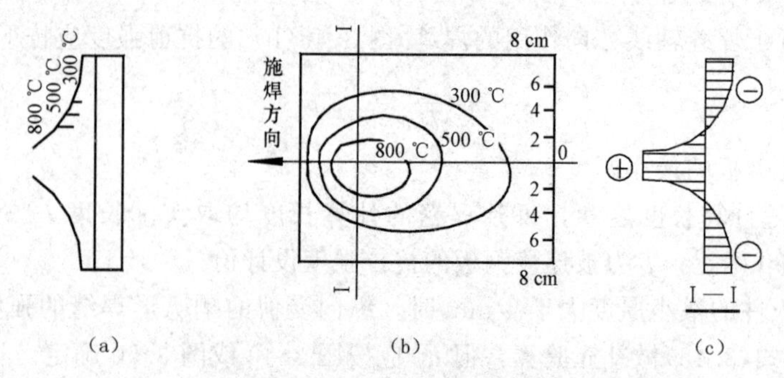

图 3.51　施焊时焊缝及附近的温度场和焊接残余应力

(a)、(b)施焊时焊缝及附近的温度场；(c)钢板上的纵向焊接应力

成最后的横向应力[图 3.52(d)]。

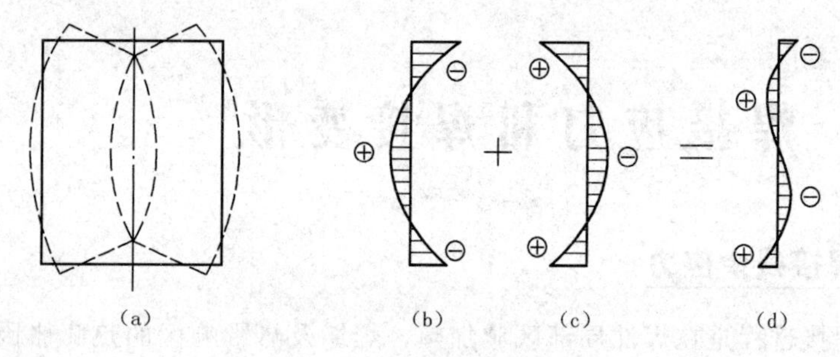

图 3.52　焊缝的横向应力

横向收缩引起的横向应力与施焊方向和先后次序有关，由于焊缝冷却时间不同，而产生不同的应力分布(图 3.53)。

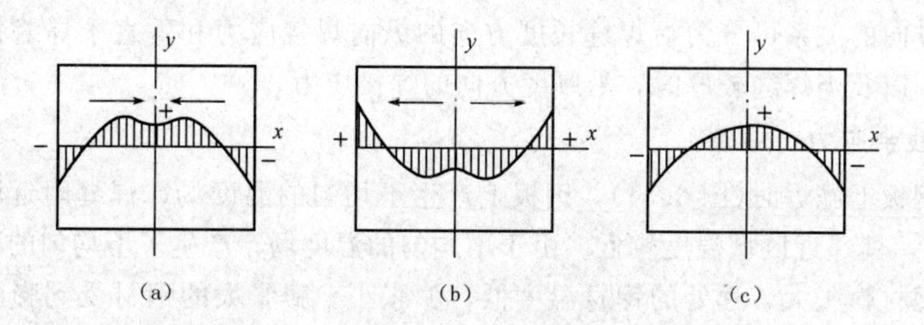

图 3.53　不同施焊方向产生的横向应力

3. 厚度方向的应力

焊接厚钢板时，焊缝需要多层施焊，焊接时沿厚度方向已经凝固的先焊焊缝阻止后焊焊缝的膨胀，产生塑性压缩变形。焊缝冷却时，焊缝与钢板接触面和与空气接触面散热较快而先冷却，中间部分后冷却，收缩时后冷却部分受到先冷却部分的阻碍，从而形成中间焊缝受拉，四周焊缝受压的应力状态。因此，焊缝除了纵向和横向应力 σ_x、σ_y 之外，在厚度方向还出现应力 σ_z，如图 3.54 所示，这三种应力形成比较严重的同号三向应力，极大地降低了结构连接的塑性。

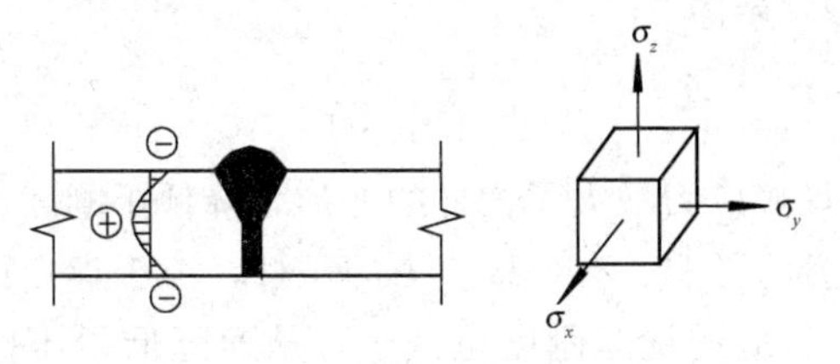

图 3.54　厚度方向的焊接残余应力

3.5.2　焊接应力和焊接变形对结构工作性能的影响

1. 焊接应力的影响

(1)对结构静力强度的影响。对在常温下工作，没有严重应力集中且具有一定塑性的钢材，在静荷载作用下，残余应力不会影响结构的静力强度。例如，轴心受拉构件，在受外荷之前($N=0$)截面上存在纵向焊接残余应力，如图 3.55 所示。在轴心力 N 作用下，截面 bt 部分的焊接残余应力已达屈服强度 f_y 的部分应力不再增加，如果钢材具有一定的塑性，拉力 N 仅由弹性区承担，两侧受压区的应力由原来的受压逐渐变为受拉，最后也达到屈服点 f_y，即全截面的应力都达到 f_y。因为残余应力是自相平衡的应力，故受拉区应力面积 A_t(实际为总残余拉力)必然和受压区应力面积 A_c(总残余压力)相等，即 $A_t=A_c=btf_y$。则构件全截面达到屈服点 f_y 时所承受的外力 $N_y=A_e+(B-b)tf_y=Btf_y$，而 Btf_y 即是无焊接应力且无应力集中现象的轴心受拉构件，当全截面上的应力达到 f_y 时所承受的外力。由此可知，有焊接应力构件的承载能力和无焊接应力者完全相同，即焊接应力不影响结构的强度。

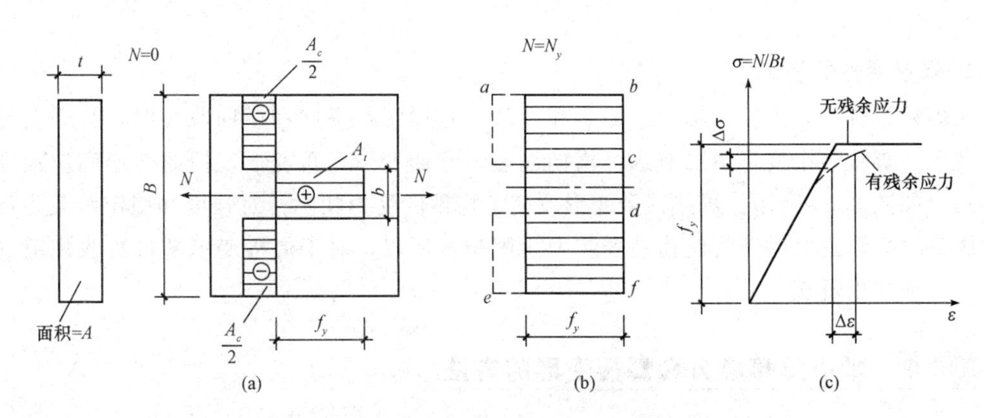

图 3.55　具有焊接残余应力的轴心受拉构件受荷过程

(2)对结构刚度的影响。焊接残余应力会降低结构的刚度。现在仍以轴心受拉构件为例加以说明(图 3.55)。

由于焊接拉应力区域提前进入塑性状态而刚度降为零，因此构件在拉力 N 作用下的伸长率为

$$\varepsilon_1=\frac{N}{(B-b)t\cdot E} \tag{3.44}$$

而无焊接应力时的伸长率为

$$\varepsilon_2=\frac{N}{Bt\cdot E} \tag{3.45}$$

显然，$\varepsilon_1>\varepsilon_2$，所以焊接应力增大了构件的变形，降低了刚度。

(3)对压杆稳定承载力的影响。有焊接应力的压杆，由于焊接压应力区提前进入塑性状态，截面的弹性区减小，相应的抗弯刚度也减小，从而降低了压杆的稳定承载力，详细分析见第 4 章。

(4)对疲劳强度的影响。由于焊缝及其附近主体金属中存在高达 f_y 的焊接拉应力，在反复荷载作用下，此部位正是形成和发展裂纹最为敏感的区域。因此，焊接残余应力对结构的疲劳强度有明显不利影响。

(5)对低温冷脆的影响。在厚钢板的焊接结构中，由于存在着三向交叉焊缝时(图 3.56)，存在着三向的焊接残余应力，当它们形成同号拉应力时，塑性变形受到约束，在低温下易使裂纹产生和发展，加速构件的脆性破坏。

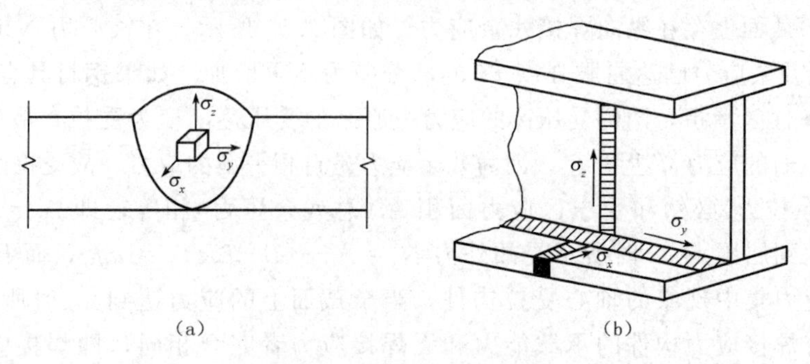

图 3.56　三向焊接残余应力

2. 焊接变形的影响

在焊接过程中，由于不均匀的加热和冷却，施焊区在纵向和横向收缩时，势必会导致构件变形。焊接残余变形主要有纵、横向缩短，弯曲变形，角变形，扭曲变形和波浪变形等形式，如图 3.57 所示。焊接残余变形改变了构件的受力状况，对强度和稳定承载力产生不利影响。变形过大时还将使构件安装发生困难。所以，对于焊接变形超过验收规范的规定时，必须加以矫正。

3.5.3　减小焊接应力和焊接变形的方法

由于焊接变形和焊接应力在焊接生产中是不可避免的，因此，为减少焊接残余应力和焊接残余变形，既要在设计时做出合理的焊缝构造设计，又要在制造、施工时采取正确的方法和工艺措施。

1. 合理的焊缝设计

为了减少焊缝应力与焊接变形，设计时在构造上要采用一些合理的焊缝设计措施。例如：

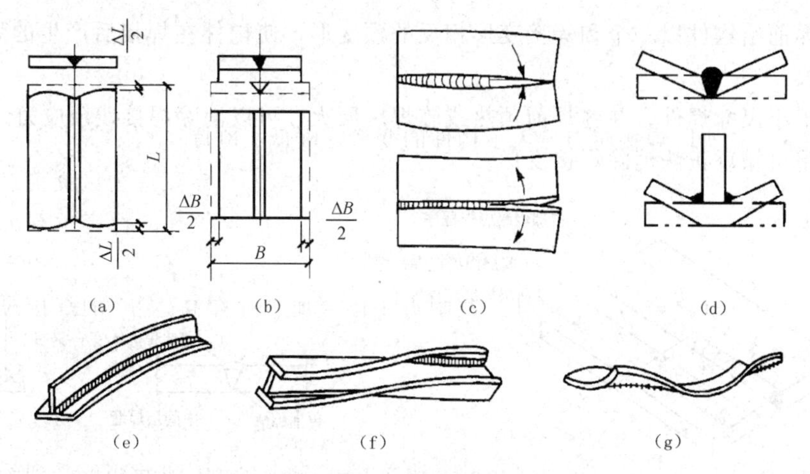

图 3.57　焊接残余变形类别示意图

(a)、(b)纵横向收缩；(c)面内弯曲；(d)角变形；

(e)弯曲变形；(f)扭曲变形；(g)薄板失稳翘曲变形

(1)焊缝的位置要合理，焊缝的布置应尽可能对称于构件的重心，以减小焊接变形。

(2)焊缝尺寸要适当，在容许的范围内，可以采用较小的焊脚尺寸，并加大焊缝长度，使需要的焊缝总面积不变，以免因焊脚尺寸过大而引起过大的焊接残余应力。焊缝过厚还可能引起施焊时烧穿、过热等现象。

(3)焊缝不宜过分集中。图 3.58(a)中的 a_2 比 a_1 好。

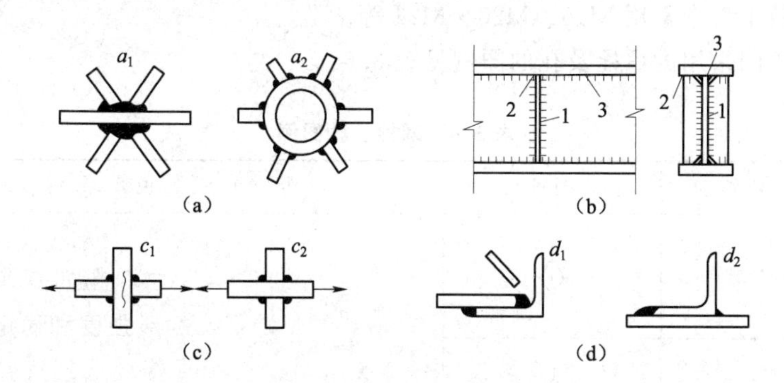

图 3.58　合理的焊缝设计

(4)应尽量避免三向相交，为此可使次要焊缝中断，主要焊缝连续通过图 3.58(b)。

(5)要考虑到钢板的分层问题，垂直于板面传递拉力是不合理的，图 3.58(c)中的 c_2 比 c_1 好。

(6)要考虑施焊时，焊条是否容易到达。图 3.58(d)中 d_1 的右侧焊缝很难焊好，而 d_2 则较易焊好。

(7)焊缝连接构造要尽可能避免仰焊。

2. 制造、施工时采取的正确方法和工艺措施

(1)采用合理的施焊次序。例如钢板对接时采用分段退焊，厚焊缝采用分层焊，工字形截面按对角跳焊等(图 3.59)。

(2)施焊前给构件以一个和焊接变形相反的预变形，使构件在焊接后产生的焊接变形与之正好抵消。

(3)对于小尺寸焊件，在施焊前预热或施焊后回火，可以消除焊接残余应力。

(4)采用机械矫正法消除焊接变形。

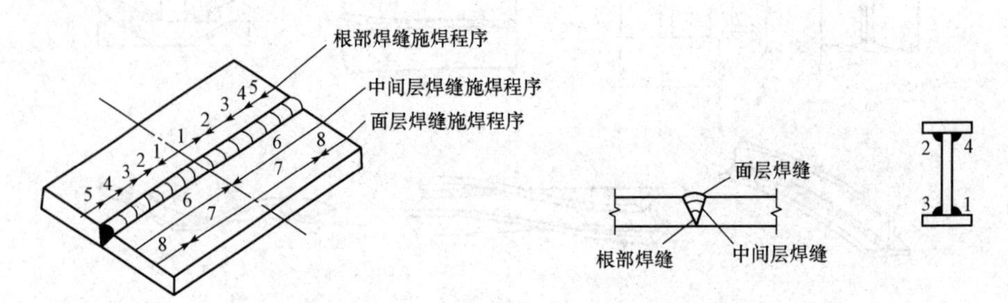

图 3.59　采用合理的焊接顺序减小焊接残余应力

3.6 螺栓连接的构造

1. 螺栓的形式和规格

钢结构采用的螺栓的形式为六角头型。粗牙普通螺纹，代号用字母 M 和公称直径的毫米数表示，建筑工程中常用 M16、M20、M24 等。

钢结构施工图采用的螺栓及孔的图例见表 3.6。

表 3.6　螺栓、孔图例

<table>
<tr><th>序号</th><th>名称</th><th>图例</th><th>说明</th></tr>
<tr><td>1</td><td>永久螺栓</td><td></td><td rowspan="5">1. 细“＋”线表示定位线
2. 必须标注孔、螺栓直径</td></tr>
<tr><td>2</td><td>安装螺栓</td><td></td></tr>
<tr><td>3</td><td>高强度螺栓</td><td></td></tr>
<tr><td>4</td><td>螺栓圆孔</td><td></td></tr>
<tr><td>5</td><td>椭圆形螺栓孔</td><td></td></tr>
</table>

2. 排列和构造要求

螺栓的排列应遵循简单整齐、便于安装的原则，通常采取并列(arrangement in parallel)和错列(staggered arrangement)两种形式(图 3.60)。并列简单，但螺栓孔对截面的削弱较大。错列可减小螺栓孔对截面的削弱，但排列较繁、不紧凑。

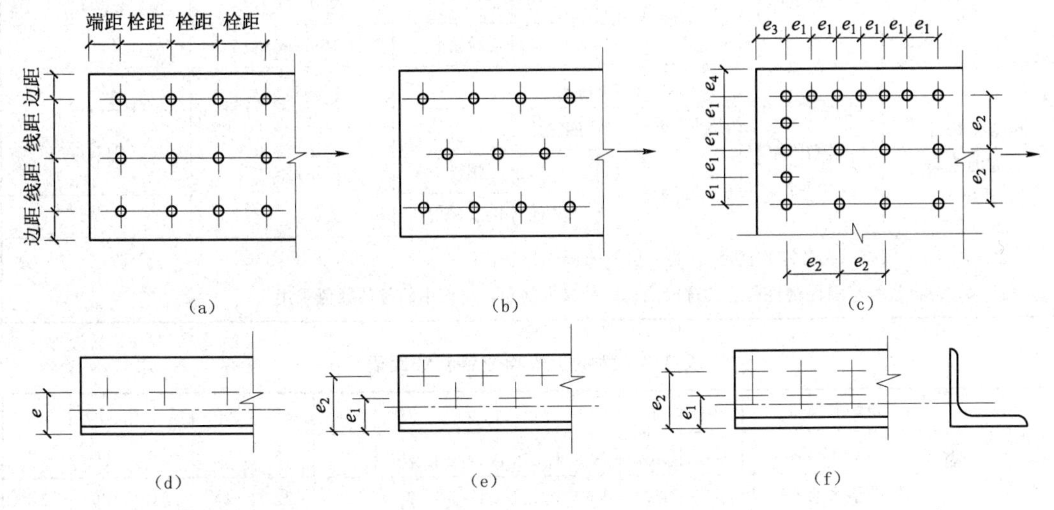

图 3.60　钢板和角钢上的螺栓排列

无论采用何种排列方法，螺栓间距及螺栓到构件边缘的距离应满足下列要求：

(1)受力要求。为避免钢板端部不被剪断，螺栓的端距不应小于 $2d_0$。d_0 为螺栓孔径。对于受拉构件，各排螺栓的栓距不应过小，否则螺栓周围应力集中互相影响较大，且对钢板的截面削弱过多，从而降低其承载能力。对于受压杆件，沿作用力方向的栓距不宜过大，否则在被连接的板件间容易发生凸曲现象。

(2)构造要求。若栓距及线距过大，则构件接触面不够紧密，潮气容易侵入缝隙而发生锈蚀。

(3)施工要求。要保证螺栓间有足够的空间以转动扳手，拧紧螺帽。

根据以上要求，《钢结构设计规范》(GB 50017—2003)规定的螺栓最大间距和最小间距，如图 3.60 和表 3.7 所示。角钢、普通工字钢、槽钢上螺栓的线距应满足图 3.60、图 3.61 以及表 3.8、表 3.9 和表 3.10 的要求。

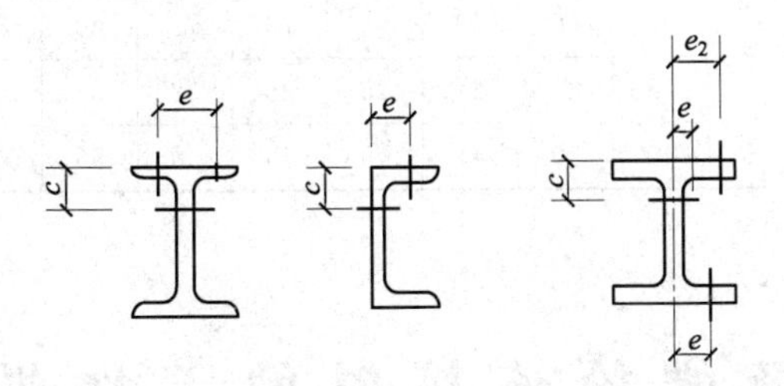

图 3.61　型钢的螺栓排列

表 3.7　螺栓和铆钉的最大、最小容许距离

名称	位置和方向			最大容许距离（取两者的较小值）	最小容许距离
中心间距	任意方向	外排		$8d_0$ 或 $12t$	$3d_0$
		中间排	构件受压力	$12d_0$ 或 $18t$	
			构件受拉力	$16d_0$ 或 $24t$	
中心至构件边缘的距离	取内力方向			$4d_0$ 或 $8t$	$2d_0$
	垂直内力方向	切割边			$1.5d_0$
		轧制边	高强度螺丝		
			其他螺栓或铆钉		$1.2d_0$

注：1. d_0 为螺栓孔或铆钉的直径，t 为外层较薄板件的厚度；

2. 钢板边缘与刚性构件相连的螺栓或铆钉的最大间距，可按中间排的数值采用。

表 3.8　角钢上螺栓或铆钉线距表

单行排列	角钢肢宽	40	45	50	56	63	70	75	80	90	100	110	125
	线距 e	25	25	30	30	35	40	40	45	50	55	60	70
	钉孔最大直径	11.5	13.5	13.5	15.5	17.5	20	22	22	24	24	26	26

双行横排	角钢肢宽	125	140	160	180	200	双行并列	角钢肢宽	160	180	200
	e_1	55	60	70	70	80		e_1	60	70	80
	e_2	90	100	120	140	160		e_2	130	140	160
	钉孔最大直径	24	24	26	26	26		钉孔最大直径	24	24	26

表 3.9　工字钢和槽钢腹板上的螺栓线距表

工字钢型号	12	14	16	18	20	22	25	28	32	36	40	45	50	56	63
线距 c_{min}	40	45	45	45	50	50	55	60	60	65	70	75	75	75	75
槽钢型号	12	14	16	18	20	22	25	28	32	36	40	—	—	—	—
线距 c_{min}	40	45	50	50	55	55	55	60	65	70	75	—	—	—	—

表 3.10　工字钢和槽钢翼缘上的螺栓线距表

工字钢型号	12	14	16	18	20	22	25	28	32	36	40	45	50	56	63
线距 c_{min}	40	40	50	55	60	65	65	70	75	80	80	85	90	95	95
槽钢型号	12	14	16	18	20	22	25	28	32	36	40	—	—	—	—
线距 c_{min}	30	35	35	40	40	45	45	45	50	56	60	—	—	—	—

3.7 普通螺栓连接时的工作性能和计算

普通螺栓连接按螺栓传力方式分为受剪螺栓(bolt in shear)连接、受拉螺栓(bolt in tension)连接和拉剪螺栓(bolt in tension-shear)连接三种。受剪螺栓连接是靠螺栓杆的抗剪和

孔壁承压来传力，受拉螺栓连接是靠沿杆轴方向受拉传力，拉剪螺栓连接则同时兼有上述两种传力方式。

3.7.1 普通螺栓的受剪连接

1. 受剪连接的工作性能

受剪螺栓是指在外力作用下，被连接件的接触面产生相对滑移，如图 3.62 所示。螺栓实际上以螺栓群的形式出现，当外力作用于螺栓群中心时，克服不大的摩擦力后，构件之间产生相对滑移。螺栓杆和螺栓孔壁接触，使螺栓杆受剪。同时，螺栓杆和螺栓孔壁产生挤压，受剪连接是最常见的螺栓连接形式。

如果以图 3.62(a)所示的螺栓连接试件作抗剪试验，则可得出试件上 a、b 两点之间的相对位移 δ 与作用力 N 的关系曲线[图 3.62(b)]。由此关系曲线可见，试件由零载一直加载至连接破坏的全过程，经历了以下四个阶段。

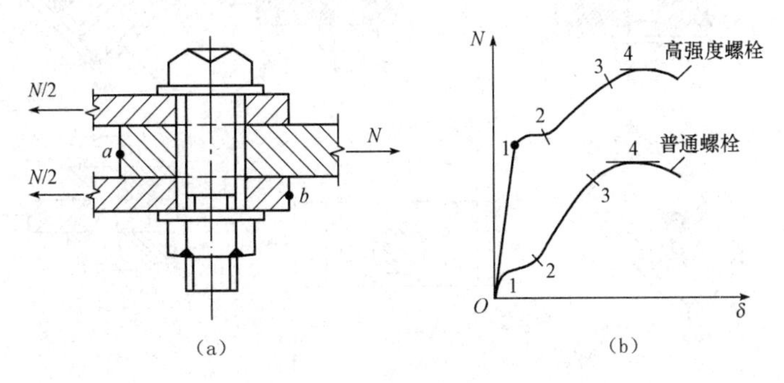

图 3.62　单个螺栓抗剪试验结果

(1)摩擦传力的弹性阶段。在施加荷载之初，荷载较小，连接中的剪力也较小，荷载靠构件间接触面的摩擦力传递，螺栓杆与孔壁之间的间隙保持不变，连接工作处于弹性阶段，在 $N-\delta$ 图上呈现出 0～1 斜直线段。但由于板件之间摩擦力的大小取决于拧紧螺帽时施加于螺杆中的初始拉力，一般来说，普通螺栓的初拉力很小，故此阶段很短，可略去不计。

(2)滑移阶段。当荷载增大，连接中的剪力达到构件之间摩擦力的最大值，板件之间突然产生相对滑移，其最大滑移量为螺栓杆与孔壁之间的间隙，直至螺栓杆与孔壁接触，也就是 $N-\delta$ 图上曲线为 1～2 的近似水平线段。

(3)栓杆直接传力的弹性阶段。如荷载再增加，连接所承受的外力则主要是靠螺栓与孔壁接触传递。

螺栓杆除主要受剪力外，还受到弯矩作用，而孔壁则受到挤压。由于接头材料的弹性性质，因此 $N-\delta$ 曲线至上升状态，达到“3”点时，表明螺栓或连接板达到弹性极限，此阶段结束。

(4)弹塑性阶段。荷载继续增加，在此阶段荷载即使有很小的增量，连接的剪切变形也迅速加大，直到连接的最后破坏。$N-\delta$ 图上曲线的最高点“4”所对应的荷载，即为普通螺栓连接的极限荷载。

2. 破坏形式

受剪螺栓连接达到极限承载力时，可能的破坏形式有以下五种，如图 3.63 所示。①当螺栓杆直径较小、板件较厚时，螺栓杆可能被剪断[图 3.63(a)]；②当螺栓杆较粗、板件相对较薄时，板件可能先被挤压而破坏[图 3.63(b)]；③当板件净截面面积因螺栓孔削弱过多时，板件可能在削弱处被拉断[图 3.63(c)]；④当端距太小，板端可能受冲剪而破坏[图 3.63(d)]；⑤当栓杆细长，螺栓杆可能发生过大的弯曲变形面的连接破坏[图 3.63(e)]。

上述的第①、②、③种破坏，即螺栓杆被剪断、孔壁挤压以及板被拉断的破坏形式，要进行计算，且第③种破坏的计算属于构件的强度验算。而对于第④、⑤种情况，即钢板剪断和螺栓杆弯曲破坏两种形式，可以通过以下措施防止：规定端距的最小容许距离(表 3.6)，以避免板端受冲剪而破坏；限制板叠厚度，即 $\sum t < 5d$，以避免螺杆弯曲过大而影响承载能力。

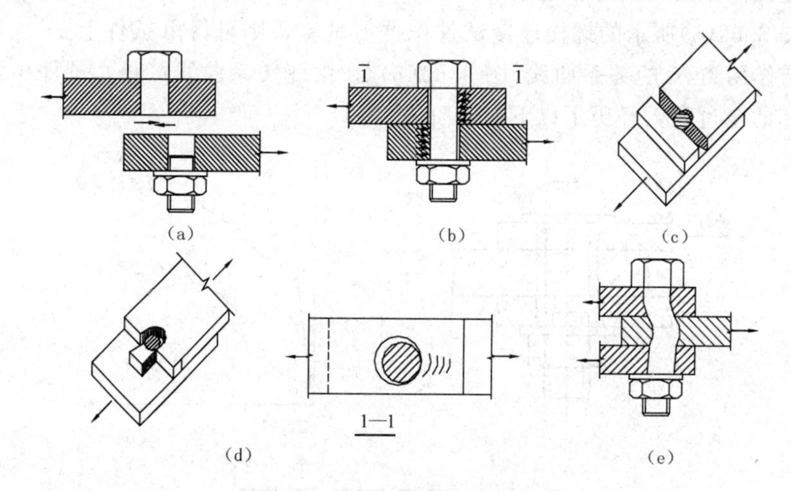

图 3.63　螺栓连接的破坏情况

3. 单个螺栓抗剪承载力

普通螺栓的受剪承载力主要由栓杆受剪和孔壁承压两种破坏形式确定，因此，应分别计算后取其最小值进行设计。计算时按照如下假定：

(1)栓杆受剪计算时，假定螺栓受剪面上的剪应力均匀分布。

(2)孔壁承压计算时，假定承压应力沿栓杆直径平面均匀分布。

因此，一个抗剪螺栓的设计承载能力按下列两式计算：

抗剪承载力设计值为

$$N_v^b = n_v \frac{\pi d^2}{4} f_v^b \tag{3.46}$$

承压承载力设计值为

$$N_c^b = d \sum t f_c^b \tag{3.47}$$

式中　n_v——螺栓受剪面数(图 3.64)，单剪面 $n_v = 1$，双剪面 $n_v = 2$，四剪面 $n_v = 4$ 等；

d——螺栓杆直径；

$\sum t$——在同一方向承压的构件较小总厚度，对于四剪面 $\sum t$ 取 $(a + c + e)$ 或 $(b + d)$ 的较小值；

f_v^b，f_c^b——螺栓的抗剪承压强度设计值。

一个抗剪螺栓的承载力设计值应该取 N_v^b 和 N_c^b 的较小者 $N_{\min}^b$。

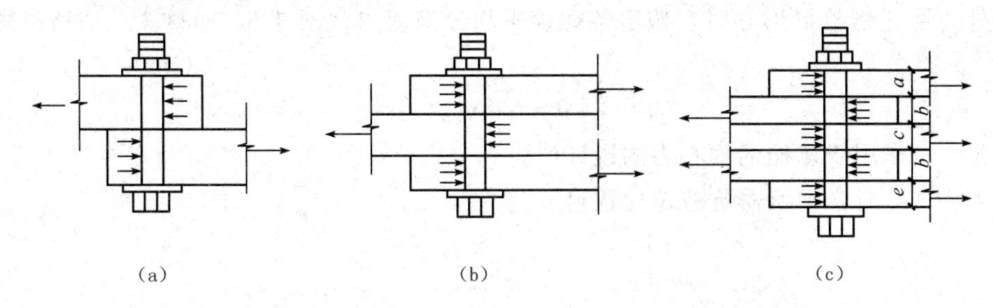

图 3.64 抗剪螺栓连接

(a)单面；(b)双面；(c)四面剪切

4. 普通螺栓群的抗剪连接计算

(1)普通螺栓群的轴心受剪。在多数情况下，连接采用的都是螺栓群。螺栓群的抗剪连接承受轴心力时，如图 3.65 所示，当连接处于弹性阶段时，因为被连接的构件在各区段中传递的荷载不同，变形也不相同，使各螺栓的受剪位移不同，导致各螺栓承受的剪力也不相同，两端的螺栓受力大，中间的螺栓受力小。当外力增大使连接超过弹性阶段而达到塑性阶段时，各螺栓承担的荷载逐渐接近，最后趋于相等直到破坏。因此，当外力作用于螺栓群形心，且螺栓在受力方向的排列长度在一定范围内时，可以认为各螺栓的受力是相等的。

但当构件的节点处或拼接缝一侧螺栓很多，且沿受力方向的连接长度 l_1 过大时，端部的螺栓会因受力过大而首先破坏，随后依次向内发展逐个破坏，即所谓的解纽扣现象。因此，《钢结构设计规范》(GB 50017—2003)规定，当 $15d_0 \leqslant l_1 \leqslant 60d_0$ 时，应将螺栓的承载力设计值乘以折减系数。折减系数为

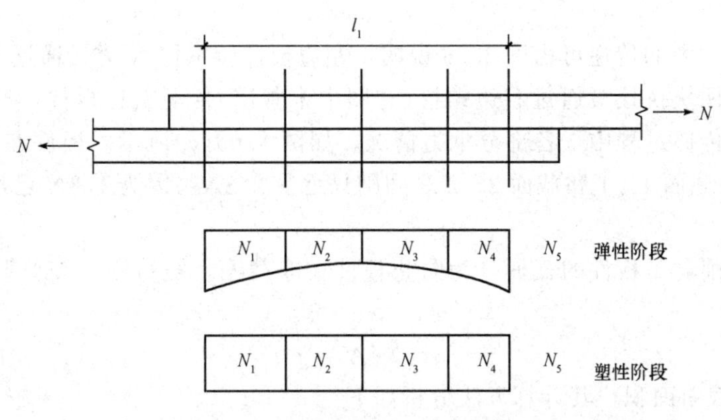

图 3.65 受剪螺栓群的受力状态

当 $l_1 > 15d_0$ 时

$$\eta = 1.1 - \frac{l_1}{150d_0} \tag{3.48}$$

当 $l_1 > 60d_0$ 时

$$\eta = 0.7 \tag{3.49}$$

式中　d_0——孔径。

当外力通过螺栓群形心时，假定各螺栓平均分担剪力，图 3.66(a)接头一边所需螺栓数目为

$$n=N/N_{\min}^{b} \tag{3.50}$$

式中　N——作用于螺栓的轴心力的设计值。

当 $l>15d_0$ 时，则所需抗剪螺栓数目 n 为

$$n=\frac{N}{\eta N_{\min}^{b}} \tag{3.51}$$

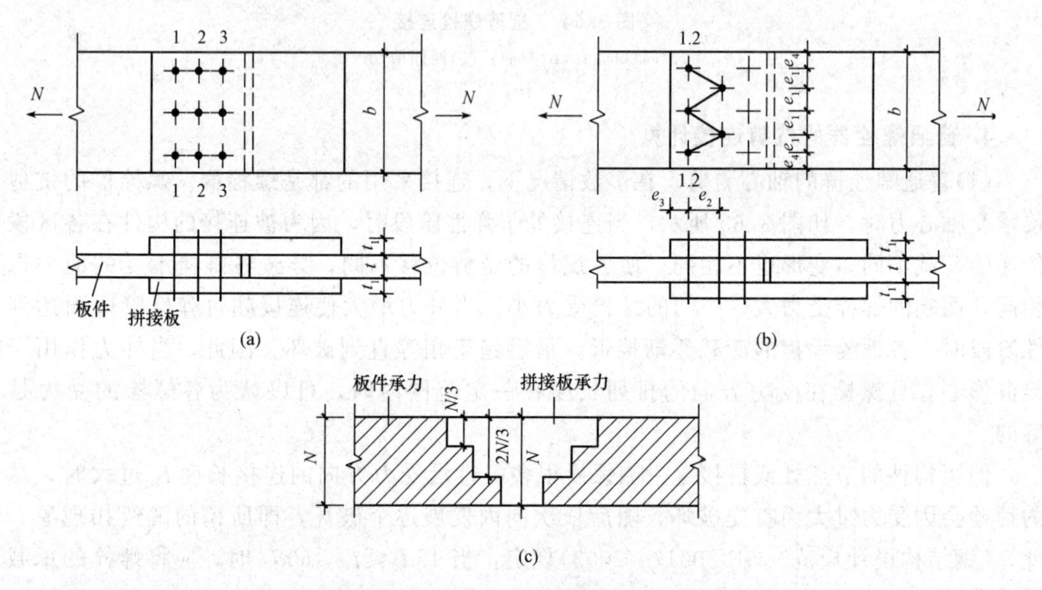

图 3.66　力的传递及净截面面积计算

螺栓连接中，力的传递可由图 3.66 说明：左边板件所承担 N 力，通过左边螺栓传至两块拼接板，再由两块拼接板通过右边螺栓(在图中未画出)传至右边板件，这样左右板件内力平衡。在力的传递过程中，各部分承力情况，如图 3.66(c)所示。板件在截面 1—1 处承受全部 N 力，在截面 1—1 和截面 2—2 之间则只承受 $2/3N$，因为 $1/3N$ 已经通过第 1 列螺栓传给拼接板。

由于螺栓孔削弱了板件的截面，为防止板件在净截面上被拉断，需要验算净截面的强度，即

$$\sigma=N/A_n=f \tag{3.52}$$

式中　A——净截面面积，其计算方法分析如下。

图 3.66(a)所示的并列螺栓排列，以左边部分来看：截面 1—1、2—2 和 3—3 的净截面面积均相同。但对于板件来说，根据传力情况，截面 1—1 受力为 N，截面 2—2 受力为 $N-\frac{n_1}{n}N$，截面 3—3 受力为 $N-\frac{n_1+n_2}{n}N$，以截面 1—1 受力最大。其净截面面积为

$$A_n=t(b-n_1 d_0) \tag{3.53}$$

对于拼接板来说，以截面 3—3 受力最大，其净截面面积为

$$A_n=2t_1(b-n_3 d_0) \tag{3.54}$$

式中　n——左半部分螺栓总数；

n_1、n_2、n_3——截面1—1、2—2、3—3上螺栓数；

d_0——螺栓孔径。

图3.66(b)所示的错列螺栓排列，对于板件不仅需要考虑沿截面1—1(正交截面)破坏的可能。此时按式(3.53)计算净截面面积，还需要考虑沿截面2—2破坏的可能。此时：

$$A_n=t[2e_4+(n_2-1)\sqrt{e_1^2+e_2^2}-n_2 d_0] \tag{3.55}$$

式中　n_2——折线截面2—2上的螺栓数。

计算拼接板的净截面面积时，其方法相同。不过计算的部位应在拼接板受力最大处。

(2)螺栓群在偏心力作用下的计算。图3.67(a)所示为一受偏心力V作用的螺栓连接。偏心力V的作用线至螺栓中心线的距离为e，将力V向螺栓群的形心O简化后，可与图3.67(b)、(c)所示的轴心力V及扭矩$T=Ve$共同作用的结果等效。

1)在轴心力V的作用下，每个螺栓的受力为

$$N_{1y}^V=\frac{V}{n} \tag{3.56}$$

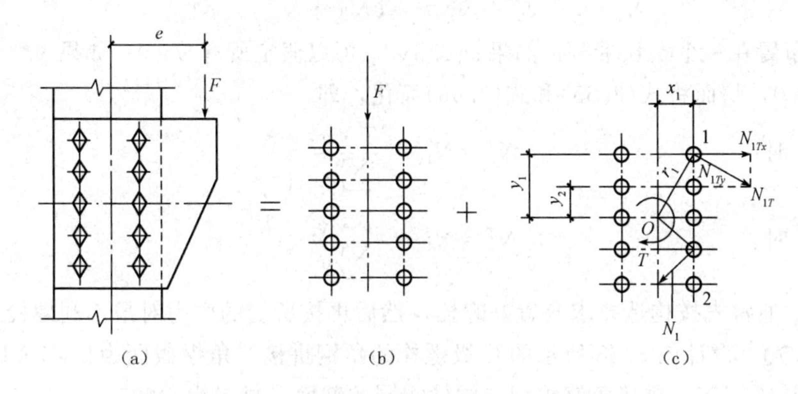

图3.67　螺栓群受偏心力作用的螺栓连接

2)在扭矩T的作用下，计算每个螺栓的受力时，做如下假设：

①被连接的板件是绝对刚性体，螺栓为弹性体。

②受扭矩T作用时，板件有运动的趋势，所有螺栓均绕螺栓群形心O旋转。各螺栓所受力的大小与该螺栓至形心距离r_i成正比，其方向与连线r_i垂直。因此，有

$$\frac{N_1^T}{r_1}=\frac{N_2^T}{r_2}=\frac{N_3^T}{r_3}=\cdots=\frac{N_n^T}{r_n} \tag{3.57}$$

即

$$N_2^T=\frac{r_2}{r_1}N_1^T,\ N_3^T=\frac{r_3}{r_1}N_1^T,\ \cdots,\ N_n^T=\frac{r_n}{r_1}N_1^T \tag{3.58}$$

由平衡条件所得

$$T=N_1^T\cdot r_1+N_2^T\cdot r_2+\cdots+N_n^T\cdot r_n \tag{3.59}$$

将式(3.57)代入式(3.58)，得

$$T=N_1^T\cdot r_1+\frac{r_2^2}{r_1}N_1^T+\cdots+\frac{r_n^2}{r_1}N_1^T=\frac{N_1^T}{r_1}(r_1^2+r_2^2+r_3^2+\cdots+r_n^2)=\frac{N_1^T}{r_1}\sum r_i^2$$

即

$$N_1^T = \frac{T \cdot r_1}{\sum r_i^2} = \frac{T \cdot r_1}{\sum x_i^2 + \sum y_i^2} \tag{3.60}$$

将其分解，得

$$N_{1x}^T = N_1^T \cdot \frac{y_1}{r_1} = \frac{T \cdot y_1}{\sum x_i^2 + \sum y_i^2} \tag{3.61}$$

$$N_{1y}^T = N_1^T \cdot \frac{x_1}{r_1} = \frac{T \cdot x_1}{\sum x_i^2 + \sum y_i^2} \tag{3.62}$$

故在扭矩 T 和轴心力 V 的共同作用下，受力最大的螺栓“1”承受的合力应满足式(3.63)。

$$N_1 = \sqrt{(N_{1x}^T)^2 + (N_{1y}^V + N_{1y}^T)^2} \leqslant N_{\min}^b \tag{3.63}$$

若连接在承受以上偏心力作用的同时，沿 x—x 轴承受力 N，且力 N 通过螺栓群形心 O，则螺栓“1”承受的合力应满足：

$$N_1 = \sqrt{(N_{1x}^T + N_{1x}^N)^2 + (N_{1y}^V + N_{1y}^T)} \leqslant N_{\min}^b \tag{3.64}$$

当螺栓布置在一个狭长带时，如果 $x_1 > 3y_1$，可以假定所有 $y=0$；如果 $y_1 > 3x_1$，可以假定所有 $x=0$，从而将式(3.65)和式(3.66)简化，即

$x_1 > 3y_1$ 时：
$$N_1^T = N_{1y}^T = \frac{T \cdot x_1}{\sum x_1^2} \tag{3.65}$$

$y_1 > 3x_1$ 时：
$$N_1^T = N_{1x}^T = \frac{T \cdot y_1}{\sum y_1^2} \tag{3.66}$$

设计中，通常先按构造要求布置好螺栓，然后再按所受的内力对最不利螺栓进行验算。

【例题 3.7】 设计图 3.68 所示的 C 级螺栓的角钢拼接。角钢截面为∟75×10，轴心拉力设计值 N=180 kN，拼接角钢采用与构件相同的截面，材料为 Q235。

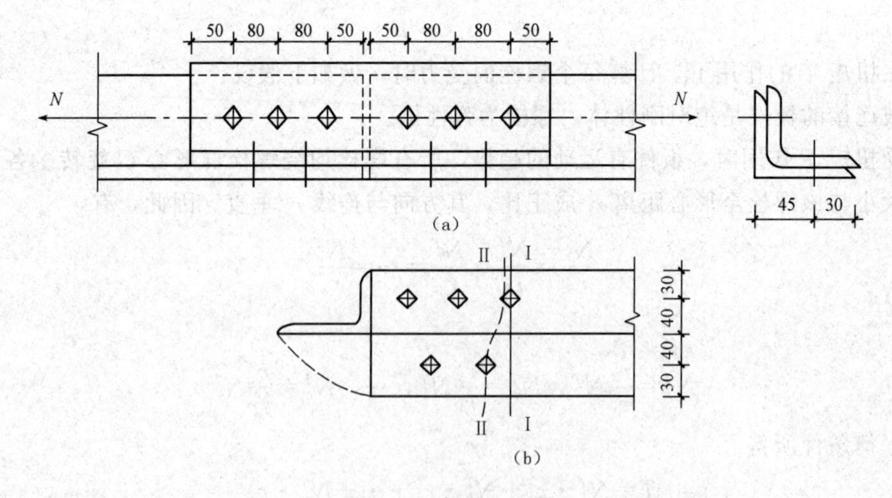

图 3.68 例题 3.7 图

【解】 (1)确定螺栓的数目和排列。

试选 M20 螺栓，孔径 $d_0=21.5$ mm

单个螺栓的抗剪和承压承载力设计值分别为

$$N_v^b=n_v\cdot\frac{\pi\cdot d^2}{4}\cdot f_v^b=1\times\frac{3.14\times20^2}{4}\times140=44(\text{kN})$$

$$N_c^b=d\cdot\sum t\cdot f_c^b=20\times10\times305=61(\text{kN})$$

连接一侧所需的螺栓数目为

$$n=\frac{N}{N_{\min}^b}=\frac{180}{44}=4.1$$

取 5 个，采用如图 3.68(b)所示的错列布置。

(2)验算角钢净截面强度。将角钢按中线展开[图 3.68(b)]，角钢的毛面积为 $A=14.13\ \text{cm}^2$，直线 I—I 净截面面积为

$$A_{n\text{I}}=A-n_1d_0t=14.13-1\times2.15\times1=11.98(\text{cm}^2)$$

折线Ⅱ—Ⅱ截面的净截面面积为

$$A_{n\text{II}}=t[2e_4(n_2-1)\sqrt{e_1^2+e_2^2}-n_2d_0]$$

$$=1\times[2\times3\times(2-1)\sqrt{8^2+4^2}-2\times2.15]=8.63(\text{cm}^2)$$

$$\sigma=\frac{N}{A_n}=\frac{180\times10^3}{8.63\times10^2}=208.6(\text{N/mm}^2)<f=215\ \text{N/mm}^2$$

【例题 3.8】 试验算一受偏心力 $F=140$ kN 作用的 C 级普通螺栓连接的强度，如图 3.69(a)所示。已知柱翼缘板厚度为 12 mm，拼接板厚度为 10 mm，偏心距 $e=300$ mm，螺栓为 M22，钢材为 Q235。

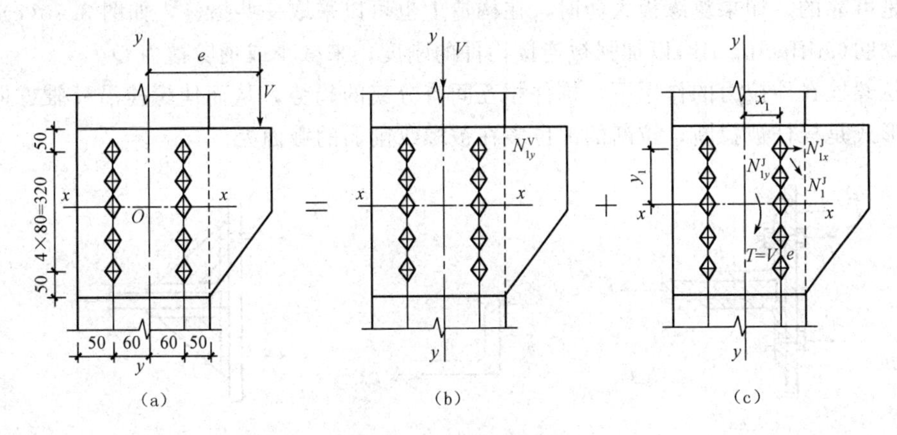

图 3.69　例题 3.8 图

【解】 (1)螺栓的抗剪和承压承载力设计值。

由附录 1 附表 1.4 查得 $f_v^b=140\ \text{kN/mm}^2$，$f_c^b=305\ \text{N/mm}^2$。

$$N_v^b=n_v\frac{\pi d^2}{4}f_v^b=1\times\frac{3.14\times22^2}{4}\times140=53.2(\text{kN})$$

$$N_c^b=d\sum t\cdot f_c^b=22\times10\times305=67.1(\text{kN})$$

所以按 $N_{\min}^b=N_v^b=53.2$ kN 进行验算。

(2)螺栓强度验算。

$$\sum x_i^2+\sum y_i^2=10\times 6^2+4\times 16^2+4\times 8^2=1\ 640(\mathrm{cm}^2)$$

$$N_{1x}^T=\frac{Ty_1}{\sum x_i^2+\sum y_i^2}=\frac{140\times 300\times 160}{1\ 640\times 10^2}=41(\mathrm{kN})$$

$$N_{1y}^T=\frac{Tx_1}{\sum x_i^2+\sum y_i^2}=\frac{140\times 300\times 60}{1\ 640\times 10^2}=15.4(\mathrm{kN})$$

$$N_{1y}^V=\frac{V}{n}=14(\mathrm{kN})$$

$$N_1=\sqrt{(N_{1x}^T)^2+(N_{1y}^T+N_{1y}^V)^2}=\sqrt{41^2+(15.4+14)^2}=50.5(\mathrm{kN})<N_{\min}^{\mathrm{b}}=53.2\ \mathrm{kN}(\text{满足})$$

3.7.2 普通螺栓的抗拉连接

1. 普通螺栓抗拉连接的工作性能

(1)受拉连接的工作性能。如图 3.70 所示的连接中，构件 A 的拉力 T 先由受剪螺栓“1”传给拼接角钢，再通过受拉螺栓“2”传给构件 B，如果角钢的刚度不足，则在构件 A 受拉力 T 时，角钢有向右运动的趋势而使角钢发生较大变形，从而在角钢与构件 B 相连接的端部产生撬力 Q，这样受拉螺栓 2 的实际受力就由原来的 $P=\frac{T}{2}$变为 $P=\frac{T}{2}+Q$。为了简化计算，《钢结构设计规范》(GB 50017—2003)中将螺栓的抗拉强度设计值降低 20%来考虑撬力的影响，规定普通螺栓的抗拉强度设计值 $f_t^b=0.8f$。

一般来说，主要按构造要求取翼缘板厚度 $t\geqslant 20$ mm，而且螺栓间距不要过大，这样简化处理是可靠的。如果翼缘板太薄时，在构造上也可以采取一些措施，如图 3.70(c)所示的设置加劲肋(stiffening rib)以加强被连接构件的刚度，来减小或消除撬力 Q。

受拉螺栓在外拉力的作用下，构件相互间有分离的趋势，从而使螺栓沿杆轴方向受拉，其破坏形式是栓杆被拉断，拉断的部位多在被螺纹削弱的截面处。

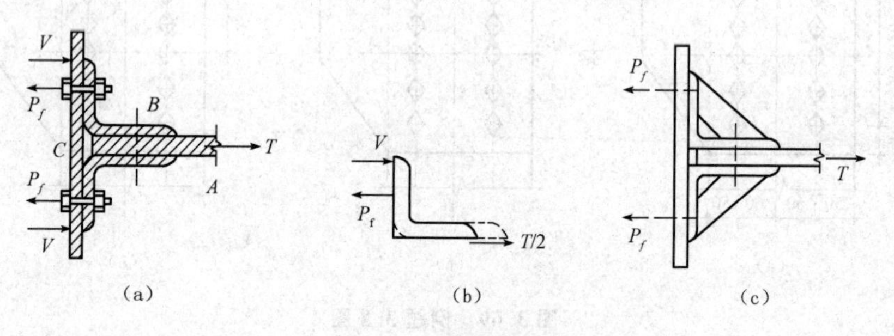

图 3.70 受拉螺栓

(2)单个螺栓的抗拉承载力设计值。在计算单个螺栓的抗拉承载力设计值时，假定拉应力在螺栓螺纹处截面上均匀分布，则单个螺栓的抗拉承载力设计值 N_t^b 为

$$N_t^{\mathrm{b}}=A_{\mathrm{e}}\cdot f_t^{\mathrm{b}}=\frac{\pi\cdot d_{\mathrm{e}}^2}{4}\cdot f_t^{\mathrm{b}} \tag{3.67}$$

式中　A_e，d_e——螺栓螺纹处的有效面积和有效直径，由附表 8.3 查得；

f_t^b——螺栓的抗拉强度设计值，由附表 1.4 查得。

如抗拉螺栓承受的拉力为 N_t，抗拉强度标准为

$$N_t \leqslant N_t^b \tag{3.68}$$

(3)普通螺栓群的受拉连接。

1)螺栓群在轴心受拉。如图 3.71 所示，当外力 N 通过螺栓群的形心时，假定每个螺栓所受的拉力相等，因此，所需的螺栓数按式(3.69)计算：

$$n=\frac{N}{N_t^b} \tag{3.69}$$

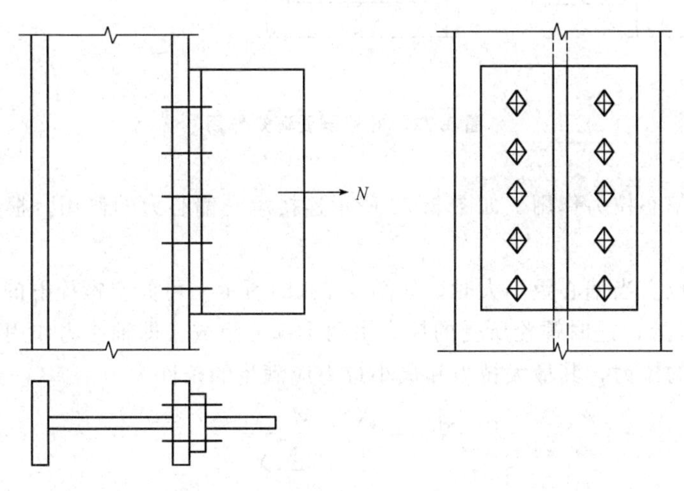

图 3.71　螺栓群受轴心拉力作用

2)螺栓群承受弯矩作用。如图 3.72 所示为一工字形截面柱翼缘与牛腿用螺栓连接，螺栓群承受弯矩 M 的作用，由于普通螺栓在旋拧时施加的预拉力较小，因此在弯矩作用下，有使被连接板件上牛腿和翼缘之间有分离的趋势，其旋转中心将由螺栓群的形心逐渐下移，从而使上部螺栓受拉。假定：①被连接构件是刚性的，螺栓为弹性的；②被连接构件绕中和轴 O 旋转，每个螺栓所受拉力大小与该螺栓至中和轴 O 的距离 y_i 成正比，方向顺栓杆长度方向向外；③与螺栓群拉力相平衡的压力产生于牛腿和柱的接触面上，精确确定中和轴位置的计算比较复杂，通常近似假定在最下边一排螺栓轴线上，并忽略压力所提供的力矩(阻力臂很小)。

根据以上计算假定，最上排螺栓所受的拉力最大。其值可以通过下列平衡条件求得

$$\frac{N_1^M}{y_1}=\frac{N_2^M}{y_2}=\cdots=\frac{N_n^M}{y_n}=\cdots=\frac{N_n^M}{y_n} \tag{3.70}$$

$$M=N_1^M \cdot y_1+N_2^M \cdot y_2+\cdots+N_n^M \cdot y_n \tag{3.71}$$

螺栓 i 的拉力为

$$N_i^M=\frac{My_i}{\sum y_i^2} \tag{3.72}$$

从而最上排一个螺栓所受的拉力为

$$N_1^M=\frac{M \cdot y_1}{\sum y_i^2} \leqslant N_t^b \tag{3.73}$$

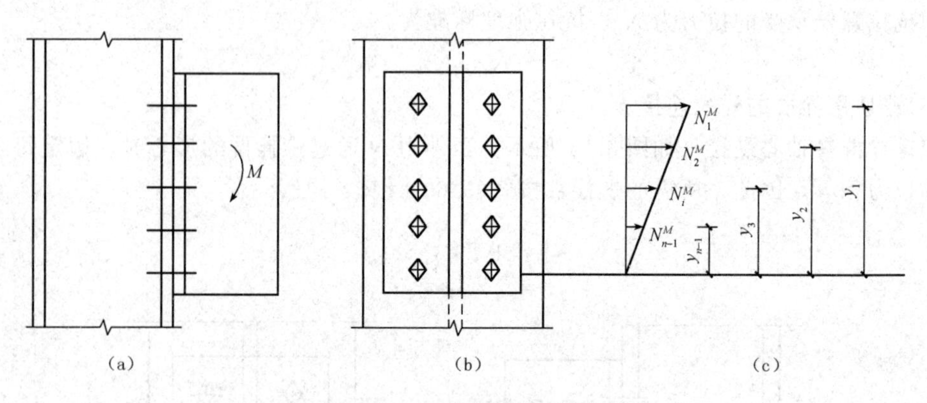

图 3.72　螺栓群受弯矩作用

3)螺栓群受偏心拉力作用。如图 3.73 所示连接承受偏心力的作用。根据偏心距的大小应区别两种情况：

①小偏心受拉。当偏心距不大时，如图 3.73(b)所示。可假定螺栓群的旋转中心位于螺栓群的形心轴"O"处，这时螺栓所受的拉力由两个部分组成，即轴心力作用下产生的拉力和弯矩作用下产生的拉力，其最大拉力和最小拉力应满足的条件为

$$N_{\max}=\frac{N}{n}+\frac{M\cdot y_1}{\sum y_i^2} \tag{3.74a}$$

$$N_{\min}=\frac{N}{n}-\frac{M\cdot y_1}{\sum y_i^2}\leqslant N_t^b \tag{3.74b}$$

其中，$M=N\cdot e$。

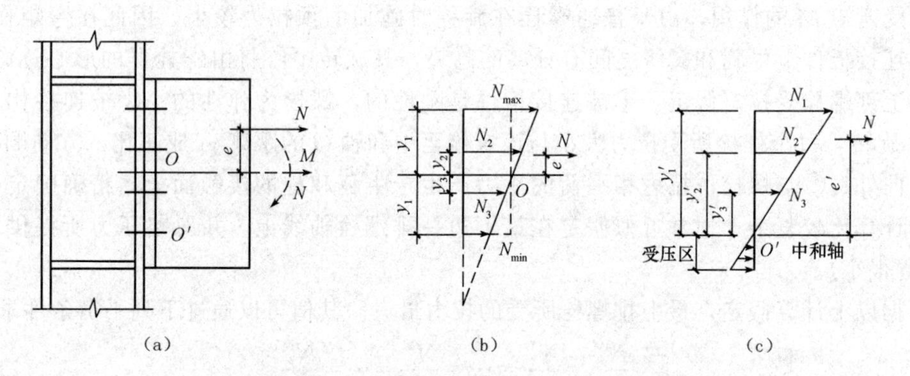

图 3.73　普通螺栓群受偏心拉力作用

(a)偏心受拉螺栓群；(b)小偏心计算简图；(c)大偏心计算简图

式中　y_1——受力最大的螺栓到旋轴中心"O"的距离；

y_i——每排螺栓到旋转中心"O"的距离；

e，y_i——均自"O"算起。

要求按式(3.74b)算得的 $N_{\min}>0$，说明全部螺栓受拉，构件绕螺栓群的形心 O 转动，最大受力螺栓满足如下要求：

$$N_{\max}\leqslant N_t^b \tag{3.75}$$

否则，应按大偏心受力计算。

②大偏心受拉。当偏心距较大时，即由式(3.74b)算得的 $N_{\min}<0$，由于 M/N 较大，如图 3.73(c)所示。可以假定螺栓群的旋转中心位于顺弯矩作用方向最外排螺栓的形心轴 O' 处。这时，螺栓所受的拉力主要是弯矩作用下产生的拉力，其最大拉力应满足的条件为

$$N_{1\max}=\frac{(M+Ne)\cdot y_1'}{\sum y_i'^2}\leqslant N_t^b \tag{3.76}$$

式中 e——轴向力到螺栓转动中心的距离；

y_i'——各螺栓到 O' 点的距离；

y_1'——各螺栓到 O' 中的最大值。

【例题 3.9】 验算如图 3.74 所示屋架下弦端板和柱翼缘板的螺栓连接，已知螺栓采用 M20，其孔径为 21.5 mm。屋架端斜杆的竖向分力 219 kN 由支托承受，螺栓只承受水平力 350－175＝175(kN)。

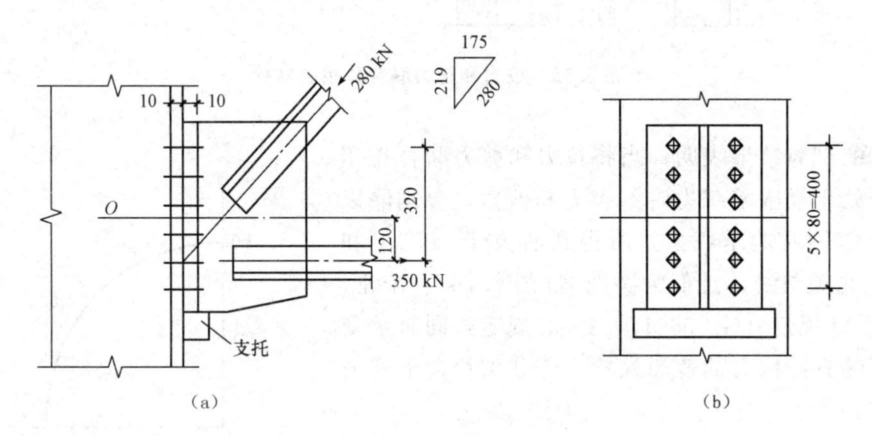

图 3.74　例题 3.9 图

【解】 M20 螺栓的有效截面面积为 244.8 mm²，单个螺栓的抗拉承载力设计值为

$$N_t^b=A_e f_t^b=244.8\times170=41.6(\text{kN})$$

先假定牛腿绕螺栓群形心转动，最外排的螺栓拉力按式(3.74b)计算：

$$N_{\min}=\frac{N}{n}-\frac{My_1}{\sum y_i^2}=\frac{175}{12}-\frac{175\times120\times200}{4\times(40^2+120^2+200^2)}=-4.2(\text{kN})<0$$

因此按大偏心计算：

$$N_{1\max}=\frac{My_1'}{m\sum y_i'^2}=\frac{175\times320\times400}{2\times(400^2+320^2+240^2+160^2+80^2)}=31.8(\text{kN})<N_t^b=41.6\text{ kN}$$

所以，该连接安全。

3.7.3 普通螺栓受剪力和拉力的共同作用

1. 当不设置支托或支托仅起安装作用时

如图 3.75 所示的连接中，当不设支托时，螺栓不仅受拉力，还承受竖向剪力。试验研究表明，同时承受剪力和拉力作用的普通螺栓有两种可能破坏形式：一是螺栓杆受剪受拉

破坏；二是孔壁承压破坏。如前所述，C级螺栓的抗剪性能差，故对重要的连接一般应在端板下设置支托以承受剪力，由螺栓承受拉力。对于次要连接，若端板下不设置支托则螺栓同时承受剪力和拉力的共同作用。A级和B级螺栓，抗剪性能好，滑移变形小，也可以同时承受剪力和拉力，连接的破坏可能是螺栓受剪兼受拉破坏，也可能是孔壁被挤压破坏。

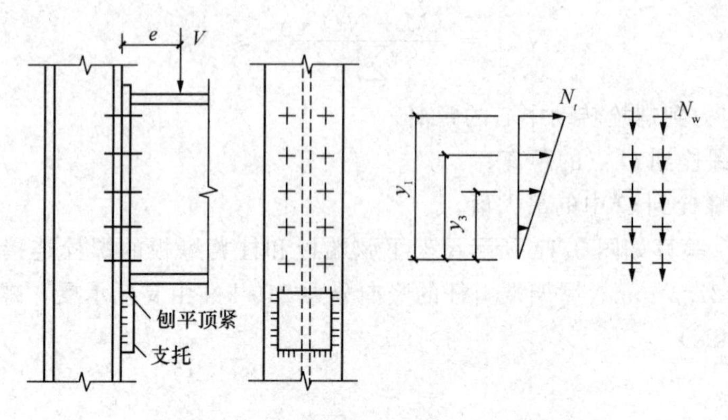

图3.75　拉力和剪力联合作用的螺栓

大量的试验结果表明，当将拉力和剪力联合作用的螺栓杆处于极限承载力时的拉力和剪力，分别除以各自单独作用时的承载力，所得到的关于 N_t/N_t^b 和 N_v/N_v^b 的相关曲线，近似为圆曲线(图3.76)。于是，《钢结构设计规范》(GB 50017—2003)规定：同时承受剪力和杆轴方向拉力的普通螺栓，应分别符合下列公式的要求：

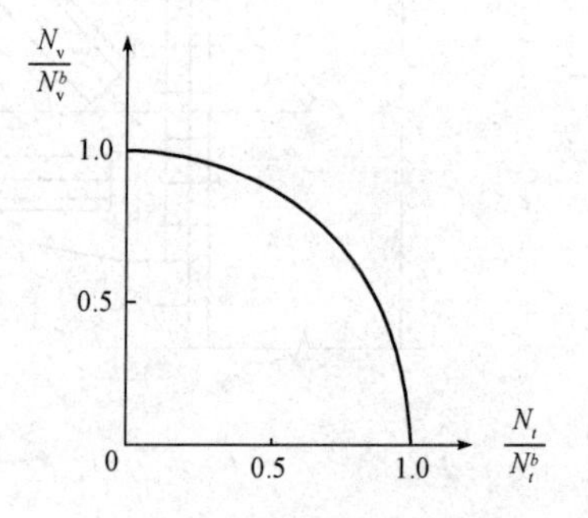

图3.76　剪力和拉力的相关曲线

验算拉力和剪力共同作用

$$\sqrt{\left(\frac{N_v}{N_v^b}\right)^2+\left(\frac{N_t}{N_t^b}\right)^2}\leqslant 1 \tag{3.77}$$

验算孔壁承压

$$N_v\leqslant N_c^b \tag{3.78}$$

式中　N_v，N_t——一个螺栓承受的剪力和拉力；

N_v^b，N_t^b，N_c^b——单个螺栓的抗剪、抗拉和承压承载力设计值。

2. 当设置支托，并且支托与端板刨平顶紧时

当设支托时剪力 V 由支托承受，螺栓只受弯矩引起的拉力，按式(3.74)～式(3.76)计算。支托与柱翼缘的角焊缝按下式计算：

$$\tau_f=\frac{\alpha V}{0.7h_f\sum l_w}\leqslant f_f^w \tag{3.79}$$

式中　α——考虑剪力对焊缝的偏心影响系数，可取1.25～1.35。

【例题3.10】　图3.77所示为牛腿与柱翼缘的连接，承受竖向力设计值 V=100 kN，水平力 N=120 kN。V 的作用点距柱翼缘表面距离为200 mm。钢材为Q235，普通C级螺栓M20，排列如图3.77所示。支托只起临时支承作用，不承受剪力，请验算螺栓强度。

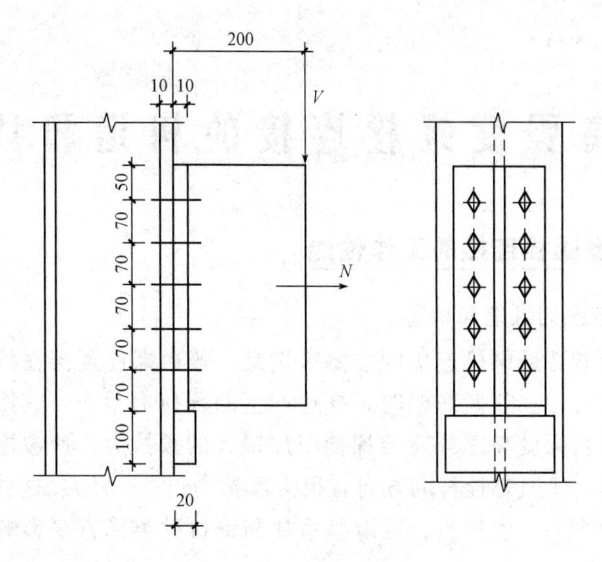

图 3.77　例题 3.10 图

【解】 本题为在拉、弯、剪作用下的普通螺栓群验算。V 作用下螺栓群受剪弯，N 作用下螺栓群受拉。竖向力 V 引起的弯矩

$$M=Ve=100\times 0.2=20(\text{kN}\cdot\text{m})$$

一个螺栓的承载力设计值为

$$N_v^b=n_v\frac{\pi d^2}{4}f_v^b=1\times\frac{\pi\times 20^2}{4}\times 140=43.98(\text{kN})$$

$$N_c^b=d\sum t\cdot f_c^b=20\times 10\times 305=61(\text{kN})$$

$$N_t^b=\frac{\pi d_e^2}{4}f_t^b=\frac{\pi\times 17.65^2}{4}\times 170=41.60(\text{kN})$$

每个螺栓承担的剪力为

$$N_v=\frac{V}{n}=\frac{100}{10}=10(\text{kN})$$

轴心拉力和弯矩作用下螺栓拉力计算需要区分大小偏心，先按小偏心受拉计算，假定牛腿绕螺栓群形心转动，受力最小螺栓的拉力为

$$N_{\min}=\frac{N}{n}-\frac{My_1}{\sum y_i^2}=\frac{120}{10}-\frac{20\times 10^3\times 140}{4\times(70^2+140^2)}=-16.57(\text{kN})<0$$

说明连接下部受压，连接为大偏心受拉，中和轴位于最下排螺栓处，受力最大的最上排螺栓所受拉力为

$$N_{\max}=\frac{(M+Ne')y_1'}{m\sum y_i'^2}=\frac{(20\times 10^3+120\times 140)\times 280}{2\times(70^2+140^2+210^2+280^2)}=35.05(\text{kN})$$

拉力和剪力共同作用下的强度要求为

$$\sqrt{\left(\frac{N_v}{N_v^b}\right)^2+\left(\frac{N_t}{N_t^b}\right)^2}=\sqrt{\left(\frac{10}{43.98}\right)^2+\left(\frac{35.05}{41.6}\right)^2}=0.873<1$$

$$N_v=10\ \text{kN}<N_c^b=61\ \text{kN}$$

螺栓强度满足要求。

3.8 高强度螺栓连接的构造和计算

3.8.1 高强度螺栓连接的工作性能

1. 高强度螺栓连接的性能和构造

高强度螺栓连接和普通螺栓连接的主要区别是：普通螺栓连接在抗剪时依靠杆身承压和螺栓抗剪来传递剪力，在扭紧螺帽时，螺栓产生的预拉力很小，其影响可以忽略。而高强度螺栓则除了其材料强度高之外还给螺栓施加很大的预拉力，使被连接构件的接触面之间产生挤压力，因而，垂直螺栓杆的方向有很大摩擦力(图 3.78)。这种挤压力和摩擦力对外力的传递有很大的影响。预拉力、抗滑移系数和钢材种类都直接影响到高强度螺栓连接的承载力。

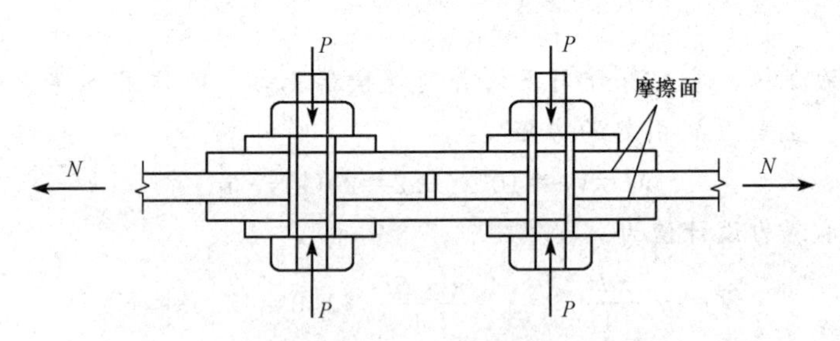

图 3.78　高强度螺栓连接

高强度螺栓连接，从受力特征分为摩擦型高强度螺栓连接、承压型高强度螺栓连接和承受拉力的高强度螺栓连接。

摩擦型高强度螺栓连接单纯依靠被连接构件之间的摩擦阻力传递剪力，以摩擦阻力刚被克服，连接钢板之间即将产生相对位移，为承载能力的极限状态。承压型高强度螺栓连接的传力特征是剪力超过摩擦力时，被连接构件之间发生相互滑移，螺栓杆身与孔壁接触，螺杆受剪，孔壁承压。最终随外力的增大，以螺栓受剪或钢板承压破坏为承载能力的极限状态，其破坏形式和普通螺栓连接相同。这种螺栓连接还应以不出现滑移作为正常使用的极限状态。

承受拉力的高强度螺栓连接，由于预拉力作用，构件之间在承受荷载前已经有较大的挤压力，拉力作用首先要抵消这种挤压力。至构件完全被拉开后，高强度螺栓的受拉力情况就和普通螺栓受拉相同。不过，这种连接的变形要小得多。当拉力小于挤压力时，构件未被拉开，可以减小锈蚀危害，改善连接的疲劳性能。

2. 高强度螺栓的预拉力 *P*

准确控制高强度螺栓栓杆的预拉力是保证高强度螺栓工作性能的基础。高强度螺栓的紧固方法如图 3.79 所示。高强度螺栓的预拉力都是通过扭紧螺帽实现的，只是两种高强度螺栓施加预拉力的控制方法不同。

大六角头高强度螺栓施加预拉力，有以下两种控制方法：

(1)扭转法。采用可直接显示扭矩的特制扳手，根据事先测定的扭矩和螺栓拉力之间的关系施加扭矩至规定的扭矩值时，即达到了设计时规定的螺栓预拉力。

(2)转角法。转角法分初拧和终拧两步。初拧是先用普通扳手使被连接构件相互紧密贴合；终拧就是以初拧贴紧作出标记位置[图 3.79(a)]为起点，根据螺栓直径和板叠厚度所确定的终拧角度，用长扳手旋转螺母，拧到预定角度值(120°～240°)时，螺栓的拉力即达到了所需要的预拉力数值。

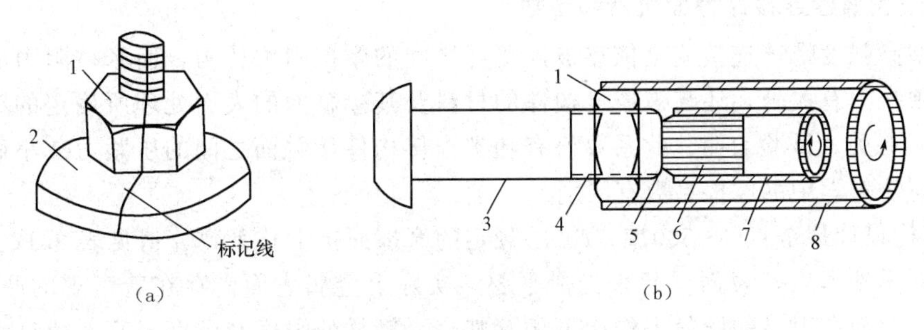

图 3.79　高强度螺栓的紧固方法

(a)转角法；(b)拧断扭剪型高强度螺栓尾部的梅花头切口处截面

1—螺母；2—垫圈；3—栓杆；4—螺纹；5—槽口；

6—尾端；7—内套筒；8—外套筒

扭剪型高强度螺栓采用扭剪法施加预拉力。

扭剪型高强度螺栓的受力特征与一般高强度螺栓相同，只是施加预拉力的方法为用拧断扭剪型高强度螺栓尾部的梅花头切口处截面[图 3.79(b)]来控制预拉力数值。这种螺栓施加预拉力简单、准确，在宝钢工程钢结构连接中应用广泛。

为了使被连接板件之间产生较大的压紧力，垂直于螺栓杆方向的摩擦力较大，需要螺栓的预拉力值较大。同时，要保证螺栓在拧紧过程中不会屈服或断裂，高强度螺栓的预拉力设计值 P 需要根据材料强度和螺栓有效截面面积决定，按式(3.80)确定：

$$P=\frac{0.9\times 0.9\times 0.9}{1.2}f_{u}A_{e} \tag{3.80}$$

式中　f_u——高强度螺栓杆最低抗拉强度，对 8.8 级取 $f_u=830\ \mathrm{N/mm^2}$，对 10.9 级取 $f_u=1\,040\ \mathrm{N/mm^2}$；

A_e——高强度螺栓的有效截面面积，见附表 8.3；

0.9——超张拉系数，考虑施工时为了补偿螺栓杆中预拉力的松弛，一般超张拉 5%～10%；

0.9——折减系数，考虑螺栓材料的不均匀性；

0.9——附加安全系数，考虑计算以螺栓的抗拉强度为准；

1.2——影响系数，考虑在拧紧螺栓时，扭矩使螺栓产生的剪应力会降低螺栓的承载力。

按式(3.80)计算预拉力值 P，按 5 kN 取整，即得表 3.11 的数值。

表 3.11　一个高强度螺栓的预拉力 P　　kN

螺栓的性能等级	螺栓公称直径/mm					
	M16	M20	M22	M24	M27	M30
8.8 级	80	125	150	175	230	280
10.9 级	100	155	190	225	290	355

3. 高强度螺栓连接摩擦面抗滑移系数

摩擦型高强度螺栓连接完全依靠被连接件之间的摩擦阻力传力，而摩擦阻力的大小除与螺栓的预拉力有关外，还与被连接构件的材料及其接触面的表面处理所确定的摩擦面抗滑移系数 μ 有关。试验表明，此系数值有随被连接构件接触面之间的压紧力减小而降低的现象，故与物理学中的摩擦系数有区别。

《钢结构设计规范》(GB 50017—2003)规定的摩擦面抗滑移系数 μ 值见表 3.12。钢材表面经喷砂除锈处理后，表面看起来光滑平整，实际上金属表面尚存在着微观的凸凹不平，被连接构件表面在很高的压紧力作用下相互啮合，钢材的强度和硬度越高，使这种啮合的面产生相对滑移的力就越大，所以 μ 值与钢种有关。

试验表明，摩擦面涂红丹后，抗滑移系数很低($\mu \leqslant 0.15$)，经处理后仍然较低，故严禁在摩擦面上涂刷红丹。另外，连接在潮湿或淋雨条件下进行拼装，也会降低 μ 值，故应采取有效措施保证连接处表面的干燥。

表 3.12　摩擦面抗滑移系数 μ

在连接处构件接触处理方法	构件的钢号		
	Q235 钢	Q345 钢、Q390	Q420 钢
喷砂(丸)	0.45	0.50	0.50
喷砂(丸)后涂无机富锌漆	0.35	0.40	0.40
喷砂(丸)后生赤锈	0.45	0.50	0.50
钢丝刷清除锈或未经处理的干净轧制表面	0.30	0.35	0.40

高强度螺栓的排列和普通螺栓相同，同时也应当考虑沿受力方向的连接长度 $l_1 > 15d_0$ 时，对设计承载力乘以折减系数 $\eta = 1.1 - \frac{l_1}{150d_0} \geqslant 0.7$。

3.8.2　摩擦型高强度螺栓的承载力计算

摩擦型连接是依靠被连接件接触面之间的摩擦力传力，以荷载设计值引起的剪力等于其摩擦阻力为其承载力极限状态。

1. 摩擦型高强度螺栓连接的受剪计算

(1)一个摩擦型高强度螺栓的抗剪承载力。摩擦型高强度螺栓承受剪力时的设计准则是剪力不得超过最大摩擦阻力。每个螺栓的最大摩擦阻力应该为 $n_f \mu P$，但是考虑到整个连接中各个螺栓受力未必均匀，乘以系数 0.9，故一个摩擦型高强度螺栓的抗剪承载力设计值为

$$N_v^b = 0.9 n_f \mu P \tag{3.81}$$

式中　n_f——一个螺栓的传力摩擦面数目；

μ——摩擦面的抗滑移系数，见表 3.12；

P——高强度螺栓预拉力。

试验表明，低温对摩擦型连接高强度螺栓的抗剪承载力没有明显的影响，但当温度为 100 ℃～150 ℃时，螺栓的预拉力将产生温度损失，故应将摩擦型高强度螺栓的抗剪承载力设计值降低 10%；当温度大于 150 ℃时，应采取隔热措施，使连接温度在 150 ℃或 100 ℃以下。

(2)摩擦型高强度螺栓群的抗剪计算。

1)轴心力作用时。高强度螺栓群连接的计算方法和普通螺栓计算相同，只是净截面强度验算有区别。

一个摩擦型高强度螺栓的抗剪承载力设计值求得后，仍按式(3.50)计算高强度螺栓连接所需螺栓数目，其中 $N_{\min}^b$ 对摩擦型为按式(3.81)算得的 N_v^b 值。

对摩擦型高强度螺栓连接的构件净截面强度验算，要考虑由于摩擦阻力作用，一部分剪力由孔前接触面传递(图 3.80)。按照《钢结构设计规范》(GB 50017—2003)的规定，孔前传力占螺栓传力的 50%。这样截面 I—I 处净截面传力为

$$N'=N\left(1-\frac{0.5n_1}{n}\right) \tag{3.82}$$

式中　n_1——计算截面上的螺栓数；

n——连接一侧的螺栓总数。

求出 N'后，构件净截面强度仍按式(3.52)进行验算。

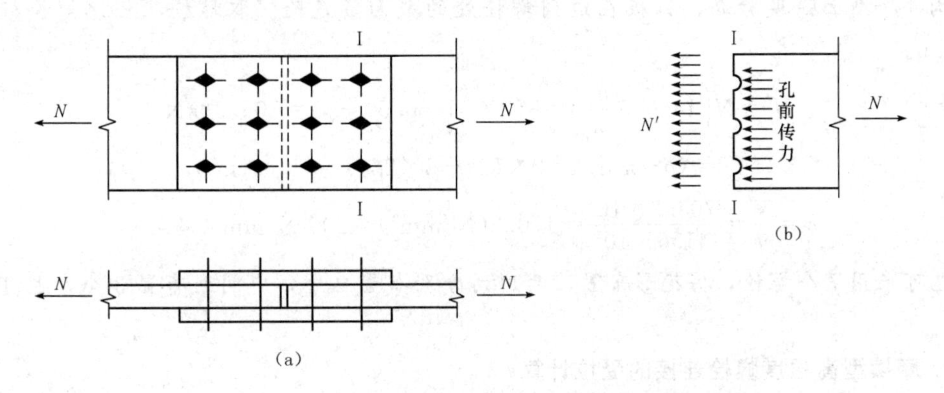

图 3.80　螺栓群受轴心力作用时的受剪摩擦型高强度螺栓

构件毛截面强度计算：尽管构件毛截面的面积比净截面面积大，但毛截面却承受了全部的轴心力 N，故可能比开孔处截面还危险，因此，还应按下式对其进行强度计算：

$$\sigma=\frac{N}{A}\leqslant f \tag{3.83}$$

式中　A——构件或连接板的毛截面面积。

2)摩擦型高强度螺栓群在偏心力作用下的计算。在扭矩单独作用以及扭矩、剪力和轴心力共同作用时，抗剪高强度摩擦型螺栓的计算方法与普通螺栓相同，只是用高强度螺栓的承载力设计值。

【例题 3.11】 如图 3.81 所示为双拼接板拼接的轴心受剪高强度螺栓连接，板件截面尺寸为 20 mm×280 mm，承受荷载设计值 $N=850$ kN，钢材为 Q235 钢，采用 8.8 级 M22 高强度螺栓，连接处构件接触面经喷砂处理，试按摩擦型高强度螺栓设计该连接。

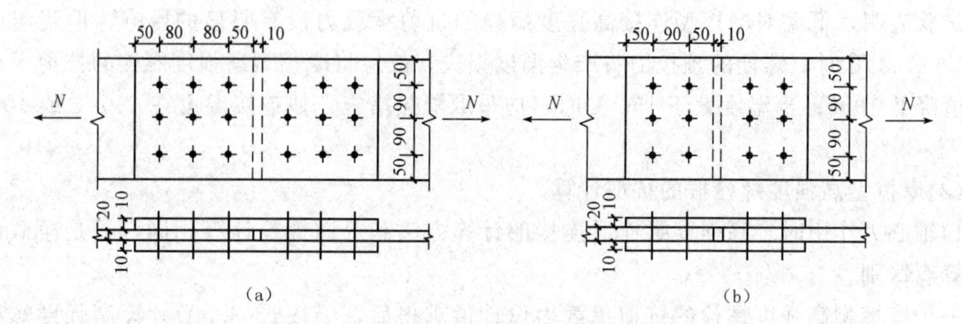

图 3.81　例题 3.11 图

【解】 本题为摩擦型高强度螺栓轴心受剪连接设计。

一个螺栓抗剪承载力设计值为

$$N_v^b=0.9n_f\mu P=0.9\times2\times0.45\times150=121.5(\text{kN})$$

连接一侧所需螺栓数为

$$n=\frac{N}{N_v^b}=\frac{850}{121.5}=7(\text{个})$$

用 9 个，螺栓排列如图 3.81(a)所示，螺栓承载力显然满足要求。

构件净截面强度验算，钢板在边列螺栓处的截面最危险。取螺栓孔径比螺栓杆径大 2.0 mm。

$$N'=N\left(1-0.5\frac{n_1}{n}\right)=850\times\left(1-0.5\times\frac{3}{9}\right)=708.3(\text{kN})$$

$$A_n=t(b-n_1d_0)=2\times(28-3\times2.4)=41.6(\text{cm}^2)$$

$$\sigma=\frac{N'}{n}=\frac{708.3\times10^3}{41.6\times10^2}=170.3(\text{N/mm}^2)<205\ \text{N/mm}^2(\text{满足})$$

也可采用 7 个螺栓，梅花形布置，两边列分别布置 2 个，中间列布置 3 个，也可满足要求。

2. 摩擦型高强度螺栓连接的受拉计算

(1)单个摩擦型高强度螺栓的抗拉承载力设计值。高强度螺栓的特点是靠其本身强大的预拉力使被连接件压紧，以达到传力的目的(承压型高强度的螺栓也部分地利用了这个特点)。因此，高强度螺栓连接在承受外拉力作用之前，栓杆中已经有了很高的预拉力。

下面根据如图 3.82 所示受拉高强度螺栓连接的内力变化加以分析。如图 3.82(a)所示为连接未受外拉力之前的受力状态，预拉力 P 和构件接触面之间的压力 C 平衡，即 $C=P$。当连接受外拉力 $2N_t$ 作用后[图 3.82(b)]，螺栓的拉力由 P 增至 P_f，其长度亦随之增加 Δ_b，同时构件接触面之间的压力则由 C 减至 C_f，原来被压缩的板叠厚度亦相应地回弹 Δ_p，且在板叠厚 δ 范围内其值和螺栓的增长量相等，即

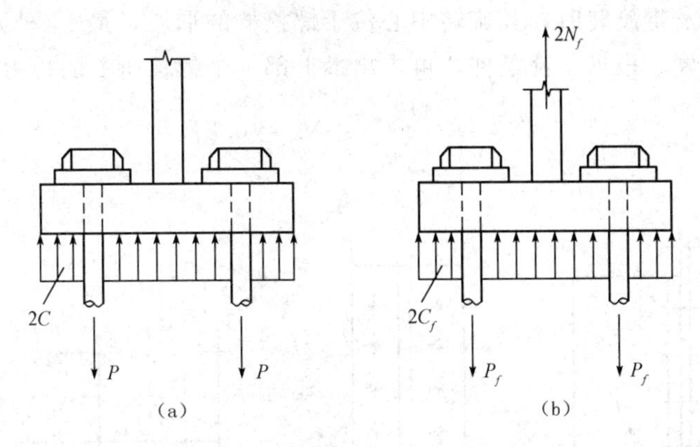

图 3.82　受拉高强度螺栓连接的内力变化

$$\Delta_b=\Delta_p \tag{3.84}$$

若螺栓和被连接构件仍然保持弹性性能，则外力和它们变形的关系为

$$\Delta_b=\frac{P_f-P}{EA_b}\delta=\Delta_p=\frac{C-C_f}{EA_p}\delta \tag{3.85}$$

又因为 $P_f=N_t+C_f$，连同 $C=P$ 代入式(3.85)得

$$P_f=P+\frac{N_t}{\frac{A_p}{A_b}+1} \tag{3.86}$$

式中　A_b——螺栓的截面面积；

A_p——构件的挤压面积。

通过螺孔周围构件的压紧面积一般均大于螺栓的截面面积(一般可达垫圈直径的 1.5 倍以上)，如取 $A_p/A_b=10$ 代入式(3.86)则得

$$P_f=P+0.09N_t \tag{3.87}$$

由此看出，当外拉力 $N_t=P$ 时，螺栓杆中的拉力 $P_f=1.09P$。也就是说当外拉力为螺栓的预拉力 P 时，螺栓杆的拉力增量很小，约为其预拉力的 9%。但试验表明，当外拉力大于螺栓的预拉力时，连接产生松弛现象，板件之间的压紧力减小，这将影响连接的受力性能(尤其影响拉剪高强度螺栓连接的受剪能力)。因此《钢结构设计规范》(GB 50017—2003)偏安全地规定 N_t 不得大于 $0.8P$。若以 $N_t=0.8P$ 代入式(3.87)，则得 $P_f=1.07P$。这样，拉力增量最多为 7%，显然变化不大，可以认为螺栓杆内的原预拉力基本不变。

(2)一个受拉摩擦型高强度螺栓的抗拉承载力设计值。如上所述，在杆轴方向受拉的高强度螺栓摩擦型连接中，单个高强度螺栓的抗拉承载力设计值为

$$N_t^b=0.8P \tag{3.88}$$

(3)高强度螺栓群的抗拉计算。

1)轴心受拉时，连接所需的螺栓数目为

$$n\geqslant\frac{N}{N_t^b}=\frac{N}{0.8P} \tag{3.89}$$

2)螺栓群在弯矩作用下的计算。如图 3.83 所示，高强度螺栓连接受弯矩 M 的作用，由于高强度螺栓施加较大的预拉力，使被连接板件的接触面处于紧密贴合状态，因此，在

弯矩作用下，螺栓发生旋转时，其旋转中心位于螺栓群的形心，最上(外)排螺栓受力最大，即按小偏心受拉计算。根据平衡条件，可求出最上部一个螺栓所受的拉力为

$$N_1^M=\frac{My_1}{\sum y_i^2}\leqslant N_t^b=0.8P \tag{3.90}$$

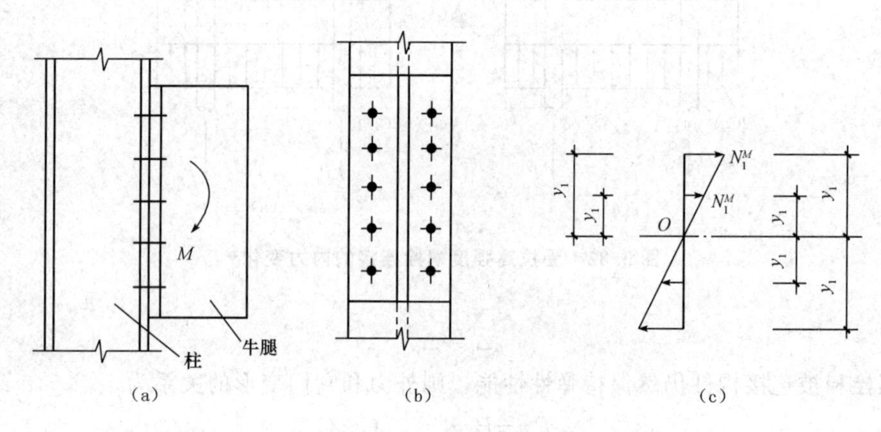

图 3.83　弯矩作用下的高强度螺栓群抗拉连接计算

3. 摩擦型高强度螺栓在剪力和拉力共同作用下的承载力计算

如上所述，当外拉力 $N_t\leqslant P$ 时，螺栓杆中的预拉力 P 基本不变，但是，板件之间的压紧力将减少到 $P-N_t$。研究表明，这时接触面的抗滑移系数 μ 值随之降低，而且 μ 值随 N_t 的增大而减小。此时，其承载力可以采用下列的直线相关公式表达：

$$\frac{N_{\mathrm{v}}}{N_{\mathrm{v}}^b}+\frac{N_t}{N_t^b}\leqslant 1 \tag{3.91}$$

式中　N_{v}，N_t——一个高强度螺栓所承受的剪力和拉力；

N_{v}^b，N_t^b——单个高强度螺栓的抗剪、抗拉承载力设计值。

【例题 3.12】 如图 3.84 所示为高强度螺栓摩擦型连接，其受力设计值如图 3.84 所示。螺栓为 10.9 级、M20，接触面喷砂处理。钢材 Q235 B。试验算此连接的承载力。

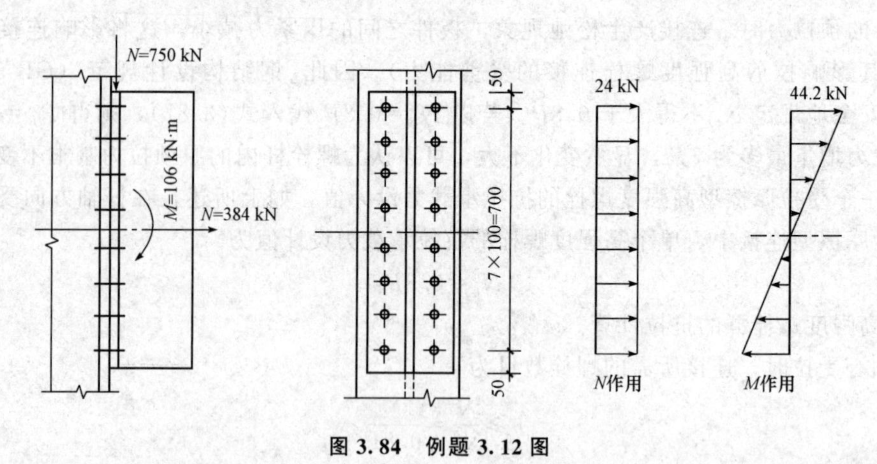

图 3.84　例题 3.12 图

【解】 查表 3.11 和表 3.12 得，$P=155$ kN，$\mu=0.45$。

一个螺栓的承载力为

$$N_v^b = 0.9 n_f \mu P = 0.9 \times 1 \times 0.45 \times 155 = 62.8(\text{kN})$$

$$N_t^b = 0.8P = 0.8 \times 155 = 124(\text{kN})$$

受力最大的螺栓为最上排螺栓，承受的力为

$$N_v = \frac{V}{n} = \frac{750}{16} = 46.9(\text{kN})$$

$$N_t = \frac{N}{n} + \frac{My_1}{\sum y_i^2} = \frac{384}{16} + \frac{106 \times 10^3 \times 350}{2 \times 2 \times (350^2 + 250^2 + 150^2 + 50^2)} = 24 + 44.2 = 68.2(\text{kN})$$

$$\frac{N_v}{N_v^b} = \frac{N_t}{N_t^b} = \frac{46.9}{62.8} + \frac{68.2}{124} = 1.3 > 1$$

误差为30%>5%，所以连接不满足要求。因此，需要重新选择螺栓或重新布置螺栓。

3.8.3 承压型高强度螺栓连接的承载力计算

(1)高强度螺栓的抗剪承载力。高强度螺栓所用材料的强度很高，在拧紧螺帽时可以施加很大的预拉力，使被连接件的接触面之间产生很大的挤压力，因而，垂直于螺栓杆的方向上有很大的摩擦力。这种挤压力和摩擦力对外力的传递有很大的影响。预拉力、抗滑移系数和钢材的种类都直接影响到高强度螺栓连接的承载力。

承压型高强度螺栓受剪连接的传力特征是剪力超过摩擦力时，构件之间发生相对滑移，螺栓杆身与孔壁接触，开始受剪并和孔壁挤压。因此，当高强度螺栓用作承压型受剪连接时，其工作性能、传力途径、破坏形式均与普通螺栓受剪连接时相同。一个高强度螺栓的承载力设计值 $N_{\min}^b$ 由 N_v^b 和 N_c^b 的最小值决定。

$$N_v^b = n_v \frac{\pi d^2}{4} f_v^b \tag{3.92}$$

$$N_c^b = d \sum t f_c^b \tag{3.93}$$

式中 f_v^b——高强度螺栓的抗剪强度设计值，按附表1.4计算；

f_c^b——高强度螺栓(孔壁)承压强度设计值，按附表1.4计算。

其余符号的意义同式(3.46)或式(3.47)。

当剪切面在螺纹处时，其抗剪承载力设计值 N_v^b 应按螺纹处的有效截面积计算。

(2)高强度螺栓的抗拉承载力。当承压型高强度螺栓沿杆轴方向受拉时，其抗拉承载力设计值的计算公式与普通螺栓相同，即

$$N_t^b = A_e f_t^b \tag{3.94}$$

式中 f_t^b——高强度螺栓的抗拉强度设计值，按附表1.4选用。

式(3.94)也适用于未施加预拉力的高强度螺栓沿杆轴方向受拉连接的计算。

同时，承受剪力和杆轴方向拉力的承压型高强度螺栓连接，它的计算方法与普通螺栓相同，即

$$\sqrt{\left(\frac{N_v}{N_v^b}\right)^2 + \left(\frac{N_t}{N_t^b}\right)^2} \leqslant 1$$

$$N_v \leqslant \frac{N_c^b}{1.2} \tag{3.95}$$

式中　N_v，N_t——一个高强度螺栓所承受的剪力和拉力；

N_v^b，N_t^b——单个高强度螺栓的受剪、受拉承载力设计值。

式(3.95)中除以系数1.2降低承压承载力，这是因为在只承受剪力的连接中，高强度螺栓对板叠有强大的压紧作用，使承压的板件孔前形成三向压应力场，使板的局部承压强度大大提高，因而其 N_c^b 比普通螺栓高得多。但当高强度螺栓承受外拉力时，板件之间的挤压力随外拉力的增加而减小，因而其 N_c^b 也随之降低，并随外拉力的变化而变化。为了计算方便，《钢结构设计规范》(GB 50017—2003)规定只要有外拉力作用，就将承压强度设计值除以1.2予以降低，以考虑其影响。

【例题3.13】 牛腿与柱用高强螺栓连接(图3.85)，承受竖向荷载 F，偏心距 $e=200$ mm，构件钢材为Q235，螺栓8.8级，M20的承压型高强度螺栓连接，接触面为喷砂。试计算该连接所能承受的荷载 F。

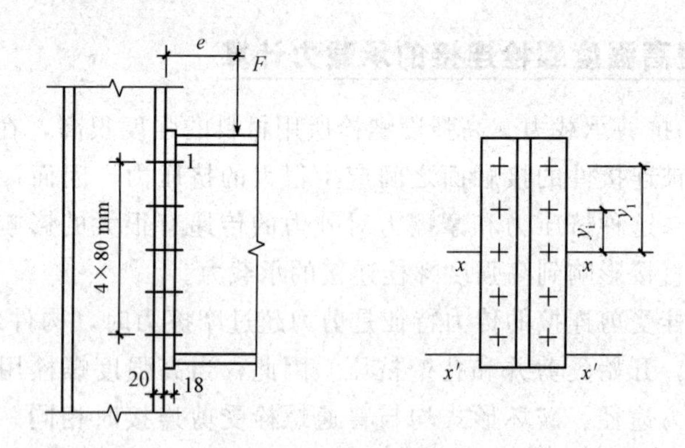

图3.85　例题3.13图

【解】 最危险的螺栓是1号螺栓，则1号螺栓所受的力为

$$N_{1v}^{V}=\frac{V}{n}=\frac{F}{10}$$

$$N_{1t}^{M}=\frac{My_1}{\sum y_i^2}=\frac{200F\times160}{4\times(80^2+160^2)}=\frac{F}{4}$$

单螺栓抗剪承载力设计值

$$N_v^b=n_v\cdot\frac{\pi^2d^2}{4}\cdot f_v^b=\frac{\pi\times20^2}{4}\times250\times10^{-3}=78.5(\text{kN})$$

单个螺栓承压设计承载力

$$N_c^b=d\cdot\sum t\cdot f_c^b=20\times18\times470\times10^{-3}=169.2(\text{kN})$$

单个螺栓抗拉设计承载力

$$N_t^b=0.8P=0.8\times125=100(\text{kN})$$

则

$$\sqrt{\left(\frac{N_v}{N_v^b}\right)^2+\left(\frac{N_t}{N_t^b}\right)^2}=\sqrt{\left(\frac{F/10}{78.5}\right)^2+\left(\frac{F/4}{100}\right)^2}=0.002\,8F\leqslant1$$

解得 $F\leqslant355.87$ kN

承压验算

$$N_{\mathrm{v}}=\frac{F}{10}=\frac{355.87}{10}=35.6(\mathrm{kN})<N_c^b/1.2=104(\mathrm{kN})$$

验算最大拉力

$$N_{1t}^M=\frac{F}{4}=\frac{355.87}{4}=89.1(\mathrm{kN})<N_t^b=0.8P=100(\mathrm{kN})$$

均满足要求。

习题

3.1 钢结构常用的连接方法有哪几种？它们各自的特点和适用范围有哪些？

3.2 焊缝的质量检验分哪几级？各自应满足哪些要求？

3.3 手工焊条的型号选择的依据是什么？Q235 级和 Q345 级钢应采用哪种焊条？

3.4 角焊缝的尺寸有哪些要求？

3.5 工字形截面对接焊缝在轴心力、弯矩和剪力作用下应进行哪些验算？

3.6 角焊缝在轴心力、弯矩、剪力和扭矩作用下应如何计算？

3.7 在轴心力 N 作用下的角钢与节点板，采用两面侧焊缝连接，肢背焊缝和肢尖焊缝如何分担轴心力？

3.8 螺栓在钢板和型钢上排列的容许距离有哪些规定？它们应满足哪些要求？

3.9 高强度螺栓施加预拉力起什么作用？预拉力的大小与承载能力有什么关系？

3.10 普通螺栓与高强度螺栓的计算有什么区别？

3.11 摩擦型与承压型高强度螺栓的主要区别在哪里？各自的受力特点有什么不同？

3.12 如图 3.86 所示工字钢 I32c 做牛腿与钢柱采用对接焊缝连接。集中荷载设计值 $N=500$ kN，偏心距离 $e=200$ mm，钢材 Q235 级，焊条 E43 型，手工焊，不采用引弧板，焊缝质量三级检验，验算焊缝的强度。

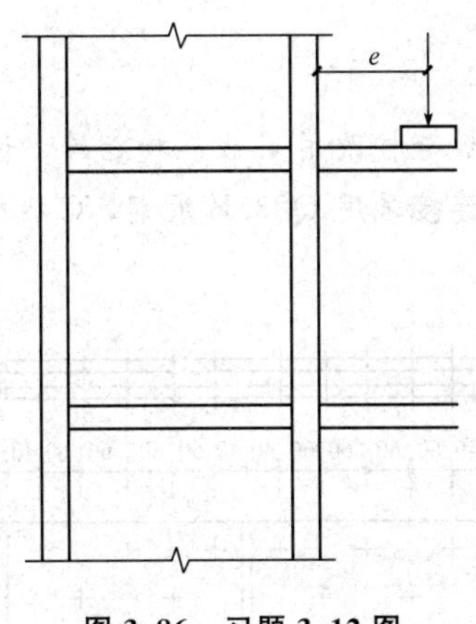

图 3.86 习题 3.12 图

3.13 若将习题 3.12 中的牛腿与钢柱改用角焊缝连接，试设计此焊缝。

3.14 一支托板采用三面围焊缝连接于钢柱上，如图 3.87 所示。荷载设计值 $F=$

300 kN，钢材 Q235，焊条 E43 型，手工焊。若取 $h_f=8$ mm，验算焊缝的强度。

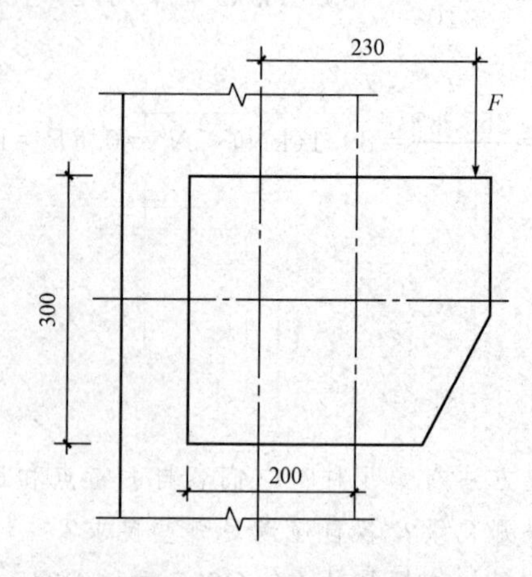

图 3.87　习题 3.14 图

3.15　试设计双角钢与节点板的角焊缝连接(图 3.88)。钢材 Q235B，焊条 E43 型，手工焊，轴心力设计值 $N=850$ kN。试验算焊缝的强度。

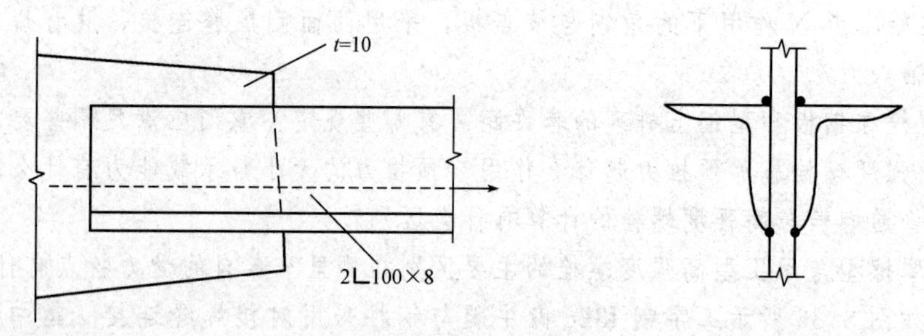

图 3.88　习题 3.15 图

(1)采用两面侧焊缝。

(2)采用三面围焊缝。

3.16　将习题 3.14 中支托板与柱改用 C 级螺栓相连，试确定螺栓的直径和数量。

3.17　如图 3.89 所示螺栓连接采用 Q235B 级钢，C 级螺栓的直径 $d=20$ mm，求此连接最大能承受的 F_{max} 值。

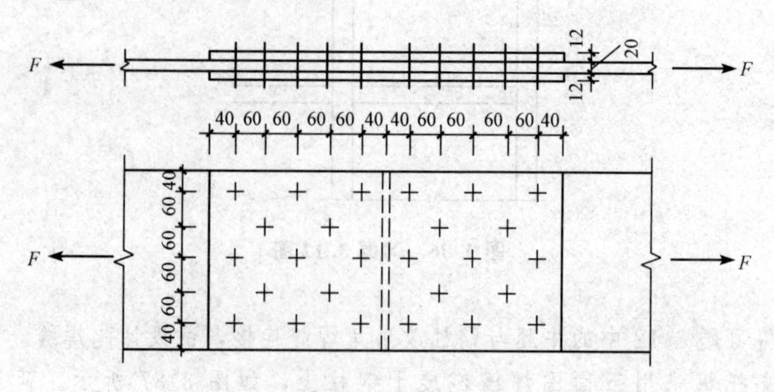

图 3.89　习题 3.17 图

3.18　设计如图 3.90 所示的普通螺栓连接，已知：钢材为 Q235，荷载设计值 P=300 kN，偏心距离 e=200 mm。

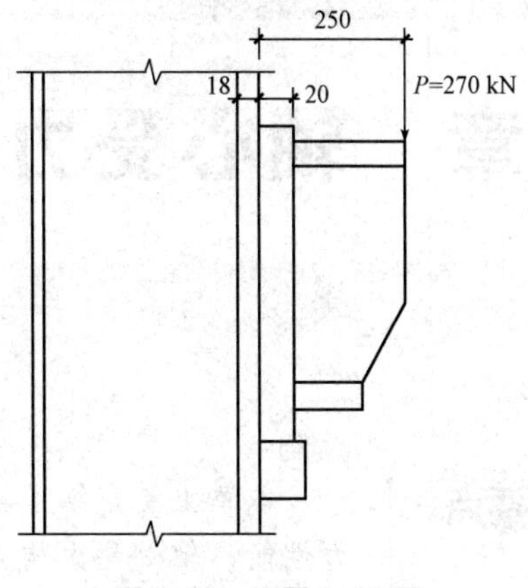

图 3.90　习题 3.18 图

3.19　将习题 3.17 中的螺栓改用 M20 的 10.9 级高强度螺栓，构件接触面喷砂处理，试设计此连接。

(1)摩擦型。

(2)承压型。

3.20　如习题 3.17 中将 C 级螺栓改用 M20(d=20 mm)的 10.9 级高强螺栓。求此连接最大能承受的 F_{max} 值。要求分别按摩擦型连接和承压型连接分别计算(钢板表面仅用钢丝清理浮锈)。

第4章　轴心受力构件

学习要点

本章主要介绍了轴心受力构件截面形式和受力性能；轴心受力构件的强度及刚度计算；轴心受压构件的整体和局部稳定的概念；轴心受压构件的截面分类依据及影响轴心受压构件整体稳定系数的因素；实腹式轴心受压构件整体稳定的计算，格构式轴心受压构件整体稳定计算的特点。轴心受压构件局部稳定的计算方法。

学习重点与难点

重点：轴心受力构件的强度、刚度、整体稳定和局部稳定计算。

难点：轴心受力构件的整体稳定和局部稳定性分析与计算。

4.1 概述

4.1.1 轴心受力构件的应用

轴心受力构件是指承受通过截面形心轴的轴向力作用的一种受力构件。当这种轴心力为拉力时，称为轴心受拉构件或轴心拉杆；当这种轴心力为压力时，称为轴心受压构件或轴心压杆。

轴心受力构件在钢结构工程中应用比较广泛，如桁架、塔架、网架、网壳等，这类结构均由杆件连接而成，在进行结构受力分析时，常将这些杆件节点假设为铰接。各杆件在节点荷载作用下均承受轴心拉力或轴心压力，因此称为轴心受力构件。各种索结构中的钢索也是一种轴心受拉构件。

轴心受力构件按照轴向力为拉力或压力分为轴心受拉构件和轴心受压构件。因只受轴向拉、压力作用，理想轴心受力构件破坏前只有轴向变形，截面上只有正应力，最有效的截面是极对称截面或双轴对称截面。轴心受拉构件不存在失稳问题，是最简单的构件，也是效率最高的构件。轴心受压构件需要考虑稳定问题，包括整体失稳和局部失稳，虽然构件形式比较简单，但对应的力学分析已包括了钢结构理论的核心内容，其中考虑残余应力影响的弹塑性失稳分析等内容具有较大的难度。

4.1.2 轴心受力构件的截面形式

根据轴心受力构件的特性，其合适截面应为对称截面。对轴压构件还应考虑截面面积尽可能向外扩张，以获得较大的回转半径，提高稳定性。轴心受拉构件和轴心受压构件的截面形式有三种，如图 4.1 所示。第一种是热轧型钢截面，包括圆钢、圆管、角钢、工字钢、槽钢、T 型钢和 H 型钢，如图 4.1(a)所示；第二种是冷弯薄壁型钢截面，包括带卷边或不带卷边的角形截面或槽形和方管截面等，如图 4.1(b)所示；第三种是用型钢和钢板连接而成的组合截面，包括实腹式组合截面和格构式组合截面，如图 4.1(c)和图 4.1(d)所示。实腹式构件具有整体连通的截面，格构式构件一般由两个或多个分肢用缀材相连而成，因缀材不是连续的，故在截面图中以虚线表示。

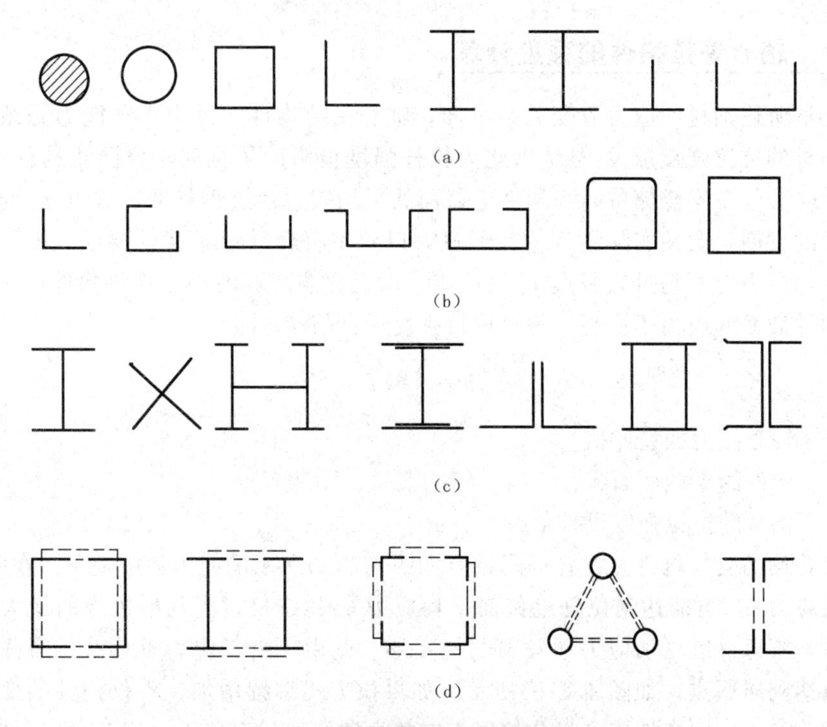

图 4.1　轴心受压构件的截面形式

(a)热轧型钢截面；(b)冷弯薄壁型钢截面；(c)、(d)用型钢和钢板连接而成的组合截面

4.1.3 轴心受力构件破坏形式

轴心受拉构件破坏通常是强度破坏，以受力最大截面全截面屈服作为承载力极限，一般只需进行强度和刚度计算。

实腹式轴压构件破坏有强度破坏、整体失稳、局部失稳三种形式。当构件上有较大削弱时有可能发生强度破坏，一般情况构件破坏是整体失稳破坏。

理想实腹式轴压构件整体失稳随构件截面特性不同而不同，有弯曲失稳、扭转失稳、弯扭失稳三种失稳变形形式，均为有分肢的失稳。实际轴压构件中存在初弯曲、初偏心、残余应力等缺陷，考虑缺陷影响后轴压构件整体失稳变成无分肢的极值点失稳，问题相当复杂。组成实腹式轴压构件的板件全部受压，受压板件也可能发生屈曲，称为局部失稳破坏，将导致构件整体稳定承载力降低或出现破坏。格构式轴压构件可能出现整体失稳破坏，也可能出现单肢失稳破坏，还可能出现连接单肢的缀材及连接破坏。

4.2 轴心受力构件的强度及刚度

4.2.1 轴心受拉构件的强度计算

从第 2 章所述钢材的应力应变关系可知，轴心受拉构件的极限承载能力是截面的平均应力达到钢材的抗拉强度 f_u。但是以此为拉杆强度极限的依据时，要防止构件突然断裂，设计拉杆时应有较多安全储备。当构件毛截面的平均应力超过钢材的屈服点 f_y 时，由于构件塑性变形的发展，会使实际结构的变形过大以致不符合继续承载的要求。因此，拉杆毛截面上的平均应力以不超过屈服点 f_y 为准则。对无孔洞削弱的轴心受拉构件，在强度计算中，要求构件截面的应力不应超过钢材抗拉强度设计值 f，即

$$\sigma=\frac{N}{A}\leqslant f \tag{4.1}$$

式中 N——轴心拉力的设计值；

A——构件的毛截面面积；

f——钢材的抗拉强度设计值。

对于有孔洞的受拉构件。在孔洞附近有如图 4.2(a)所示的应力集中现象。在弹性阶段，孔壁边缘的应力 σ_{max} 可能达到拉杆毛截面平均应力 σ_a 的三倍，当孔壁边缘的最大应力达到屈服点以后，不再继续增加应力而发展塑性变形。此后，由于应力重分布，净截面的应力可以均匀地达到屈服点，如图 4.2(b)所示。如果拉力仍继续增加，不仅构件的变形会发展过大，而且孔壁附近因塑性应变过分扩展而有首先被拉裂的可能性。因此，《钢结构设计规范》(GB 50017—2003)对轴心受力构件的强度计算，规定净截面的平均应力不应超过钢材的抗拉强度设计值，计算公式为

$$\sigma=\frac{N}{A_n}\leqslant f \tag{4.2}$$

式中 N——轴心拉力；

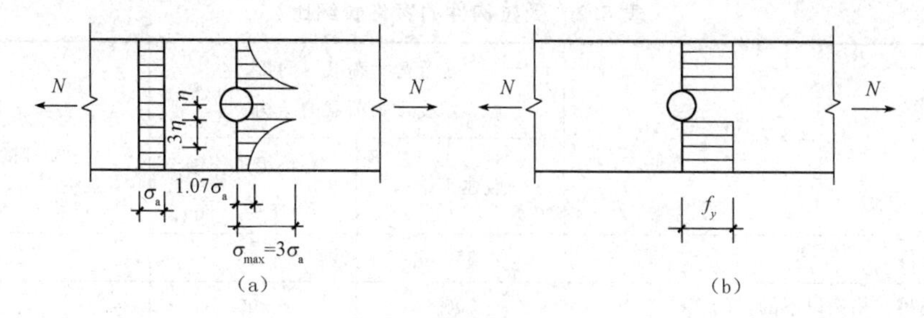

图 4.2　孔洞处截面应力分布

(a)弹性状态应力；(b)极限状态应力

A_n——净截面面积；

f——钢材抗拉强度设计值，具体见附表 1.1。

4.2.2　轴心受力构件的刚度

轴心受拉构件在满足强度条件下，还应满足正常使用的要求。按正常使用极限状态的要求，轴心受力构件应该具有必要的刚度。当构件的刚度不足时，在制造、安装或运输过程中容易产生弯曲。在自重作用下，构件本身会产生过大的挠度，在承受动力荷载的结构中，还会引起较大的晃动。因此，为了防止构件不产生过度变形，构件应具有足够的刚度。轴心受力构件的刚度是以构件的长细比来衡量的。

$$\lambda=\frac{l_0}{i}\leqslant[\lambda] \tag{4.3}$$

式中　λ——构件最不利方向的长细比，一般为两主轴方向长细比的较大值；

l_0——相应方向的计算长度，$l_0=\mu l$，μ 为计算长度系数，见表 4.1，l 为杆件长度；

i——相应方向的截面回转半径；

$[\lambda]$——构件容许长细比，按表 4.2 和表 4.3 选用。

表 4.1　轴心受压构件计算长度系数 μ

构件的屈曲形式						
理论 μ 值	0.5	0.7	1.0	1.0	2.0	2.0
建议 μ 值	0.65	0.80	1.2	1.0	2.1	2.0
端部条件示意	无转动、无侧移；无转动、自由侧移；自由转动、无侧移；自由转动、自由侧移					

表 4.2　受拉构件的容许长细比

<table>
<tr><td rowspan="2">项次</td><td rowspan="2">构件名称</td><td colspan="2">承受静力荷载或间接承受动力荷载的结构</td><td rowspan="2">直接承受动力荷载的结构</td></tr>
<tr><td>一般建筑结构</td><td>有重级工作制吊车的厂房</td></tr>
<tr><td>1</td><td>桁架的杆件</td><td>350</td><td>250</td><td>250</td></tr>
<tr><td>2</td><td>吊车梁或吊车桁架以下的柱间支撑</td><td>300</td><td>200</td><td>—</td></tr>
<tr><td>3</td><td>其他拉杆、支撑、系杆等(张紧的圆钢除外)</td><td>400</td><td>350</td><td>—</td></tr>
<tr><td colspan="5">注：①承受静力荷载的结构中，可仅计算受拉构件在竖向平面内的长细比。
②在直接或间接承受动力荷载的结构中，单角钢受拉构件长细比的计算应用角钢的最小回转半径；但在计算交叉杆平面外的长细比时，应采用与角钢肢边平行轴的回转半径。
③中、重级工作制吊车桁架下弦杆的长细比不宜超过 200。
④在设有夹钳或刚性料耙等硬钩吊车的厂房中，支撑(表中第 2 项除外)的长细比不宜超过 300。
⑤受拉构件在永久荷载与风荷载组合作用下受压时，其长细比不宜超过 250。
⑥跨度等于或大于 60 m 的桁架，其受拉弦杆和腹杆的长细比不宜超过 300(承受静力荷载或间接承受动力荷载)或 250(直接承受动力荷载)。</td></tr>
</table>

表 4.3　受压构件的容许长细比

<table>
<tr><td>项次</td><td>构件名称</td><td>容许长细比</td></tr>
<tr><td rowspan="2">1</td><td>柱、桁架和天窗架中的杆件</td><td rowspan="2">150</td></tr>
<tr><td>柱的缀条、吊车梁或吊车桁架以下的柱间支撑</td></tr>
<tr><td rowspan="2">2</td><td>支撑(吊车梁或吊车桁架以下的柱间支撑除外)</td><td rowspan="2">200</td></tr>
<tr><td>用以减小受压构件长细比的杆件</td></tr>
<tr><td colspan="3">注：①桁架(包括空间桁架)的受压腹杆，当其内力等于或小于承载能力的 50%时，容许长细比可取 200。
②计算单角钢受压构件的长细比时，应采用角钢的最小回转半径；但在计算交叉杆件平面外的长细比时，应采用与角钢肢边平行轴的回转半径。
③跨度大于或等于 60 m 的桁架，其受压弦杆和端压杆的容许长细比值宜取 100，其他受压腹杆可取 150(承受静力荷载间接承受动力荷载)或 120(直接承受动力荷载)。
④由容许长细比控制截面的杆件，在计算其长细比时，可不考虑效应。</td></tr>
</table>

【例题 4.1】 试确定如图 4.3 所示截面的轴心受拉杆的最大承载能力设计值和最大容许计算长度，钢材为 Q235，容许长细比为 350，$i_x=3.80$ cm，$i_y=5.59$ cm。

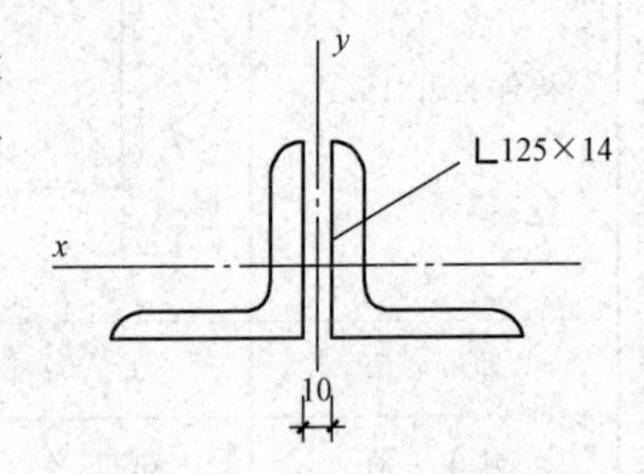

图 4.3　例题 4.1 图

【解】 由附表 1.1 查得：$f=215$ N/mm^2

查附表 7.4 得：$A_n=33.37\times 2=66.7(\text{cm}^2)$

故按式(4.2)可得该轴心拉杆最大承载力设计值为

$$N=A_n\cdot f=66.7\times 215\times 10^2=1\ 434\ 050(\text{N})=1\ 434.05\ \text{kN}$$

按式(4.3)可得该轴心拉杆的长度为

$$l_{ox}=[\lambda]\cdot i_x=350\times 3.80=1\ 330(\text{cm})$$

$$l_{oy}=[\lambda]\cdot i_y=350\times 5.59=1\ 956.5(\text{cm})$$

则该杆的最大容许计算长度为 1 956.5 cm。

4.3 钢索的力学性能分析

钢索(cable)是一种特殊的受拉构件(member in tension)，由于索本身具有柔性，只能承受拉力，属于轴心受拉构件。以钢索为主要受力构件形成的结构称为索结构。

通过索的轴向拉伸来抵抗外力作用，因而，可以充分利用材料的强度，减轻结构自重，跨越很大的跨度，是目前大跨度空间屋盖结构和大跨度索桥结构中科技含量较高的结构形式。钢索除大量地应用于悬索结构外，在张拉结构、桅杆纤绳和预应力结构等工程中的应用也非常广泛。

1. 钢索的截面形式

钢索一般采用高强度钢丝组成的钢绞线、钢丝绳或钢丝索，也可以采用圆钢筋。

圆钢筋的强度较低，但由于直径较大，抗锈蚀能力较强，如图 4.4(a)所示。

钢绞线由钢丝组成，如图 4.4(b)所示。钢丝由经热处理的优质碳素钢经多次冷拔形成。钢绞线形式有(1＋6)、(1＋6＋12)、(1＋6＋12＋18)，它们分别为 1 层、2 层和 3 层等。

多层钢丝与其相邻的内层钢丝捻向相反。常用钢丝直径为 4～6 mm。

钢丝绳通常由七股钢绞线捻成，如图 4.4(c)所示。以一股钢绞线作为核心，外层的六股钢绞线沿同一方向缠绕，其标记为 7×7；有时用两层钢绞线，其标记为 7×19。以此类推有 7×37 等，“×”后的数据表示一股由几根钢丝组成。

钢丝束由 7、19、37 或 61 根直径为 4～6 mm 平行的钢丝组成。

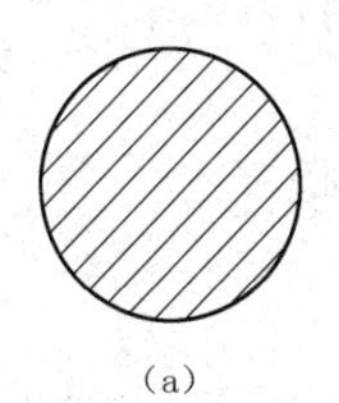

(a)

(b)

(c)

图 4.4　索的截面形式

2. 钢索的力学性质

结构工程用索的柔性要求不高，因而钢索一般采用较粗的线材制造。线材由直径小于 12 mm 的热轧钢棒冷拉而成。钢材的含碳量通常应在 0.5%～8%。钢棒材料加热到 950 ℃，然后在 550 ℃左右淬火，使达到易于拉伸至最终直径和形状的纹理结构。钢棒在被冷拉的同时，其截面缩小，长度增加，抗拉强度增加。结构用索中的线材抗拉强度可达1.6～1.8 kN/mm^2，弹性模量在拉伸范围内一般可保持常数。钢索的抗拉强度和弹性模量一般小于线材自身的强度和弹性模量。

悬索作为柔性构件，其内力不仅和荷载作用有关，而且和变形有关，具有很强的几何非线性，需要由二阶分析来计算内力。悬索的内力和位移可按弹性阶段进行计算，通常采用下列基本假定：

(1)索是理想柔性的，不能受压，也不能抗弯。

(2)索的材料符合胡克定律。

如图 4.5 所示，实线为高强钢丝组成的钢索在初次拉伸时的应力—应变曲线。加载初期(0—1 段)存在少量松弛变形，随后的主要部分(1－2 段)基本上为一直线。当接近极限强度时，才显示出明显的曲线性质(2－3 段)。实际工程中，钢索在使用前均需进行预张拉，以消除 0－1 段的非弹性初始变形，形成图 4.5 中虚线所示的应力—应变曲线关系。在很大范围内钢索的应力应变符合线性关系。

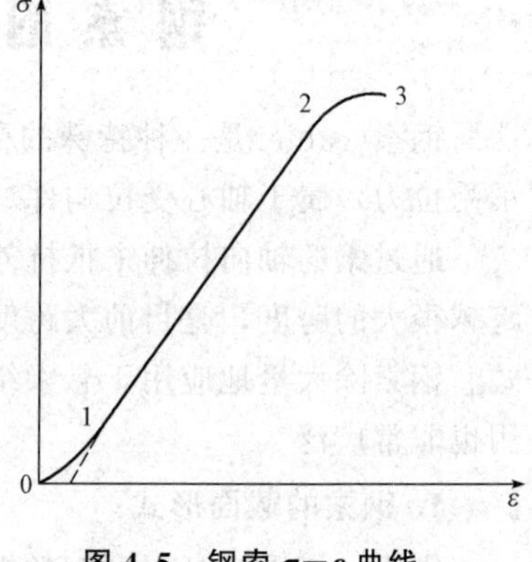

图 4.5　钢索 σ—ε 曲线

钢索的强度计算，目前国内外均采用容许应力法，按式(4.4)进行：

$$\frac{N_{\mathrm{kmax}}}{A} \leqslant \frac{f_{\mathrm{k}}}{k} \tag{4.4}$$

式中　N_{kmax}——按恒载(标准值)、活载(标准值)、预应力、地震作用、温度等各种组合工况下计算所得的钢索最大拉力标准值；

A——钢索的有效截面积；

f_{k}——钢索材料强度的标准值；

k——安全系数(宜取 2.5～3.0)。

3. 钢索的防护

由于钢索是由直径较小的高强钢丝组成，任何因素引起的截面损伤、削弱都会构成索结构的不安全因素，因此，为了保证钢索的长期使用，必须做好钢索的防护。钢索防护有以下几种做法，可根据钢索的使用环境和具体施工条件选用：

(1)黄油裹布。

(2)多层塑料涂层，该涂层材料浸以玻璃加筋的丙烯树脂。

(3)多层液体氯丁橡胶，并在表面覆以油漆。

(4)塑料套管内灌液体的氯丁橡胶。

我国的一些体育馆悬索屋盖，大多数露于室内的钢索都采用了黄油裹布的做法，即在编好的钢索外表涂满黄油一道，然后用布条或麻布条缠绕包裹进行封闭。涂油、裹布应重复 2 或 3 道，每道包布的缠绕方法与前一道相反。此法简单易行，价格较便宜。暴露于室外的钢索则宜采用钢索外加套管内灌液体氯丁橡胶的做法。不论采用哪种钢索防护做法，在钢索防护前均应注意认真做好除污、除锈工作，这是钢索防护施工中的首要工序，其目的是使钢索表面达到一定的清洁度，以利于防护涂层的附着和提高防护寿命。有关研究表明，影响钢索防护质量的各种因素中，表面处理占 49.5％～60％，因此，当钢丝或钢绞线进入施工现场后首先应注意现场保护不使其生锈，未镀锌的钢丝或钢绞线应先涂一道红丹底漆。在做保护层前，若遇有钢丝或钢绞线已锈蚀时，应注意彻底清除浮锈，腐蚀严重时，则应根据具体情况降低标准使用或不用。

4.4 实腹式轴心受压构件的整体稳定

在荷载作用下，钢结构的外力与内力必须保持平衡。但这种平衡状态有持久的稳定平衡状态和极限平衡状态之分。当结构或构件处于极限平衡状态时，外界轻微的挠动就会使结构或构件产生很大的变形而丧失稳定性。

失稳破坏是钢结构工程的一种重要破坏形式，国内外压杆失稳破坏导致钢结构倒塌的事故已有很多。特别是近年来，随着钢结构构件截面形式的不断丰富和高强度钢材的应用，受压构件向轻型、薄壁的方向发展，更容易引起压杆失稳。因此，对受压构件稳定性的研究也就显得更加重要。

4.4.1 轴心受压构件整体失稳破坏特征

当结构或构件在荷载作用下处于平衡位置时，轻微的外界干扰使其偏离原来的平衡位置，若去除外界干扰后，结构或构件仍能恢复到原来的平衡位置，则平衡是稳定的；若去除外界干扰后，不能恢复到原来的平衡位置，甚至偏移越来越大，则平衡是不稳定的；若去除外界干扰后，不能恢复到原来的平衡位置，但能保持在新的平衡位置，则处于临界状态，称为随遇平衡。

在荷载作用下，当轴心受压构件截面上的平均应力低于或远低于钢材的屈服强度时，若微小扰动即促使构件产生很大的变形而丧失承载能力，这种现象称为轴心受压构件丧失整体稳定性或屈曲。轴心受压构件由内力与外力平衡的稳定状态进入不稳定状态的分界标志是临界状态，处于临界状态时的轴心压力称为临界力 N_{cr}，N_{cr}除以构件毛截面面积 A 所得的应力称为临界应力 σ_{cr}。轴心受压构件丧失整体稳定常常是突发性的，容易造成严重的后果。

如图 4.6 所示，实腹式轴心受压构件失稳时的屈曲形式分为弯曲屈曲[图 4.6(a)]、扭转屈曲[图 4.6(b)]或弯扭屈曲[图 4.6(c)]。双轴对称截面轴心受压构件的屈曲形式一般为弯曲屈曲，只有当截面的扭转刚度较小时(如十字形截面)，才有可能发生扭转屈曲。单轴对称截面轴心受压构件绕非对称轴屈曲时，为弯曲屈曲；若绕对称轴屈曲时，由于轴心压力所通过的截面形心与截面的扭转中心不重合，此时发生的弯曲变形总伴随着扭转变形，属于弯扭屈曲。截面无对称轴的轴心受压构件，发生弯扭屈曲。

格构式轴心受压构件可能出现整体弯曲失稳破坏，也可能出现单肢弯曲失稳破坏。由于格构式截面抗扭能力远大于实腹式构件，一般不可能出现扭转失稳和弯扭失稳破坏。

4.4.2 理想实腹式轴心受压构件整体稳定分析

轴心压杆的稳定问题是最基本的稳定问题。对压杆失稳现象的研究始于 18 世纪，之后以欧拉为代表的众多科学家从数学和力学方面对其进行了深入的研究，为便于理论分析，对轴心受压杆件作了如下假设：

(1)杆件为等截面理想直杆。

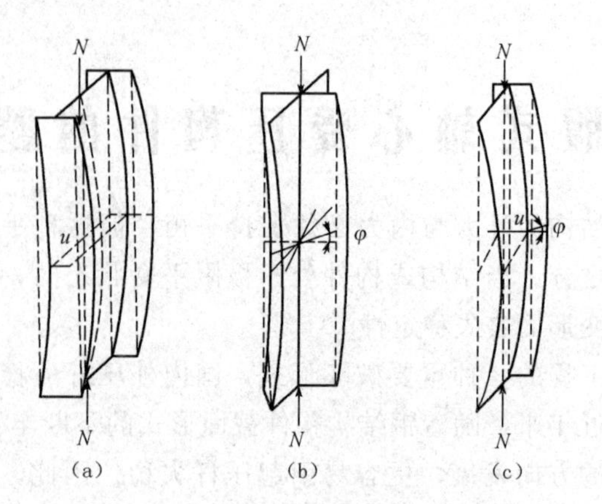

图 4.6　实腹式轴心压杆构件失稳时的屈曲形式

(a)弯曲屈曲；(b)扭转屈曲；(c)弯扭屈曲

(2)压力作用线与杆件形心轴重合。

(3)材料为均质，各向同性且无限弹性，符合胡克定律。

(4)无初始应力影响。

在实际工程中，轴心压杆并不完全符合以上条件，且它们都存在初始缺陷(初始应力、初始偏心、初始弯曲等)的影响。因此，把符合以上条件的轴心受压构件称为理想轴心受压杆件。这种构件的失稳也称为弯曲屈曲。弯曲屈曲是理想轴心压杆最简单最基本的屈曲形式。

构件的稳定分析就是研究构件在临界状态下的平衡，从而得到构件的临界荷载。这种在构件变形后的状态上建立平衡的分析方法称为二阶分析，而在构件原始状态上建立平衡的分析方法称为一阶分析。构件强度计算时结构内力分析一般采用一阶分析。

(1)理想轴心受压构件的弯曲失稳。双轴对称截面的理想轴心受压构件丧失整体稳定通常为弯曲失稳。

图 4.7 所示为一两端铰支的理想等截面轴心受压构件，当 N 达到临界值时，构件可处于微弯平衡状态，其平衡微分方程为

$$EI\frac{\mathrm{d}^2 y}{\mathrm{d}x^2}+Ny=0 \tag{4.5}$$

式中　E——钢材的弹性模量；

I——截面惯性矩。

解方程，引入边界条件(构件两端侧移为零)，可得临界力 N_{cr} 为

$$N_{\mathrm{cr}}=\frac{\pi^2 EI}{l^2} \tag{4.6}$$

相应的临界应力为

$$\sigma_{\mathrm{cr}}=\frac{N_{\mathrm{cr}}}{A}=\frac{\pi^2 E}{\lambda^2} \tag{4.7}$$

式中　A——毛截面面积；

$\lambda=l/i$——构件的长细比；λ 可以是 λ_x 或 λ_y；

l——两端铰接构件的几何长度或计算长度；

i——截面的回转半径，$i=\sqrt{I/A}$。

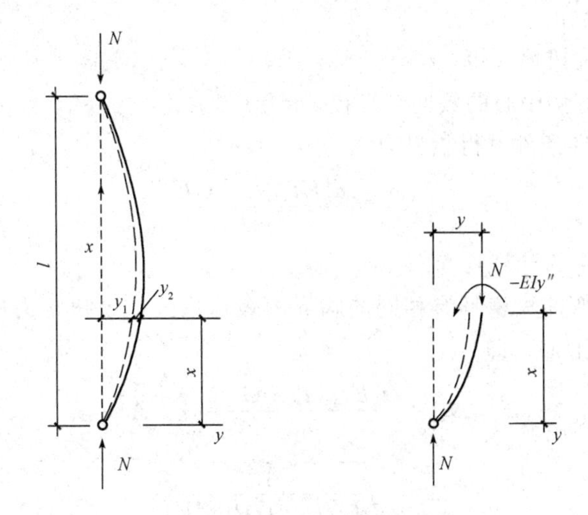

图 4.7　轴心压杆弯曲屈曲

式(4.6)和式(4.7)就是著名的欧拉公式，N_{cr}也称欧拉临界力，常记作 N_E。

理想轴心受压构件在临界状态时，构件从初始的平衡位形突变到与其临近的另一平衡位形(由直线平衡形式转变为微弯平衡形式)，表现为平衡位形的分岔，称为分支点失稳，也称为第一类稳定问题。

(2)理想轴心受压构件的扭转失稳。对某些抗扭刚度很小的双轴对称截面轴心受压构件，如图 4.8(b)所示的十字形截面，在轴心压力 N 作用下，除可能绕截面的两个对称轴 x 轴和 y 轴发生弯曲失稳外，还可能绕构件的纵轴发生扭转失稳。与弯曲失稳分析同理，可建立在临界状态发生微小扭转变形情况下(图 4.8)的平衡微分方程。假定构件两端为简支并符合夹支条件，即端部截面可自由翘曲，但不能绕 z 轴转动。平衡微分方程为

$$-EI_w\varphi''' + GI_t\varphi' - Ni_0^2\varphi' = 0 \tag{4.8}$$

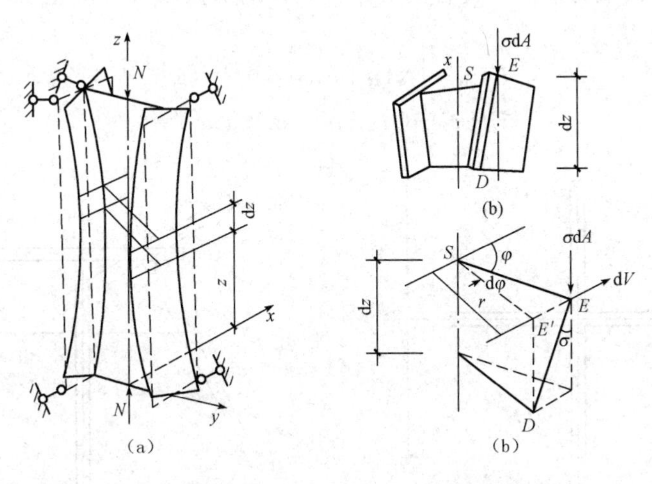

图 4.8　双轴对称截面轴心受压杆的扭转屈曲

式中　I_w——翘曲常数，也称扇性惯性矩；

φ——截面扭转角；

I_t——截面的抗扭惯性矩；

i_0——截面对剪切中心的极回转半径，$i_0^2=i_x^2+i_y^2$。

解方程，引入边界条件可得临界力 N_{zcr} 为

$$N_{zcr}=\frac{\pi^2 EI_w/l_w^2+GI_t}{i_0^2} \tag{4.9}$$

式中　l_w——扭转失稳的计算长度。

为使扭转失稳与弯曲失稳具有相同的临界力表达形式，令扭转失稳临界力与欧拉荷载相等，得到换算长细比 λ_z，即

$$N_{zcr}=\frac{\pi^2 EI_w/l_w^2+GI_t}{i_0^2}=\frac{\pi^2 E}{\lambda_z^2}A$$

得

$$\lambda_z=\sqrt{\frac{Ai_0^2}{I_w/l_w^2+GIt(\pi^2 E)}} \tag{4.10}$$

对于双轴对称十字形截面(图 4.9)轴心受压构件，扇性惯性矩为零，由式(4.10)可得：

$$\lambda_z=5.07\frac{b}{t} \tag{4.11}$$

式中　b——悬伸板件宽度；

t——悬伸板件的厚度。

为避免双轴对称十字形截面轴心受压构件发生扭转屈曲，λ_x 和 λ_y 均不得小于 $5.07b/t$。

(3)理想轴心受压构件的弯扭失稳。单轴对称截面轴心受压构件，如图 4.10 所示的 T 形截面，在轴心压力 N 作用下，当在截面非对称轴(x 轴)平面内失稳时为弯扭失稳，如图 4.6(c)所示。因为绕 y 轴弯曲引起的剪力通过截面形心 C 而不通过截面剪切中心 S，使截面在弯曲的同时产生扭转。无对称轴的截面，失稳时均为弯扭失稳。发生弯扭失稳的理想轴心受压构件，可分别建立构件在临界状态时发生微小弯曲和弯扭变形状态的两个平衡微分方程。假定构件两端为简支并符合夹支条件，即端部截面可自由翘曲，但不能绕 z 轴转动。平衡微分方程为

$$\left.\begin{aligned}&-EI_y u''-N(u+a_0\varphi)=0\\&-EI_w\varphi'''+GI_t-N(i_0^2\varphi'+a_0 u')=0\end{aligned}\right\} \tag{4.12}$$

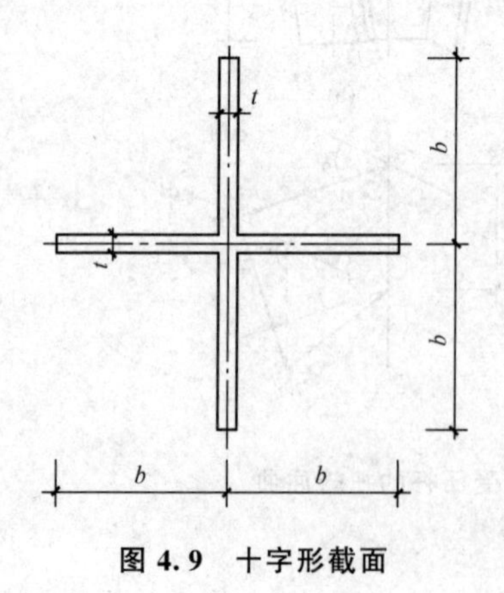

图 4.9　十字形截面

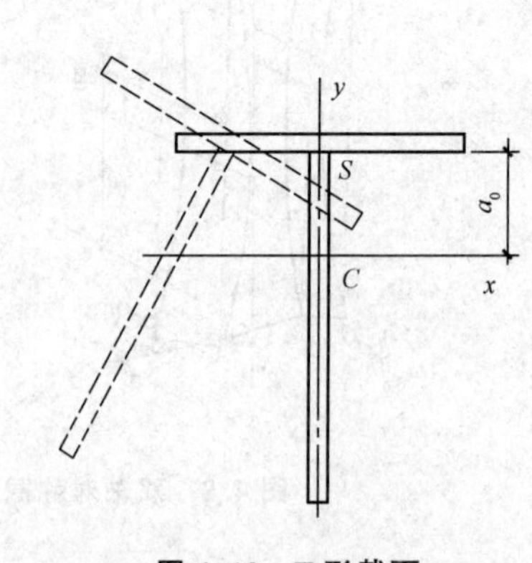

图 4.10　T 形截面

式中　u——截面形心沿 x 轴方向的位移；

a_0——截面形心至剪切中心的距离；

i_0——截面对剪切中心的极回转半径，$i_0^2=a_0^2+i_x^2+i_y^2$。

解方程，引入边界条件可得构件发生弯扭失稳时的临界力 $N_{yz\,cr}$ 为

$$(N_{Ey}-N_{yzcr})(N_{zcr}-N_{yz\,cr})-N_{yz\,cr}^2\left(\frac{a_0}{i_0}\right)^2=0 \tag{4.13}$$

式中　N_{Ey}——构件绕 y 轴弯曲失稳的欧拉临界力，$N_{Ey}=\pi^2EA/\lambda_y^2$；

λ_y——截面绕对称轴 $y-y$ 的弯曲失稳长细比。

式(4.13)为 $N_{yz\,cr}$ 的二次式，解的最小根即为构件发生弯扭失稳时的临界力 $N_{yz\,cr}$。与扭转失稳同理，可求得弯扭失稳的换算长细比 λ_{yz} 为

$$\lambda_{yz}=\frac{1}{\sqrt{2}}\left[(\lambda_y^2+\lambda_z^2)+\sqrt{(\lambda_y^2+\lambda_z^2)^2-4\left(1-\frac{a_0^2}{i_0^2}\right)\lambda_y^2\lambda_z^2}\right]^{\frac{1}{2}} \tag{4.14}$$

构件发生弯扭失稳时的临界力 $N_{yz\,cr}$，可表示为

$$N_{yz\,cr}=\frac{\pi^2EA}{\lambda_{yz}^2} \tag{4.15}$$

上述临界力计算公式建立在材料为弹性的基础上，适用于构件失稳时截面上应力处于弹性阶段的情况，即 $\sigma_{cr}\leqslant f_y$。

(4)不同支座约束构件临界力。在实际结构中两端铰接的压杆很少，完全固定的也不多。轴心压杆因与其他杆件相连接而受到端部约束，端部约束对杆的承载能力有很大的影响。按照弹性理论可以根据杆端的约束条件用等效的计算长度 l_0 来代替杆的几何长度 l，即取 $l_0=\mu l$，从而把两端有约束的杆化为等效的两端铰接的杆。μ 称为计算长度系数。几种常用支座情况构件的 μ 的理论值见表 4.1。考虑到理想条件难以完全实现，表中还给出了用于实际设计的建议值。对于端部铰接条件的杆，因连接而存在的约束所带来的有利影响目前在设计规范中还没有考虑，而对于无转动的端部条件，因实际上很难完全实现，所以 μ 的建议值有所增加。

4.4.3　初始缺陷对轴心受压构件稳定承载力的影响

以上介绍的是理想轴心受压构件的屈曲临界力，实际工程中的构件不可避免地存在初弯曲、荷载初偏心和残余应力等初始缺陷，这些缺陷会降低轴心受压构件的稳定承载力，必须加以考虑。下面将着重讨论这些缺陷对轴心受压构件整体稳定性的影响。

1. 初弯曲的影响

实际的轴心受压构件在加工制作和运输及安装过程中，构件不可避免地会存在微小弯曲，称为初弯曲。初弯曲的形状可能是多种多样的，为考察初弯曲对构件整体稳定性的影响，以两端铰支的压杆为例，如图 4.11(a)所示最具代表性的正弦半波初弯曲进行分析。设初弯曲为 $y_0=v_0\sin\frac{\pi x}{l}$，在轴心压力作用下，构件的平衡微分方程为

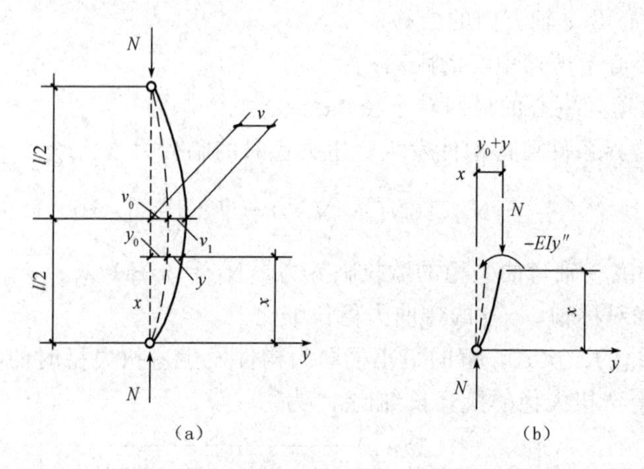

图 4.11　有初弯曲的轴心受压构件

$$EI\frac{\mathrm{d}^2 y}{\mathrm{d}x^2}+Ny=-Nv_0\sin\frac{\pi x}{l} \tag{4.16}$$

解方程可得：

$$y=\frac{N/N_E}{1-N/N_E}v_0\sin\frac{\pi x}{l} \tag{4.17}$$

构件中点处的挠度为

$$v_1=y\left(x=\frac{l}{2}\right)=\frac{N/N_E}{1-N/N_E}v_0 \tag{4.18}$$

构件的总挠度总值 Y 为

$$Y=y_0+y=\frac{1}{1-N/N_E}v_0\sin\frac{\pi x}{l} \tag{4.19}$$

构件中点处的总挠度为

$$v=Y\left(x=\frac{l}{2}\right)=\frac{v_0}{1-N/N_E} \tag{4.20}$$

由上列公式可以看出，从开始加载起，构件就产生挠曲变形，挠度 y 和挠度总值 Y 与初弯曲 v_0 成正比。当 v_0 一定时，v 随 N/N_E 的增大而快速增大，v—N/N_E 的关系曲线如图 4.12 所示。具有初弯曲的轴心受压构件的整体稳定承载力总是低于欧拉临界力 N_E。对于理想弹塑性材料，随着挠度增大，附加弯矩 NY_{m} 也增大，构件中点处截面最大受压边缘纤维的应力 $\sigma_{\max}$ 为

$$\sigma_{\max}=\frac{N}{A}+\frac{NY_{\mathrm{m}}}{W}=\frac{N}{A}\left(1+\frac{v_0}{W/A}\cdot\frac{1}{1-N/N_E}\right) \tag{4.21}$$

当 $\sigma_{\max}$ 达到 f_y 时(图 4.12 中 A 点)，构件开始进入弹塑性工作状态。此后随 N 加大，截面的塑性区增大，弹性部分减小，变形不再沿完全弹性曲线 AE 发展，而是沿 ABC 发展。达到 B 点时，截面的塑性区发展已相当大，要继续维持平衡只能随挠度的增大而卸载。称 N_B 为有初弯曲的轴心受压构件的整体稳定极限承载力。这种失稳形式没有平衡位形的分岔，临界状态表现为结构不能再承受荷载增量，结构由稳定平衡转变为不稳定平衡，称为极值点失稳，也称为第二类稳定问题。

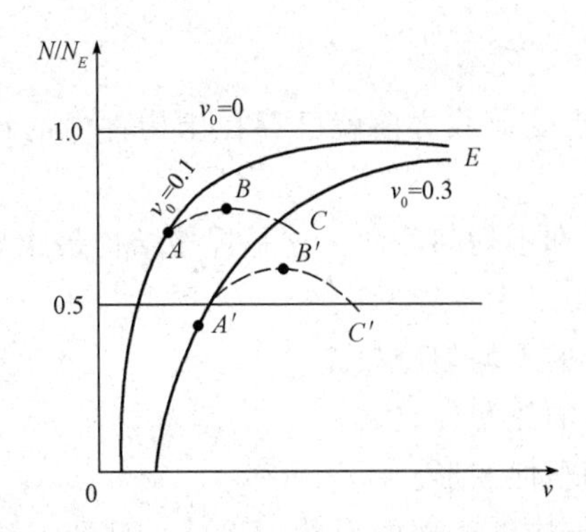

图 4.12　有初弯曲轴心压杆的荷载—挠度曲线

2. 荷载初偏心的影响

由于构造上的原因和构件截面尺寸的变异等，作用在构件杆端的轴心压力不可避免地会偏离截面形心而形成初偏心 e_0。考察图 4.13 荷载有初偏心的轴心受压构件，在弹性工作阶段，力的平衡微分方程为

$$EI\frac{\mathrm{d}^2y}{\mathrm{d}x^2}+N(e_0+y)=0 \tag{4.22}$$

令 $k=\sqrt{\dfrac{N}{EI}}$，解方程可得构件挠度 y 为

$$y=e_0\left[\tan\frac{kl}{2}\sin kx+\cos kx-1\right] \tag{4.23}$$

构件中点处的挠度 v 为

$$v=y\left(x=\frac{l}{2}\right)=e_0\left[\sec\frac{\pi}{2}\sqrt{\frac{N}{N_{\mathrm{E}}}}-1\right] \tag{4.24}$$

构件中点处截面最大受压边缘纤维的应力 $\sigma_{\max}$ 为

$$\sigma_{\max}=\frac{N}{A}+\frac{N(e_0+v)}{W}=\frac{N}{A}\left(1+\frac{e_0}{W/A}\sec\frac{\pi}{2}\sqrt{\frac{N}{N_E}}\right) \tag{4.25}$$

与具有初弯曲的轴心受压构件同理，按式(4.24)，并考虑截面的塑性发展，所得 v—N/N_E 的关系曲线如图 4.14 所示。由图中可以看出，荷载初偏心对轴心受压构件的影响与初弯曲的影响类似。为了简化分析，可取一种缺陷的合适值来代表这两种缺陷的影响。

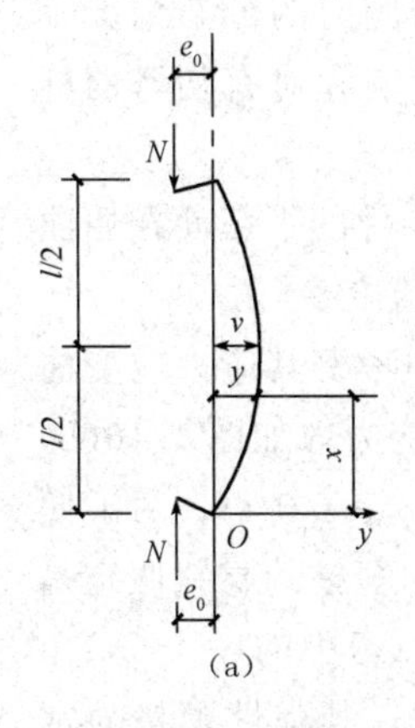

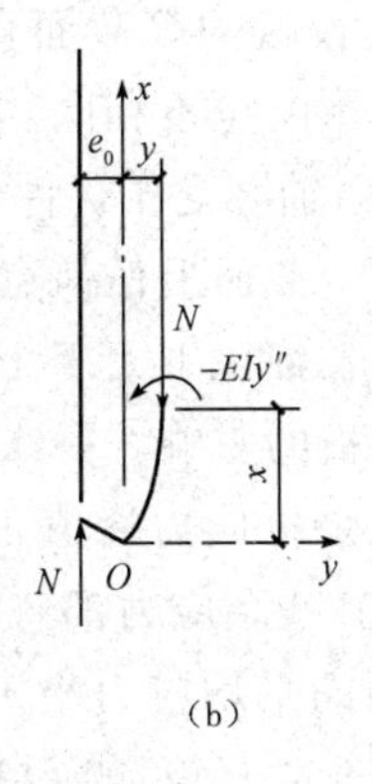

图 4.13　荷载有初偏心的轴心受压构件

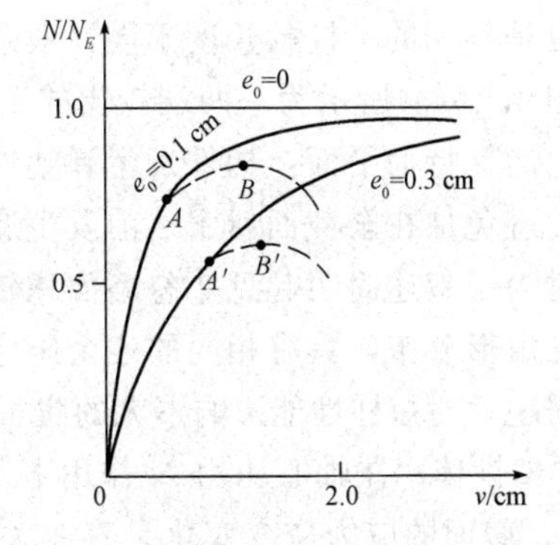

图 4.14　有初偏心轴心压杆的荷载—挠度曲线

3. 残余应力的影响

残余应力是构件在还未承受荷载之前就已存在于构件中的自相平衡的初始应力。产生残余应力的主要原因有：

(1)焊接时的不均匀加热和不均匀冷却，这是焊接结构最主要残余应力的成因，在前面已作过介绍。

(2)型钢热轧后不同部位的不均匀冷却。

(3)板边缘经火焰切割后的热塑性收缩。

(4)构件经冷校正产生的塑性变形。

残余应力的分布和大小与构件截面的形状、尺寸、制造方法和加工过程等有关。一般在冷却较慢的部分为残余拉应力，在冷却较快的部分为残余压应力。一般横向残余应力的绝对值很小，且对构件稳定承载力的影响甚微，故通常只考虑纵向残余应力。图 4.15 列出了几种有代表性的截面纵向残余应力分布，其数值都是经过实测数据整理后确定的。应力都是与杆轴线方向一致的纵向应力，压应力取负值，拉应力取正值。图 4.15(a)是轧制普通工字钢，翼缘的厚度比腹板的厚度大很多，腹板在型钢热轧以后首先冷却，翼缘在冷却的过程中受到与其连接的腹板的牵制作用，因此翼缘产生拉应力，而腹板的中部受到压缩产生压应力；图 4.15(b)是轧制宽翼缘工字钢的残余应力，由于翼缘的尖端先冷却而具有较高的残余压应力；图 4.15(c)是翼缘具有轧制边，或火焰切割以后又经过刨边的焊接工字形截面，其残余应力与宽翼缘工字钢类似，只是翼缘与腹板连接处的残余拉应力可能达到屈服点；图 4.15(d)是具有火焰切割翼缘的焊接工字形截面沿翼缘的厚度残余应力也有很大变化，图中板的外表具有残余压应力，板端的应力很高可达屈服点，而板的内表面在与腹板连接处具有很高的残余拉应力；图 4.15(e)是用很厚的翼缘板组成的焊接工字形截面，沿翼缘的厚度残余应力也有很大变化，图中板的外表面具有残余压应力，板端的应力很高可达屈服强度，而板的内表面与腹板连接处具有很高的残余拉应力；图 4.15(f)是焊接箱形截面，在连接焊缝处具有高达屈服点的残余拉应力，而在截面的中部残余压应力随板件的宽厚比和焊缝的大小而变化，当宽厚比放大到 40 时，残余压应力只有 $0.2f_y$ 左右；图 4.15(g)是等边角钢的残余应力，其峰值与角钢边的长度有关；图 4.15(h)是轧制钢管沿壁厚变化的残余应力，它的内表面在冷却时因受到先已冷却的外表面的约束只有残余拉应力，而外表面具有残余压应力。

残余应力使构件的刚度降低，对压杆的承载能力有不利影响，残余应力的分布情况不同，影响的程度也不同。此外，残余应力对两端铰接的等截面直杆的影响和对有初弯曲杆的影响也是不同的。杆的长度不同，残余应力的影响也不相同。

如图 4.16(a)所示为一两端铰支的工字形截面轴心受压构件，假设构件的平截面在屈曲变形后仍然保持为平面。构件发生弹塑性屈曲时，截面上任何点不发生应变变号。

为了避免柱在全截面屈服之前发生屈曲，取长细比不大于 10 的短柱考察其应力应变曲线，同时为了叙述简明起见，忽略面积较小的腹板的影响，翼缘的残余应力取如图 4.16(b)所示的三角形分布，具有相同的残余压应力和残余拉应力峰值，即 $\sigma_c=\sigma_t=0.4f_y$。为了便于说明问题，对短柱性能影响不大的腹板部分和其残余应力都忽略不计。短柱的材料假定是理想的弹塑性体。在轴心压力 N 作用下，当截面的平均应力小于图 4.16(c)中的$(f_y-\sigma_c)=0.6f_y$ 时，截面的应力应变变化呈直线关系，如图 4.16(f)的 OA 段所示，其弹性模量为常

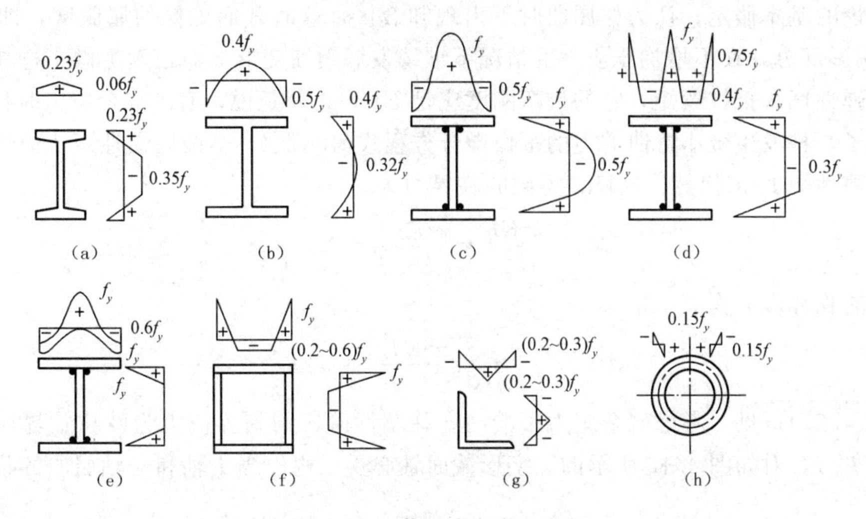

图 4.15　截面残余应力分布

(a)热轧工字钢；(b)热轧 H 型钢；(c)翼缘为轧制边的焊接工字形截面；(d)翼缘为火焰切割边的焊接工字形截面；(e)翼缘较厚的焊接工字形截面；(f)焊接箱形截面；(g)等边角钢的残余应力；(h)轧制钢管

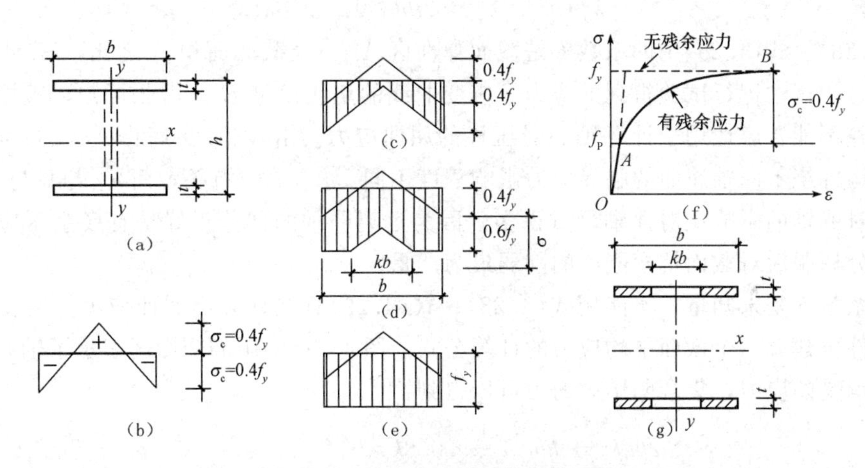

图 4.16　残余应力对短柱段的影响

(a)截面形式；(b)翼缘残余应力分布；(c)$\sigma<0.6f_y$ 时的翼缘应力分布；(d)$f_p\leqslant\sigma<f_y$ 时的翼缘应力分布；(e)$\sigma=f_y$ 时的翼缘应力分布；(f)翼缘弹性区域塑性区分布

数 E。当 $\sigma\geqslant(f_y-\sigma_c)$时，如图 4.16(d)所示，翼缘的外侧先开始屈服，在图 4.16(f)曲线上的 A 点可以看作是短柱截面平均应力的比例极限 f_p。此后外力的继续增加使翼缘的屈服区不断向内扩展，而弹性区如图 4.16(d)中的 kb 范围不断缩小至 $\sigma=f_y$ 时，全截面都屈服如图 4.16(e)所示。图 4.16(f)中的曲线 AB 即为短柱的弹塑性应变曲线。因为曲线 AB 段增加的轴心压力 dN 只能由截面的弹性区面积 A_e 负担。图 4.16(f)中在 AB 曲线上侧由两条虚线组成的应力应变关系是属于无残余应力的短柱的。经比较后可知，残余应力使柱受力提前进入了弹塑性受力状态，因而必将降低轴心受压柱的承载能力。

对于两端铰接的等截面轴心受压柱，当截面的平均应力 $\sigma<(f_y-\sigma_c)$时，柱在弹性阶段屈曲，其弯曲屈曲力仍由式(4.6)确定，即为欧拉临界力。但是当 $\sigma>(f_y-\sigma_c)$时，按照切线模量理论的基本假定，认为柱屈曲时不出现卸载区，这时截面外侧的屈服区，即图 4.16(g)中的阴影部分，在不增加压应力的情况下继续发展塑性变形，而柱发生微小弯曲时只能由截面的弹性区来抵抗弯矩，它的抗弯刚度应是 EI_e，也就是说，有了残余应力时柱的抗弯刚度降低了。柱发生微小弯曲的力的平衡微分方程式(4.6)中，全截面惯性矩 I 应该用弹性区截面的惯性矩 I_e 来代替。这样，得到的临界力为

$$N_{cr}=\frac{\pi^2 EI_e}{l^2}=\frac{\pi^2 EI}{l^2}\frac{I_e}{I}=N_E\frac{I_e}{I} \tag{4.26}$$

相应的临界应力为

$$\sigma_{cr}=\frac{\pi^2 E}{\lambda^2}\frac{I_e}{I} \tag{4.27}$$

由式(4.27)可见，考虑残余应力影响时，弹塑性阶段的临界应力为欧拉临界应力乘以折减系数 I_e/I。对如图 4.16 所示的工字形截面轴心受压构件绕 x 轴和 y 轴屈曲的临界应力分别为：

$$\sigma_{crx}=\frac{\pi^2 E}{\lambda_x^2}\frac{I_{ex}}{I_x}=\frac{\pi^2 E}{\lambda_x^2}\frac{2t(kb)h_1^2/4}{2tbh_1^2/4}=\frac{\pi^2 E}{\lambda_x^2}k \tag{4.28}$$

$$\sigma_{cry}=\frac{\pi^2 E}{\lambda_y^2}\frac{I_{ey}}{I_y}=\frac{\pi^2 E}{\lambda_y^2}\frac{2t(kb)^3 h_1^2/12}{2tbh_1^3/12}=\frac{\pi^2 E}{\lambda_y^2}k^3 \tag{4.29}$$

式(4.28)、式(4.29)中的系数 k 是截面弹性区 A_e 与全截面面积 A 之比，kE 正好是对有残余应力的短柱进行试验得到的应力—应变曲线的切线模量 E_e。由此可知，短柱试验的切线模量并不能普遍地用于计算轴心受压柱的屈曲应力。由式(4.28)和式(4.29)可知，残余应力对构件绕不同轴屈曲的临界应力影响程度不同。σ_{cry} 与 k^3 有关，而 σ_{crx} 却只与 k 有关，残余应力对弱轴的影响比对强轴严重得多，因为远离弱轴的部分正好是有残余压应力的部分，这部分屈服后对截面抗弯刚度的削弱最为严重。

因为系数 k 是未知量，不能用式(4.28)、式(4.29)直接计算出屈曲应力。需要根据力的平衡条件再建立一个截面平均应力的计算公式。图 4.17(b)中的阴影区表示了轴心压力作用时截面承受的应力，集合阴影区的力可以得到：

$$\sigma_{cr}=\frac{2btf_y-2kbt\times\frac{1}{2}\times 0.8kf_y}{2bt}=(1-0.4k^2)f_y \tag{4.30}$$

联合求解式(4.28)和式(4.30)或式(4.29)和式(4.30)，可以得到长细比 λ_x 或 λ_y 相对应的 σ_{crx} 或 σ_{cry}。绘成如图 4.17(c)所示的无量纲曲线，纵坐标是屈曲应力 σ_{cr} 与屈曲强度 f_y 的比值 $\bar{\sigma}_{cr}$，横坐标是正则化长细比 $\bar{\lambda}=\frac{\lambda}{\pi}\sqrt{f_y/E}$。采用这一横坐标，曲线可以通用于不同钢号的构件。在图中还绘出了无残余应力影响的柱的 $\bar{\sigma}_{cr}$—$\bar{\lambda}$ 曲线，如虚线所示。从图 4.17(c)可知，在 $\bar{\lambda}=1.0$ 处残余应力对直杆的轴心受压影响最大，对 σ_{cry} 降低了 31.2%，对 σ_{crx} 降低 23.4%。

4. 考虑各种初始缺陷影响的实际压杆的稳定承载力

以上分别介绍了残余应力、初弯曲和初偏心对轴心压杆稳定的影响，实际上，这些缺陷往往同时存在，所以，临界应力应比上述计算的小。但是按照概率的观点，三种缺陷同时达到最不利的概率很小，所以，在确定实际压杆的稳定承载力时，只考虑最大的两种缺

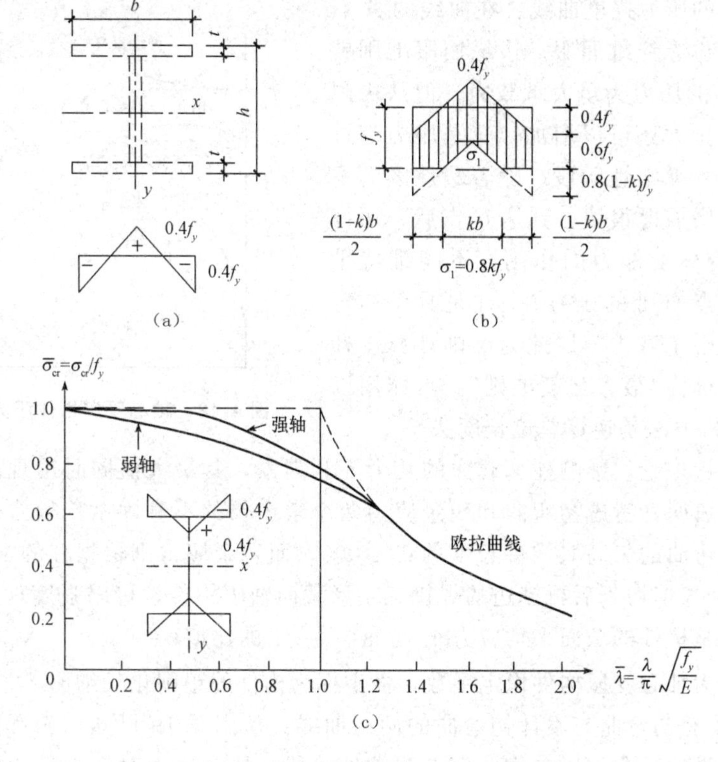

图 4.17　轴心受压柱 $\bar{\sigma}_{cr}$—$\bar{\lambda}$ 无量纲曲线

陷，一般有以下几种方法：

(1)屈曲准则。屈曲准则是建立在理想轴心压杆的基础上考虑初始残余应力的影响，在弹性阶段采用欧拉临界力，弹塑性阶段采用切线模量临界力为基础，再除以适当的安全系数来考虑初偏心和初弯曲的影响。此种方法由于安全系数的取值缺乏依据，已经不再使用。

(2)边缘屈曲准则。边缘屈曲准则以有初偏心和初弯曲的压杆为模型，以截面边缘应力达到屈服强度为承载能力的极限状态。此种方法用于薄壁构件的稳定计算，原因是薄壁构件的板厚很小，不宜考虑截面塑性发展，而且残余应力的影响也较小。此外，对于格构式压杆对虚轴的稳定计算，由于塑性不可能深入发展，因此也按照边缘屈服准则进行计算。

(3)最大强度准则。最大强度准则也称压溃准则。从极限状态的角度来看，边缘屈服以后塑性还可以继续深入截面，压力还可以增加，构件进入弹塑性阶段，随着截面塑性区的不断扩展，变形增加更快，当压力到达最高点之后，杆件的抵抗能力开始小于外力作用，不能维持稳定平衡。此时的压力才是杆件真正的极限承载力，称为压溃荷载 N_u。

4.4.4　实际轴心受压构件的稳定极限承载力和柱子曲线

理想的轴心受压构件无论发生弹性弯曲屈曲[如图 4.18 中的曲线(a)，屈曲力为欧拉临界力 N_E]，还是发生弹塑性弯曲屈曲[如图 4.18 中的线(b)，屈曲力为切线模量屈曲力 N_{crt}]，都是杆件屈曲时才产生挠度。但是实际的轴心受压构件，因不可避免地存在几何缺陷和残余应力，一经压力作用就产生挠度。图 4.18 中的曲线(c)是具有初弯曲的矢高为 v_0

的轴心受压构件的压力挠度曲线。在曲线的 A 点表示压杆截面的边缘纤维屈服，边缘屈服准则就是以 A 点所对应的压力为最大承载力。但从极限状态设计来说，压力还可以增加，只是压力超过 A 点后，构件进入弹塑性阶段。随着塑性区的不断扩展，挠度 v 增加得很快，到达 C 点后，压杆的抵抗能力开始小于外力的作用，不能维持平衡，曲线的最高点 C 处的压力 N_u 才是具备初弯曲压杆真正的极限承载力，以此为准则计算压杆的稳定承载力，称为“最大强度准则”。具体用以求 N_u 的数值分析方法是逆算单位长度法。

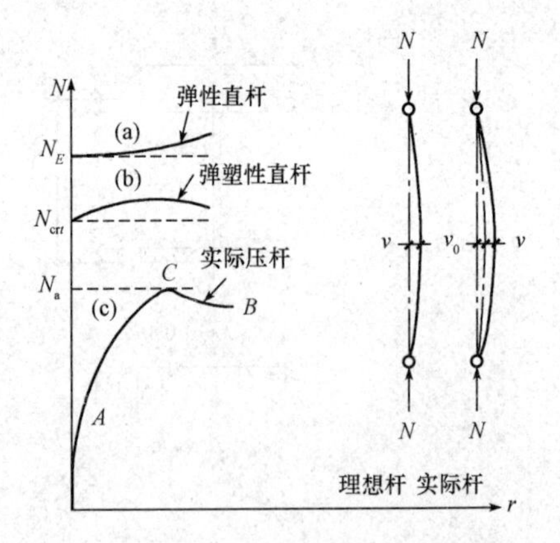

图 4.18　轴心受压构件压力挠度曲线

根据概率统计理论，影响柱承载力的几个不利因素，其最大值同时出现的可能性是极小的。理论分析表明，考虑初弯曲和残余应力两个最主要的不利因素比较合理，初偏心不必另行考虑。初弯曲的矢高取构件长度的 1/1 000，而残余应力则根据柱的加工条件确定。图 4.19 是翼缘经火焰切割后再刨边的焊接工字形截面轴压构件按极限强度理论确定的承载力曲线，纵坐标是构件的截面平均应力 σ_a 与屈服点 f_y 的比值 $\bar{\sigma}=\sigma_a/f_y=N_u/Af_y$。可以用符号 φ 表示，称为轴心受压构件稳定系数，横坐标为构件的正则化长细比 $\bar{\lambda}$。为了比较，在图 4.19 中给出了有初弯曲与不计初弯曲的两组曲线。从图 4.19 可知，初弯曲对绕弱轴屈曲的影响比对绕强轴屈曲的影响大。但在弹塑性阶段，残余应力对轴心受压构件承载力的影响远比初弯曲的影响大。

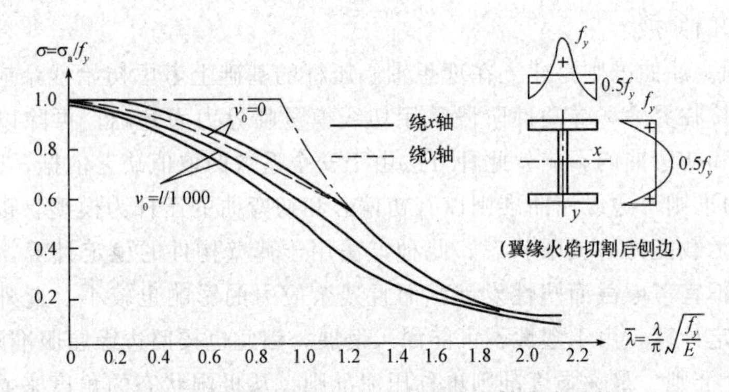

图 4.19　焊接工字形截面轴心受压柱稳定系数

在钢结构中，轴心受压构件的类型很多，当构件的长细比相同时，其承载力往往有很大差别。可以根据设计中经常采用的不同截面形式和不同的加工条件，按最大强度理论得到考虑初弯曲和残余应力影响的一系列曲线，即无量纲化 φ—λ 曲线。在图 4.20 中以两条虚线表示这一系列曲线变动范围的上限和下限。实际轴心受压构件的稳定系数基本上都在这两条虚线之间。由于不同条件轴心受压构件的 φ 值差别很大，以 $\bar{\lambda}=1.0$ 时的 φ 值为例，上限值可达下限值的 1.4 倍，因此，将一根曲线代表诸多曲线用于设计是不经济合理的。

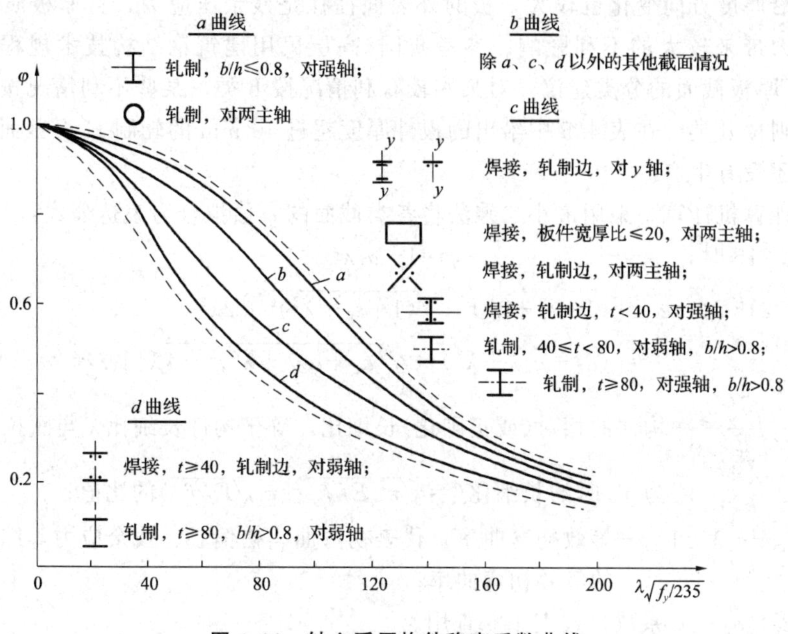

图 4.20　轴心受压构件稳定系数曲线

前面介绍了无缺陷理想轴心受压构件临界力 N_{cr} 和临界应力 σ_{cr} 以及考虑初弯曲、初偏心、残余应力等缺陷情形下轴心受压构件极限承载力 N_u 的计算方法。当钢材品种、缺陷模式及大小已经确定时，N_u 和 N_{cr}(或 $\varphi=N_u/Af_y$ 或 $\varphi=\sigma_{cr}/f_y$)仅是长细比 λ 的函数。对于设计者来说，最为重要的是给出实用简便的 λ—φ 曲线(柱子曲线)或表或公式，以供计算采用。

为了在设计中使用方便，《钢结构设计规范》(GB 50017—2003)综合考虑了截面的不同的形式和尺寸，不同的加工条件及相应的残余应力，并考虑了 1/1 000 杆长的初弯曲，从构件大量的数据和曲线中，选择常用的 96 条曲线作为确定 φ 值的依据。由于这 96 条曲线的分布较离散，所以进行了分类，把承载能力相近的截面及其弯曲失稳对应轴合为一类，归纳为 a、b、c、d 四类。

归属于 a、b、c、d 四条曲线的轴心受压构件截面分类见表 4.4 和表 4.5。一般的截面属于 b 类。轧制圆管冷却时基本是均匀收缩，产生的截面残余应力很小，属于 a 类。窄翼缘轧制普通工字钢的整个翼缘截面上的残余应力以拉应力为主，对绕 x 轴弯曲屈曲有利，也属于 a 类。格构式轴心受压构件绕虚轴的稳定计算，不宜采用考虑截面塑性发展的极限承载力理论，而采用边缘屈服准则确定的 φ 值与曲线 b 接近，故属于 b 类。当槽形截面用于格构式构件的分肢时，由于分肢的扭转变形受到缀件的牵制，所以计算分肢绕其自身对称轴的稳定时，可按 b 类。对翼缘为轧制或剪切边或焰切后刨边的焊接工字形截面，其翼缘两端存在较大的残余压应力，绕 y 轴失稳比 x 轴失稳时承载能力降低较多，故前者归入 c 类，后者归入 b 类。当翼缘为焰切边(且不刨边)时，翼缘两端部存在残余拉应力，可使绕 y 轴失稳的承载力比翼缘为轧制边或剪切边的有所提高，所以，绕 x 轴和绕 y 轴两种情况都属 b 类。高层建筑钢结构的钢往常采用板件厚度大(或宽厚比小)的热轧或焊接 H 形、箱形截面，其残余应力较常规截面的大，且由于厚板(翼缘)的残余应力不但沿板件宽度方向变化，而且沿厚度方向变化也较大，板的外表面往往是残余压应力，且厚板质量较差都会对稳定承载力带来较大的不利影响。参考我国《高层民用建筑钢结构技术规程》(JGJ 99—2015)给出了厚板截面的分类建议：对某些较有利情况按 b 类，某些不利情况按 c 类，某些更不利情况则按 d 类。在表 4.5 中给出的板件厚度超过 40 mm 的轧制 H 形截面是指进口钢材，在我国还没有生产。

为便于计算机计算，采用最小二乘法将各类截面的 φ 值拟合为表达公式：

当 $\bar{\lambda} \leqslant 0.215$ 时，

$$\varphi = 1 - \alpha_1 \bar{\lambda}^2 \tag{4.31}$$

当 $\bar{\lambda} > 0.215$ 时，

$$\begin{aligned}\varphi &= \left[(1+\varepsilon_0+\bar{\lambda}^2) - \sqrt{(1+\varepsilon_0+\bar{\lambda}^2)^2}\right]/2\bar{\lambda}^2 \\ &= \left[(\alpha_2+\alpha_3\bar{\lambda}+\bar{\lambda}^2) - \sqrt{(\alpha_2+\alpha_3\bar{\lambda}+\bar{\lambda}^2)^2 - 4\bar{\lambda}^2}\right]/2\bar{\lambda}^2\end{aligned} \tag{4.32}$$

式中 $\bar{\lambda} = \dfrac{\lambda}{\pi}\sqrt{\dfrac{f_y}{E}}$——构件的相对(或正则化)长细比，等于构件长细比 λ 与欧拉临界应力 σ_E 为 f_y 时的长细比($=\sqrt{\pi^2 E/f_y} = \pi\sqrt{E/f_y}$)的比值；

$\varepsilon_0 = \alpha_2 + \alpha_3\bar{\lambda} - 1$——等效初弯曲率，代表初弯曲、初偏心、残余应力等综合初始缺陷的等效初弯曲率；

α_1，α_2，α_3——系数，按表 4.6 查用。

表 4.4　轴心受压杆件的截面分类(板厚 $t<40$ mm)

截面形式	对 x 轴	对 y 轴
轧制	a类	a类
轧制 $b/h<0.8$	a类	b类
轧制 $b/h>0.8$；焊接，翼缘为焰切边；焊接 轧制；轧制等边角钢	b类	b类

续表

截面形式		对 x 轴	对 y 轴
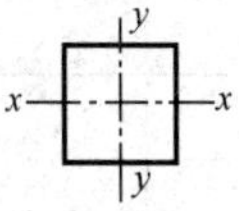 轧制、焊接(板件宽厚比大于 20)	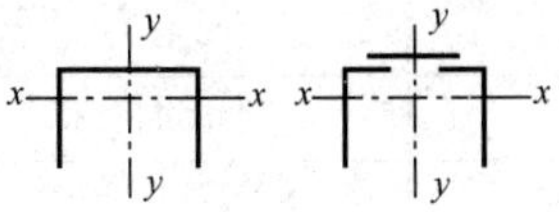 轧制或焊接	b 类	b 类
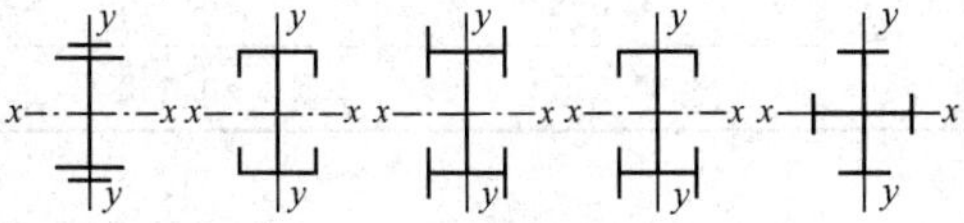	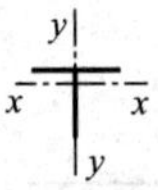 轧制截面和翼缘为焰切边的焊接截面		
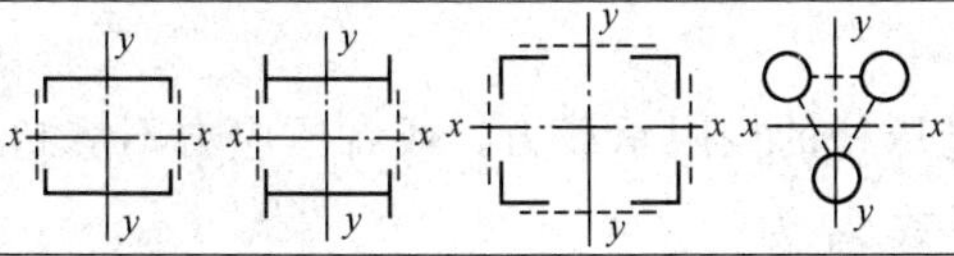	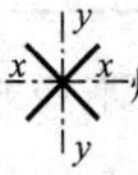 焊接，板件边缘焰切		
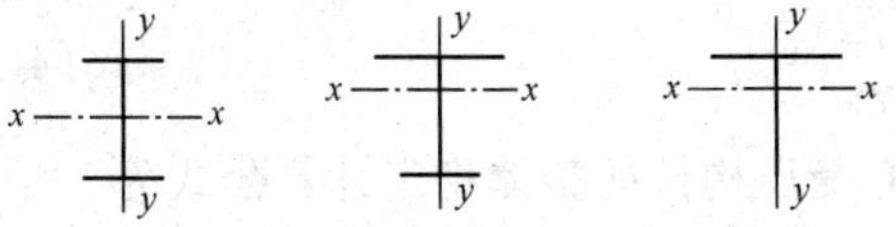 焊接，翼缘为轧制或剪切边		b 类	c 类
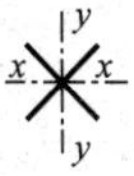 焊接，板件边缘轧制或剪切	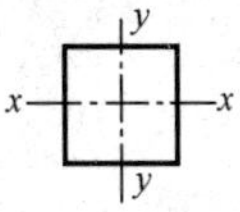 焊接，板件宽厚比 <20	c 类	c 类

表 4.5　轴心受压杆件的截面分类(板厚 $t\geqslant 40$ mm)

截面形式		对 z 轴	对 y 轴
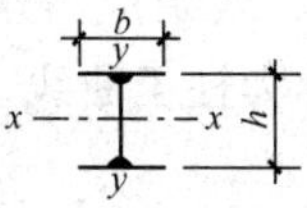 轧制工字形或 H 形截面	$t<80$ mm	b 类	c 类
	$t\geqslant 80$ mm	c 类	d 类
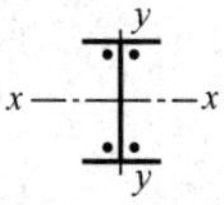 焊接工字形截面	翼缘为焰切边	b 类	b 类
	翼缘为轧制或剪切边	c 类	d 类
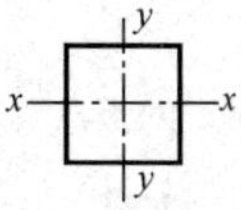 焊接箱形截面	板件宽厚比 >20	b 类	b 类
	板件宽厚比 $\leqslant 20$	c 类	c 类

表 4.6　系数 a_1、a_2、a_3 值

截面类别		a_1	a_2	a_3
a类		0.41	0.986	0.152
b类		0.65	0.965	0.300
c类	$\bar{\lambda}\leqslant 1.05$	0.73	0.906	0.595
	$\bar{\lambda}>1.05$		1.216	0.302
d类	$\bar{\lambda}\leqslant 1.05$	1.35	0.868	0.915
	$\bar{\lambda}>1.05$		1.375	0.432

4.4.5 轴心受压构件的整体稳定计算

按照设计原则，压杆所受的压力 N 不应超过压杆的极限承载力，或者压应力不应超过压杆的整体稳定性极限应力 σ_{cr}，考虑抗力分项系数 γ_R 为

$$\sigma=\frac{N}{A}\leqslant\frac{\sigma_{cr}}{\gamma_R}=\frac{\sigma_{cr}}{f_y}\frac{f_y}{\gamma_R}=\varphi f \tag{4.33}$$

《钢结构设计规范》(GB 50017—2003)规定轴心受压构件的整体稳定计算公式为

$$\frac{N}{\varphi A}\leqslant f \tag{4.34}$$

式中　N——轴心压力设计值；

A——杆件的毛截面面积；

f——钢材的强度设计值；

φ——轴心受压构件的整体稳定系数，$\varphi=\sigma_{cr}/f_y$。

整体稳定系数的值应根据表 4.4、表 4.5 的截面分类和构件的长细比，按附录 4 查出。

这样，轴心压杆的整体稳定性计算就转换为整体稳定性系数 φ 的计算。由以上分析知道，φ 的值取决于杆件的截面大小和形状、钢材种类、杆件长度、弯曲方向、残余应力水平及分布等因素。工程上，将压杆的整体稳定系数与长细比之间的关系曲线称为柱子曲线。

构件长细比应按照下列规定确定：

(1)截面为双轴对称或极对称的构件。

$$\lambda_x=\frac{l_{0x}}{i_x} \tag{4.35}$$

$$\lambda_y=\frac{l_{0y}}{i_y} \tag{4.36}$$

式中　l_{0x}，l_{0y}——构件对主轴 x 轴和 y 轴的计算长度；

i_x，i_y——构件对主轴 x 轴和 y 轴的回转半径。

对双轴对称十字形截面构件，λ_x 或 λ_y 取值不得小于 $5.07b/t$。

(2)截面单轴对称的构件。单角钢截面和双角钢组合 T 形截面(图 4.21)绕对称轴的换算长细比可以采用下列简化方法确定。

1)等边单角钢截面[图 4.21(a)]。

当 $b/t\leqslant 0.54\ l_{0y}/b$ 时

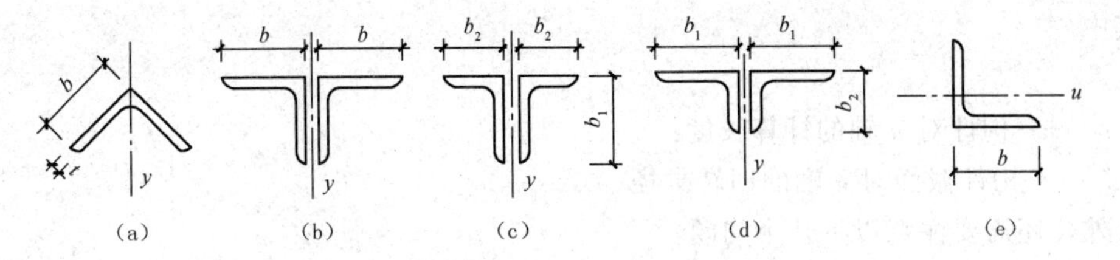

图 4.21　单角钢截面和双角钢组合 T 形截面

$$\lambda_{yz}=\lambda_y\left(1+\frac{0.85b^4}{l_{0y}^2t^2}\right) \tag{4.37}$$

当 $b/t>0.54\ l_{0y}/b$ 时

$$\lambda_{yz}=4.78\ \frac{b}{t}\left(1+\frac{l_{0y}^2t^2}{13.5b^4}\right) \tag{4.38}$$

式中　b，t——角钢肢宽度和厚度。

2)等边双角钢截面[图 4.21(b)]。

当 $b/t\leqslant0.58l_{0y}/b$ 时

$$\lambda_{yz}=\lambda_y\left(1+\frac{0.475b^4}{{l_{0y}}^2t^2}\right) \tag{4.39}$$

当 $b/t>0.58l_{0y}/b$ 时

$$\lambda_{yz}=3.9\ \frac{b}{t}\left(1+\frac{l_{0y}^2t^2}{18.6b^4}\right) \tag{4.40}$$

3)长肢相拼的不等边双角钢[图 4.21(c)]。

当 $b_2/t\leqslant0.48l_{0y}/b_2$ 时

$$\lambda_{yz}=\lambda_y\left(1+\frac{1.09b_2^4}{l_{0y}^2t^2}\right) \tag{4.41}$$

当 $b_2/t>0.48l_{0y}/b_2$ 时

$$\lambda_{yz}=5.1\ \frac{b_2}{t}\left(1+\frac{l_{0y}^2t^2}{17.4b_2^4}\right) \tag{4.42}$$

4)短肢相拼的不等边双角钢[图 4.21(d)]。

当 $b_1/t\leqslant0.56l_{0y}/b_1$ 时，可近似取

$$\lambda_{yz}=\lambda_y \tag{4.43}$$

其他情况

$$\lambda_{yz}=3.7\ \frac{b_1}{t}\left(1+\frac{l_{0y}^2\ t^2}{17.4b_1^4}\right) \tag{4.44}$$

单轴对称的轴心压杆在绕非对称主轴以外的任一轴失稳时，应按照弯扭屈曲计算其稳定性。当计算等边单角钢构件绕平行轴[如图 4.21(e)的 u 轴]稳定时，可用下式计算其换算长细比 λ_{uz}，并按 b 类截面确定 φ 值：

当 $b/t\leqslant0.69l_{0u}/b$ 时

$$\lambda_{uz}=\lambda_u\left(1+\frac{0.25b^4}{{l_{0u}}^2t^2}\right) \tag{4.45}$$

当 $b/t>0.69l_{0u}/b$ 时

$$\lambda_{uz}=5.4b/t \tag{4.46}$$

其中

$$\lambda_u = l_{0u}/i_u$$

式中　l_{0u}——构件对 u 轴的计算长度；

i_u——构件截面对 u 轴的回转半径。

另外，还需要注意以下几个问题：

(1)无任何对称轴且又非极对称的截面(单面连接的不等边单角钢除外)不宜用作轴心受压构件。

(2)对单面连接的单角钢轴心受压构件，考虑强度设计值折减系数后，可以不考虑弯扭效应。

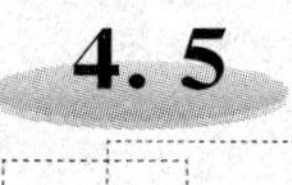

4.5 实腹式轴心受压构件的局部稳定

4.5.1 局部稳定性

轴心受压构件大多由若干矩形平面薄板组成。设计时通常板件的宽度与厚度之比都比较大，使截面具有较大的回转半径，获得较高的整体稳定承载力。但如果板件的宽度与厚度之比过大，在轴心压力作用下，可能在构件丧失整体稳定或强度破坏之前，板件偏离其原来的平面位置而发生波状鼓曲，如图 4.22 所示。这种现象称为板件丧失了稳定性。因为板件失稳发生在整个构件的局部部位，所以称为构件丧失局部稳定或发生局部屈曲。

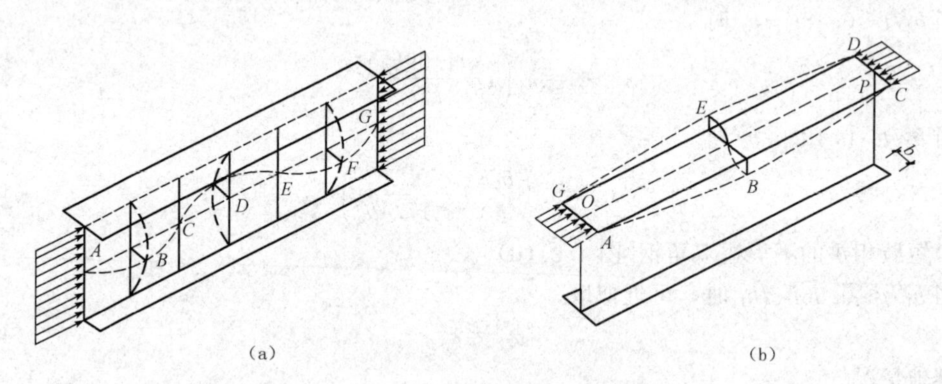

图 4.22　轴心受压构件局部屈曲变形

(a)腹板屈曲变形；(b)翼缘屈曲变形

如上所述，构件若失去整体稳定性，则超过承载能力极限状态而立即破坏。但构件失去局部稳定性，一般情况下并不使构件立即破坏，只是失去稳定的板件不能继续分担或少分担所增加的荷载使整个构件的承载能力有所减少，并改变了原来构件的受力状态而有可能使原构件提前失去整体稳定性。因而，在轴心受压构件的截面设计中一般不应使组成板件失去局部稳定。但对四边支撑的腹板，有时可以利用其屈曲后性能。

轴心受压构件的局部屈曲，实际上是薄板在轴心压力作用下的屈曲问题。轴心受压薄板也会存在初弯曲、荷载初偏心和残余应力等缺陷。目前，在钢结构设计实践中，多以理想受压平板屈曲时的临界应力为基础，再根据试验并结合经验综合考虑各种有利和不利因素的影响。

目前，采用的轴心受压实腹构件局部失稳准则有两种：一种是不允许出现局部失稳，即板件受到的应力 σ 应小于局部失稳临界应力；另一种是允许出现局部失稳，并利用板件屈曲后的强度，要求板件受到的应力 N 应小于板件发挥屈曲后强度的极限承载力。

4.5.2 单向均匀受压板件的临界应力

组成构件的各板件在连接处互为支承，构件的支座也对各板件在支座截面处提供支承。例如，工形截面构件的翼缘相当于三边支承一边自由的矩形板，而腹板相当于四边支承的矩形板。若支承对相连板件无转动约束能力，可视为简支。图 4.23(a)表示一单向均匀受压的四边简支矩形薄板的屈曲变形。处于弹性屈曲时，根据薄板弹性稳定理论可得：

$$D\left(\frac{\partial^4 w}{\partial x^4}+2\frac{\partial^4 w}{\partial x^2\partial y^2}+\frac{\partial^4 w}{\partial y^4}\right)+N_x\frac{\partial^2 w}{\partial x^2}=0 \tag{4.47}$$

式中　w——薄板的挠度；

N_x——单位板宽的压力；

D——板的柱面刚度(抗弯刚度)，$D=Et^3/[12\times(1-v^2)]$，其中 E 是钢材的弹性模量，t 是板件的厚度，v 是材料的泊松比($v=0.3$)。

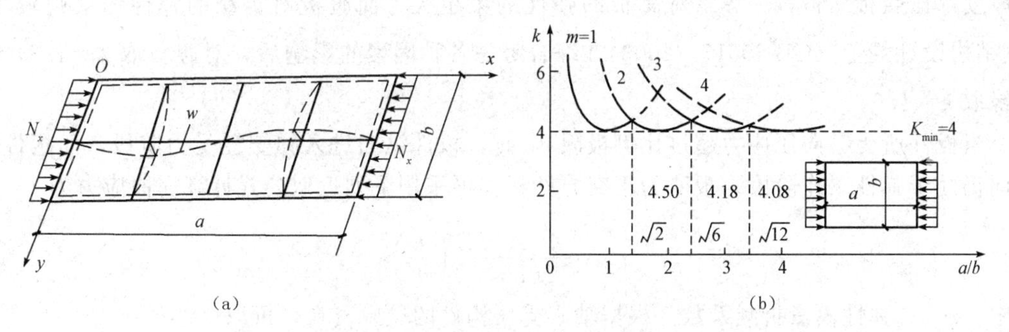

图 4.23　四边简支的均匀受压板屈曲

(a)计算简图；(b)板的屈曲系数

对于四边简支板，式(4.47)中挠度 w 的解可用双重三角形级数表示，即

$$w=\sum_{m=1}^{\infty}\sum_{n=1}^{\infty}A_{mn}\sin\frac{m\pi x}{a}\sin\frac{n\pi x}{b} \tag{4.48}$$

式中　m，n——板屈曲后纵向和横向的半波数。

式(4.48)满足板边缘的挠度和弯矩均为零的边界条件，代入式(4.47)可求得板的临界压力。当取 $n=1$ 时，可得板单位宽度的最小临界力 N_{crx} 为

$$N_{crx}=\frac{\pi^2 D}{a^2}\left(m+\frac{a^2}{mb^2}\right)^2 \tag{4.49}$$

把式(4.49)右边括号展开后由三项组成。第一项与两端铰支轴心受压构件的临界力相当；后两项则表示由于侧边支承对板变形的约束作用，引起板临界力的提高，a/b 越大，提高越多。板在弹性阶段的屈曲应力 σ_{crx} 为

$$\sigma_{crx}=\frac{N_{crx}}{1\times t}=\frac{k\pi^2 E}{12(1-v^2)}\left(\frac{t}{b}\right)^2 \tag{4.50}$$

式中，k 为板的屈曲系数，$k=\left(\frac{mb}{a}+\frac{a}{mb}\right)^2$。

按 $m=1$、2、3、4 绘出 k—(a/b)曲线示于图 4.23(b)，图中的实线部分表示板件的实际 k—(a/b)曲线。当 $a/b=m$ 时，k 为最小值($k_{min}=4$)；当 $a/b\geqslant1$ 时，k 值变化不大，可近似取 $k=4$。

对于其他支承条件的板，采用相同的分析方法可得相同的屈曲应力表达式，只是屈曲系数 k 值不同。对于单向均匀受压的三边简支一边自由矩形板，屈曲系数为

$$k=(0.425+b_1^2/a^2) \tag{4.51}$$

式中，a 为自由边长度，b_1 为与自由边垂直的边长。通常 $a\gg b_1$，可近似取 $k=k_{min}=0.425$。

组成构件的各板件在相连处提供支承约束(属弹性约束)，使其相邻板件不能像理想简支那样完全自由转动，导致板件的屈曲应力提高，可在式(4.50)中引入弹性嵌固系数 χ 来考虑这一影响。则板的弹性屈曲应力为

$$\sigma_{crx}=\frac{\chi k\pi^2 E}{12(1-v^2)}\left(\frac{t}{b}\right)^2 \tag{4.52}$$

χ 值的大小取决于相连板件的相对刚度。对于工字形截面轴心受压构件，翼缘的面积和厚度都比腹板大得多，翼缘对腹板的弹性约束也大，而腹板对翼缘的弹性约束则较小。《钢结构设计规范》(GB 50017—2003)在综合考虑各种因素的影响后，对腹板取 $\chi=1.3$，对翼缘取 $\chi=1.0$。

当板件所受纵向压应力超过比例极限 f_p 时，板件纵向进入弹塑性受力阶段，而板件的横向仍处于弹性工作阶段，板变为正交异性板。可采用下列近似公式计算屈曲应力为

$$\sigma_{crx}=\frac{\chi\sqrt{\eta}k\pi^2 E}{12(1-v^2)}\left(\frac{t}{b}\right)^2 \tag{4.53}$$

式中　η——弹性模量折减系数。根据轴心受压构件的试验资料，可取

$$\eta=0.1013\lambda^2(1-0.0248\lambda^2 f_y/E)f_y/E\leqslant1.0 \tag{4.54}$$

式中　λ——构件的长细比。

4.5.3 轴心受压构件的局部稳定计算

1. 工字形截面

(1)翼缘的宽厚比。由于工字形截面(图 4.24)的腹板一般较翼缘板薄，腹板对翼缘板几乎没有嵌固作用，因此，翼缘可视为一边自由、三边简支的均匀受压板，取屈曲系数 $k=0.425$，弹性嵌固系数 $\chi=1.0$。而腹板可视为四边支承板，此时屈曲系数 $k=4$。当腹板发生屈曲时，翼缘板作为腹板纵向边的支承，对腹板将起一定的弹性嵌固作用，根据试验可取弹性嵌固系数 $\chi=1.3$。在弹塑性阶段，弹性模量修正系数 η 按式(4.54)计算。

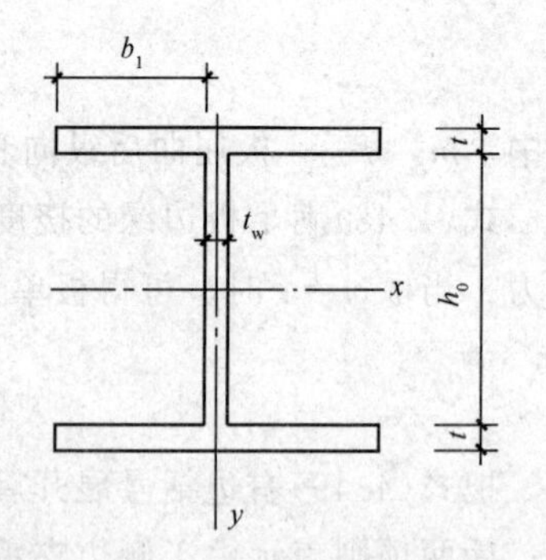

图 4.24　工字形截面的板件尺寸

将上述数据代入式(4.53)使其大于等于 $\varphi_{\min} f_y$，可分别得到翼缘板悬伸部分的宽厚比 b_1/t 及腹板高厚比 h_0/t_w 与长细比 λ 的关系曲线(分别如图 4.25、图 4.26 中的虚线所示)。这种曲线较为复杂，为便于应用，《钢结构设计规范》(GB 50017—2003)采用下列简化的直线式表达(分别如图 4.25、图 4.26 中的实线所示)。

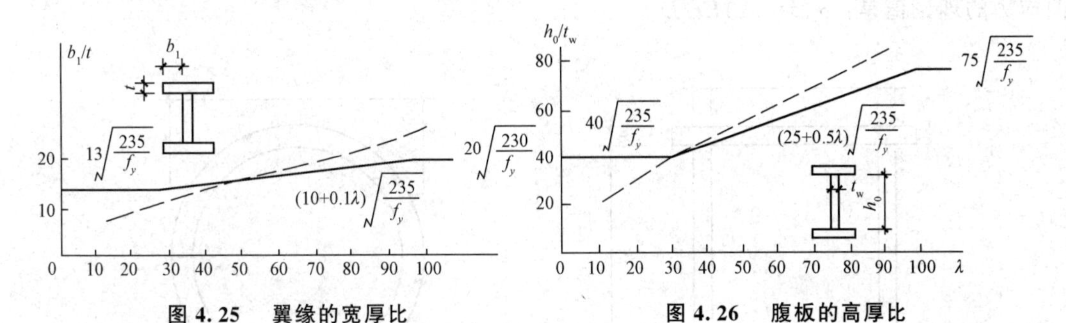

图 4.25　翼缘的宽厚比　　　　图 4.26　腹板的高厚比

$$\frac{b_1}{t}\leqslant(10+0.1\lambda)\sqrt{\frac{235}{f_y}} \tag{4.55}$$

$$\frac{h_0}{t_w}\leqslant(25+0.5\lambda)\sqrt{\frac{235}{f_y}} \tag{4.56}$$

式(4.55)、式(4.56)中，λ 取构件两方向长细比的较大值；而当 $\lambda<30$ 时，取 $\lambda=30$；当 $\lambda>100$ 时，取 $\lambda=100$)。

(2)T 形截面。T 形截面(图 4.27)轴心受压构件的翼缘板悬伸部分的宽厚比 b_1/t 限值与工字形截面一样，按式(4.55)计算。

T 形截面的腹板也是三边支承一边自由的板，但其宽厚比比翼缘大很多，它的屈曲受到翼缘一定程度的弹性嵌固作用，故腹板的宽厚比限值可适当放宽。又考虑到焊接 T 形截面几何缺陷和残余压力都比热轧 T 型钢大，采用了相对低一些的限值。即

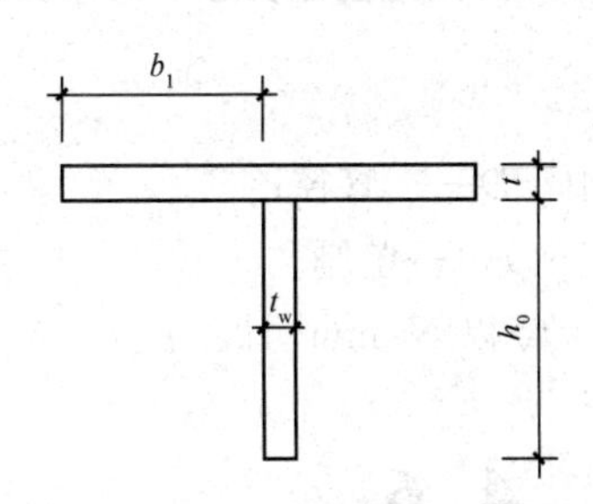

图 4.27　T 形截面的板件尺寸

热轧 T 型钢：

$$\frac{h_0}{t_w}\leqslant(15+0.2\lambda)\sqrt{\frac{235}{f_y}} \tag{4.57}$$

焊接 T 型钢：

$$\frac{h_0}{t_w}\leqslant(13+0.17\lambda)\sqrt{\frac{235}{f_y}} \tag{4.58}$$

(3)箱形截面。箱形截面(图 4.28)轴心受压构件的翼缘和腹板在受力状态上并无区别，均为四边支撑板，翼缘和腹板的刚度接近，《钢结构设计规范》(GB 50017—2003)规定受压翼缘板在两腹板之间的无支撑宽度 b_0 与其厚度 t 之比、腹板计算高度 h_0 与其厚度 t_w 之比，应符合式(4.59)和式(4.60)要求(图 4.28)。

$$\frac{b_0}{t}\leqslant 40\sqrt{\frac{235}{f_y}} \tag{4.59}$$

$$\frac{h_0}{t_w} \leqslant 40\sqrt{\frac{235}{f_y}} \tag{4.60}$$

(4)圆管截面。在海洋和化工结构中圆管的径厚比也是根据管壁的局部屈曲不大于构件的整体屈曲确定的。对于无缺陷的圆管(图 4.29)，在均匀的轴线压力作用下，管壁弹性屈曲应力的理论值是：$\sigma_{cr}=1.21Et/D$。

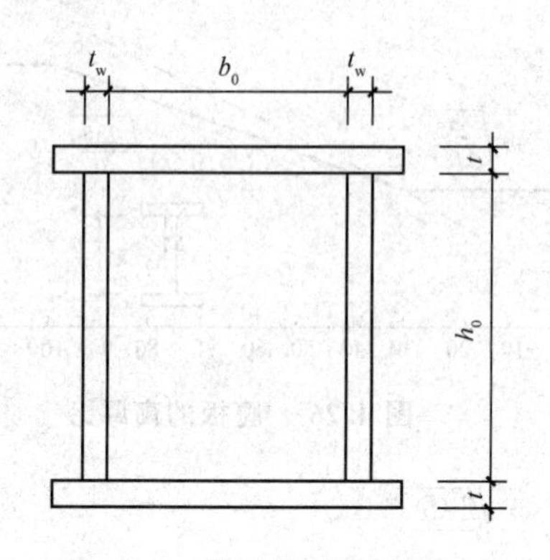

图 4.28　箱形截面的板件尺寸

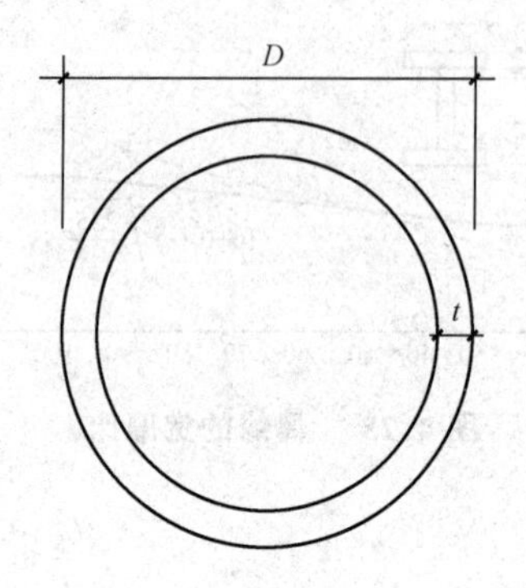

图 4.29　圆管截面的板件尺寸

但是管壁的缺陷如局部凹凸对屈曲应力的影响很大，管壁越薄，这种影响越大。根据理论分析和试验研究，因径厚比 D/t 不同，弹性屈曲应力要乘以折减系数 0.3～0.6，而且一般圆管都按在弹塑性状态下工作设计。因此，要求圆管的径厚比不大于由下式算出的比值。

$$\frac{D}{t} \leqslant 100\,\frac{235}{f_y} \tag{4.61}$$

式中　D——管径；

t——壁厚。

f_y 以 N/mm^2 计。

4.6 格构式轴心受压构件的整体稳定

格构式轴心受压构件一般采用双轴对称截面，如用两根槽钢[图 4.30(a)、(b)]或 H 型钢[图 4.30(c)]作为肢件，两肢间用缀条[图 4.31(a)]或缀板[图 4.31(b)]连成整体。这种格构式构件便于调整两分肢间的距离，易实现对两个主轴的等稳定性。槽钢肢件的翼缘可以向内[图 4.30(a)]，也可以向外[图 4.30(b)]，前者外观平整优于后者，应用比较普遍。

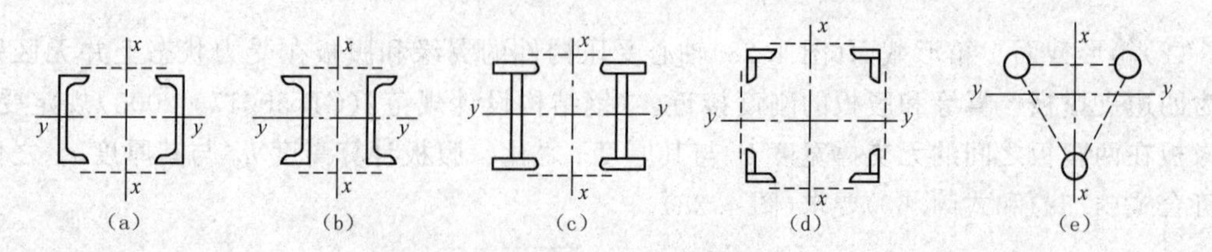

图 4.30　格构式构件的常用截面形式

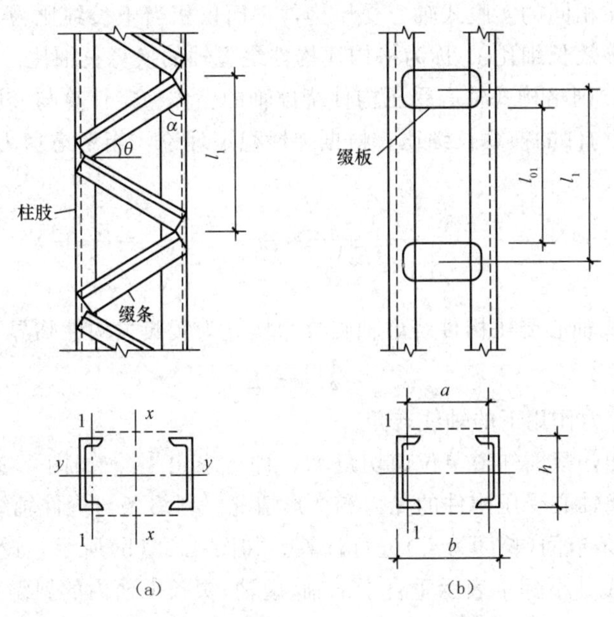

图 4.31　格构式构件的缀材布置

(a)缀条；(b)缀板

在受压构件的横截面上穿过肢件腹板的轴线为实轴(图 4.31 中的 y 轴)，穿过两肢间缀材面的轴线称为虚轴(图 4.31 中的 x 轴)。

受力较小、长度较大的轴心受压构件也可采用四根角钢组成的截面[图 4.30(d)]，四面均用缀件相连，两主轴都为虚轴，此类截面可用较小的截面面积获得较大的刚度，但制造费工。另外，也可用由三根圆管作肢件组成的截面[图 4.30(e)]，三面用缀材相连，其截面是几何不变的三角形，受力性能较好，两个主轴也都为虚轴。这两种截面的缀材一般采用缀条而不用缀板。

缀条一般用单根角钢做成，而缀板常用钢板做成。

格构式轴心受压构件的截面通常具有对称轴，当柱的分肢采用槽钢和工字钢时，柱丧失整体稳定时往往是绕截面主轴弯曲屈曲，不太可能发生扭转屈曲和弯扭屈曲。因此，在设计这类构件过程中，计算整体稳定时只需计算绕截面实轴和虚轴抵抗弯曲屈曲的能力。

格构式轴心受压构件绕实轴的整体稳定计算与实腹式轴心受压构件相同，应考虑强度、刚度(长细比)、整体稳定性和局部稳定性(分肢肢件的稳定和板件的稳定)几个方面的要求，但每个方面的计算都有其特点。此外，轴心受压格构式构件的设计还包括缀材的设计。

格构式轴心受压构件绕虚轴弯曲时，其绕虚轴的整体稳定临界力比相同长细比的实腹式构件低。轴心受压构件整体弯曲后，沿杆长各截面上将存在弯矩和剪力。对实腹式构件，剪力引起的附加变形很小，对临界力的影响只占 3/1 000 左右。因此，在确定实腹式轴心受压构件整体稳定的临界力时，仅仅考虑了由弯矩作用所产生的变形，而忽略了剪力所产生的变形。对于格构式构件，当绕虚轴失稳时，情况有所不同，由于两个分肢不是实体相连，连接两分肢的缀件的抗剪刚度比实腹式构件的腹板弱，故构件的剪切变形较大，剪力造成的附加挠曲影响就不能忽略。因此，如果格构式轴心受压构件绕虚轴的长细比为 λ_x，则其临界力将低于长细比相同的实腹式轴心受压构件，而仅相当于长细比为 λ_{0x}($\lambda_{0x}>\lambda_x$)的实腹式构件。经放大的等效长细比 λ_{0x} 称为格构式构件绕虚轴的换算长细比。如果能求得 λ_{0x} 用以代替原始长细比 λ_x，则格构式轴心受压构件绕虚轴的整体稳定计算与实腹式构件相同。

(1)双肢格构式构件的换算长细比。根据弹性稳定理论，当考虑剪力的影响后其临界力表达式为

$$N_{cr}=\frac{\pi^2 EA}{\lambda_x^2}\frac{1}{1+\frac{\pi^2 EA}{\lambda_x^2}\gamma_1}=\frac{\pi^2 EA}{\lambda_x^2+\pi^2 EA\gamma_1}=\frac{\pi^2 EA}{\lambda_{0x}^2} \tag{4.62}$$

式中 λ_{0x}——格构式轴心受压构件绕虚轴临界力换算为实腹式构件临界力的换算长细比。

$$\lambda_{0x}=\sqrt{\lambda_x^2+\pi^2 EA\gamma_1} \tag{4.63}$$

式中 γ_1——单位剪力作用下的轴线转角。

由式(4.63)可知，只要知道单位剪切角 γ_1，即可求出 λ_{0x}。如图 4.32(a)所示为两分肢用缀条相连的格构式轴心受压构件的受力和变形情况。斜缀条与构件轴线间夹角为 α，单位剪切角 γ_1 取一个缀条节间(长度为 l_1)进行计算。如图 4.32(b)所示，设一个节间内两侧斜缀条的面积之和为 A_{1x}[下标 x 表示垂直于 x 轴(虚轴)缀条平面内的斜缀条]，两侧斜缀条内力总和为 N_d。

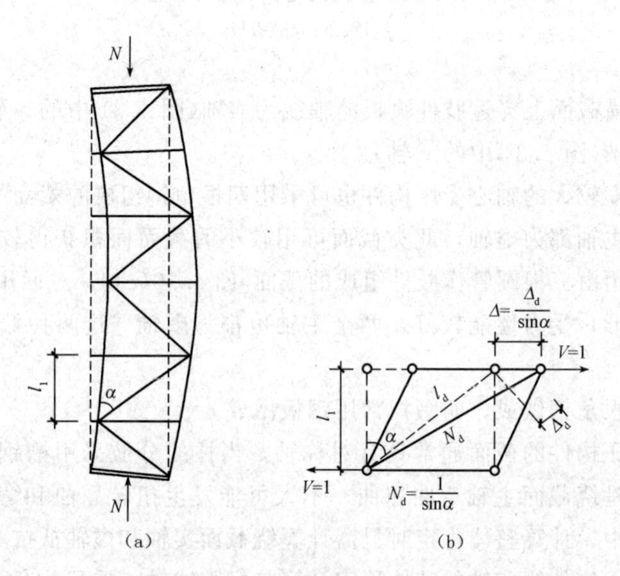

图 4.32　缀条式格构式构件的受力和变形

在单位剪力作用下，即 $V=1$ 时，$N_d=1/\sin\alpha$。则斜缀条长度 $l_d=l_1/\cos\alpha$，则斜缀条的伸长量为

$$\Delta_d=\frac{N_d l_d}{EA_{1x}}=\frac{l_1}{EA_{1x}\sin\alpha\cos\alpha} \tag{4.64}$$

则由 Δ_d 引起的水平变位 Δ 为

$$\Delta=\frac{\Delta_d}{\sin\alpha}=\frac{l_1}{EA_{1x}\sin^2\alpha\cos\alpha} \tag{4.65}$$

故剪切角变 λ_1 为

$$\gamma_1=\frac{\Delta}{l_1}=\frac{1}{EA_{1x}\sin^2\alpha\cos\alpha} \tag{4.66}$$

将式(4.66)代入式(4.63)，可得

$$\lambda_{0x}=\sqrt{\lambda_x^2+\frac{\pi^2}{\sin^2\alpha\cos\alpha}\frac{A}{A_{1x}}} \tag{4.67}$$

一般斜缀条与构件轴线间的夹角在 40°～70°范围内，则 $\pi^2/(\sin^2\alpha\cos\alpha)=25.6\sim32.7$。为了简便，《钢结构设计规范》(GB 50017—2003)规定统一取为 27，由此得双肢缀条式格构构件的换算长细比简化公式。

当缀件为缀条时

$$\lambda_{0x}=\sqrt{{\lambda_x}^2+27\frac{A}{A_{1x}}} \tag{4.68}$$

式中 λ_x——整个构件对虚轴的长细比；

A——整个构件的毛截面面积，$A=2A_1$；

A_1——分肢的毛截面面积；

A_{1x}——构件截面中垂直于 x 轴的各斜缀条毛截面面积之和。

需要注意的是，当斜缀条与构件轴线间的夹角不在 40°～70°范围内时，式(4.68)误差较大，偏于不安全，此时宜采用式(4.67)。另外，推导式(4.67)时，仅考虑了斜缀条由于剪力作用的轴向伸长产生的节间相对侧移，而未考虑横缀条轴向缩短对相对侧移的影响。因此，式(4.67)和式(4.68)仅适用于不设横缀条或设横缀条但横缀条不参加传递剪力的缀条布置。

(2)双肢缀板式格构构件的换算长细比。如图 4.33(a)表示缀板式格构轴心受压构件的弯曲变形(包括弯曲和剪切变形)情况，内力和变形可按单跨多层钢架进行分析，并假定反弯点在每层分肢和每个缀板(横梁)的中点。

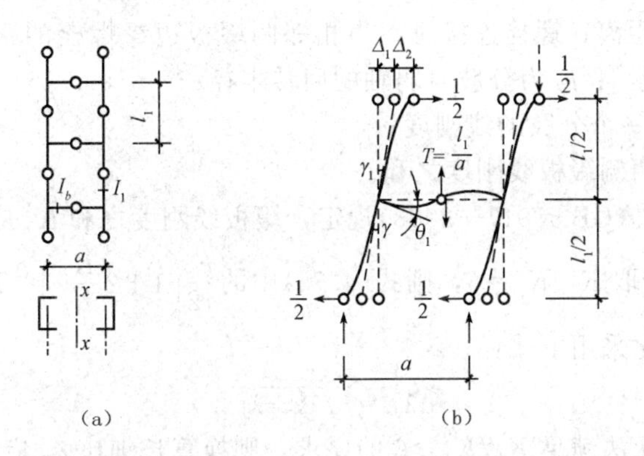

图 4.33　缀板式格构式构件的受力和变形

研究单位剪力 $V=1$ 产生的剪切角变时，取出多层钢架相邻两组反弯点间的一层，在其上、下反弯点处施加单位剪力 $V=1$(每个分肢为 $V/2=1/2$)，这时该层的变形情况如图 4.33(b)所示。设 l_1 为相邻两缀板间中心距，a 为两分肢轴线间距。

每层分肢水平位移 Δ 包括由于缀板弯曲变形引起的分肢变位 Δ_1 和分肢自身弯曲变形时的变位 Δ_2 两部分的 2 倍[图 4.33(b)]，可分别求算。

缀板与分肢相交节点的转角 θ_1 可按缀板端部作用有端弯矩 $Vl_1/2=l_1/2$ 的简支梁求得

$$\theta_1=\frac{\frac{1}{2}\times\frac{1}{2}l_1\cdot a}{3EI_b}=\frac{l_1 a}{12EI_b} \tag{4.69}$$

式中　l_b——两侧缀板的截面惯性矩之和。

由 θ_1 可求出 Δ_1 为

$$\Delta_1=\frac{l_1}{2}\theta_1=\frac{l_1}{2}\frac{l_1 a}{12EI_b}=\frac{l_1^2 a}{24EI_b} \tag{4.70}$$

Δ_2 可按悬臂构件求得：

$$\Delta_2=\frac{1}{2}\left(\frac{l_1}{2}\right)^3\cdot\frac{1}{3EI_1}=\frac{l_1^3}{48EI_1} \tag{4.71}$$

式中　I_1——每个分肢绕其平行于虚轴方向形心轴的惯性矩。

则

$$\Delta=2(\Delta_1+\Delta_2)=2\left(\frac{l_1^2 a}{24EI_b}+\frac{l_1^3}{48EI_1}\right)=\frac{l_1^3}{24EI_1}\left(1+2\frac{I_1/l_1}{I_b/a}\right) \tag{4.72}$$

剪切角变 γ_1 为

$$\gamma_1=\frac{\Delta}{l_1}=\frac{l_1^2}{24EI_1}\left(1+2\frac{I_1/l_1}{I_b/a}\right) \tag{4.73}$$

将此 γ_1 值代入式(4.63)，并令 $K_1=I_1/l_1$，$K_b=I_b/a$，得换算长细比 λ_{0x} 为

$$\lambda_{0x}=\sqrt{\lambda_x^2+\frac{\pi^2}{24}\frac{Al_1^2}{I_1}\left(1+2\frac{K_1}{K_b}\right)} \tag{4.74}$$

假定分肢截面面积 $A_1=0.5A$，令 $A_1 l_1^2/I_1=\lambda_1^2$，则

$$\lambda_{0x}=\sqrt{\lambda_x^2+\frac{\pi^2}{12}\left(1+2\frac{K_1}{K_b}\right)\lambda_1^2} \tag{4.75}$$

式中　$\lambda_1=l_{01}/i_1$——分肢的长细比。其中 l_{01} 为分肢计算长度[焊接时，取相邻两缀板的净距离；螺栓连接时，为相邻两缀板边缘螺栓的距离，如图 4.33(b)所示]；i_1 为分肢对弱轴的回转半径；

$K_1=I_1/l_1$——一个分肢的线刚度；

$K_b=I_b/a$——两侧缀板线刚度之和。

《钢结构设计规范》(GB 50017—2003)规定，缀板线刚度之和 K_b 应大于 6 倍的分肢线刚度，即 $K_b/K_1\geqslant 6$。若取 $K_b/K_1=6$，则式(4.75)中的$\frac{\pi^2}{12}\left(1+2\frac{K_1}{K_b}\right)\approx 1$。因此，双肢缀板式格构构件的换算长细比采用下式：

$$\lambda_{0x}=\sqrt{\lambda_x^2+\lambda_1^2} \tag{4.76}$$

若在某些情况下无法满足 $K_b/K_1\geqslant 6$ 的要求，则换算长细比 λ_{0x} 应按式(4.68)计算。

(3)四肢格构式构件的换算长细比。四肢格构式轴心受压构件采用缀条或缀板相连时绕虚轴的换算长细比可按下列公式计算。

当缀件为缀条时：

$$\left.\begin{aligned}\lambda_{0x}&=\sqrt{\lambda_x^2+40\frac{A}{A_{1x}}}\\ \lambda_{0y}&=\sqrt{\lambda_y^2+40\frac{A}{A_{1y}}}\end{aligned}\right\} \tag{4.77}$$

当缀件为缀板时：

$$\lambda_{0x}=\sqrt{\lambda_x^2+\lambda_1^2}$$
$$\lambda_{0y}=\sqrt{\lambda_y^2+\lambda_1^2} \tag{4.78}$$

4.7 格构式轴心受压构件的局部稳定

(1)分肢验算。对于轴心受压格构式构件，除验算整个构件对其实轴和虚轴两个方向的稳定性外，还应考虑其分肢的稳定性。在理想情况下，轴心受压构件两分肢的受力是相同的，即各承担所受轴力的一半。但在实际情况下，由于初弯曲和初偏心等初始缺陷，两分肢的受力是不等的。同时，分肢本身又具有初弯曲等缺陷。这些因素都对分肢的稳定性不利。因此，对分肢的稳定性不容忽视。

在我国《钢结构设计规范》(GB 50017—2003)中并未给出分肢稳定的验算方法，而是基于不让分肢先于构件整体失去承载能力的原则，做了如下规定：

缀条式构件：
$$\lambda_1\leqslant 0.7\lambda_{max} \tag{4.79}$$

缀板式构件：
$$\left.\begin{array}{ll}\text{当 }\lambda_{max}\leqslant 50\text{ 时} & \lambda_1\leqslant 25\\ \text{当 }50<\lambda_{max}<80\text{ 时} & \lambda_1\leqslant 0.5\lambda_{max}\\ \text{当 }\lambda_{max}\geqslant 80\text{ 时} & \lambda_1\leqslant 40\end{array}\right\} \tag{4.80}$$

式中，λ_{max}为格构式构件两方向长细比较大值，其中对虚轴取换算长细比，当$\lambda_{max}<50$时，取$\lambda_{max}=50$；λ_1按前述公式$\lambda_1=l_{01}/i_1$计算，但当缀材采用缀条时，l_{01}取缀条节间距离[图 4.31(a)]。

(2)肢件的局部稳定。轴心受压格构式构件的分肢承受压力，因而存在板件的局部稳定问题。构件的分肢常常采用轧制型钢，翼缘和腹板相对较厚，宽厚比相对较小，一般都能满足局部稳定要求。当分肢采用焊接工字形或槽形截面对，翼缘和腹板宽厚比应当按照式(4.55)、式(4.56)进行验算，以保证局部稳定要求。

(3)格构式轴心受压构件的横向剪力。格构式构件绕虚轴失稳发生弯曲时，缀材要承受横向剪力的作用。因此，需要首先计算横向剪力数值，然后进行缀材的设计。

如图 4.34 所示为一两端铰接轴心受压构件，绕虚轴弯曲时，假定挠曲线为正弦曲线，跨中最大挠度为 v，则沿杆长任一点的挠度 y 为

$$y=v\sin\frac{\pi z}{l} \tag{4.81}$$

任一点的弯矩 M 为

$$M=Ny=Nv\sin\frac{\pi z}{l} \tag{4.82}$$

相应的剪力 V 为

$$V=\frac{\mathrm{d}M}{\mathrm{d}z}=Nv\,\frac{\pi}{l}\cos\frac{\pi z}{l} \tag{4.83}$$

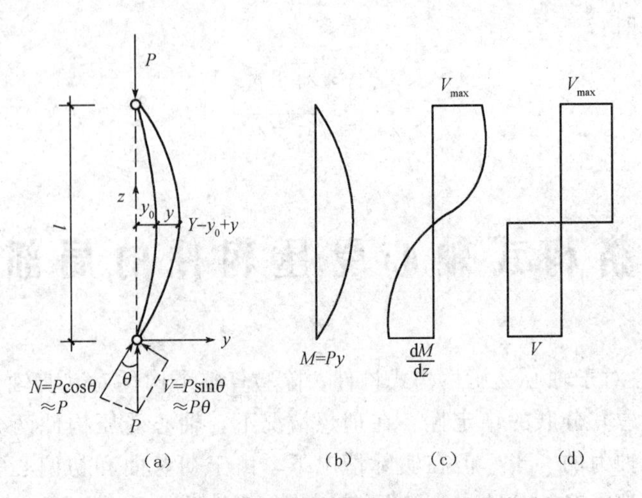

图 4.34　实际轴心受压构件的弹性曲线和内力图

可见剪力最大值在杆件的两端，即

$$V_{\max}=\frac{\pi}{l}Nv \tag{4.84}$$

按边缘纤维屈服准则：

$$\frac{N}{A}+\frac{Nv}{I_x}\frac{b}{2}=f_y \tag{4.85}$$

令 $I_x=Ai_x^2$，$\frac{N}{Af_y}=\varphi$，代入式(4.85)，可得

$$v=\frac{2(1-\varphi)i_x^2}{b\varphi} \tag{4.86}$$

将此挠度 v 值代入式(4.84)中，并取 $b\approx i_x/0.44$，$l/i_x=\lambda_x$ 得

$$V_{\max}=\frac{0.88\pi(1-\varphi)}{\lambda_x}\frac{N}{\varphi}=\frac{1}{k}\frac{N}{\varphi} \tag{4.87}$$

其中，$k=\frac{\lambda_x}{0.88\pi(1-\varphi)}$。

经过对双肢格构式构件的计算分析，对 Q235 钢构件，取 $k=85$；对 Q345、Q390、Q420 钢构件，取 $k=85\sqrt{235/f_y}$。

因此，格构式轴心受压构件平行于缀材面的剪力为

$$V_{\max}=\frac{N}{85\varphi}\sqrt{\frac{f_y}{235}} \tag{4.88}$$

式中　φ——按虚轴换算长细比确定的整体稳定系数。

令 $N=\varphi Af$，即得《钢结构设计规范》(GB 50017—2003)规定的最大剪力的计算式为

$$V=\frac{Af}{85}\sqrt{\frac{f_y}{235}} \tag{4.89}$$

在设计中，将剪力 V 沿构件长度方向取为定值，相当于简化为如图 4.34(d)的分布图形。

(4)缀条的设计。缀条的布置一般采用单系缀条[图 4.35(a)]，也可以采用交叉缀条

[图 4.35(b)]。缀条可视为以分肢为弦杆的平行弦桁架的腹杆，内力与桁架腹杆的计算方法相同(图 4.35)。

在横向剪力作用下，一根斜缀条承受的轴向力 N_t(图 4.35)为

$$N_t=\frac{V_1}{n\cos\alpha} \tag{4.90}$$

式中 V_1——分配到一个缀材面上的剪力；

n——承受剪力 V_1 的斜缀条数{单系缀条[图 4.35(a)]时，$n=1$；交叉缀条[图 4.35(b)]时 $n=2$}；

α——缀条的倾角。

由于构件失稳时的弯曲变形方向可能向左或向右，横向剪力的方向也将随着改变，斜缀条可能受压或受拉。设计时应取不利情况，按轴心受压构件设计。缀条一般采用单角钢，角钢只有一个边和柱肢相连接。考虑到受力时的偏心和受压时的弯扭，当按轴心受力构件设计时，应将钢材强度设计值乘以下列折减系数 r_r。

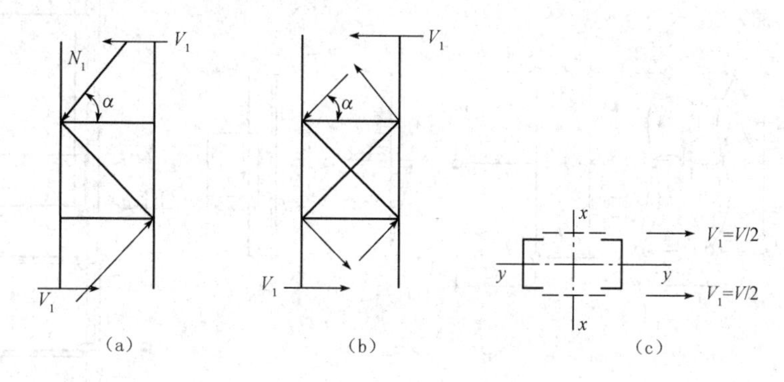

图 4.35 缀条的计算简图

对于等边角钢，$\gamma_r=0.6+0.0015\lambda_1$，但不大于 1.0；

对于短边相连的不等边角钢，$\gamma_r=0.5+0.0025\lambda_1$(其中 λ_1 为缀条的长细比，当 $\lambda_1<20$ 时，取 $\lambda_1=20$)，但不大于 1.0；

对于长边相连的不等边角钢，$\gamma_r=0.70$。

在上两式中计算长细比时，对于中间无联系的单角钢缀条，取由角钢截面的最小回转半径确定的长细比，对于中间有联系的单角钢缀条，取与角钢边平行或与其垂直的轴的长细比。

横缀条主要用于减小肢件的计算长度，其截面尺寸与斜缀条相同，也可按容许长细比确定，取较小的截面。

缀条按式(4.91)验算

$$\frac{N_1}{\varphi_1 A_{x1}}\leqslant\gamma_r f \tag{4.91}$$

式中 A_{x1}——单缀条的截面面积；

φ_1——由缀条的长细比所确定的轴心受压构件的稳定系数。

(5)缀板的设计。通常缀板由钢板制成，为了满足一定的刚度，缀板的尺寸应该足够大，《钢结构设计规范》(GB 50017—2003)规定在同一截面处缀板的线刚度之和不得小于柱分肢的线刚度的 6 倍，即

$$K_b/K_1 \geqslant 6 \tag{4.92}$$

式中　K_1——一个分肢的线刚度，$K_1=I_1/l_1$，其中 I_1 为分肢绕弱轴的惯性矩，l_1 为缀板中心距；

K_b——两侧缀板线刚度之和，$K_b=\sum I_b/a$，其中 I_b 为缀板的惯性矩，a 为分肢轴线间的距离。

一般取缀板宽度 $d \geqslant 2a/3$，厚度 $t > a/40$，并不小于 6 mm，端缀板宜适当加宽 $d=a$。

缀板柱可视为一由缀板与构件分肢组成的单跨多层框架(肢件为框架立柱，缀板为横梁)。假定该多层框架受力后发生弯曲变形时反弯点均分布在各缀板间各分肢和缀板的中点(图 4.36)，反弯点处弯矩为零，仅有剪切力。从柱中取出如图 4.37 所示的脱离体，根据内力平衡可得缀板内力为

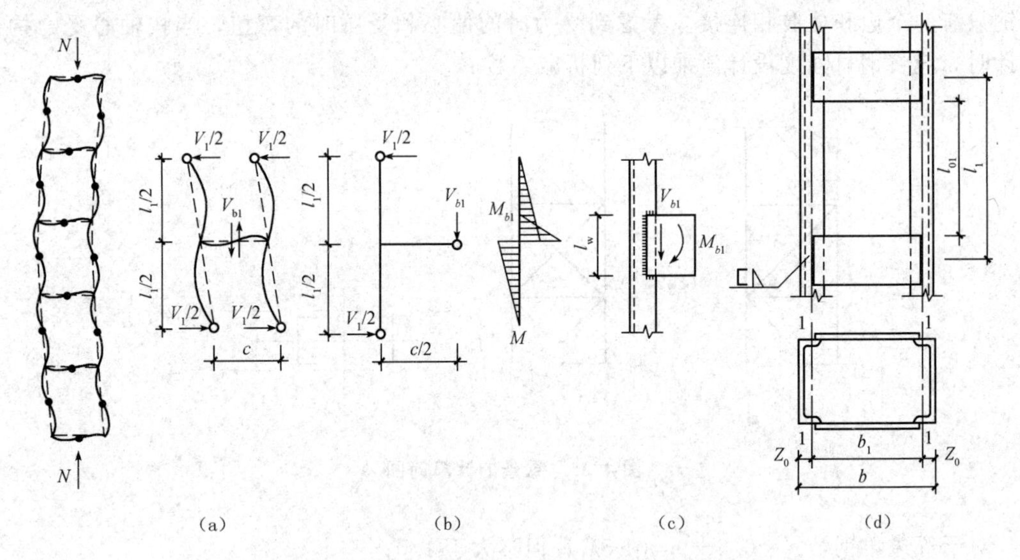

图 4.36　缀板式格构式轴心受压构件的受力和变形

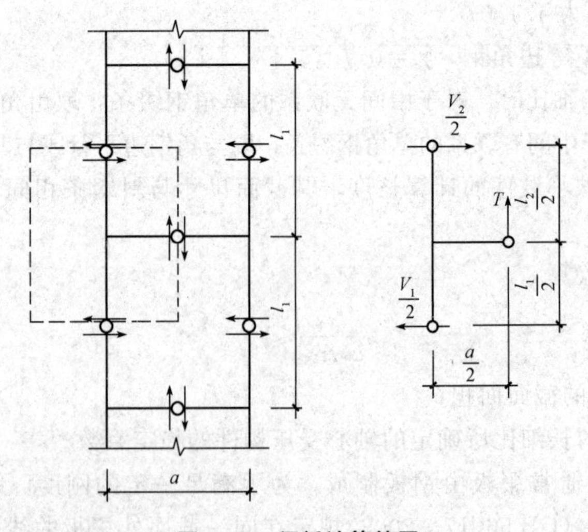

图 4.37　缀板计算简图

剪力：　　　　　　　　　　$T=V_1 l/a$　　　　(4.93)

弯矩(与肢件连接处)：　　　　　$M=V_1 l/2$　　　　(4.94)

缀板强度计算包括缀板内力最大的截面，即缀板与肢件连接处的强度计算和缀板与分肢连接的板端角焊缝的计算。缀板用角焊缝和柱肢相连，搭接长度一般为20～30 mm，缀板与分肢的连接通常采用三面围焊，当内力小时也可只用缀板端部纵焊缝与分肢相连。由于角焊缝的强度设计值小于钢材的强度设计值，故只需按V和M验算缀板与肢件间的连接焊缝。

(6)格构式轴心受压柱的横隔设置。为了提高格构式构件的抗拉刚度，保证格构式柱在运输和吊装过程中截面几何形状不变并传递必要的内力，应在承受较大横向力处和每个运输单元的两端设置横隔，较长构件还应设置中间横隔。横隔间距应不超过构件截面较大宽度的9倍及8 m，用钢板或交叉角钢配合横缀条焊成(图4.38)。

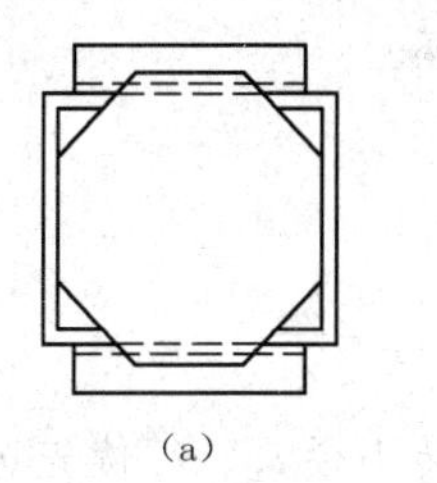
(a)

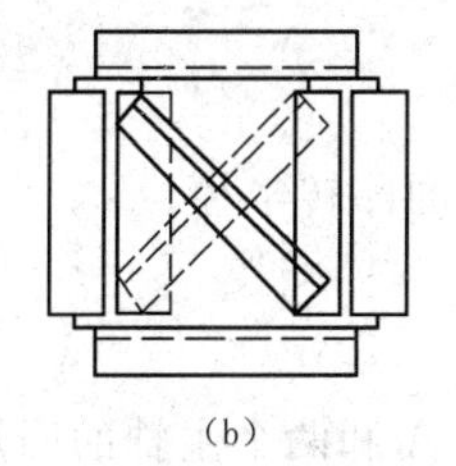
(b)

图4.38　横隔构造

4.8　轴心受力构件的设计

4.8.1　实腹式轴心受压构件的截面设计

1. 截面设计原则

实腹式轴心受压构件进行截面选择时一般应根据内力大小，两主轴方向上的计算长度以及制造加工、材料供应等情况进行综合考虑。设计原则如下：

(1)等稳定性。使构件在两个主轴方向的稳定性相同，以充分发挥其承载能力。因此，尽可能使其两主轴方向的稳定系数或长细比相等，即$\varphi_x=\varphi_y$或$\lambda_x=\lambda_y$。

(2)宽肢薄壁。在满足板件宽厚比限值的条件下使截面面积分布尽量远离形心轴，以增大截面的惯性矩和回转半径，提高构件的截面刚度和整体稳定性，达到用料合理。

(3)制造省工。应使构造简单，充分利用现代化的制造能力和减少制造工作量，从而降低材料造价。

(4)连接简便。便于与其他构件连接。单根轧制普通工字钢由于对y轴的回转半径远小于对x轴的回转半径，故只适用于计算长度$l_{0x}\geqslant l_{0y}$的情况。热轧宽翼缘H型钢制造省工，腹板较薄，翼缘较宽，可以做到与截面的高度相同，因而具有很好的截面特性。采用三块钢板焊接的工字形及十字形截面组合灵活，易使截面分布合理，制造也不复杂。

2. 截面设计

在设计过程中，首先应根据轴心压力的设计值和两主轴方向的计算长度选定合适的截面形式，再按整体稳定要求初选截面尺寸，然后验算所选截面是否满足长细比、整体稳定、局部稳定和刚度要求。如有截面削弱，还应验算截面强度，如果不满足要求，则调整截面尺寸，重新进行验算，直到满足为止。具体步骤如下：

(1)假定构件的长细比 λ，求出所需截面面积 A。一般假定 $\lambda=50\sim100$，当轴心压力设计值 N 大而计算长度小时取较小值，反之取较大值，即压力 N 越大，构件宜更“矮胖”，故长细比 λ 宜小些。根据经验，一般情况下，对计算长度在 6 m 左右的构件，$N\leqslant1\ 500$ kN 时，可假定 $\lambda=80\sim100$；N 为 3 000～3 500 kN 时，可假定 $\lambda=50\sim70$。

根据 λ，截面分类和钢种可查得稳定系数 φ，则所需截面面积为

$$A=\frac{N}{\varphi f}$$

(2)求两个主轴所需要的回转半径。

$$i_x=\frac{l_{0x}}{\lambda};\ i_y=\frac{l_{0y}}{\lambda}$$

(3)由计算的截面面积 A 和两个主轴的回转半径 i_x、i_y 优先选用轧制型钢，如普通工字钢、H 型钢等。当现有型钢规格不满足所需截面尺寸时，可以采用组合截面，这时需先初步定出截面的轮廓尺寸，一般是根据回转半径由下式确定所需截面的高度 h 和宽度 b：

$$h\approx\frac{i_x}{a_1};\ b\approx\frac{i_y}{a_2} \tag{4.95}$$

式中，a_1、a_2 为系数，表示 h、b 和回转半径 i_x、i_y 之间的近似数值关系，常用截面可由附表 5.1 查得。

(4)由所需的 A、h、b 等，再考虑构造要求、局部稳定及钢材规格等，初步选定截面尺寸。

(5)对初选截面进行强度、稳定和刚度验算。

1)当截面有削弱时，需进行强度验算。

$$\sigma=\frac{N}{A_n}\leqslant f$$

2)整体稳定验算。

$$\sigma=\frac{N}{\varphi A}\leqslant f$$

3)局部稳定验算。局部稳定以限制组成板件的宽厚比来保证。对于热轧型钢截面，由于其板件的宽厚比较小，一般能满足要求，可不验算。对于组合截面，则应根据 4.5.3 节的相关规定对板件的宽厚比进行验算。

4)刚度验算。实腹式轴心受压构件的长细比应符合规定的容许长细比要求。事实上，在进行整体稳定验算时，构件的长细比 λ 已预先求出，以确定整体稳定系数 φ，因而，刚度验算可与整体稳定验算同时进行。

(6)如果截面验算，证明不满足要求，此时可直接修改截面或重新假定 λ，重复上述步骤，直到满足为止。

3. 构造要求

当实腹式轴心受压构件的腹板高厚比 $h_0/t_w>80\sqrt{235/f_y}$ 时，为防止腹板在施工和运输过程中发生变形，应设置横向加劲肋(图 4.39)，以增加构件的抗扭刚度。横向加劲肋一般双侧布置，间距不得大于 $3h_0$，其截面尺寸应满足：外伸宽度 $b_s \geqslant h_0/30+40$ mm；厚度 $t_s \geqslant b_s/15$ mm。

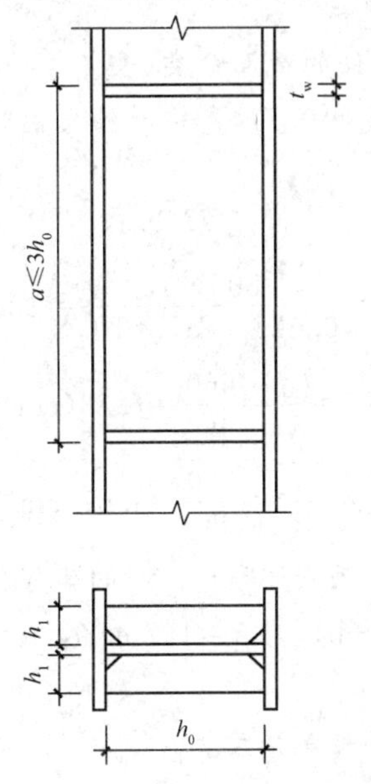

图 4.39　实腹式柱的横向加劲肋

此外，为了保证大型实腹式受压构件(工字形或箱形)截面几何形状不变，提高构件抗扭刚度，在受有较大水平集中力作用处和每个运输单元的两端应设置横隔(外伸宽度加宽至翼缘边的横向加劲肋)，构件较长时应设置中间横隔，横隔的间距不得大于构件截面较大宽度的 9 倍或 8 m。

实腹式轴心受压构件板件间(翼缘与腹板间)的纵向连接焊缝受力很小，不必计算，可按构造要求确定焊脚尺寸。

【例题 4.2】 如图 4.40 所示，支柱 AB 承受轴心压力设计值 $N=1\ 800$ kN，柱两端铰接，钢材为 Q235，截面无孔眼削弱。试按要求设计此柱的截面：①用普通轧制工字钢；②用热轧 H 型钢；③用焊接工字形截面，翼缘板为焰切边。

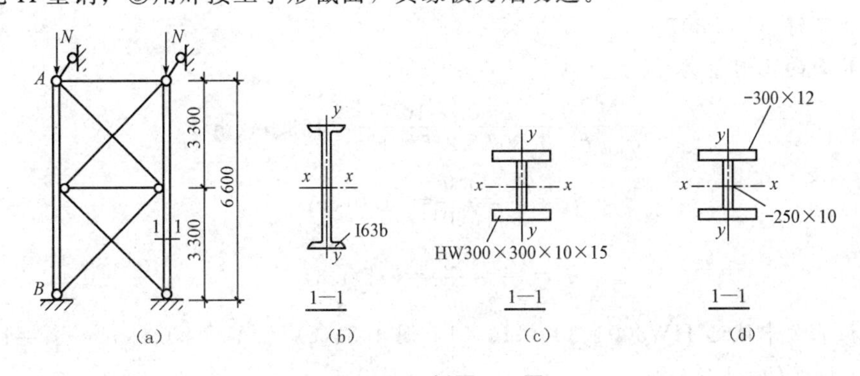

图 4.40　例题 4.2 图

【解】 由于 AB 柱两方向的几何长度不相等，故取如图 4.40(b)、(c)、(d)所示的截面朝向，将强轴顺 x 轴方向。由已知条件 AB 柱为两端铰接，柱在两个方向的计算长度分别为

$$l_{0x}=660\ \text{cm},\ l_{0y}=330\ \text{cm}$$

(1)普通轧制工字钢。

1)试选截面。

假定 $\lambda=90$，根据轴心受压构件的截面分类(表 4.4)知：对于工字钢，当绕 x 轴失稳时属于 a 类截面，由附表 4.1 查得 $\varphi_x=0.714$；绕 y 轴失稳时属于 b 类截面，由附表 4.2 查得 $\varphi_y=0.621$。

所需截面的几何量为

$$A=\frac{N}{\varphi_{\min}f}=\frac{1\ 800\times10^3}{0.621\times215\times10^2}=134.8(\text{cm}^2)$$

$$i_x=\frac{l_{0x}}{\lambda}=\frac{660}{90}=7.33(\text{cm})$$

$$i_y=\frac{l_{0y}}{\lambda}=\frac{330}{90}=3.67(\text{cm})$$

由附表 7.1 中不可能选出同时满足 A、i_x、i_y 的工字钢型号，可在 A 和 i_y 两值之间选择适当型号。现试选 I63b[图 4.40(b)]，$A=167\ \text{cm}^2$，$i_x=24.2\ \text{cm}$，$i_y=3.25\ \text{cm}$。

2)截面验算。

①强度：因截面无削弱，可不验算强度。

②刚度：$\lambda_x=\dfrac{l_{0x}}{i_x}=\dfrac{660}{24.2}=27.3<[\lambda]=150$(满足要求)

$$\lambda_y=\frac{l_{0y}}{i_y}=\frac{330}{3.25}=101.5<[\lambda]=150(\text{满足要求})$$

③整体稳定：由于 λ_y 远大于 λ_x，故由 λ_y 查附表 4.2 可得 $\varphi=0.546$。

$$\frac{N}{\varphi A}=\frac{1\ 800\times10^3}{0.546\times215\times10^2}=153.3(\text{N/mm}^2)<f=205\ \text{N/mm}^2(\text{满足要求})$$

④局部稳定：因工字钢的翼缘和腹板均较厚，可不验算。

(2)热轧 H 型截面。

1)试选截面。宜优先选用宽翼缘 H 型钢，其截面宽度较大，因此假定长细比可适当减小。

假设 $\lambda=60$，对宽翼缘 H 型钢，因 $b/h=0.8$，所以不论对 x 轴或 y 轴都属于 b 类截面，查附表 4.2 可得 $\varphi=0.807$。

所需截面的几何量为

$$A=\frac{N}{\varphi_{\min}f}=\frac{1\ 800\times10^3}{0.807\times215\times10^2}=103.7(\text{cm}^2)$$

$$i_x=\frac{l_{0x}}{\lambda}=\frac{660}{60}=11.0(\text{cm})$$

$$i_y=\frac{l_{0y}}{\lambda}=\frac{330}{60}=5.5(\text{cm})$$

由附表 7.2 中试选 HW300×300×10×15[图 4.34(c)]，$A=120.4\ \text{cm}^2$，$i_x=13.1\ \text{cm}$，$i_y=7.49\ \text{cm}$，$b/h=1>0.8$。

2)截面验算。

①强度：因截面无削弱，可不验算强度。

②刚度：$\lambda_x=\frac{l_{0x}}{i_x}=\frac{660}{13.1}=50.4<[\lambda]=150$(满足要求)

$$\lambda_y=\frac{l_{0y}}{i_y}=\frac{330}{7.49}=44.1<[\lambda]=150\text{(满足要求)}$$

③整体稳定：因对 x 轴和 y 轴都属于 b 类截面，故由长细比较大值 $\lambda_x=50.4$ 查附表 4.2 可得 $\varphi=0.854$。

$$\frac{N}{\varphi A}=\frac{1\ 800\times10^3}{0.854\times215\times10^2}=98.0(\text{N/mm}^2)<f=205\ \text{N/mm}^2\text{(满足要求)}$$

④局部稳定：因工字钢的翼缘和腹板均较厚，可不验算。

(3)焊接工字形。

1)试选截面。假设 $\lambda=60$，对焊接工字形、翼缘为焰切边的截面，对 x 轴或 y 轴都属于 b 类截面，查附表 4.2 可得 $\varphi=0.807$。

所需截面的几何量为

$$A=\frac{N}{\varphi_{\min}f}=\frac{1\ 800\times10^3}{0.807\times215\times10^2}=103.7(\text{cm}^2)$$

$$i_x=\frac{l_{0x}}{\lambda}=\frac{660}{60}=11(\text{cm})$$

$$i_x=\frac{l_{0y}}{\lambda}=\frac{330}{60}=5.5(\text{cm})$$

选用如图 4.40(d)所示尺寸：翼缘 2－300×12，腹板 1－250×10，截面几何量

$$A=2\times30\times1.2+25\times1.0=97(\text{cm}^2)$$

$$I_x=\frac{1}{12}\times1.0\times25^3+2\times30\times18.5^2=25\ 944(\text{cm}^4)$$

$$I_y=2\times\frac{1}{12}\times30^3=5\ 400(\text{cm}^4)$$

$$i_x=\sqrt{\frac{I_x}{A}}=\sqrt{\frac{25\ 944}{94}}=16.35(\text{cm})$$

$$i_y=\sqrt{\frac{I_y}{A}}=\sqrt{\frac{5\ 400}{97}}=7.46(\text{cm})$$

2)截面验算。

①强度：因截面无削弱，可不验算强度。

②刚度：$\lambda_x=\frac{l_{0x}}{i_x}=\frac{660}{16.35}=40.4<[\lambda]=150$(满足要求)

$$\lambda_x=\frac{l_{0y}}{i_y}=\frac{330}{7.46}=44.2<[\lambda]=150\text{(满足要求)}$$

③整体稳定：因对 x 轴和 y 轴都属于 b 类截面，故由长细比较大值 $\lambda_x=44.2$，查附表 4.2 可得 $\varphi=0.881$。

$$\frac{N}{\varphi A}=\frac{1\ 800\times10^3}{0.881\times215\times10^2}=210.6(\text{N/mm}^2)<f=205\ \text{N/mm}^2\text{(满足要求)}$$

④局部稳定：取长细比的较大值 λ_y 进行计算。

翼缘：$\frac{b_1}{t}=\frac{145}{12}=12.08<(10+0.1\lambda)\sqrt{\frac{235}{f_y}}=14.4$(满足要求)

腹板：$\frac{h_0}{t_w}=\frac{25}{1.0}=25<(25+0.5\lambda)\sqrt{\frac{235}{f_y}}=47.1$(满足要求)

【例题4.3】 某两端铰接轴心受压柱的截面设计如图4.41所示，钢材为Q235B·F，柱高为6 m，承受轴心压力设计值 $N=6\ 100$ kN(包括柱身等构造自重)，试验算该柱的整体稳定性和局部稳定性是否满足要求。

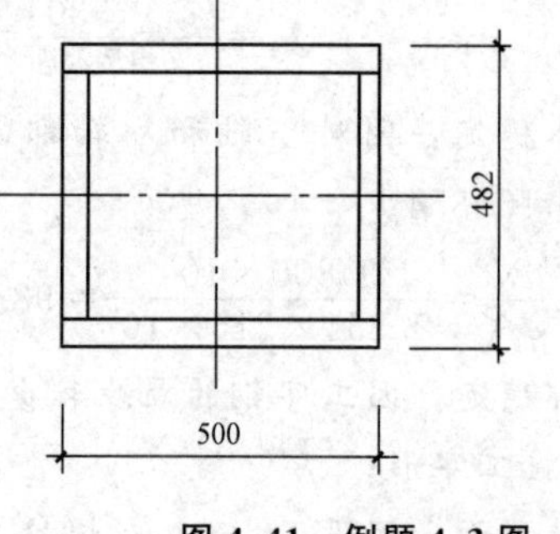

图4.41 例题4.3图

【解】 (1)该柱在两个方向的计算长度。

$$l_{0x}=l_{0y}=6\ 000\ \text{mm}$$

(2)截面几何特性。

截面面积：

$$A=2\times16\times(500+450)=30\ 400(\text{mm}^2)$$

$$I_x=\frac{1}{12}\times(500\times482^3-468\times450^3)=1.112\times10^9(\text{mm}^4)$$

$$I_y=\frac{1}{12}(400\times500^3-450\times468^3)=1.176\times10^9(\text{mm}^4)$$

$$i_x=\sqrt{\frac{1.112\times10^9}{30\ 400}}=191.2(\text{mm})$$

$$i_y=\sqrt{\frac{1.176\times10^9}{30\ 400}}=196.7(\text{mm})$$

整体稳定和长细比验算：

长细比：

$$\lambda_x=\frac{l_{0x}}{i_x}=\frac{6\ 000}{191.2}=31.38<[\lambda]=150$$

$$\lambda_y=\frac{l_{0y}}{i_y}=\frac{6\ 000}{196.7}=30.50<[\lambda]=150$$

因对 x 轴和 y 轴均属b类，故由长细比的较大值 λ_x 查附表4.2得 $\varphi=0.931$，有

$$\frac{N}{\varphi A}=\frac{6\ 100\times10^3}{0.931\times30\ 400}=215.5(\text{N/mm}^2)$$

满足要求。

局部稳定验算：

翼缘外伸部分

$$\frac{b_0}{t}=\frac{468}{16}=29.25<40\sqrt{\frac{235}{f_y}}=40$$

腹板的局部稳定：

$$\frac{h_0}{t_w}=\frac{450-32}{16}=26.13<40\sqrt{\frac{235}{f_y}}=40$$

满足要求。

4.8.2 格构式轴心受压柱的截面设计

实腹轴心受压构件的截面设计应当考虑的原则在格构式柱截面设计中也是适用的，但是格构式构件是由分肢组成的，在具体设计步骤上有其特点。当格构式轴心受压构件的压力设计值 N、计算长度 l_{0x} 和 l_{0y}、钢材强度设计值 f 和截面类型都已知时，在截面选择中主要有两大步骤：首先按照实轴稳定要求选择截面分肢的尺寸，其次按照虚轴与实轴等稳定性确定分肢间距，如图 4.42 所示。

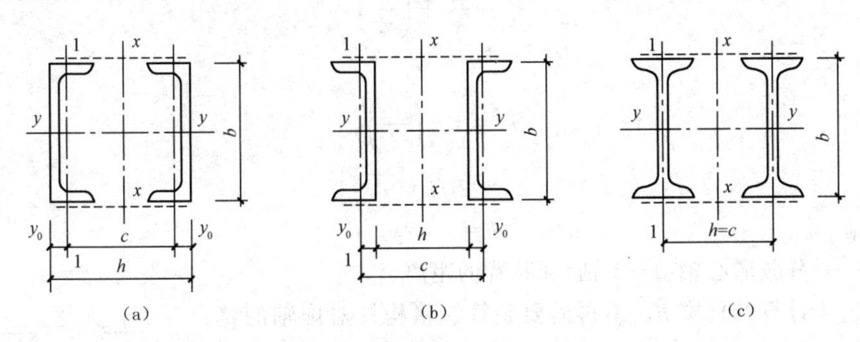

图 4.42 格构式构件截面设计

(1)按对实轴(y 轴)的整体稳定计算选择柱的截面，方法与实腹柱的计算相同。

(2)按对虚轴(x 轴)的整体稳定计算确定两分肢的距离。为了获得等稳定，应使两方向的长细比相等，即使 $\lambda_{0x}=\lambda_y$，则可得到所需要的 λ_x 最大值：

1)对于缀条柱应预先确定斜缀条的面积 A_{1x}，对缀板柱应先假定分肢长细比 λ_1。

对缀条式格构构件：
$$\lambda_x=\sqrt{\lambda_y^2-27\frac{A}{A_{1x}}} \tag{4.96}$$

对缀板式格构构件：
$$\lambda_x=\sqrt{\lambda_y^2-\lambda_1^2} \tag{4.97}$$

2)根据 λ_x 求所需的整个截面的回转半径 i_x。

$$i_x=\frac{l_{0x}}{\lambda_x}$$

3)根据 i_x 和 i_1 求两分肢轴线间距 c 和 h。

由于
$$2A_ci_x^2=2\left[I_1+A_c\left(\frac{c}{2}\right)^2\right]=2\left[A_ci_1^2+A_c\left(\frac{c}{2}\right)^2\right]$$

故
$$c=2\sqrt{i_x^2-i_1^2} \tag{4.98}$$
$$h=c\pm2y_0 \tag{4.99}$$

两分肢翼缘间的净距 c 应大于 100～150 mm，以便于油漆防腐处理，h 的实际尺寸应放大到 10 mm 的倍数。

在上述设计步骤中，也可以根据格构式柱惯性矩的表达式直接推导出柱宽 b 的表达式，推导如下。

由格构式柱的惯性矩公式：
$$I_x=2(I_1+A_1r^2) \tag{4.100}$$

式中　r——y 轴到分肢形心轴之间的距离，$r=c/2$，其中 c 为两分肢形心轴之间的距离。

$$I_x=2\left[I_1+A_1\left(\frac{c}{2}\right)^2\right] \tag{4.101}$$

将式(4.101)两边同除以 $2A_1$，得

$$\frac{I_x}{2A_1}=\frac{I_1}{A_1}+\left(\frac{c}{2}\right)^2$$

则可得

$$\frac{I_x}{A}=\frac{I_1}{A_1}+\left(\frac{c}{2}\right)^2$$

即

$$i_x^2=i_1^2+\left(\frac{c}{2}\right)^2 \tag{4.102}$$

$$c=2\sqrt{i_x^2-i_1^2} \tag{4.103}$$

$$h=a+2y_0 \tag{4.104}$$

式中　y_0——分肢形心轴(1—1 轴)到肢背的距离。

经过这样计算的柱宽 b，不再需要验算该格构柱对虚轴的整体稳定性，因为实际上，上述推导过程即为验算过程的逆过程。

【例题 4.4】 设计一缀板柱，柱高 6 m，两端铰接，轴心压力为 1 500 kN(设计值)，钢材为 Q235，截面无孔眼削弱(图 4.43)。

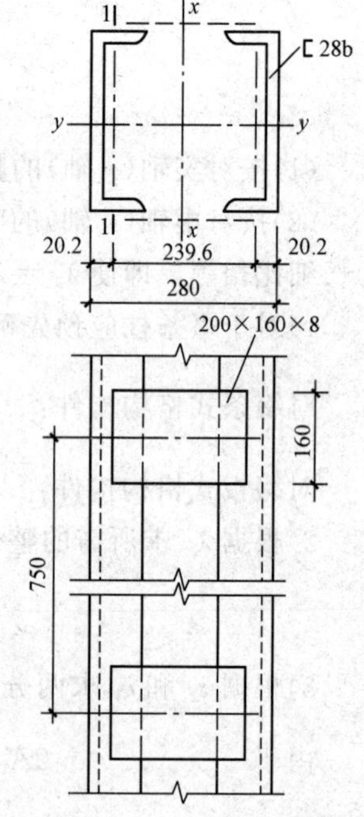

图 4.43　例题 4.4 图

【解】 (1)按实轴的整体稳定选择柱的截面。

柱的计算长度为 $l_{0x}=l_{0y}=6$ m。假定 $\lambda_y=70$，查附表 4.2 可得(按 b 类截面)$\varphi_y=0.751$。

需要的截面面积为

$$A=\frac{N}{\varphi_y f}=\frac{1\ 500\times10^3}{0.751\times215}=9\ 290(\text{mm}^2)=92.90\ \text{cm}^2$$

$$i_y=\frac{l_{0y}}{\lambda_y}=\frac{600}{70}=8.57$$

选用 2[28b，$A=2\times45.62=91.24(\text{mm}^2)$，$i_y=10.6$ cm

验算整体稳定性　$\lambda_y=\dfrac{l_{0y}}{i_y}=\dfrac{600}{10.6}=56.6<[\lambda]=150$

查得：$\varphi=0.825$

考虑柱自重及缀件等重量 10 kN，取 $N=1\ 510$ kN，有

$$\frac{N}{\varphi_y A}=\frac{1\ 510\times10^3}{0.825\times91.24\times10^2}=200.6(\text{N/mm}^2)<f=215\ \text{N/mm}^2$$

(2)确定柱宽 b。假定 $\lambda_1=28$(约等于 $0.5\lambda_y=0.5\times56.6=28.3$)

$$\lambda_x=\sqrt{\lambda_y^2-\lambda_1^2}=\sqrt{56.6^2-28^2}=49.19$$

$$i_x=\frac{l_{0y}}{\lambda_x}=\frac{600}{49.19}=12.2(\text{cm})$$

采用图 4.43 中所示的截面形式，$i_x\approx0.44b$，故 $b\approx i_x/0.44=27.7$ cm，取 $b=280$ mm。

单个槽钢的截面数据：

$$z_0=2.02\ \text{cm},\ I_1=242\ \text{cm}^4,\ i_1=2.3\ \text{cm}$$

要求缀板间净距：$l_{01}\leqslant\lambda_1 i_1=28\times2.3=64.4$ cm，取 $l_{01}=65$ cm。

缀板尺寸：$d\geqslant2a/3=2\times23.96/3=15.97$(cm)，取 $d=16$ cm。

$t=a/40=23.96/40=0.6$ cm，取 $t=8$ mm，则缀板尺寸为 160 mm×200 mm×8 mm。

缀板中距 $l_1=l_{01}+d=65+16=81$(cm)。

柱高 6 m，设置 7 块缀板，中距取 75 cm，则

$$l_{01}=75-16=59(\text{cm})$$

$$\lambda_1=\frac{59}{2.3}=25.7(\text{cm})$$

整个截面对虚轴的数据：

$$I_x=2\times(242.1+45.6\times11.98^2)=13\ 573(\text{cm}^4)$$

$$i_x=\sqrt{\frac{13\ 573}{91.24}}=12.2(\text{cm})$$

$$\lambda_x=\frac{600}{12.2}=49.2$$

$$\lambda_{0x}=\sqrt{\lambda_x^2+\lambda_1^2}=\sqrt{49.2^2+25.6^2}=55.46<[\lambda]=150$$

查得 $\varphi_x=0.830$，有

$$\frac{N}{\varphi_x A}=\frac{1\ 510\times10^3}{0.830\times91.24\times10^2}=199.4(\text{N/mm}^2)<f=215\ \text{N/mm}^2$$

(3)缀板设计。一个分肢的线刚度 $K_1=I_1/l_1=242.1/75=3.22$

两侧缀板线刚度之和 $K_b=\sum l_b/a=(2\times0.8\times16^3/12)/23.96=22.794$

即

$$K_b/K_1=22.794/3.22=7.08\geqslant6$$

缀板刚度足够。

柱身承受的横向剪力

$$V=\frac{Af}{85}\sqrt{\frac{f_y}{235}}=\frac{9\ 124\times215}{85}\sqrt{\frac{235}{235}}=23\ 078.4(\text{N})=23.1(\text{kN})$$

$$V_1=\frac{V}{2}=\frac{23.1}{2}=11.55(\text{kN})$$

缀板受力：

$$T=V_1\ l/a=11.55\times75/23.96=36.15(\text{kN})$$

$$M=T\cdot\frac{a}{2}=36.15\times\frac{23.96}{2}=433.077(\text{kN}\cdot\text{cm})$$

缀板端与柱肢用角焊缝连接，$l_w=160$ mm，取 $h_f=8$ mm。

角焊缝受力：

$$\tau_f=\frac{T}{0.7h_f l_w}=\frac{36.15\times10^3}{0.7\times8\times160}=40.35(\text{N/mm}^2)$$

$$\sigma_f=\frac{6\ M}{0.7h_f l_w^2}=\frac{6\times433.07\times10^4}{0.7\times8\times160^2}=181.25(\text{N/mm}^2)$$

$$\sqrt{(\sigma_f/1.22)^2+\tau_f^2}=\sqrt{(181.25/1.22)^2+40.35^2}=153.9(\text{N/mm}^2)<f_f^w=160\ \text{N/mm}^2$$

满足要求。

【例题 4.5】 同例题 4.4，但改用缀条柱(图 4.44)。

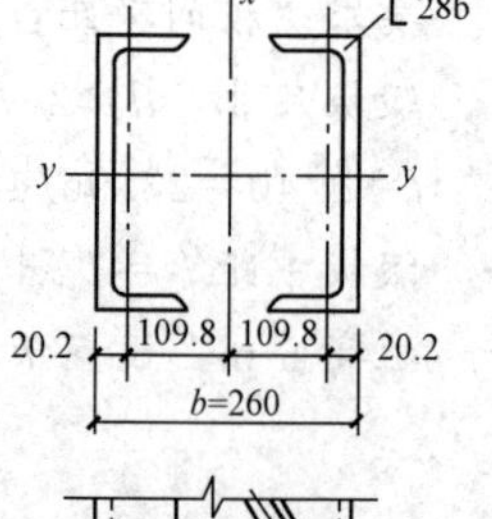

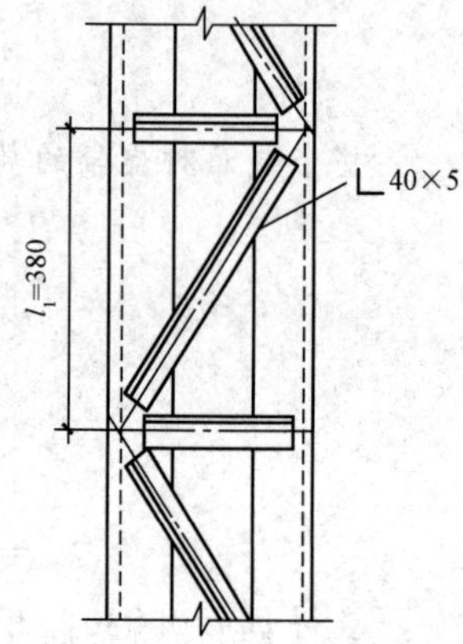

图 4.44 例题 4.5 图

【解】 (1)按实轴的整体稳定选择柱的截面。同例题 4.4 选用 2[28b。

(2)确定肢尖间距。

设缀条截面为∟40×5，$A_1=2\times3.79=7.58(\text{cm}^2)$，$i_{\min}=0.78$ mm。利用等稳定条件：

$$\lambda_x=\sqrt{\lambda_y^2-27\frac{A}{A_1}}=\sqrt{56.6^2-27\times\frac{91.24}{7.58}}=53.65$$

$$i_x=\frac{l_{0x}}{\lambda_x}=\frac{600}{53.65}=11.18(\text{cm})$$

$$i_x\approx0.44\ b$$

$$b\approx i_x/0.44=11.18/0.44=25.4(\text{cm})$$

取 $b=26$ cm。

(3)$I_x=2\times(242.1+45.6\times10.98^2)=11\ 479.31(\text{cm}^4)$

$$i_x=\sqrt{\frac{I_x}{A}}=\sqrt{\frac{11\ 479.31}{91.24}}=11.22(\text{cm})$$

$$\lambda_x=\frac{600}{11.22}=53.48$$

$$\lambda_{0x}=\sqrt{\lambda_x^2+27\frac{A}{A_1}}=\sqrt{53.48^2+27\times\frac{91.42}{7.58}}=56.44<[\lambda]=150$$

查得：$\varphi_x=0.826$，有

$$\frac{N}{\varphi_x A}=\frac{1\ 510\times10^3}{0.826\times91.24\times10^2}=200.36(\text{N/mm}^2)<f=215\ \text{N/mm}^2$$

(4)计算长度。

$$l_\text{d}=\frac{b}{\cos\alpha}=\frac{260}{0.707}=367.8(\text{mm})=36.78(\text{cm})$$

一根缀条内力：

$$N_\text{t}=\frac{V_1}{\sin45^\circ}=\frac{11.55}{0.707}=16.33(\text{kN})$$

$$\lambda_1=\frac{l_\text{d}}{i_{\min}}=\frac{36.78}{0.78}=47.15<[\lambda]=150$$

查得：$\varphi_1=0.869$

单角钢强度折减系数：

$$\gamma=0.6+0.001\ 5\times47.15=0.671$$

$$\sigma=\frac{N_1}{\varphi_1 A_{x1}}=\frac{16.33\times10^3}{0.869\times3.79\times10^2}=49.6(\text{N/mm}^2)<\gamma f=0.671\times215=144.3(\text{N/mm}^2)$$

缀条与柱肢连接焊缝长度为

$$l_\text{w}=\frac{K_1 N_\text{d}}{0.7h_f\times0.85f_f^\text{w}}=\frac{0.7\times16\ 330}{0.7\times5\times0.85\times160}=24(\text{mm})$$

取 $l=l_\text{w}+10=24+10=34(\text{mm})$，取 35 mm。

肢尖焊缝长度为

$$l_w=\frac{K_2 N_d}{0.7h_f\times 0.85f_f^w}=\frac{0.3\times 16\ 330}{0.7\times 5\times 0.85\times 160}=10.3(\text{mm})\text{取 } l_w=15\ \text{mm}$$

取 $l=l_w+10=15+10=25(\text{mm})$

4.9 柱头和柱脚的构造设计

4.9.1 柱头和柱脚的形式

柱子的作用是把上部结构(如梁)传来的荷载传递给基础。柱的上端为了安放梁，应设计一个柱头，柱头的作用是承受和传递梁及其以上结构的荷载。柱的下端为了能把荷载可靠地传递给基础，应设计一个柱脚，柱脚的作用是承受柱身的荷载并将其传递给基础，如图 4.45 所示。

柱头与柱脚的设计要求是：要有足够的刚度和强度，结构合理，传力明确，构造简单，便于施工，性能可靠，节省钢材。轴心受压柱与梁的连接和柱脚与基础的连接可为刚接也可为铰接，一般轴心受压柱采用铰接，而框架柱则常用刚接形式。

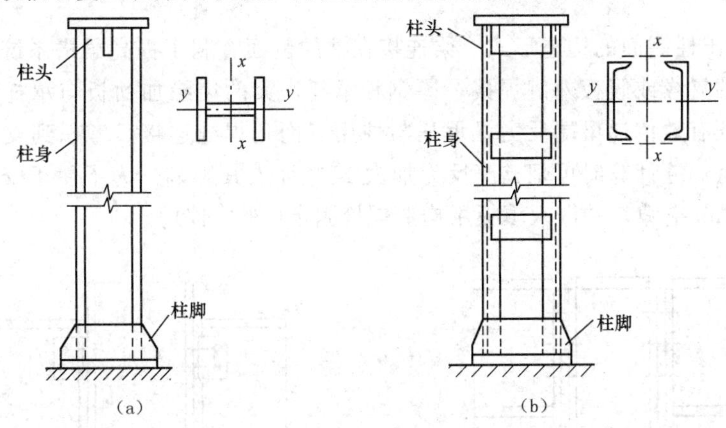

图 4.45 柱子的构造

4.9.2 柱头设计

梁可支承于柱顶也可支承于柱侧面。

(1)梁支承于柱顶的构造形式。柱顶设置一厚度不小于 16 mm 的钢顶板，顶板与柱焊接，并用加劲肋加强。由梁传给柱子的压力一般要通过此顶板使压力尽可能均匀地分布到柱上。当柱为实腹柱时，应将梁端支承加劲肋对准柱的翼缘，以使梁的支座反力直接传给柱的翼缘。两相邻梁间应留 10～20 mm 的安装空隙，经调整定位后，用连接板和构造螺栓固定。该种连接形式的优点是传力明确，构造简单，缺点是当相邻支座反力不等时，柱将偏心受压，柱的截面对弱轴的稳定性较差，有偏心作用时是很不利的。

为保证柱为轴心受压，可采用梁端设突缘支承加劲板的构造措施。突缘支承加劲板的底部应刨平并应在轴线附近与柱顶板顶紧。为提高柱顶的抗弯刚度，应加设一块垫板，并在轴线处增设加劲肋。两梁之间应留 10～20 mm 的空隙，安装时还应嵌入填板并用构造螺栓固定。对于格构式柱，为了保证传力均匀，在柱顶应设置缀板把两肢连接起来，分肢之间顶板下面应设置加劲肋。梁铰接支承于柱顶的构造如图 4.46 所示。

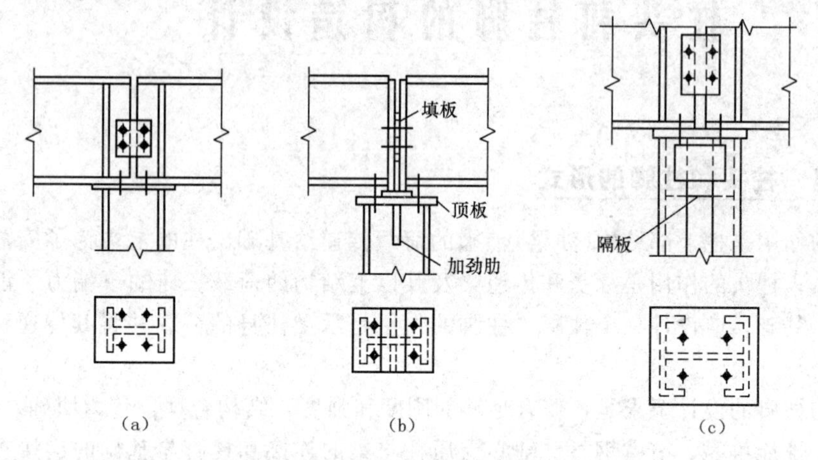

图 4.46　梁铰接支承于柱顶的构造

(2)梁支承于柱侧面的构造形式。梁连接在柱的侧面有利于提高梁格系统在其水平面内的刚度。在柱的翼缘或腹板外侧焊接一厚钢板承托，梁的突缘加劲板与承托的接触面应刨平顶紧，以保证有效传递梁端反力。承托与柱用三面角焊缝连接，考虑到支座反力偏心的不利影响，进行焊缝计算时可把支座反力加大 25％计入其影响。为了便于安装，梁端与柱板之间应留 5 mm 空隙，并嵌入填板用构造螺栓固定(图 4.47)。

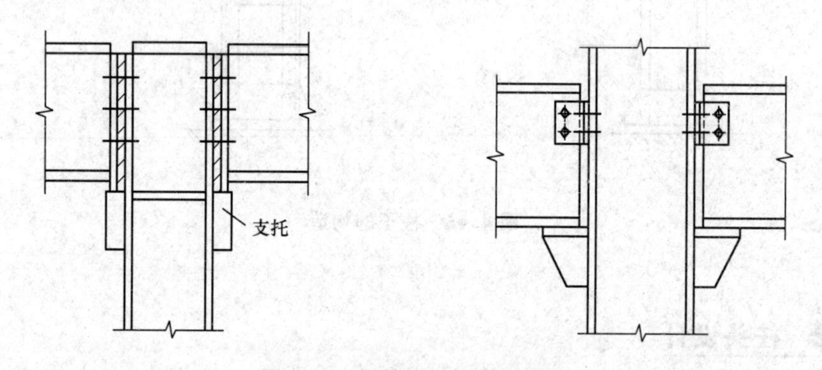

图 4.47　梁铰接于柱侧的构造

4.9.3　柱脚设计

轴心受压柱柱脚的构造设计要达到把柱身的压力均匀地传递给基础，并和基础牢固连接起来的目的。在整个柱中，柱脚是比较费工也比较费钢材的部分，所以，设计时应使其构造简单，尽可能符合结构的计算简图，并便于安装固定。

1. 柱脚的形式和构造

柱脚按其和基础的固定方式分为两种：一种是铰接柱脚，如图 4.48 所示；另一种是刚接柱脚。

铰接柱脚主要用于承受轴心压力，与基础的连接一般采用铰接。由于基础材料(混凝土)的强度远比钢材低，所以必须在柱底放一大的底板以增加与基础的承压面积，底板由锚栓固定于混凝土上。如图 4.48(a)所示的柱脚只由底板组成，柱子下端直接与底板连接。柱子压力由焊缝传给底板，由底板扩散并传给基础。由于底板和各方向均为悬臂，故在基础反力作用下，底板抗弯刚度较弱。所以这种柱脚形式只适用于柱子轴力较小的情况。图 4.48(b)、(c)、(d)的柱脚由底板、靴梁、隔板和肋板组成，在底板上设置了靴梁、隔板和肋板，把底板分隔成若干小的区格。靴梁、隔板和肋板相当于这些小区格板块的边界支座，改变了底板的支承条件，柱子轴力通过竖向角焊缝传给靴梁，靴梁再通过水平角焊缝传给底板。这种柱脚形式适用于柱子轴力较大的情况。图 4.48(b)中，靴梁焊在柱翼缘的两侧、在靴梁之间设置隔板，以增强靴梁的侧向刚度；同时，底板被进一步分成更小的区格，底板中的弯矩也因此减小。图 4.48(c)是格构式柱仅采用靴梁的柱脚形式。图 4.48(d)所示为在靴梁外侧设置肋板，使柱子轴力向两个方向扩散，通常在柱的一个方向采用靴梁，另一方向设置肋板，底板宜做成正方形或接近正方形。此外，在设计柱脚中的连接焊缝时，要考虑施焊的方便与可能性。

铰接柱脚和刚接柱脚都是通过预埋在基础上的锚栓来固定的，锚栓按柱脚是铰接还是刚接进行布置和固定。铰接柱脚只沿着一条轴线设置两个连接于底板上的锚栓(图 4.48)。锚栓固定在底板上，对柱端转动约束很小，承受的弯矩也很小，接近于铰接。底板上的锚栓孔的直径应比锚栓直径大 50%～100%，并做成 U 形缺口，以便柱的安装和调整。最后固定时，应用孔径比锚栓直径大 1～2 mm 的锚栓垫板套住锚栓并与底板焊固。在铰接柱脚中，锚栓不需计算。

柱脚的剪力主要依靠底板与基础之间的摩擦力来传递。当仅靠摩擦力不足以承受水平剪力时，应在柱脚底板下面设置抗剪键，如图 4.48(b)所示，抗剪键可用方钢、短 T 形钢组成。也可将柱脚底板与基础上的预埋件用焊接连接。

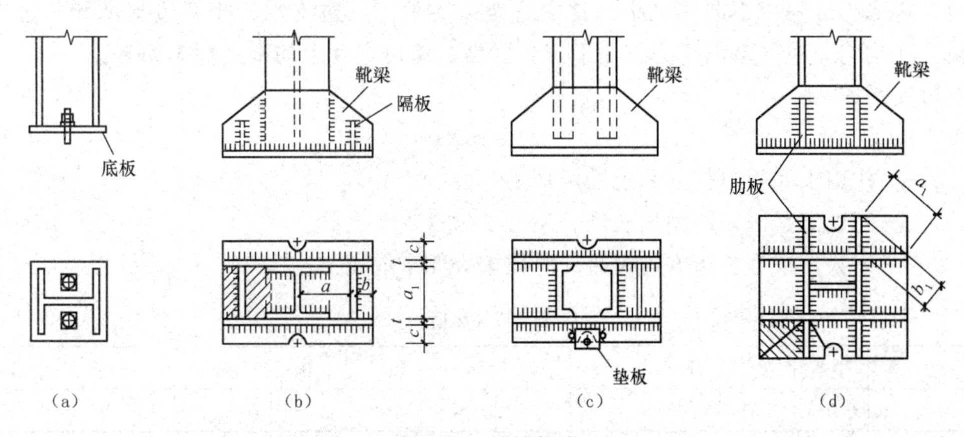

图 4.48　铰接柱脚

近年来已在单层工业厂房工程中应用一种插入式的柱脚形式，将钢柱直接插入混凝土基础杯口内，用二次浇筑混凝土将其固定。这种柱脚构造简单，节约钢材，安装调整快捷，安全可靠，已被列入《钢结构设计规范》(GB 50017—2003)。

2. 轴心受压柱的柱脚计算

(1)底板的计算。

1)底板的面积。底板的平面尺寸取决于基础材料的抗压能力。基础对底板的压应力可近似认为是均匀分布的，这样，所需要的底板净面积 A_n(底板宽乘以长，减去锚栓孔面积)应按式(4.105)确定。

$$A_n = LB - A_0 \geqslant \frac{N}{f_c} \tag{4.105}$$

式中 L——底板的长度；

B——底板的宽度；

A_0——锚栓孔的面积；

N——柱的轴心压力；

f_c——基础混凝土的抗压强度设计值，按《混凝土结构设计规范(2015 年版)》(GB 50010—2010)取值。

根据构造要求定出底板的宽度

$$B = a_1 + 2t + 2c$$

式中 a_1——柱截面已选定的宽度或高度；

t——靴梁厚度，通常取 10～14 mm；

c——底板悬臂部分的宽度，通常取锚栓直径的 3～4 倍，锚栓常用直径为 20～24 mm。

底板的长度为 $L=A/B$。底板的平面尺寸 L、B 应取整数。根据柱脚的构造形式，可以取 L 与 B 大致相同。

2)底板的厚度。底板的厚度由板的抗弯强度决定。底板可视为一支承在靴梁、隔板和柱端的平板，它承受基础传来的均匀反力。靴梁、肋板、隔板和柱的端面均可视为底板的支承边，将底板分隔成不同的区格，其中有四边支承、三边支承、相邻边支承和一边支承等区格。在均匀分布的基础反力作用下，各区格板单位宽度上的最大弯矩如下：

四边支承区格：

$$M = \alpha q a^2 \tag{4.106}$$

式中 q——作用于底板单位面积上的压应力，$q=N/A_n$；

a——四边支承区格的短边长度；

α——系数，根据长边 b 与短边 a 之比按表 4.7 取用。

表 4.7 α 值

b/a	1.0	1.1	1.2	1.3	1.4	1.5	1.6	1.7	1.8	1.9	2.0	3.0	≥4.0
α	0.048	0.055	0.063	0.069	0.075	0.081	0.086	0.091	0.095	0.099	0.101	0.119	0.125

三边支承区格和两相邻边支承区格：

$$M = \beta q a_1^2 \tag{4.107}$$

式中　a_1——对三边支撑区格为自由边长度，对两相邻边支承区格为对角线长度，如图4.48(b)、(d)所示；

β——系数，根据 b_1/a_1 值由表4.8查得，对三边支承区格，b_1 为垂直于自由边的宽度，对两相邻边支承区格，b_1 为内角顶点至对角线的垂直距离，如图4.48(b)、(d)所示。

表 4.8　β 值

b_1/a_1	0.3	0.4	0.5	0.6	0.7	0.8	0.9	1.0	1.1	≥1.2
β	0.026	0.042	0.056	0.072	0.085	0.092	0.104	0.111	0.120	0.125

当三边支承区格的 $b_1/a_1<0.3$ 时，可按悬臂长度为 b_1 的悬臂板计算。

一边支承区格(即悬臂板)：

$$M=\frac{1}{2}qc^2 \tag{4.108}$$

式中　c——悬臂长度。

这几个部分承受的弯矩一般不同，取各区格的最大弯矩 $M_{\max}$ 来确定板的厚度 t：

$$t\geqslant\sqrt{\frac{6M_{\max}}{f}} \tag{4.109}$$

设计时要注意靴梁和隔板的布置，应尽可能使各区格板中的弯矩相差不要太大，以免所需的底板过厚。在这种情况下，应调整底板尺寸，重新划分区格。

底板的厚度通常为20～40 mm，最薄的一般不大于14 mm，以保证底板具有必要的刚度，从而满足基础反力是均布的假设。

(2)靴梁的计算。在制造柱脚时、柱身往往做得稍短一些[图4.48(c)]，在柱身与底板之间仅采用构造焊缝相连。

在进行焊缝计算时，假定柱端与底板之间的连接焊缝不受力，柱端对底板只起划分底板区格支承边的作用。柱压力 N 由柱身通过竖向焊缝传给靴梁，再传给底板。焊缝计算包括柱身与靴梁之间竖向连接焊缝承受柱压力 N 作用的计算，靴梁与底板之间水平连接焊缝承受柱压力 N 作用的计算。同时要求每条竖向焊缝的计算长度不应大于 $60h_f$。

靴梁的高度由其与柱边连接所需要的焊缝长度决定，此连接焊缝承受柱身传来的压力。靴梁的厚度比柱翼缘厚度略小。靴梁按支承于柱边的双悬臂梁计算抗剪强度。

(3)隔板与肋板的计算。为了支承底板和侧向支承靴梁，隔板应具有一定的刚度，因此隔板的厚度不得小于其宽度 b 的1/50，且不应小于10 mm，一般比靴梁略薄些，高度略小些。

隔板可视为支承于靴梁上的简支梁，荷载可按承受如图4.48(b)中阴影面积的底板反力计算，按此荷载所产生的内力验算隔板与靴梁的连接焊缝以及隔板本身的强度。注意隔板内侧的焊缝不易施焊，计算时不能考虑受力。

肋板按悬臂梁计算，承受的荷载为图4.48(d)所示的阴影部分的底板反力。肋板与靴梁之间的连接焊缝以及肋板本身的强度均应按其承受的弯矩和剪力来计算。

【例题4.6】　设计如图4.49所示的焊接H型钢(截面尺寸为H250 mm×250 mm×9 mm×14 mm)截面柱的柱脚。轴心压力的设计值为1 650 kN，柱脚钢材为Q235，焊条为

E43 型。

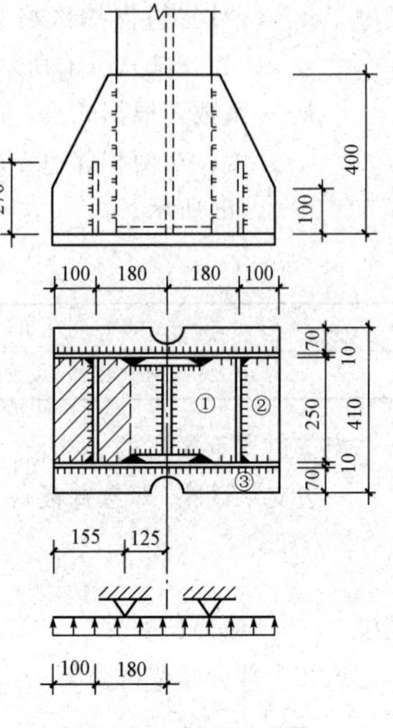

图 4.49　例题 4.6 图

【解】 (1)确定底板尺寸。混凝土强度等级为 C15，$f_c=7.5\ \text{N/mm}^2$，锚栓采用 $d=20$ mm，则其孔面积约为 5 000 mm^2。所需底板面积

$$A=BL=\frac{N}{f_c}+A_0=\frac{1\ 650\times10^3}{7.5}+5\ 000$$
$$=22.5\times10^4(\text{mm}^2)$$

底板宽度

$$B=250+2\times10+2\times70=410(\text{mm})$$

底板长度

$$L=\frac{A}{B}=\frac{22.5\times10^4}{410}=549(\text{mm})$$

选取 $BL=410\ \text{mm}\times560\ \text{mm}$

(2)确定底板厚度 t。

基础对底板的压应力为

$$q=\frac{N}{A_n}=\frac{N}{BL-A_0}=\frac{1\ 650\times10^3}{410\times560-5\ 000}=7.35(\text{N/mm}^2)$$

底板的区格有三种，现分别计算其单位宽度和弯矩。

①四边支承板(区格①)：

$b_1/a=250/180=1.39$，查表 4.7，得 $\alpha=0.074\ 4$。

$$M_4=\alpha qa^2=0.074\ 4\times7.35\times180^2=17\ 718(\text{N}\cdot\text{mm})$$

②三边支承板(区格②)：

$b_1/a=100/250=0.4$，查表 4.8，得 $\beta=0.042$。

$$M_3=\beta qa_1^2=0.042\times7.35\times250^2=19\ 294(\text{N}\cdot\text{mm})$$

③悬臂部分(区格③)：

$$M_1=\frac{1}{2}qc^2=\frac{1}{2}\times7.35\times70^2=18\ 008(\text{N}\cdot\text{mm})$$

这三种区格的弯矩值相差不大，故不必调整底板平面尺寸和隔板位置。最大弯矩为 $M_{\max}=19\ 294\ \text{N}\cdot\text{mm}$。

底板厚度

$$t\geqslant\sqrt{\frac{6M_{\max}}{f}}=\sqrt{\frac{6\times19\ 294}{205}}=23.8(\text{mm})，取\ t=24\ \text{mm}。$$

(3)隔板计算。

将隔板视为梁端支撑于靴梁的简支梁，取厚度 $t=8$ mm。其线荷载为

$$q_1=\left(100+\frac{180}{2}\right)\times7.35=1\ 397(\text{N/mm})$$

隔板与底板的连接(仅考虑外侧一条焊缝)为正面角焊缝，$\beta_f=1.22$。取 $h_f=12$ mm，焊缝长度为 l_w，焊缝强度计算

$$\sigma_f=\frac{q_1l_w}{0.7\times1.22h_fl_w}=\frac{1\ 397}{1.22\times0.7\times12}=136(\text{N/mm}^2)<f_f^w=160\ \text{N/mm}^2$$

隔板与靴梁的连接(外侧一条焊缝)为侧面角焊缝，所受隔板的支座反力为

$$R=\frac{1}{2}\times 1\ 397\times 250=174\ 625(\mathrm{N})$$

设 $h_f=8$ mm，求焊缝长度(即隔板高度)

$$l_w=\frac{R}{0.7h_f f_f^w}=\frac{174\ 625}{0.7\times 8\times 160}=195(\mathrm{mm})$$

取隔板高 270 mm，设隔板厚度 $t=8\ \mathrm{mm}>b/50=250/50=5(\mathrm{mm})$

验算隔板抗剪和抗弯强度：

$$V_{max}=R=17.5\times 10^4\ \mathrm{N}$$

$$\tau=\frac{1.5V_{max}}{ht}=1.5\times\frac{17.5\times 10^4}{270\times 8}=122(\mathrm{N/mm^2})<f_v=125\ \mathrm{N/mm^2}$$

$$M_{max}=\frac{1}{8}\times 1\ 397\times 250^2=10.9\times 10^6(\mathrm{N\cdot mm})$$

$$\sigma=\frac{M_{max}}{W}=\frac{6\times 10.9\times 10^6}{8\times 270^2}=112(\mathrm{N/mm^2})<215\ \mathrm{N/mm^2}$$

(4)靴梁计算。靴梁与柱身的连接(4 条焊缝)，按承受柱的压力 $N=2\ 800$ kN 计算。此焊缝为侧面角焊缝，设 $h_f=10$ mm，则焊缝长度

$$l_w=\frac{N}{4\times 0.7h_f f_f^w}=\frac{1\ 650\times 10^3}{4\times 0.7\times 10\times 160}=368(\mathrm{mm})$$

取靴梁高即焊缝长度为 400 mm。

靴梁与底板的连接焊缝传递全部柱的压力，设焊缝的焊脚尺寸为 $h_f=10$ mm。

所需的焊缝总计算长度为

$$\sum l_w=\frac{N}{1.22\times 0.7h_f f_f^w}=\frac{1\ 650}{1.22\times 0.7\times 10\times 160}=1\ 208(\mathrm{mm})$$

显然焊缝的实际计算总长度已超过此值。

靴梁作为支承于柱边的双悬臂简支梁，悬伸部分长度 $l=155$ mm，取其厚度 $t=10$ mm，验算其抗剪和抗弯强度如下。

底板传给靴梁的荷载：

$$q_2=\frac{Bq}{2}=\frac{410\times 7.35}{2}=1\ 507(\mathrm{N/mm})$$

靴梁支座处最大剪力：

$$V_{max}=q_2 l=1\ 507\times 155=2.3\times 10^5(\mathrm{N})$$

靴梁支座处最大弯矩：

$$M_{max}=\frac{1}{2}q_2 l^2=\frac{1}{2}\times 1\ 507\times 155^2=18.1\times 10^6(\mathrm{N\cdot mm})$$

靴梁强度：

$$\tau=1.5\frac{V_{max}}{ht}=1.5\times\frac{2.3\times 10^5}{10\times 400}=86(\mathrm{N/mm^2})<f_v=215\ \mathrm{N/mm^2}$$

$$\sigma=\frac{M_{max}}{W}=\frac{6\times 18.1\times 10^6}{10\times 400^2}=67.9(\mathrm{N/mm^2})<f_v=215\ \mathrm{N/mm^2}$$

习题

4.1 为什么构件在进行强度验算时，要采用净截面，而在进行稳定验算时，要采用毛截面？

4.2 有哪些因素影响轴心受压构件的稳定系数 φ？

4.3 轴心受压构件的稳定系数 φ 的物理意义是什么？φ 值如何确定？

4.4 在单轴对称截面的轴心压杆的整体稳定实用计算中，绕对称轴采用哪个长细比？对非对称轴又采用哪个长细比？为什么？

4.5 轴心受压实腹构件局部失稳的原因是什么？如何防止局部失稳现象的发生？

4.6 取用较粗大的缀材能否提高格构式轴心受压柱的整体稳定承载能力？

4.7 格构式轴心受压构件的缀条应如何计算？缀板又如何计算？

4.8 格构式轴压柱的单肢稳定性在计算中是否应该计算？实用上可以用什么方法来保证？

4.9 计算一屋架下弦杆所能承受的最大拉力 F，下弦截面为∟100×10，如图 4.50 所示，有两个安装螺栓，螺栓孔径为 21.5 mm，钢材为 Q235。

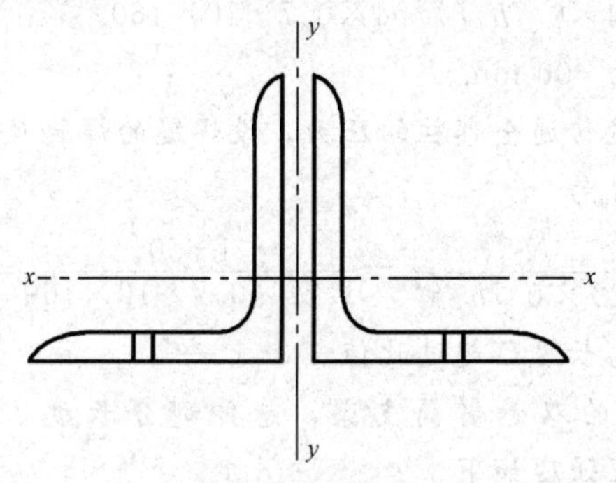

图 4.50 习题 4.9 图

4.10 如图 4.51(a)、(b)所示为两截面柱，截面面积相同，且均为 Q235 钢材，翼缘为焰切边，两端简支，$l_{0x}=l_{0y}=9$ m，试计算图 4.51(a)、(b)两柱所能承受的轴心压力的设计值。

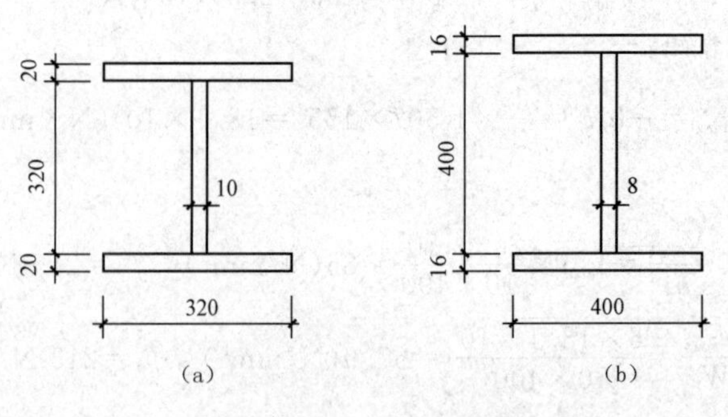

图 4.51 习题 4.10 图

4.11 设计某工作平台轴心受压柱的截面尺寸，柱高为 7 m，一端固定，一端铰接，截面为焊接工字形，翼缘为轧制边，柱的轴心压力设计值 5 000 kN，钢材为 Q235，焊条为 E43 型，采用自动焊。

4.12 设计一工作平台的格构式轴心受压柱，柱身由两个工字钢组成，采用初选单角钢∟50×5 缀条。钢材为 Q235，焊条为 E43 型。柱高为 9 m，两端铰接。由平台传给柱身压力设计值为 2 500 kN，柱重初估为 25 kN。试设计该柱截面。

4.13 将习题 4.12 设计成缀板式格构柱。

第5章 受弯构件

学习要点

本章主要介绍了受弯构件的强度和刚度计算方法；弯曲强度、抗剪强度、局部承压强度、折算应力和刚度的计算方法；梁整体稳定的基本概念；简支梁整体稳定的计算方法及增强梁整体稳定的措施；梁板局部稳定的概念、板件失稳形式和临界应力；加劲肋的设置原则和设计方法；梁腹板的屈曲后强度的利用；梁翼缘与腹板连接焊缝的设计。

学习重点与难点

重点：焊接组合梁的设计计算方法。

难点：整体稳定和局部稳定的概念和设计计算方法。

5.1 概述

5.1.1 受弯构件的类型与应用

承受横向荷载的构件称为受弯构件，其形式有实腹式与格构式两大系列。实腹式受弯构件通常称为梁；而格构式受弯构件则称为桁架。在工程结构中，受弯构件的应用非常广泛，例如，工业与民用建筑中的楼盖梁、屋盖梁(屋架)、屋面檩条、墙架梁、工作平台梁(图5.1)、吊车梁以及大跨度桥梁、海上采油平台梁等。本章主要介绍梁的受力性能和设计方法。

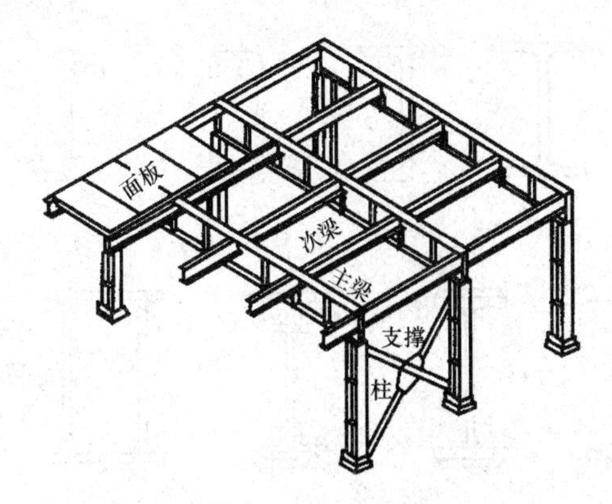

图 5.1　工作平台梁格示例

钢梁按制造方式的不同，可以分为型钢梁和组合梁。型钢梁由于构造简单、制造省工等特点，在实际工程中应用较多。而当荷载和跨度较大时，由于轧制条件的限制，型钢梁受到尺寸、规格等方面的限制，不能满足承载能力和正常使用的要求，此时应采用截面尺寸灵活和承载力更高的组合梁。

型钢梁主要有热轧型钢梁和冷成型钢梁。热轧型钢梁主要包括普通工字钢梁[图 5.2(a)]、H 型钢梁[图 5.2(b)]和槽钢梁[图 5.2(c)]等。工字钢和 H 型钢的材料在截面上的分布比较符合构件受弯的特点，用钢较省，应用广泛。尤其是 H 型钢梁，比内翼缘有斜坡的轧制普通工字钢截面抗弯效能更高，且易与其他构件连接，推荐使用。槽钢的翼缘宽度较小，而且单轴对称，剪力中心位于腹板外侧，绕截面对称轴弯曲时容易发生扭转，故使用时应使外力通过剪力中心或加强约束条件防止扭转。冷成型钢梁截面的形式主要有 C 型钢梁[图 5.2(d)]、Z 型钢梁[图 5.2(e)]和帽型钢梁[图 5.2(f)]等，用于结构中的次要受弯构件，如屋面的檩条、墙梁等，但由于它轻质高强、建造安装方便迅速，随着加工技术的提高，冷成型钢梁的应用将更加广泛。

组合梁按其制作方法和组成材料的不同，可以分为焊接组合梁、栓接组合梁、钢与混凝土组合梁和其他异型钢梁等。焊接组合梁由若干钢板或钢板与型钢连接而成，截面上材料的灵活布置更容易满足实际工程中各种不同的要求，包括工字形截面[图 5.2(g)、(h)、(i)]、箱形截面[图 5.2(k)]。当荷载太重或承受动力荷载作用要求较高时，可采用高强度螺栓摩擦型连接的栓接梁[图 5.2(j)]。钢与混凝土组合梁[图 5.2(l)]，能充分发挥混凝土受压、钢材受拉的优势，广泛应用于高层建筑和大跨度桥梁中，并取得了较好的经济效果。其他异型钢梁主要是为满足一些特殊的工程需要，包括蜂窝梁[图 5.2(m)]、楔形梁[图 5.2(n)]、预应力钢梁[图 5.2(o)]等。此外，为了充分利用钢材的强度，对受力较大的翼缘采用强度高的钢材，对受力较小的腹板采用强度相对较低的钢材，形成异钢种组合梁。

钢梁按支承条件的不同，可以分为简支梁、连续梁、悬臂梁等。单跨简支梁与连续梁相比虽然用钢量较多，但制作安装方便，且内力不受温度变化或支座沉陷等的影响，因此在钢梁结构中应用较多。

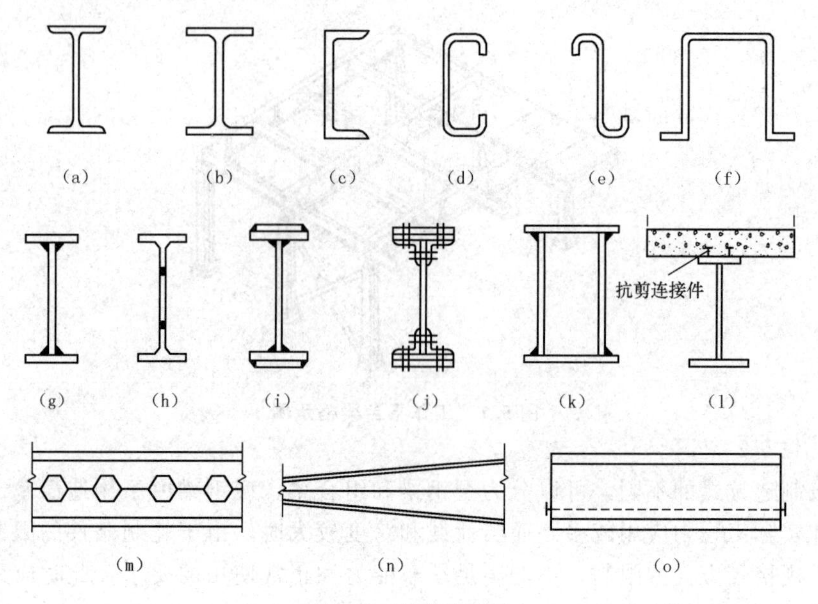

图 5.2　钢梁的类型

钢梁按使用功能的不同，可以分为楼盖梁、平台梁、吊车梁、檩条、墙架梁等。

钢梁按受力情况的不同，可以分为单向弯曲梁和双向弯曲梁。工程结构中大多数的钢梁为单向弯曲梁，檩条和吊车梁为双向弯曲梁。

5.1.2　梁格布置

梁格是由纵横交错的主、次梁组成的结构体系。根据主、次梁的排列情况，梁格可分为单向梁格、双向梁格、复式梁格三种类型，如图 5.3 所示。

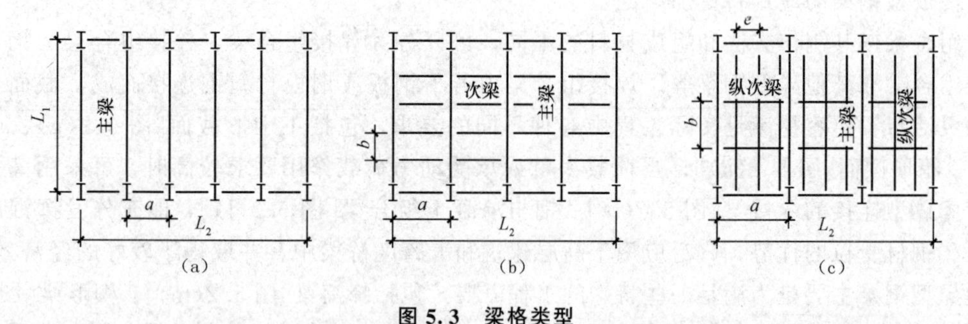

图 5.3　梁格类型

(a)单向梁格；(b)双向梁格；(c)复式梁格

(1)单向梁格：只有主梁。板直接放在主梁上，适用于小跨度的楼盖和平台结构。

(2)双向梁格：有主梁和一个方向次梁。在各主梁之间设置若干次梁，将板划分为较小区格，以减小板的跨度。

(3)复式梁格：主梁间设纵向次梁，纵向次梁间再设横向次梁，使板的区格尺寸与厚度保持在经济合理的范围内。

5.1.3 受弯构件设计计算内容与要求

梁的设计计算应同时满足承载能力极限状态和正常使用极限状态的要求。其承载能力极限状态包括强度和稳定两个方面。强度计算包括抗弯强度、抗剪强度、局部承压强度、复杂应力作用下的强度(受动载时还包括疲劳强度)；稳定计算包括整体稳定和局部稳定。正常使用极限状态只需控制梁的刚度，即要求梁的最大挠度不超过其容许挠度。

5.2 受弯构件的强度

常用钢梁有两个正交的形心主轴，其中绕一个主轴的惯性矩和截面模量最大，称为强轴，通常用 x 轴表示；与之正交的轴称为弱轴，通常用 y 轴表示，如图 5.4 所示。在横向荷载作用下，钢梁的截面上将产生弯矩和剪力。钢梁的强度计算包括抗弯强度、抗剪强度、局部承压强度和复杂应力作用下的强度。

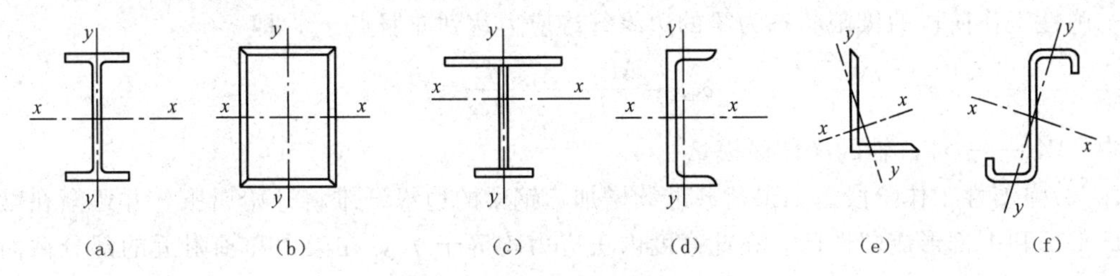

图 5.4 各种截面的强轴与弱轴

5.2.1 梁的抗弯强度

1. 梁截面上的正应力

假设钢材是理想弹塑性体，纯弯梁的应力—应变曲线如图 5.5 所示。根据材料力学中的平截面假定，梁截面上的应变呈线性变化，正应力随着弯矩的不断增大而产生四个不同工作阶段，即弹性工作阶段、弹塑性工作阶段、塑性工作阶段和应变硬化阶段。

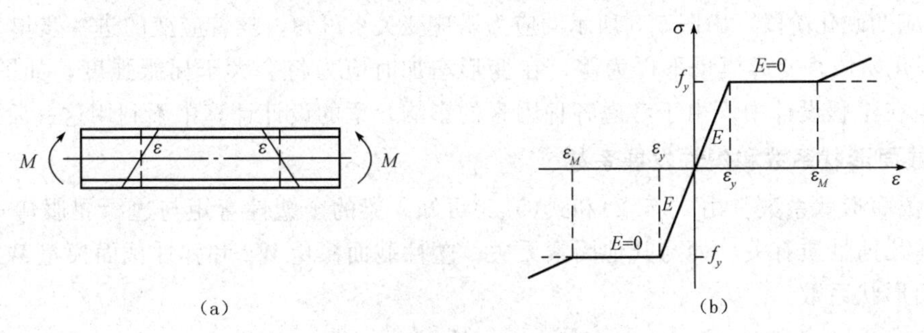

图 5.5 纯弯梁的应力—应变简图

(a)受纯弯作用的梁；(b)钢材应力—应变曲线

(1)弹性工作阶段。钢梁在纯弯的情况下，当承受荷载较小时，边缘纤维应力小于材料的屈服点，如图5.6(a)所示，梁截面处于弹性工作阶段。由应力和弯矩的关系公式可得：

$$\sigma=\frac{M_x y}{I_{nx}} \tag{5.1}$$

式中　σ——截面上任一点的正应力；

M_x——绕 x 轴施加的弯矩；

I_{nx}——绕 x 轴的净截面惯性矩。

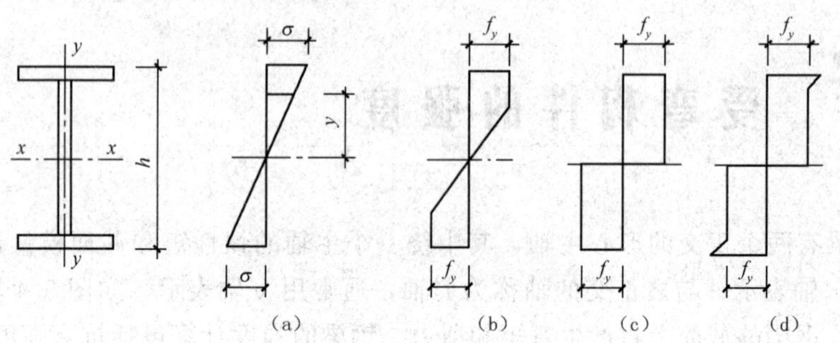

图5.6　纯弯梁各应力阶段的应力图

弹性工作阶段的极限状态为梁的边缘纤维应力达到屈服点 f_y，即

$$\sigma_{\max}=\frac{M_x y_{\max}}{I_{nx}}=\frac{M_x}{W_{nx}}=f_y \tag{5.2}$$

式中　W_{nx}——对 x 轴的净截面模量。

(2)弹塑性工作阶段。如果荷载继续增加，钢梁的边缘纤维将开始屈服，并逐渐在梁横截面上部和下部形成塑性区，在此高度内正应力均等于 f_y，在梁中和轴附近的部分截面仍处于弹性阶段，如图5.6(b)所示。弹性区和塑性区的高度取决于外加弯矩的大小。

(3)塑性工作阶段。随着荷载的继续增加，梁横截面上的塑性区逐渐增大直到全截面屈服，如图5.6(c)所示，此时荷载不再增加而梁的变形却不断增大，截面形成塑性铰。塑性弯矩 M_{px} 原则上可以作为承载能力极限状态，其计算公式为

$$M_{px}=f_y(S_1+S_2)=f_y W_{px} \tag{5.3}$$

式中　W_{px}——截面的塑性截面模量；

S_1，S_2——截面受压区和受拉区对中和轴的面积静矩。对于非对称截面，中和轴与形心轴不重合，应按照截面应力总和相等原则求出受压区和受拉区的面积，然后求出 S_1 和 S_2。

(4)应变硬化阶段。由图5.5所示的应力—应变关系可知，随着应变的进一步增大，材料会进入强化阶段，变形模量不再为零，在变形增加时应力将会大于屈服强度，如图5.6(d)所示。但在工程设计中，由于考虑各种因素的影响，梁的设计计算中不利用这一阶段。

2. 截面形状系数和塑性发展系数

(1)截面形状系数。由式(5.2)和式(5.3)可知，梁的全塑性弯矩与边缘屈服弯矩的比值仅与截面几何性质有关，而与其他因素无关。塑性截面模量 W_p 和弹性截面模量 W_n 的比值称为截面形状系数。

$$\eta=\frac{W_p}{W_n} \tag{5.4}$$

η值随着截面形状的改变而不同，对于矩形截面，$\eta=1.5$；圆形截面，$\eta=1.7$；圆管截面，$\eta=1.27$；工字形截面对 x 轴，$\eta=1.10\sim1.17$(随尺寸变化而不同)。

(2)塑性发展系数。在实际设计中，考虑用料经济和正常使用方面的要求，通常将梁的极限弯矩取在全塑性弯矩和边缘屈服弯矩之间，即弹塑性弯矩。弹塑性弯矩的计算公式为

$$M=f_y\gamma W_n \tag{5.5}$$

式中 γ——截面塑性发展系数，$1<\gamma<\eta$。γ 值与截面上塑性发展深度有关，截面上塑性区的高度越大，γ 越大。当全截面塑性时，$\gamma=\eta$。

3.《钢结构设计规范》(GB 50017—2003)抗弯强度的计算规定

规范中考虑了截面部分发展塑性变形，规定在主平面内受弯的实腹构件，其抗弯强度应按下列公式计算：

双向弯曲梁：

$$\frac{M_x}{\gamma_x W_{nx}}+\frac{M_y}{\gamma_y W_{ny}}\leqslant f \tag{5.6}$$

单向弯曲梁：

$$\frac{M_x}{\gamma_x W_{nx}}\leqslant f \tag{5.7}$$

$$\frac{M_y}{\gamma_y W_{ny}}\leqslant f \tag{5.8}$$

式中 M_x，M_y——同一截面处环绕 x 轴和 y 轴的弯矩(对工字形截面，x 为强轴，y 为弱轴)；

W_{nx}，W_{ny}——对 x 轴和 y 轴的净截面模量；

γ_x，γ_y——截面塑性发展系数；

f——钢材的抗弯强度设计值。

为了使截面的塑性发展深度不致过大，对工字形截面，$\gamma_x=1.05$，$\gamma_y=1.20$；对箱形截面，$\gamma_x=\gamma_y=1.05$；其他截面的具体取值见表 5.1。此外，为了保证翼缘不丧失局部稳定，当梁受压翼缘的自由外伸宽度与厚度之比大于 $13\sqrt{235/f_y}$ 而不超过 $15\sqrt{235/f_y}$ 时，应取 $\gamma_x=1.0$；考虑到对塑性变形形态下梁的疲劳性能目前还研究得不足，对需要计算疲劳的梁不考虑截面塑性发展，即取 $\gamma_x=\gamma_y=1.0$。

表 5.1　截面塑性发展系数 γ_x，γ_y

项次	截面形式	γ_x	γ_y
1	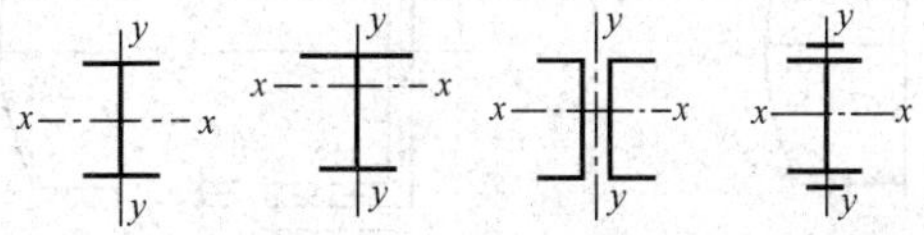	1.05	1.2
2	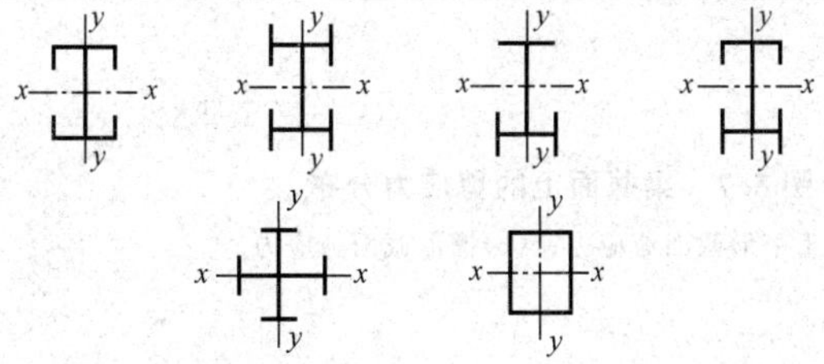		1.05

续表

项次	截面形式	γ_x	γ_y
3		$\gamma_{x1}=1.05$ $\gamma_{x2}=1.2$	1.2
4			1.05
5		1.2	1.2
6		1.15	1.15
7		1.0	1.05
8			1.0

5.2.2 梁的抗剪强度

承受横向荷载的梁会在截面内产生剪力，对于工字形或槽形等薄壁开口截面构件，截面剪应力分布可用剪力流理论来解释，即剪应力沿壁厚方向大小不变，方向与板壁中心线一致，如图5.7所示。从图中可以看出，在截面的自由端剪应力为零，在腹板中和轴处剪应力最大。

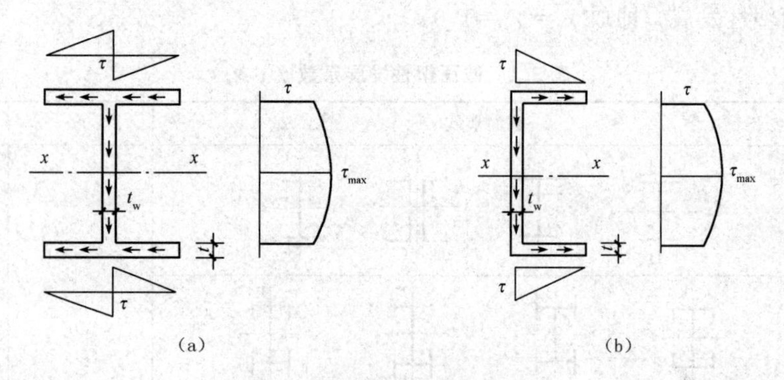

图5.7 梁截面上的剪应力分布

(a)工字形截面剪应力；(b)槽形截面剪应力

我国《钢结构设计规范》(GB 50017—2003)规定在主平面内受弯的实腹构件(不考虑腹板屈曲后强度)，其抗剪强度应按式(5.9)计算：

$$\tau=\frac{VS}{It_w}\leqslant f_v \tag{5.9}$$

式中 V——计算截面沿腹板平面作用的剪力；

S——计算剪应力处以上毛截面对中和轴的面积矩，当计算翼缘板上的剪应力时，S 取计算点以外的毛截面对中和轴的面积矩；

I——毛截面惯性矩；

t_w——腹板厚度；

f_v——钢材的抗剪强度设计值。

5.2.3 梁的局部承压强度

梁在支座处或在吊车轮压的作用下承受集中荷载，如图 5.8 所示，荷载通过翼缘传递给腹板，腹板在压力作用点处的边缘承受的局部压应力最大，并沿纵向向两边传递。实际上压力在钢梁纵向上的分布并不均匀，但在设计中为了简化计算，假定局部压力均匀分布在一段较小的长度范围内。

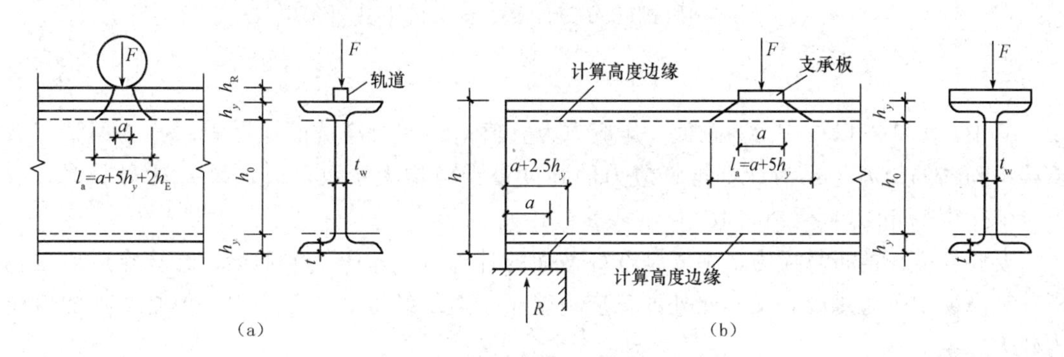

图 5.8 钢梁的局部承压计算简图

当梁上翼缘受有沿腹板平面作用的集中荷载，且在该荷载处又未设置支承加劲肋时，腹板计算高度上边缘的局部承压强度应按式(5.10)计算：

$$\sigma_c=\frac{\psi F}{t_w l_z}\leqslant f \tag{5.10}$$

式中 F——集中荷载，对动力荷载应考虑动力系数；

ψ——集中荷载增大系数，对重级工作制吊车梁 $\psi=1.35$，对其他梁 $\psi=1.0$，对于支座反力 $\psi=1.0$；

f——钢材的抗压强度设计值；

l_w——集中荷载在腹板计算高度边缘的假定分布长度。

集中荷载在腹板高度边缘的假定分布长度的计算公式为

$$l_z=a+5h_y+2h_R \tag{5.11}$$

对于支座处的假定分布长度的计算，如图 5.8(b)所示，则公式变为

$$l_z=a+2.5h_y \tag{5.12}$$

式中 a——集中荷载沿梁跨度方向的支承长度，对钢轨上的轮压可取为 50 mm，如图 5.8(a)所示；

h_y——自梁顶面至腹板计算高度上边缘的距离；

h_R——轨道的高度，对梁顶无轨道的梁 $h_R=0$。

关于腹板的计算高度 h_0，对轧制型钢梁，为腹板与上、下翼缘相接处两内弧起点之间的距离；对焊接组合梁，为腹板高度；对铆接(或高强度螺栓连接)组合梁，为上、下翼缘与腹板连接的铆钉(或高强度螺栓)线间最近距离。

5.2.4 复杂应力作用下的强度

梁在承受横向荷载时，经常会同时受弯和受剪，有时还会有局部压应力。如在连续梁中部支座处或梁的翼缘截面改变处，会同时受较大的正应力、剪应力和局部压应力，虽然有时这些力并没有达到最大，但它们的组合作用可能会影响钢梁的安全。对于这种组合作用的验算公式为

$$\sqrt{\sigma^2+\sigma_c^2-\sigma\sigma_c+3\tau^2}\leqslant\beta_1 f \tag{5.13}$$

式中 σ，τ，σ_c——腹板高度边缘同一点上同时产生的正应力、剪应力和局部压应力。τ 和 σ_c 按式(5.9)和式(5.10)计算。σ 应按下式计算：

$$\sigma=\frac{M}{I_n}y_1 \tag{5.14}$$

其中，σ 和 σ_c 以拉应力为正值，压应力为负值；I_n 为梁净截面惯性矩；y_1 为所计算点至梁中和轴的距离；β_1 为计算折算应力的强度设计值增大系数，当 σ 和 σ_c 为异号时，取 $\beta_1=1.2$；当 σ 和 σ_c 同号时，取 $\sigma_c=0$ 或 $\beta_1=1.1$。

要验算截面的折算应力，主要是选好截面的计算点，对于工字形梁，计算点应取在腹板计算高度上下边缘处，虽然此处的正应力略小于边缘纤维处的正应力，但是此处的剪应力较大。

5.2.5 受弯构件的刚度

承受横向荷载的各种受弯构件的截面一般由抗弯强度决定，如截面较大而跨度较小时，则取决于抗剪强度，较细长的受弯构件则往往由刚度控制。受弯构件的刚度采用荷载作用下的挠度的大小来度量。受弯构件的刚度不足则不能保证正常使用。如楼盖梁的挠度超过正常使用的某一限值时，一方面产生不舒适感和不安全感；另一方面可能使其上部的楼面及下部的抹灰开裂，影响整个结构的使用功能。吊车梁挠度过大，可能使吊车不能正常运行等。因此，为了满足正常使用的要求，设计时必须保证受弯构件的挠度不超过《钢结构设计规范》(GB 50017—2003)规定的容许挠度。

$$v_T=[v_T] \tag{5.15}$$

$$v_Q=[v_Q] \tag{5.16}$$

式中，v_T、v_Q 分别为全部荷载(包括永久和可变荷载)、可变荷载的标准值(不考虑荷载分项系数和动力系数)产生的最大挠度(如有起拱应减去拱度)；$[v_T]$、$[v_Q]$分别为梁全部荷载(包括永久和可变荷载)产生的挠度的容许挠度值，其中可变荷载是由其标准值产生的挠

度的容许挠度值，对某些常用的受弯构件，《钢结构设计规范》(GB 50017—2003)根据实践经验规定的容许挠度值$[v]$见附表2.1。

【例题5.1】 一简支梁，梁跨为7 m，焊接组合工字形对称截面尺寸为150 mm×450 mm×18 mm×12 mm(图5.9)，梁上作用有均布恒载17.1 kN/m(标准值，未含梁自重)，均布活载6.8 kN/m(标准值)，距梁端2.5 m处尚有集中恒荷载标准值60 kN，支承长度200 mm。钢材Q235。荷载分项系数对恒载取1.2，对活载取1.4。试验算钢梁截面是否满足强度要求(不考虑疲劳)。

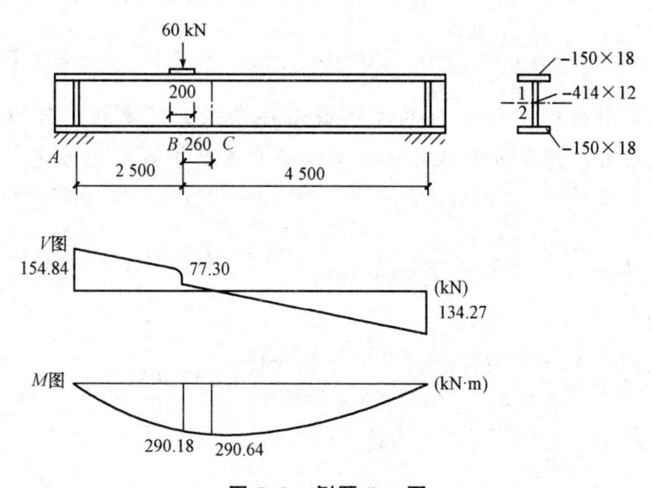

图5.9 例题5.1图

【解】 首先计算梁的截面特性，然后计算出梁在荷载作用下的弯矩和剪力，最后分别验算梁的抗弯强度、抗剪强度、局部承压强度和折算应力强度等。

(1)截面特性。

$$A=414\times 12+150\times 18\times 2=10\ 368(\text{mm}^2)$$

$$I_x=3.23\times 10^8(\text{mm}^4)$$

$$W_{nx}=\frac{I_x}{450/2}=\frac{3.23\times 10^8}{225}=1.44\times 10^6(\text{mm}^3)$$

计算点1处的面积矩：$S_1=150\times 18\times 216=5.83\times 10^5(\text{mm}^3)$

计算点2处的面积矩：$S_2=150\times 18\times 216+\frac{12\times 207^2}{2}=8.40\times 10^5(\text{mm}^3)$

(2)荷载与内力。

钢梁的自重：$g=0.814$ kN/m

均布荷载设计值：

$$q=1.2\times(17.1+0.814)+1.4\times 6.8=31.02(\text{kN/m})$$

集中荷载：

$$F=1.2\times 60=72(\text{kN})$$

由此得到的弯矩和剪力分布如图5.9所示，$M_{max}=290.64$ kN·m，$V_{max}=154.84$ kN。

(3)验算截面强度。

①抗弯强度：

$$\frac{M_{x\max}}{\gamma_x W_{nx}}=\frac{290.64\times10^6}{1.05\times1.44\times10^6}=192.22(\text{N/mm}^2)<f=205\ \text{N/mm}^2(\text{满足})$$

②抗剪强度：支座处剪应力最大。

$$\tau_{\max}=\frac{V_{\max}S_2}{I_x t_w}=\frac{154.84\times10^3\times8.4\times10^5}{3.23\times10^8\times12}=33.56(\text{N/mm}^2)<f=125\ \text{N/mm}^2(\text{满足})$$

③局部承压强度：支座处虽有较大的支座反力，但因设置了加劲肋，可不计算局部承压应力。集中荷载作用处 B 截面的局部承压应力为

$$l_z=a+2.5h_y=200+5\times18=290(\text{mm})$$

$$\sigma_c=\frac{\psi F}{t_w l_z}=\frac{1.0\times72\times10^3}{12\times290}=20.69(\text{N/mm}^2)\leqslant215\ \text{N/mm}^2(\text{满足})$$

④折算应力：集中荷载作用点 B 的左侧截面存在很大的弯矩、剪力和局部承压应力，应验算此处的折算应力，计算点取在腹板与翼缘的交界处 1 点所示位置。

正应力：

$$\sigma_1=\frac{M_{xB}}{I_x}\times y_B=\frac{290.18\times10^6}{3.23\times10^8}\times207=185.97(\text{N/mm}^2)$$

剪应力：

$$\tau_1=\frac{V_B S_1}{I_x t_w}=\frac{77.3\times10^3\times5.83\times10^5}{3.23\times10^8\times12}=11.63(\text{N/mm}^2)$$

局部压应力：$\sigma_c=20.69$

折算应力：

$$\sqrt{\sigma_1^2+\sigma_c^2-\sigma\sigma_c+3\tau^2}=\sqrt{185.97^2+20.69^2-185.79\times20.69+3\times11.63^2}$$
$$=177.69(\text{N/mm}^2)\leqslant1.1\times215=236.5(\text{N/mm}^2)(\text{满足})$$

5.3 构件的扭转

当梁在弯矩作用平面外失去稳定性时，梁将同时发生侧向弯曲和扭转；当梁上的横向荷载不通过截面剪力中心时，也将在受弯的同时产生扭转变形，因此，必须分析扭转效应对梁承载能力的影响。

一般梁截面选用矩形、工字形和槽形等开口薄壁截面，开口薄壁构件在扭矩作用下，截面上的各点沿梁轴方向发生纵向位移而使截面翘曲，截面不再保持为平面。按照荷载和支承条件的不同，扭转有两种形式：一是梁扭转时截面能自由翘曲，即纵向位移不受约束，这种扭转称为自由扭转或圣维南扭转[图 5.10(a)]；二是翘曲受到约束的扭转称为约束扭转或弯曲扭转[图 5.10(b)、(c)]。

5.3.1 开口薄壁截面的剪力流

在分析构件受扭之前，首先介绍一些常见概念。一般将与薄壁板件两表面等距离的中间面称为中面；中面与杆件截面的交线称为中线或轮廓线。中线或轮廓线描述了横截面的

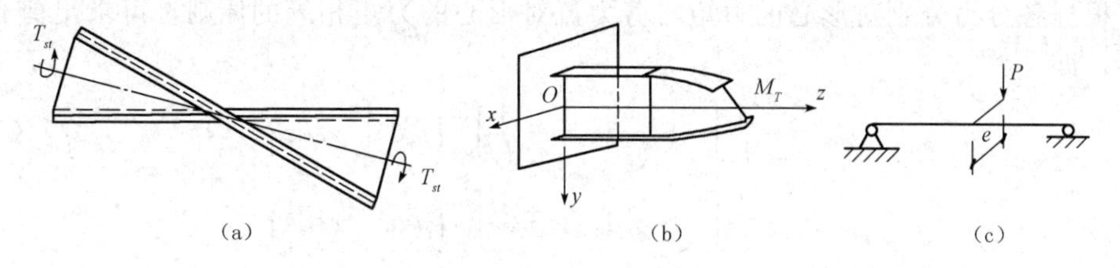

图 5.10　梁的扭转

形状，分析时常用中线轮廓线表示横截面。根据薄壁杆件截面的轮廓线是否封闭，可将截面分为开口截面和闭口截面两大类。

根据弹性力学相关知识，图 5.11 中开口薄壁截面构件在横向荷载作用下只发生弯曲变形时，仅引起截面的正应力 σ 和剪应力 τ。因其截面壁厚较薄，故可以认为横向荷载产生的剪应力沿壁厚是均匀分布的，沿薄壁中心线方向单位长度的剪力大小为 τt，方向与中心线的切线方向一致，称为剪力流。S 为截面的剪力中心，坐标为$(x_0,\ y_0)$。荷载在 x 轴与 y 轴上的弯矩 M_x 与 M_y，和平行于 x 轴与 y 轴的剪力 Q_x 和 Q_y 有如下关系：

$$Q_x=\frac{\mathrm{d}M_x}{\mathrm{d}z},\ Q_y=\frac{\mathrm{d}M_y}{\mathrm{d}z}$$

截面上任一点 P 点 z 方向的弯曲正应力为

$$\sigma=\frac{M_x y}{I_x}+\frac{M_y x}{I_y}$$

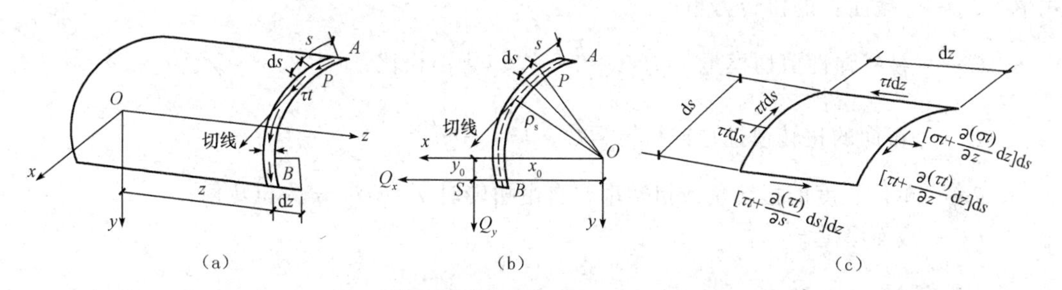

图 5.11　开口薄壁截面剪力流和剪力中心

则有

$$\frac{\mathrm{d}\sigma}{\mathrm{d}z}=\left(\frac{\mathrm{d}M_x}{\mathrm{d}z}\right)\frac{y}{I_x}+\left(\frac{\mathrm{d}M_y}{\mathrm{d}z}\right)\frac{x}{I_y} \tag{5.17}$$

截面上任一点 P 的剪力流为

$$\tau t=-\frac{Q_y}{I_x}\int_0^s yt\,\mathrm{d}s-\frac{Q_x}{I_y}\int_0^s xt\,\mathrm{d}s=-\frac{Q_yS_x}{I_x}-\left(-\frac{Q_xS_y}{I_y}\right) \tag{5.18}$$

式中　S_x—— 自 A 点到计算点 P 的曲线面积对 x 轴的静距，$S_x=\int_0^s yt\,\mathrm{d}s$；

S_y—— 自 A 点到计算点 P 的曲线面积对 y 轴的静距，$S_y=\int_0^s xt\,\mathrm{d}s$。

剪力流在两个轴上的分力 Q_x 与 Q_y 的交点称为截面的剪力中心，又称为弯曲中心，简称剪心或弯心，即图中 S 点。从截面形心 O 到微段 $\mathrm{d}s$ 中心线切线方向的垂直距离 ρ_s，称为

极距。根据各分力分别对形心的力矩与剪力流对形心的力矩相等的原则，可求出剪心 S 点的坐标，即

$$x_0 = -\frac{1}{I_x}\int_0^{s_1} S_x \rho_s \mathrm{d}s = -\frac{1}{I_x}\int_0^{s_1}\left(\rho_s \mathrm{d}s \int_0^s yt\,\mathrm{d}s\right) \tag{5.19a}$$

$$y_0 = -\frac{1}{I_y}\int_0^{s_1} S_y \rho_s \mathrm{d}s = -\frac{1}{I_y}\int_0^{s_1}\left(\rho_s \mathrm{d}s \int_0^s xt\,\mathrm{d}s\right) \tag{5.19b}$$

从式(5.19)可知：截面的剪力中心坐标只与截面的形状和尺寸有关，而与受力条件无关，属于截面的几何性质。

5.3.2 梁的自由扭转

自由扭转具有以下特点：扭转时纵向纤维无变形仍保持为直线，各截面产生相同翘曲，扭转截面内仅产生剪应力而无正应力，且对等截面构件，沿轴线方向各截面的剪应力分布相同。根据弹性力学的分析，可得到扭矩与截面扭转率的关系式(5.20)和最大剪应力公式(5.21)。

$$T_{st} = GI_t\theta \tag{5.20}$$

自由扭转产生的剪应力使截面壁厚内形成封闭的剪力流(图 5.12)，方向与壁厚中心线平行，而且大小相等、方向相反，成对地形成扭矩。其在中线处的剪应力为零，在壁厚外表最大，沿厚度按线性变化，板件的最大剪应力为

$$\tau_{\max} = \frac{T_{st}t}{I_t} \tag{5.21}$$

式中 T_{st}——截面上的扭转力矩；

G——材料弹性剪切模量，$G=\frac{E}{2(1+v)}$，v 为泊松比；

I_t——截面的扭转惯性矩或扭转常数，$I_t=\frac{1}{3}bt^3$；

θ——单位长度的扭转角或扭转率，自由扭转时 $\theta=\varphi/l$，φ 为扭转角；

t——截面厚度。

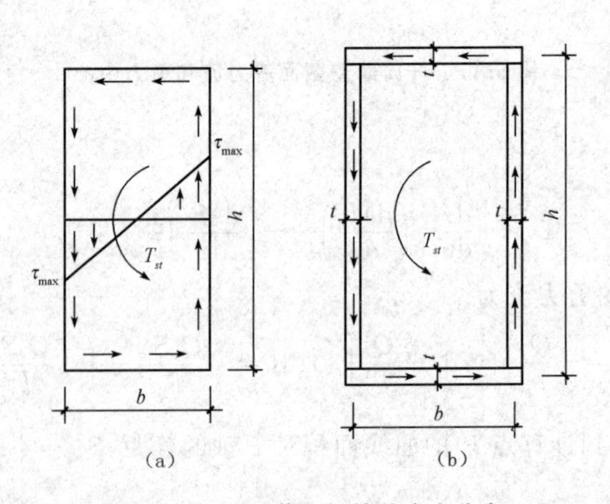

图 5.12 矩形截面扭转剪应力分布

对于工字形、T 形、箱形和槽形等开口组合截面，可视为由几个狭长矩形截面组成。

此时整个截面的自由扭转常数可近似取为各矩形单元扭转常数之和，即

$$I_t = \frac{1}{3}\sum_{i=1}^{n} b_i t_i^3 \tag{5.22}$$

式中　b_i，t_i——各矩形单元的长度和厚度。

对于热轧型钢截面，需考虑板件连接处圆弧角使厚度局部增大的影响，式(5.22)中的扭转惯性矩要乘以局部加强的增大系数 k。系数 k 对角钢截面取 1.0，对工字钢截面取 1.3，对槽钢截面取 1.12，对 T 形或 Z 形截面取 1.15，对组合截面取 1.0。

5.3.3　梁的约束扭转

1. 受扭构件翘曲应力

图 5.13(a)所示为一双轴对称工字形开口截面悬臂梁。当自由端受扭矩 M_T 作用时，与自由扭转不同，约束扭转发生时纵向纤维将不再保持为直线，而是发生弯曲变形，且自由端截面发生较大翘曲变形时，越向固定端处靠近，截面翘曲变形越小。在固定端处截面不发生翘曲变形，截面仍保持为初始平面。截面的翘曲变形受到约束，截面纵向纤维不能自由伸缩，从而产生的纵向正应力，称为翘曲正应力(或称扇性正应力)。当相邻截面的翘曲正应力不相同时，还会产生与其平衡的剪应力，称为翘曲剪应力(或称扇性剪应力)。图 5.13(b)中除受扭构件固定端部的截面外，在其他截面有翘曲并非自由变形，构件截面所承受的扭矩分为自由扭矩和约束扭矩两部分(又称翘曲扭矩)，此类构件的扭转为非均匀扭转。

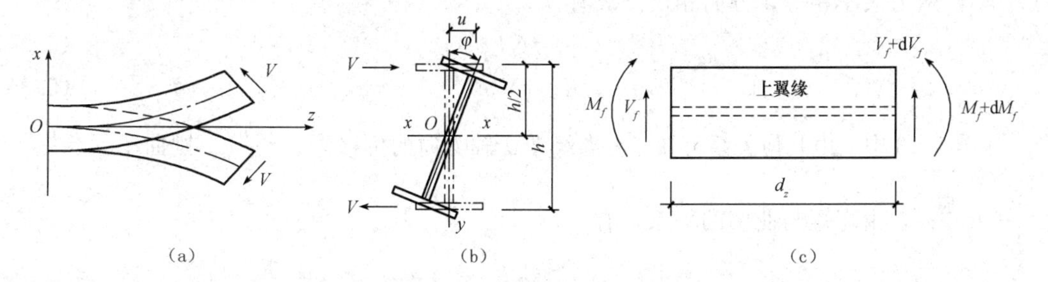

图 5.13　工字形截面悬臂梁的约束扭转

发生非均匀扭转时，为抵抗两相邻截面的相互转动，工字形截面上既有如图 5.14 所示的与自由扭转相同的自由扭转剪应力 τ_s(或称圣维南剪应力)，同时，还有在翼缘处与翘曲正应力 σ_w 相平衡的翘曲剪应力 τ_w(或称为弯曲扭转剪应力)。前者组成自由扭矩 T_{st}，后者组成约束扭矩 T_w，两者共同抵抗外扭矩 M_T 的作用。

由平衡关系可知：

$$M_T = T_{st} + T_w \tag{5.23}$$

式中　T_{st}——构件截面的自由扭转力矩；

　　　T_w——构件截面的约束扭转力矩。

计算约束扭矩前需作两个基本假定：

一是认为扭转前后截面形状不变或刚周边假定。实际上无论开口截面还是闭口截面构件，在受扭时都会产生截面畸变屈曲，但对于一般开口薄壁构件，由假定得到的计算结果

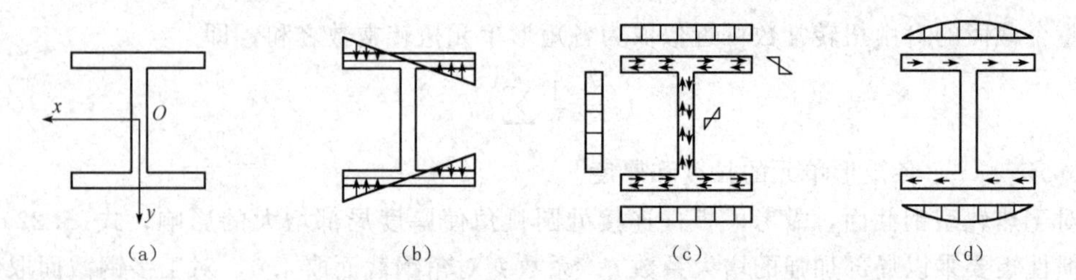

图 5.14　工字形截面扭转时的应力分布

(a)截面图；(b)σ_w；(c)τ_s；(d)τ_w

与试验结果吻合良好，通过此假定可以简化计算过程，对结果影响不大。

二是假定开口薄壁板件中面的自由扭转剪应变 γ 为零，即不考虑自由扭转剪应力 τ_s 的影响。此假定要使构件的宽厚比和构件长度与截面轮廓尺寸之比大于或等于 10，此时构件弯曲和扭转时中面产生的剪应变 γ 非常小，可以忽略不计。应特别注意，对于闭口截面薄壁构件，其中面上的自由扭转剪应变 γ 就不能忽略，应根据胡克定律分别按单室或多室闭口截面确定剪应力 τ 和剪应变 γ。对于单室截面[图 5.12(b) 所示为仅一个封闭室的箱形梁截面]，有自由扭转剪应变 $\gamma=\tau/G=\dfrac{T_{st}}{2GA_0t}$，即认为 $\tau=\dfrac{T_{st}}{2A_0t}$ 沿厚度方向均匀分布，式中 $A_0=\dfrac{1}{2}\int\rho_s\mathrm{d}s$ 为闭口截面板件中线所围的面积，t 为腹板厚度，ρ_s 为极距。

距离固定端 z 位置处截面上，截面的扭转角为 φ，且上下翼缘中弯曲扭转剪应力的合力均为 V_f，两力大小相等，方向相反。故有

$$T_{st}=GI_t\varphi' \tag{5.24}$$

$$T_w=V_fh \tag{5.25}$$

在图 5.13 中，由几何关系可知，上翼缘在 x 轴方向的位移为 $u=\dfrac{h}{2}\varphi$，则曲率 $u''=\dfrac{\mathrm{d}^2u}{\mathrm{d}x^2}=\dfrac{h}{2}\dfrac{\mathrm{d}^2\varphi}{\mathrm{d}z^2}=\dfrac{h}{2}\varphi''$，由弯矩与曲率的关系，有

$$M_f=EI_f\frac{\mathrm{d}^2u}{\mathrm{d}z^2}=EI_f\frac{h\mathrm{d}^2\varphi}{2\mathrm{d}z^2} \tag{5.26}$$

式中　M_f——一个翼缘的侧向弯矩；

I_f——一个翼缘绕 y 轴的惯性矩，图中 $I_f=I_y/2$。

上、下翼缘的弯矩大小相等，但方向相反，形成双力矩的一种的内力，即

$$B_w=M_fh=\frac{1}{2}EI_fh^2\varphi'' \tag{5.27}$$

令 $I_w=I_fh^2/2=I_yh^2/4$，其称为扇性惯性矩(也称为翘曲惯性矩或翘曲扭转常数)，它属于截面的一种几何性质，则有

$$B_w=EI_w\varphi'' \tag{5.28}$$

由上翼缘内力平衡关系，有

$$V_f=\frac{\mathrm{d}M_f}{\mathrm{d}z}=-\frac{h}{2}EI_f\frac{\mathrm{d}^3\varphi}{\mathrm{d}z^3} \tag{5.29}$$

$$T_w=V_fh=\frac{EI_fh^2}{2}\frac{\mathrm{d}^3\varphi}{\mathrm{d}z^3}=-EI_w\frac{\mathrm{d}^3\varphi}{\mathrm{d}z^3} \tag{5.30}$$

由式(5.28)和式(5.30)可知，约束扭矩与双力矩之间有下述关系：

$$T_{\mathrm{w}}=\frac{\mathrm{d}B_{\mathrm{w}}}{\mathrm{d}z} \tag{5.31}$$

翼缘因翘曲而产生的翘曲正应力和翘曲剪应力(图 5.14)计算如下：

翘曲正应力

$$\sigma_{\mathrm{w}}=\frac{M_f}{I_f}x \tag{5.32}$$

翘曲剪应力

$$\tau_{\mathrm{w}}=\frac{V_f S}{I_f t} \tag{5.33}$$

对于如图 5.15(a)、(b)所示的任意开口薄壁构件截面，其剪心 S 的坐标为(x_0，y_0)，极距为 ρ，则翘曲惯性矩的一般计算公式为

$$I_{\mathrm{w}}=\int_0^{s_1} w_n^2 t\,\mathrm{d}s=\int_A w_n^2 dA \tag{5.34}$$

$$w_n=w_s-\frac{\int_A w_s\mathrm{d}A}{A} \tag{5.35}$$

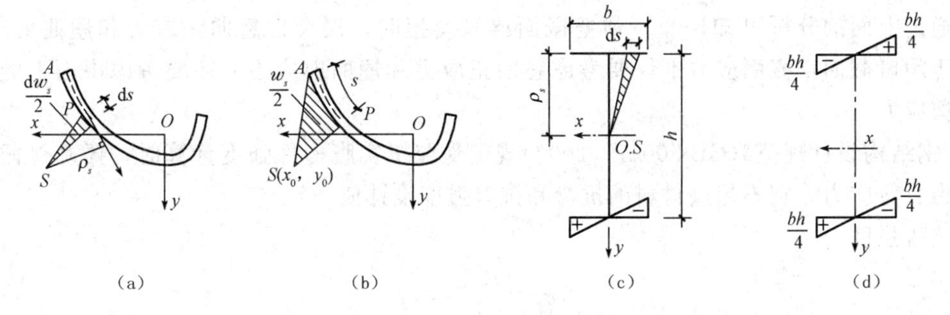

图 5.15 开口截面扇性坐标计算

式中 w_n——主扇性坐标，相当于在图中任意点 P 的扇性坐标 $w_s=\int_0^s\rho_s\mathrm{d}s$ 减去全截面的平均扇性坐标 $\frac{\int_A w_s\mathrm{d}A}{A}$。

图 5.15(a)中 ds 微段所围成的阴影部分面积相当于以 ds 为底，以 ρ_s 为高的三角形面积，而 $\mathrm{d}w_s=\rho_s\mathrm{d}s$ 则为此阴影部分面积的两倍，可称为微段扇形面积。

$$w_s=\int_0^s\rho_s\mathrm{d}s \tag{5.36}$$

式中 w_s——任意点 P 的扇性坐标。

它是以剪心为极距，从曲线坐标 $s=0$ 的起点 A 到曲线坐标为 s 的任意点 P 所围成的阴影部分面积的两倍[图 5.15(b)]，又称为扇形面积，其单位为长度的平方。选取的 $s=0$ 的起点 A 称为扇性零点。通常从扇性零点开始，以逆时针得到的扇性坐标 w_s 为正值，顺时针得到的为负值。若选择的 A 点恰好满足 $\int_A w_s dA=0$，则有 $w_n=w_s$，w_s 本身就为主扇性坐

标，双轴对称截面就有 $w_n = w_s$。

因此任意截面的翘曲应力为

翘曲正应力

$$\sigma_w = -EW_n\varphi'' = \frac{B_w w_n}{I_w} \tag{5.37}$$

翘曲剪应力

$$\tau_w = \frac{ES_w\varphi''}{t} = -\frac{T_w S_w}{I_w t} \tag{5.38}$$

式中 S_w——扇性静距，对于工字形组合截面 $S_w = \left(\frac{b}{2} - x\right)t\left(\frac{x + b/2}{2}\right)$；

b、t——翼缘的宽度和厚度。

因此，可得开口薄壁杆约束扭转平衡微分方程为

$$M_T = GI_t\frac{\mathrm{d}\varphi}{\mathrm{d}z} - EI_w\frac{\mathrm{d}^3\varphi}{\mathrm{d}z^3} \tag{5.39}$$

式(5.39)即为开口薄壁杆件约束扭转计算的一般公式，式中 GI_t 和 EI_w 常称为截面的扭转刚度和翘曲刚度。

2.《钢结构设计规范》(GB 50017—2003)对梁抗扭强度计算的规定

通过上面的分析可知，开口薄壁截面梁只受扭时，仅考虑翘曲正应力和翘曲剪应力，而对于闭口截面，截面应力不仅要考虑翘曲正应力和翘曲剪应力，还要考虑中面上的自由扭转剪应力。

《钢结构设计规范》(GB 50017—2003)规定受纯扭实腹构件强度计算时，要确保截面的正应力、剪应力分别不超过材料的抗弯和抗剪强度设计值。

抗弯强度

$$\sigma_w = \frac{B_w w_n}{I_w} \leqslant f \tag{5.40}$$

式中 B_w——构件截面的双力矩，对于简支梁，其双力矩可查表5.2；

w_n——主扇性坐标；

I_w——扇性惯性矩或自由扭转常数。

抗剪强度

$$\tau = \frac{T_w S_w}{I_w t} + \frac{T_{st}}{2A_0 t} \leqslant f \tag{5.41}$$

式中 T_w——构件截面的约束扭转力矩；

T_{st}——构件截面的自由扭转力矩，对于开口薄壁截面不考虑这一项；

S_w——扇性静矩；

t——腹板厚度；

A_0——闭口截面中线所围的面积。

表 5.2　简支梁的双力矩计算公式($k=\sqrt{CI_t/EI_w}$)

荷载简图	M_T；$l/2$，$l/2$	M_T，M_T；$l/3$，$l/3$，$l/3$	m_t；l
B_w	$\frac{M_t}{2k}\times\frac{\mathrm{sh}kz}{\mathrm{ch}(kl/2)}$	当 $0\leqslant z\leqslant l/3$ 时，$\frac{M_t}{k}\times\frac{\mathrm{ch}(kl/6)}{\mathrm{ch}(k/2)}\mathrm{sh}kz$ 当 $l/3\leqslant z\leqslant 2l/3$ 时，$\frac{M_T}{k}\times\frac{\mathrm{sh}(kl/3)}{\mathrm{sh}(kl/2)}\mathrm{ch}k(1/2-z)$	$\frac{m_1}{k^2}[1-\frac{\mathrm{ch}(1/2-z)}{\mathrm{ch}(kl/2)}]$
$(B_w)_{max}$	$\frac{M_t}{2k}\times\mathrm{th}(kl/2)$	$\frac{M_t}{k}\times\frac{\mathrm{sh}(kl/3)}{\mathrm{ch}(k/2)}$	$\frac{m_1}{k^2}[1-\frac{1}{\mathrm{ch}(k/2)}]$

5.3.4　梁的弯曲扭转

若横向荷载合力通过弯心(剪心)，则构件只产生弯曲而无扭转；若横向荷载合力不通过弯心，则构件不仅产生弯曲，同时还伴有扭转。根据位移互等定理确定构件发生扭转变形截面上各点的位移时，可将截面对形心先作线位移，再绕剪心作角位移，这时剪心不产生位移。

若简支梁承受一偏心集中荷载 P 的作用，这时梁不仅发生绕荷载作用平面内的弯曲，而且还受扭，将集中荷载移到剪心 S 的位置，将会产生附加扭矩 T_w 和在此截面处的双力矩 B_w。集中荷载 P 的作用效果等效于竖向力 $V_y=P$、约束扭转力矩 T_w 和双力矩 B_w 共同作用时的效果。约束扭转力矩 T_w 和双力矩 B_w 在截面内产生翘曲正应力 σ_w、翘曲剪应力 τ_w 和自由扭转剪应力 τ_s(对于开口截面，此项剪应力可以忽略，而闭口截面则不能忽略)；V_y 在截面内产生弯曲正应力 σ^M 和剪应力 τ^V，其中 σ^M、τ^V 仍按式(5.1)和式(5.9)计算。各应力分布如图 5.16 所示。

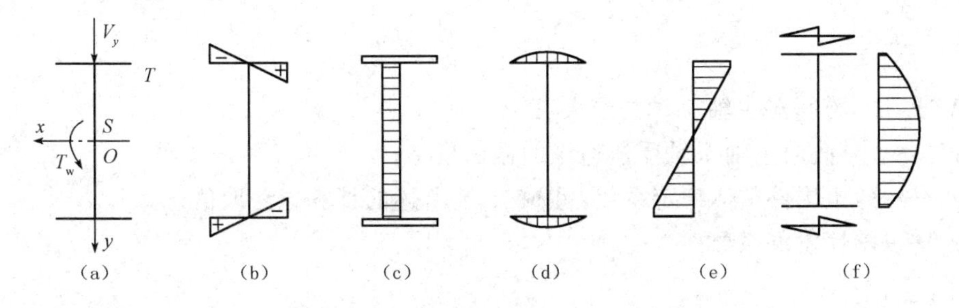

图 5.16　工字形截面应力分布图

(a)截面图；(b)σ_w；(c)τ_s；(d)τ_w；(e)σ^M；(f)τ^V

在 V_y 产生的弯矩 M_x 和双力矩 B_w 作用的平面内，利用较大的构件截面和较大的翼缘宽度抵抗弯曲变形，因此可以提供较强的抗弯能力。为充分利用截面，可考虑部分利用截面塑性。因此，对于荷载偏离截面弯心(剪心)但与主轴平行的弯扭构件，设计时应使截面正应力、剪应力均不能超过材料的抗弯强度和抗剪强度设计值。

1. 弯扭构件强度计算

抗弯强度

$$\sigma=\sigma^M+\sigma_w=\frac{M_x}{\gamma_x W_{nx}}+\frac{B_w}{\gamma_w W_w}\leqslant f \tag{5.42}$$

式中　M_x——计算弯矩；

B_w——与所取弯矩同一截面的双力矩；

W_{nx}——对截面主轴 x 轴的净截面模量；

W_w——与弯矩引起的应力同一验算点处的毛截面截面模量，$W_w=I_w/w_n$；

w_n——主扇性坐标；

I_w——扇性惯性矩，或称翘曲惯性矩；

γ_w——塑性发展系数，对于工字形截面取1.05。

抗剪强度

$$\tau=\frac{V_yS_x}{I_xt}+\frac{T_wS_w}{I_wt}+\frac{T_{st}}{2A_0t}\leqslant f_v \tag{5.43}$$

式中　V_y——计算截面沿 y 轴作用的剪力；

S_x——计算剪应力处以上毛截面对 x 轴的面积矩；

T_{st}——构件截面的自由扭转力矩，对于开口薄壁截面，不考虑这一项。

2. 弯扭构件稳定性计算

有关弯曲扭转屈曲(梁丧失整体稳定性)的相关介绍，以及对于横向荷载平行于主轴且通过截面剪心的受弯构件的整体稳定性计算，参见本章5.5节的相关内容。

对于横向荷载虽然平行于主轴但不通过截面剪心的受弯构件，当不能在构造上保证整体稳定性时，需计算弯扭构件的稳定性；若已有构造措施能确保其不发生整体失稳，则不需验算其整体稳定性。参考《冷弯薄壁型钢结构技术规范》(GB 50018—2002)，验算此类构件时需要考虑最大弯矩处截面受偏心扭矩的影响，简单的计算方法是将双力矩 B 产生的翘曲正应力 σ_w 加入 M_{max} 引起的弯曲正应力之中。计算时，先求受弯构件在横向荷载作用下产生的扭转角位移函数，然后求得 $B=-EI_w\varphi''$，按式(5.44)验算整体稳定性：

$$\frac{M_{max}}{\varphi_b\gamma_xW_x}+\frac{B_w}{W_w}\leqslant f \tag{5.44}$$

式中　M_{max}——跨间对主轴 x 轴的最大弯矩；

W_x——对截面主轴 x 轴受压边缘的截面模量；

φ_b——弯扭构件整体稳定系数，按5.5节所述的计算方法取值；

γ_x——塑性发展系数。

5.4 梁的整体稳定

5.4.1 临界弯矩

(1)双轴对称工字形截面简支梁弹性屈曲临界弯矩。在一个主平面内弯曲的梁(即单向受弯梁)，为了提高其抗弯性能，充分利用材料，钢梁截面常设计成高而窄的形式。如图5.17所示，跨中无侧向支承的双轴对称工字形截面梁，两端作用的弯矩 M_x，使梁截面绕惯性矩较大的 x 轴(强轴)弯曲变形。当 M_x 较小时，梁仅在 yOz 平面内发生弯曲变形；当荷载增大到某一数值 M_{cr} 时，梁在向下弯曲的同时，将突然发生侧向弯曲（绕弱轴 y 轴的弯曲）和扭转变形（绕 z 轴的扭转变形），且会很快丧失继续承载的能力，这种现象称为梁的弯扭屈曲或梁丧失整体稳定。这种使梁丧失整体稳定性的外荷载或外弯矩，称为临界荷载或临界弯矩。梁丧失整体稳定性的原因在于上翼缘和部分腹板在压力作用下类似一轴心压杆，随着压力的增大，部分截面开始屈服，其刚度降低。且梁腹板对该翼缘起到了连续支承的作用，因此，在达到临界状态时会出现侧向弯曲，又由于截面的受拉部分对侧向弯曲产生牵制，故产生侧向弯曲的同时会发生截面的扭转。

计算时为了保证梁的整体稳定性能，就必须使设计外荷载不能超过临界荷载值 M_{cr}。下面以纯弯曲简支梁为例讲解弹性临界荷载的推导过程，该梁的微小变形状态如图 5.18 所示。

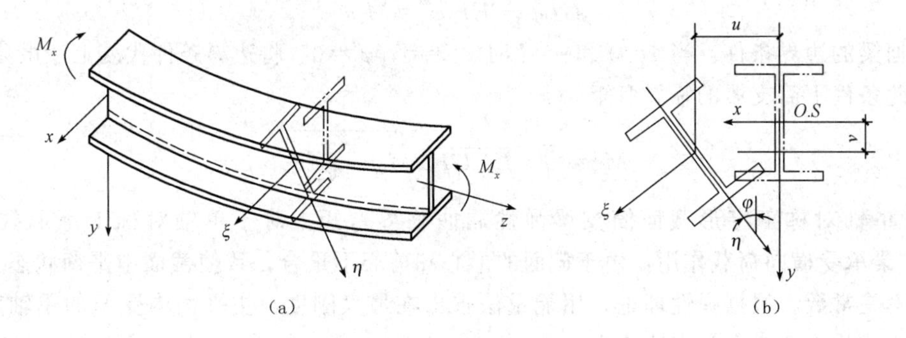

图 5.17　梁丧失整体稳定性的变形

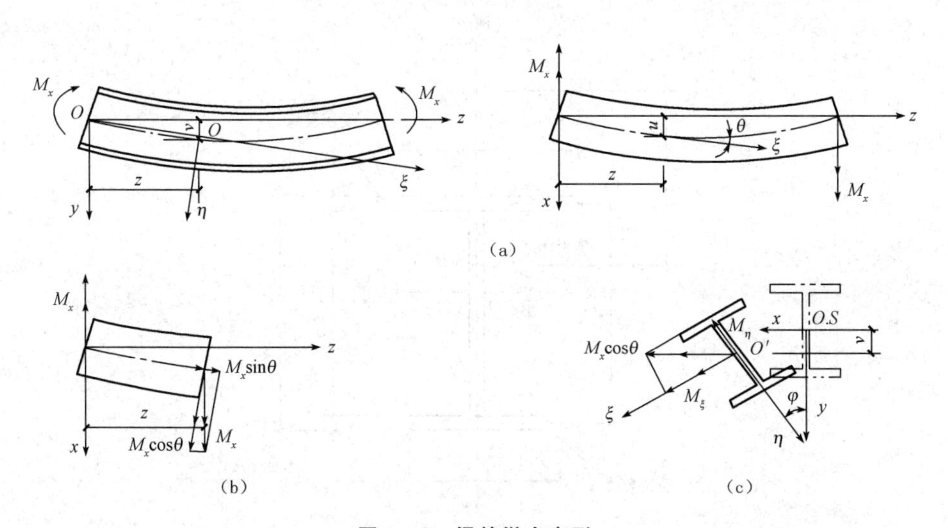

图 5.18　梁的微小变形

推导时需作如下假定：一是梁为弹性体的理想梁；二是梁的两端为简支约束，即梁能在 xOz 和 yOz 平面内自由转动，但不能绕 z 轴扭转；三是荷载作用在最大刚度平面内，梁丧失整体稳定前只在 yOz 平面内发生小变形弯曲。图 5.18 中坐标原点在截面形心处，固定坐标系为 $Oxyz$。截面发生位移后的坐标系为 $O'\varepsilon\eta\xi$。双轴对称截面的剪心 S 和形心 O 重合，变形前后截面形状不变。设距坐标原点 z 距离处截面上的剪心在 x、y 轴正方向上的位移分别

为 u 和 v，它们是关于 z 的函数，截面扭转角为 φ。小变形时由于位移很小，在 xOy 和 yOz 两平面内的变形曲率近似为 $\mathrm{d}^2u/\mathrm{d}z^2$ 和 $\mathrm{d}^2v/\mathrm{d}z^2$，且与在平面 $\varepsilon O'\xi$ 和 $\eta O'\xi$ 内的变形曲率相等，也可得到 $\sin\theta\approx\theta\approx\mathrm{d}u/\mathrm{d}z$，$\sin\varphi\approx\varphi$，$\cos\varphi\approx1$，$\cos\theta\approx1$。根据上述关系，由图 5.18(c)可得：

$$M_{\varepsilon}=M_x\cos\theta\cos\varphi\approx M_x \tag{5.45}$$

$$M_{\eta}=M_x\cos\theta\sin\varphi=M_x\varphi \tag{5.46}$$

$$M_{\xi}=M_x\sin\theta\approx M_x\mathrm{d}u/\mathrm{d}z \tag{5.47}$$

根据材料力学中弯矩与曲率符号的关系和内外扭矩平衡关系可得，这种梁的平衡微分方程如下：

$$EI_xv''=-M_x \tag{5.48}$$

$$EI_yu''=-M_x\varphi \tag{5.49}$$

$$GI_t\varphi'-EI_{\mathrm{w}}\varphi'''=M_xu' \tag{5.50}$$

根据梁的边界条件：当 $z=0$ 和 $z=l$ 时，$\varphi=0$，$\varphi''=0$。将边界条件代入上述微分方程，可求得此条件下简支梁的临界弯矩

$$M_{\mathrm{cr}}=\frac{\pi}{l}\sqrt{EI_yGI_t}\sqrt{1+\frac{\pi^2EI_{\mathrm{w}}}{l^2GI_t}} \tag{5.51}$$

(2)单轴对称工字形截面简支梁弹性屈曲临界弯矩。对于单轴对称工字形截面(图 5.19)，梁承受横向荷载作用，由于截面的形心和剪心不重合，致使截面中平衡状态下的微分方程不是常数。根据弹性理论，用能量法求出在最大刚度，主平面内受弯的单轴对称截面简支梁的临界弯矩一般表达式为

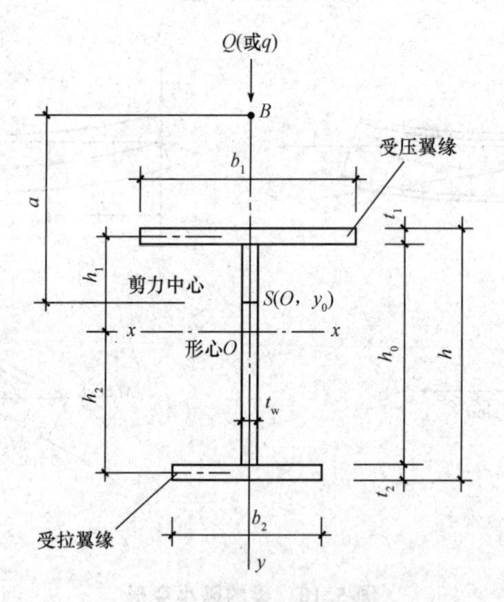

图 5.19 单轴对称工字形截面

$$M_{\mathrm{cr}}=C_1\frac{\pi^2EI_y}{l^2}\left[C_2a+C_3\beta_x+\sqrt{(C_2\alpha+C_3\beta_x)^2+\frac{I_{\mathrm{w}}}{I_y}\left(1+\frac{l^2GI_t}{\pi^2EI_{\mathrm{w}}}\right)}\right] \tag{5.52}$$

式中 β_x——截面不对称参数，$\beta_x=\frac{1}{2I_x}\int_A y(x^2+y^2)\mathrm{d}A-y_0$；

C_1、C_2、C_3——与荷载类型有关的系数，见表 5.3，在计算 C_1 时有 $|M_1|>|M_2|$；

EI_t、GI_t、EI_w——截面的侧向抗弯刚度、自由扭转刚度和翘曲刚度；

a——荷载在截面上的作用点 B 与剪力中心 S 纵坐标的差值；

l——侧向支承点之间的距离。

表 5.3 不同荷载类型的 C_1、C_2、C_3

支承情况	荷载类型	C_1	C_2	C_3
跨中无侧向支承点	跨中集中荷载	1.35	0.55	0.40
	满跨均布荷载	1.13	0.47	0.53
	纯弯曲	1.00	0	1.00
跨中有 1 个侧向支承点	跨中集中荷载	1.73	0	1.00
	满跨均布荷载	1.39	0.14	0.86
跨中有 2 个侧向支承点	跨中集中荷载	1.84	0.89	0.08
	满跨均布荷载	1.45	0.07	0.93
跨中有 3 个侧向支承点	跨中集中荷载	1.90	0	1.00
	满跨均布荷载	1.47	0.93	0.07
侧向支承点间弯矩线性变化	不考虑段与段之间的相互约束	$1.75-1.05\frac{M_2}{M_1}+0.3\left(\frac{M_2}{M_1}\right)\leqslant 2.3$	0	1.0

对于工字钢截面：

$$I_t=\frac{1}{3}\sum_i b_i t_i^3 \tag{5.53}$$

$$I_w=\frac{I_1 I_2}{I_y}h^2 \tag{5.54}$$

$$\beta_x=\frac{b_1^3 h_1 t_1-b_2^3 h_2 t_2}{24I_x}-\frac{t_w}{8I_x}(h_1^4-h_2^4)-\frac{b_1 t_1 h_1^3-b_2 t_2 h_2^3}{2I_x}-y_0 \tag{5.55}$$

式中 y_0——剪力中心的纵坐标。

$y_0=-(I_1h_1-I_2h_2)/I_y=h_1-h_{s1}$，$I_1$、$I_2$ 分别为受压翼缘和受拉翼缘对 y 轴（腹板轴线）的惯性矩；h_1、h_2 分别为受压翼缘和受拉翼缘形心至整个截面形心 O 的距离。

当为双轴对称和热轧槽形截面时，$\beta_x=0$。其他截面性质见表 5.4。

表 5.4 截面性质

截面	自由扭转常数	翘曲惯性矩
T 形截面	$I_t=\frac{1}{3}(bt^3+ht_w^3)$	$I_w=\frac{1}{36}h_w^3t_w^3+\frac{1}{144}b^2t^2$
热轧普通工字钢	$I_{I普通}=\frac{1}{3}ht_w^2+\frac{2}{3}bt^3\left(1+\frac{b^2}{576t^2}\right)$	$I_w=\frac{1}{5}I_yh^2$
热轧轻型工字钢	$I_{I轻型}=\frac{1}{3}ht_w^2+\frac{2}{3}bt^2\left(1+\frac{b^2}{276t^2}\right)$	$I_w=\frac{1}{5}I_yh^2$
热轧槽钢	$I_{I槽钢}=\frac{1}{3}ht_w^3+\frac{2}{3}bt^3\left(1+\frac{b^2}{2\,000t^2}\right)$	$I_w=\frac{2}{5}\left[\frac{h^3e^2t_w}{6}+bh^2t\left(e^2-be+\frac{b^2}{3}\right)\right]\cdot e=\frac{b^2h^2t}{4I_w}$

(3)悬臂梁弹性屈曲临界弯矩。

1)在弯矩作用平面内的悬臂，弯矩作用平面外有可靠的侧向支承阻止悬臂端的侧移和扭转时，弹性临界弯矩由式(5.52)计算。

2)在弯矩作用平面内的悬臂，在支承端可简化成竖向弯曲和扭转固定，在悬臂端的平面外无支承阻止其侧向位移和扭转时，应按式(5.56)计算其临界弯矩。

$$M_{cr}=C_1\frac{\pi^2 EI_y}{(\mu_y L)^2}\left\{C_2 a+\sqrt{(C_2 a)^2+\frac{I_w}{I_y}\left[1+\frac{GI_t(u_w L)^2}{\pi^2 EI_w}\right]}\right\} \tag{5.56}$$

式中 L——悬臂梁的长度，$\mu_y=2$，$\mu_w=2$。

①当为自由端作用有集中荷载的悬臂梁时：

$$C_1=\frac{4.9(1+K)}{\sqrt{4+K^2}} \tag{5.57}$$

荷载作用点位于剪心之上时：

$$C_2=2.165-0.28(K-2.4)^2(0\leqslant a/h\leqslant 1) \tag{5.58}$$

荷载作用点位于剪心之下时：

$$C_2=\frac{0.69K+0.6}{1-Ka/h}(-2\leqslant a/h<0) \tag{5.59}$$

②当为作用有横向均布荷载的悬臂梁时：

$$C_1=\frac{4.9(1+K)}{\sqrt{4+K^2}},\ K=\sqrt{\frac{\pi^2 EI_w}{GI_t L^2}} \tag{5.60}$$

荷载作用点位于剪心之上时：

$$C_2=2.32-0.2(K-2.4)^2(0\leqslant a/h\leqslant 1) \tag{5.61}$$

荷载作用点位于剪心之下时：

$$C_2=\frac{0.69K+1.72}{1.5-Ka/h}(-2\leqslant a/h<0) \tag{5.62}$$

3)当悬臂梁是从临跨外伸的伸臂梁时，临跨梁上翼缘或下翼缘有刚性铺板时，$\mu_y=2$，否则应通过分析确定临界弯矩。在构造上应加强支承处的抗扭转和抗翘曲能力。

(4)影响梁整体稳定的主要因素。由式(5.57)、式(5.58)可知，影响梁整体稳定的主要因素有以下几个方面：

1)荷载类型。由不同荷载类型的 C_1、C_2、C_3 值的变化可知，相同条件下集中荷载的临界弯矩最大，纯弯曲时临界弯矩最小。这是由于纯弯曲时，沿梁长方向弯矩为矩形，受压翼缘的压应力分布均匀，相邻截面之间相互支持作用就小。而跨中集中荷载处弯矩最大，向梁两端逐渐减小，受压翼缘的压应力也随之降低，有利于提高梁的整体稳定性。

2)梁的侧向抗弯刚度、扭转刚度和翘曲刚度。增大上述三种刚度值，均能提高梁的临界弯矩，有利于增强梁的整体稳定性能，但相对而言，增大抗弯刚度效果更为显著，即增加梁翼缘的宽与厚比增加翼缘和腹板的厚度更有利。

3)加强翼缘的位置。由 β_x 公式可知，加强受压强缘时 y_0 为正值，从而提高了 β_x 值；反之，加强受拉翼缘时，y_0 为负值，从而减小了 β_x 值。因此，在保证板件局部稳定的情况下，增大受压翼缘的宽度有利于提高梁的整体稳定性。

4)受压翼缘的自由长度 l。l 本质上是指扭转角为 0 的两个截面的间距，即受压翼缘的侧向自由长度。减小 l 可显著提高梁的临界弯矩，因此增加侧向支承点数量、减小 l 值，可有效提高梁的整体稳定性。另外，无论跨中有无侧向支承，为防止梁端截面扭转，支座处均需设置可靠的构造措施。

5)荷载作用点的位置。由临界弯矩中参数 a 可知：当荷载作用在上翼缘时，a 为负值；反之，a 为正值。这说明荷载作用在下翼缘时临界弯矩值较高，有利于提高梁的整体稳定性能。原因在于荷载在上翼缘梁产生侧向弯曲或扭转时，荷载的附加偏心效应加大了截面的扭转，降低了梁的临界弯矩；反之，附加效应减少了截面的扭转，从而可提高梁的稳定性。

6)梁端约束，在图 5.17 中，支座如能提供对 x 轴和 y 轴的转动约束，也能提高临界弯矩值，特别是增强对 y 轴的转动约束，可大大提高梁的整体稳定性能。

7)残余应力、梁的初弯曲等初始缺陷也会降低梁的稳定性。此外，采用与实际不完全相符的弹性理论分析方法也会影响临界弯矩值的求解精度。

5.4.2 梁整体稳定性的计算

1. 简支钢梁的整体稳定性计算

若梁的整体稳定性不能得到保证，则需要计算确保梁的最大压应力不大于临界压应力 σ_{cr}，并考虑抗力分项系数 γ_R 和截面塑性发展系数 γ_x，则在最大刚度主平面内有

$$\sigma=\frac{M_x}{\gamma_x W_x}\leqslant\frac{\sigma_{cr}}{\gamma_R}=\frac{\sigma_{cr}}{f_y}\frac{f_y}{\gamma_R}=\frac{\sigma_{cr}}{f_y}f \tag{5.63}$$

定义梁的整体稳定系数 φ_b 为

$$\varphi_b=\frac{\sigma_{cr}}{f_y} \tag{5.64}$$

(1)在最大刚度主平面内单向受弯构件的整体稳定计算公式，可联立式(5.63)和式(5.64),得

$$M_x\leqslant\varphi_b\gamma_x f W_x \tag{5.65}$$

式中 M_x——绕强轴作用的最大弯矩；

W_x——按受压纤维确定的对 x 轴的毛截面模量；

φ_b——梁的整体稳定性系数。

关于梁整体稳定系数 φ_b，由于临界应力理论公式比较繁杂，不便应用，故《钢结构设计规范》(GB 50017—2003)简化成实用的计算公式，见附录 3.5。如各种荷载作用的双轴或单轴对称等截面组合工字形以及 H 型钢简支梁的整体稳定系数 φ_b，其实用计算公式为

$$\varphi_b=\beta_b\frac{4\ 320Ah}{\lambda_y^2 W_x}\left[\sqrt{1+\left(\frac{\lambda_y t_1}{4.4h}\right)^2}+\eta_b\right]\frac{235}{f_y} \tag{5.66}$$

式中 β_b——梁整体稳定的等效临界弯矩系数，按附表 3.1 采用；

λ_y——梁在侧向支承点间对截面弱轴(y 轴)的长细比，$\lambda_y=l_1/i_y$，i_y 为梁毛截面对 y 轴的截面回转半径；

A——梁的毛截面面积；

h、t_1——梁截面的全高和受压翼缘厚度；

η_b——截面不对称影响系数。

双轴对称时，$\eta_b=0$；加强受压翼缘时，$\eta_b=0.8(2\alpha_b-1)$；加强受拉翼缘时，$\eta_b=2\alpha_b-1$。其中，$\alpha_b=\dfrac{I_1}{I_1+I_2}$，$I_1$ 和 I_2 分别为受压翼缘和受拉翼缘对 y 轴的惯性矩。当为双轴对称时 $\alpha_b=0.5$，加强受压翼缘时 $\alpha_b\geqslant0.5$，加强受拉翼缘时 $\alpha_b\leqslant0.5$；f_y 为钢材屈服强度。

注意：各种截面的受弯构件(包括轧制工字形钢梁)，其整体稳定系数都是按弹性稳定理论求得的。研究证明，当求得的 $\varphi_b>0.6$ 时，受弯构件已进入弹塑性工作阶段，整体稳定临界应力有明显的降低，必须用式(5.67)对 φ_b 进行修正，用修正后的 φ_b'(但不大于 1.0)代替 φ_b 进行梁的整体稳定计算：

$$\varphi_b'=1.07-\frac{0.282}{\varphi_b} \tag{5.67}$$

(2)在两个主要平面内受弯的 H 型钢截面或工字形截面构件，应按式(5.68)计算整体稳定性：

$$\frac{M_x}{\varphi_b\gamma_x W_x f}+\frac{M_y}{\gamma_y W_y f}\leqslant1 \tag{5.68}$$

式中　W_x，W_y——按受压纤维确定的对 x 轴和 y 轴的毛截面模量；

　　φ_b——绕强轴弯曲所确定的梁整体稳定性系数，计算方法如上所述。

式(5.68)中第二项分母中引入了绕弱轴的截面塑性发展系数 γ_y，并不是意味着绕弱轴弯曲出现塑性，而是为了适当降低第二项的影响。

2. 整体稳定性的保证

梁丧失整体稳定是突然发生的情况，事先并无明显预兆，因而比强度破坏更为危险，在设计、施工中要特别注意。在实际工程中，梁的整体稳定常由铺板或支承来保证。梁常与其他构件相互连接，有利于阻止梁丧失整体稳定。《钢结构设计规范》(GB 50017—2003)规定：当符合下列情况之一时，都不必计算梁的整体稳定性。

(1)有铺板密铺在梁的受压翼缘上并与其牢固相连，能阻止梁受压翼缘的侧向位移时。

(2)H 型钢或等截面工字形简支梁受压翼缘的自由长度 l_1(对跨中无侧向支承点的梁，l_1[为其跨度；对跨中有侧向支承点的梁，l_1 为受压翼缘侧向支承点间的距离(梁的支座处视为有侧向支承)]与其宽度 b_1 之比不超过表 5.5 所规定的数值时。

(3)箱形截面简支梁(图 5.20)，其截面尺寸满足 $h/b_0\leqslant6$，且 l_1/b_0 不超过 $95(235/f_y)$ 时(由于箱形截面的抗侧向弯曲刚度和抗扭转刚度远远大于工字形截面，整体稳定性较强，本条规定较易满足)。

需要注意的是，上述稳定计算的理论依据都是以梁的支座处不产生扭转变形为前提的，在梁的支座处必须保证截面的扭转角为零。因此，在构造上应考虑在梁的支点处上翼缘设置可靠的侧向支承，以使梁不产生扭转。图 5.21 示出了两种增加梁端抗扭能力的构造措施，图 5.21(a)所示为梁上翼缘用钢板连于支承构件上，图 5.21(b)所示为在梁端设置加劲肋。

【例题 5.2】 有一简支梁，为焊接工字形截面，跨度中点及两端都设有侧向支承，可变荷载标准值及梁截面尺寸如图 5.22 所示，荷载作用于梁的上翼缘。设梁的自重为 1.1 kN/m，材料为 Q235B，试计算此梁的整体稳定性。

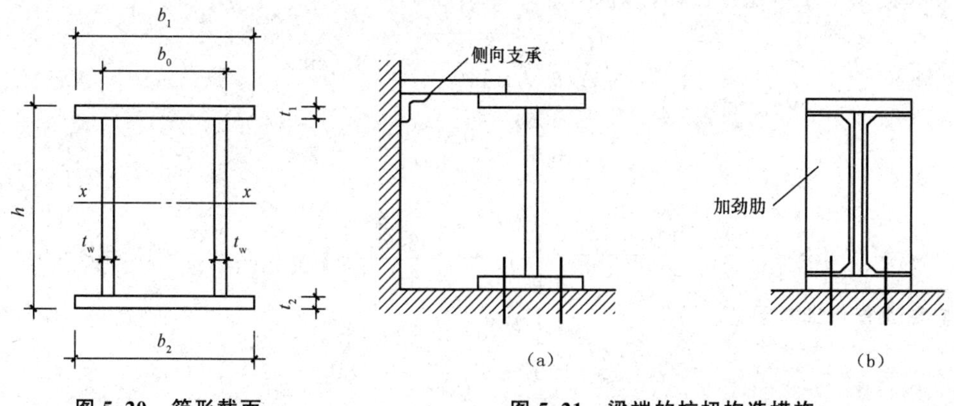

图 5.20　箱形截面　　　　图 5.21　梁端的抗扭构造措施

表 5.5　H 型钢或等截面工字钢简支梁不需计算整体稳定性的最大 l_1/b

钢号	跨度中点无侧向支承点的梁		跨度中点有侧向支承点的梁不论荷载作用于何处
	荷载作用在上翼缘	荷载作用在下翼缘	
Q235 钢	13.0	20.0	16.0
Q345 钢	10.5	16.5	13.0
Q390 钢	10.0	15.5	12.5
Q420 钢	9.5	15.0	12.0
注：其他钢号的梁不需计算整体稳定性的最大 l_1/b，应取 Q235 钢的数值乘以 $\sqrt{235/f_y}$。			

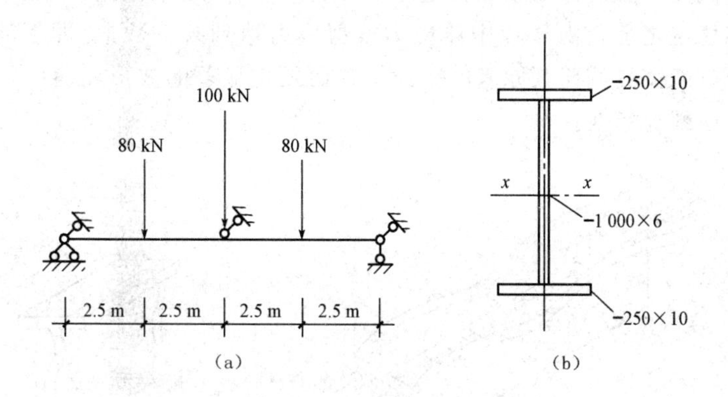

图 5.22　例题 5.2 图

【解】 梁受压翼缘自由长度 $l_1=5$ m，$\dfrac{l_1}{b_1}=\dfrac{500}{25}=25>16$，故需计算梁的整体稳定。

梁截面几何特征：

$$A=110\ \text{cm}^2,\ I_x=1.775\times10^5\ \text{cm}^4,\ I_y=2\ 604.2\ \text{cm}^4$$

$$W_x=\frac{I_x}{h}=\frac{1.775\times10^5}{51}=3\ 480(\text{cm}^3)$$

梁的最大弯矩设计值为

$$M_{\max}=\frac{1}{8}\times(1.2\times1.1)\times10^2+1.4\times80\times2.5+1.4\times\frac{1}{2}\times100\times5=646.5(\text{kN}\cdot\text{m})$$

由附表 3.4 可知 $\beta_b=1.15$，则

$$i_y=\sqrt{\frac{I_y}{A}}=\sqrt{\frac{2\ 604.2}{110}}=4.87(\text{cm})$$

$$\lambda_y=\frac{500}{4.87}=102.7,\ \eta_b=0$$

则

$$\varphi_b=1.15\times\frac{4\ 320}{102.7^2}\times\frac{110\times102}{3\ 481}\times\left[\sqrt{1+\left(\frac{102.7\times1}{4.4\times102}\right)^2}+0\right]\times\frac{235}{235}=1.56>0.6$$

需要进行修正，即

$$\varphi_b'=1.07-\frac{0.282}{\varphi_b}=0.889$$

因此，$\frac{M_x}{\varphi_b' W_x}=\frac{646.5\times10^6}{0.889\times3\ 481\times10^3}=209(\text{N/mm}^2)<215\ \text{N/mm}^2$。

故梁的整体稳定性可以保证。

5.5 受弯构件的局部稳定和腹板加劲肋设计

在进行受弯构件截面设计时，为了节省钢材，提高强度、整体稳定性和刚度，常选择高、宽且较薄的截面。然而，如果板件过于宽、薄，构件中的部分薄板会在构件发生强度破坏或丧失整体稳定之前，由于板中压应力或剪应力达到某一数值(即板的临界应力)后，受压翼缘或腹板可能突然偏离其原来的平面位置而发生显著的波形屈曲(图 5.23)，这种现象称为构件丧失局部稳定性。

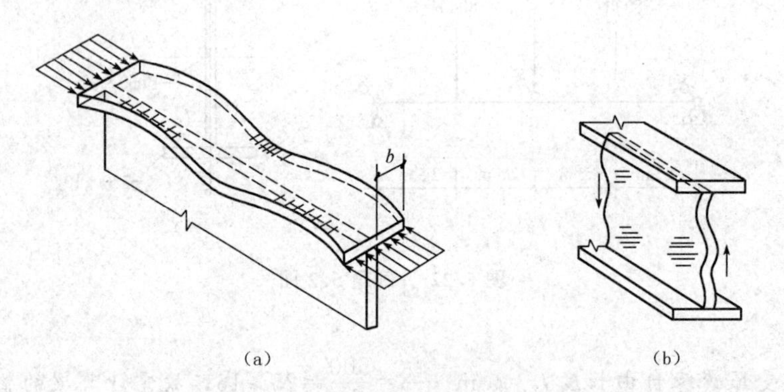

图 5.23　受弯构件局部失稳的现象

当翼缘或腹板丧失局部稳定时，虽然不会使整个构件立即失去承载能力，但薄板局部屈曲部位会迅速退出工作，构件整体弯曲中心偏离荷载的作用平面，使构件的刚度减小，强度和整体稳定性降低，以致构件发生扭转而提前失去整体稳定性。因此，设计受弯构件时，选择的板件不能过于宽、薄。

热轧型钢板件宽厚比较小，都能满足局部稳定要求，不需要计算。对于冷弯薄壁型钢

梁的受压或受弯板件，宽厚比不超过规定的限制时，认为板件全部有效。当超过此限制时，则只考虑一部分宽度有效(称为有效宽度)，应按《冷弯薄壁型钢结构技术规范》(GB 50018—2002)的规定计算。

这里主要叙述一般钢结构焊接组合梁中受压翼缘和腹板的局部稳定。

5.5.1 梁翼缘的局部稳定

翼缘的局部失稳发生在受压翼缘，为了使翼缘在钢材屈服前不丧失稳定，常采用限制翼缘宽厚比的方法来防止其局部失稳。梁的受压翼缘板沿纵向被腹板分成两块平行的矩形板条，由于腹板对翼缘板的转动约束很小，与腹板相连的边可视为简支边。受压翼缘板可以视为三边简支、一边自由均匀受压的矩形板条来分析，如图 5.24(a)所示，板条的平面尺寸为 $b_1 \times a$，b_1 为受压翼缘板的自由外伸宽度，a 为腹板横向加劲肋的间距。稳定临界应力公式为

$$\sigma_{cr}^2 = \frac{\chi \sqrt{\eta} K \pi^2 E}{12(1-v^2)} \left(\frac{t}{b_1}\right) \tag{5.69}$$

式(5.69)中，取 $K=0.425$，$\chi=1.0$，$E=2.06\times10^5\ \mathrm{N/mm^2}$，$\eta=0.44$，$v=0.3$。

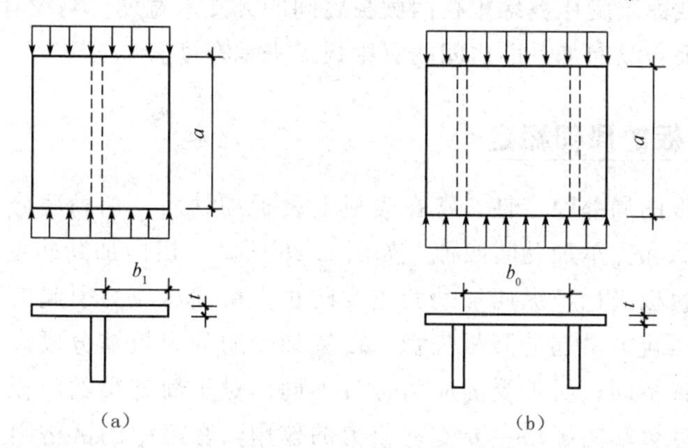

图 5.24　梁的受压翼缘板

为了使翼缘在钢材屈服前不丧失稳定，取 $\sigma_{cr} \geqslant f_y$，则得弹性设计公式为

$$\frac{b_1}{t} \leqslant 15\sqrt{\frac{235}{f_y}} \tag{5.70}$$

当考虑截面部分发展为塑性时，截面上形成了塑性区和弹性区，翼缘板整个厚度上的应力均可达到屈服点。我国设计规范中规定取截面塑性发展系数 $\gamma_x=1.05$，相当于上下边的塑性区高度为 $0.125h$，如图 5.25(a)所示，此时边缘纤维的最大应变为 4/3 倍屈服应变。在翼缘板的稳定临界应力公式中，用相当于边缘纤维为$\frac{4}{3}\varepsilon_y$ 时的割线模量 E_s 代替弹性模量 E，即 $E_s=\frac{3}{4}E$，如图 5.25(b)所示。因此，得到截面允许出现部分塑性，即 $\gamma_x=1.05$ 时，翼缘的悬伸宽厚比要求为

$$\frac{b_1}{t} \leqslant 13\sqrt{\frac{235}{f_y}} \tag{5.71}$$

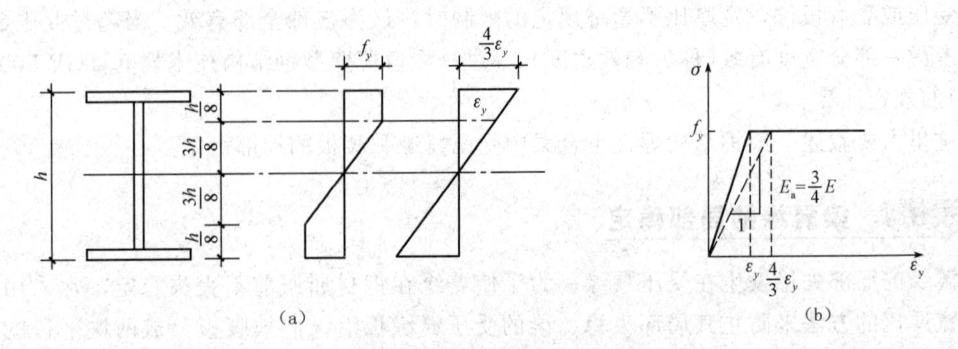

图 5.25　弹塑性阶段工字形截面梁的应力应变图

箱形截面梁受压翼缘板在两腹板之间的部分相当于四边简支的单向均匀受压板，如图 5.24(b)所示，与工字形截面的公式类似，《钢结构设计规范》(GB 50017—2003)中的宽厚比要求为

$$\frac{b_0}{t}\leqslant 40\sqrt{\frac{235}{f_y}} \tag{5.72}$$

式中　b_0——箱形截面梁受压翼缘板在两腹板之间的无支承宽度，当设有纵向加劲肋时，b_0 取腹板与纵向加劲肋之间的翼缘板无支承宽度。

5.5.2　梁腹板的局部稳定

为了提高梁腹板的局部稳定性，常在腹板上设置加劲肋。加劲肋分为横向加劲肋、纵向加劲肋、短加劲肋和支承加劲肋四种，如图 5.26 所示。横向加劲肋主要防止由剪应力和局部压应力引起的腹板失稳，纵向加劲肋主要防止由弯曲压应力引起的腹板失稳，短加劲肋主要防止由局部压应力引起的腹板失稳。设置加劲肋的腹板被分成许多不同的区格，它们的尺寸不同、位置不同，所承受的应力也各不同。对于简支梁的腹板，根据弯矩和剪力的分布情况，在靠近梁端的区格主要受剪应力的作用，在跨中的区格则主要受到弯曲正应力的作用，而其他区格则受到正应力和剪应力的共同作用。为了验算各腹板区格的局部稳定性，可先求得在几种单一应力作用下的稳定临界应力，然后再考虑各种应力共同作用下的局部稳定性。

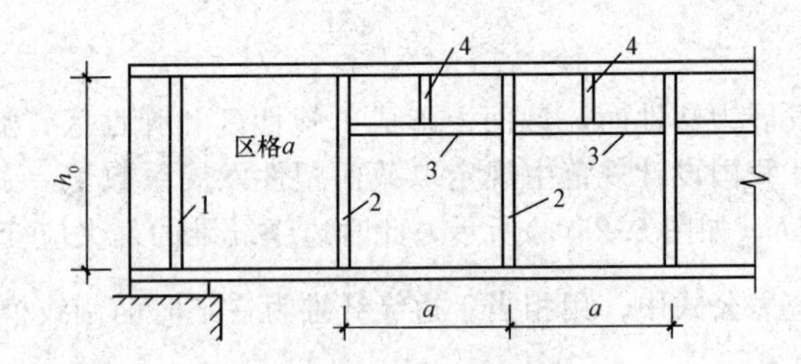

图 5.26　钢梁的加劲肋

1—支承加劲肋；2—横向加劲肋；3—纵向加劲肋；4—短加劲肋

1. 各种应力单独作用下的腹板屈曲

(1)腹板区格在纯弯曲作用下的临界应力。在弯曲应力单独作用下，腹板的屈曲情况如图 5.27(a)所示。在板的横向，屈曲成一个半波；在板的纵向，可能屈曲成一个或多个半波，由板的长宽比 a/h_0 决定，凸凹波形的中心靠近其压应力合力的作用线。其临界应力仍可用均匀受压板的临界应力公式表示，仅仅是屈曲系数 K 的取值不同。

$$\sigma_{cr}^2=\frac{\chi K\pi^2 E}{12(1-v^2)}\left(\frac{t_w}{h_0}\right)^2 \tag{5.73}$$

式中 t_w——腹板厚度；

h_0——腹板计算高度；

K——与板的支承条件有关的屈曲系数，如图 5.27(b)所示，对于四边简支的板 $K_{min}=23.9$，$\chi=1.0$；对于受荷边为简支、上下边固定的板 $K_{min}=39.6$，相当于引入了弹性嵌固系数 $\chi=39.6/23.9=1.66$。

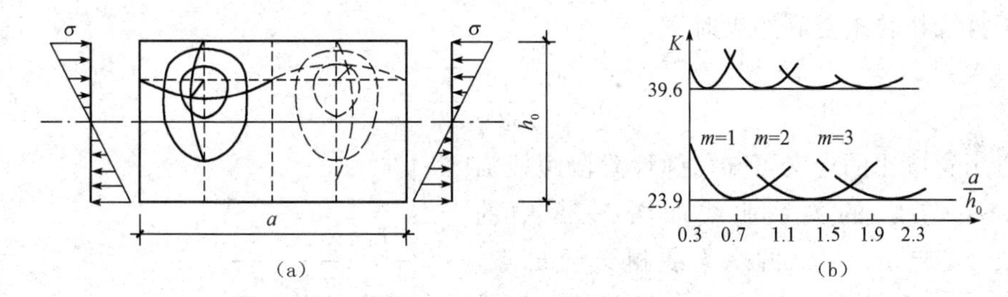

图 5.27 腹板的纯弯屈曲

若将 $v=0.3$ 及 $E=2.06\times10^5\ \mathrm{N/mm^2}$ 代入式(5.73)，可得四边简支板的临界应力为

$$\sigma_{cr}^2=445\left(\frac{100t_w}{h_0}\right)^2 \tag{5.74}$$

翼缘对腹板的约束作用可以通过弹性嵌固系数来考虑，就是把四边简支板的临界应力乘以系数 χ。对工字梁的腹板，在下边缘受到受拉翼缘的约束，基本上接近于固定边。而上边缘的约束情况则要视上翼缘的实际情况而定；当梁的受压翼缘连有刚性铺板、制动梁或焊有钢轨，约束受压翼缘的扭转变形时，其上边缘可视为固定边，取 $\chi=1.66$；当受压翼缘扭转变形未受到约束时，上边缘视为简支边，取 $\chi=1.23$。

上述两种情况的腹板临界应力分别为

受压翼缘扭转受到约束时

$$\sigma_{cr}=737\left(\frac{100t_w}{h_0}\right)^2 \tag{5.75a}$$

受压翼缘扭转未受到约束时

$$\sigma_{cr}=547\left(\frac{100t_w}{h_0}\right)^2 \tag{5.75b}$$

若要保证腹板在边缘屈服前不发生屈曲，即 $\sigma_{cr}\geqslant f_y$，则分别得到弹性阶段的高厚比限值。

受压翼缘扭转受到约束时

$$\frac{h_0}{t_w} \leqslant 177\sqrt{\frac{235}{f_y}} \tag{5.76a}$$

受压翼缘扭转未受到约束时

$$\frac{h_0}{t_w} \leqslant 153\sqrt{\frac{235}{f_y}} \tag{5.76b}$$

我国《钢结构设计规范》(GB 50017—2003)引入了国际上通行的通用高厚比 λ_b 作为参数来计算临界应力，其表达式为

$$\lambda_b = \sqrt{\frac{f_y}{\sigma_{cr}}} \tag{5.77}$$

将式(5.69)和式(5.76)分别代入式(5.77)可得：

受压翼缘扭转受到约束时

$$\lambda_b = \frac{h_0/t_w}{177}\sqrt{\frac{f_y}{235}} \tag{5.78a}$$

受压翼缘扭转未受到约束时

$$\lambda_b = \frac{h_0/t_w}{153}\sqrt{\frac{f_y}{235}} \tag{5.78b}$$

由通用宽厚比的定义可知，弹性阶段腹板临界应力，σ_{cr} 与 λ_b 的关系曲线如图 5.28 中的 $ABEG$ 线，它与 $\sigma_{cr} = f_y$ 的水平线相交于 E 点，相应的 $\lambda_b = 1$。图中的 $ABEF$ 线是理想情况下弹塑性板的 σ_{cr}—λ_b 曲线。我国《钢结构设计规范》(GB 50017—2003)考虑实际情况中的各种因素，对纯弯曲下腹板区格的临界应力曲线采用了图中的 $ABCD$ 线。考虑到存在有残余应力和几何缺陷，把塑性范围缩小到 $\lambda_b \leqslant 0.85$，弹性范围则有 $\lambda_b = 1.25$。该起始点主要参考梁整体稳定计算，弹性界限为 $0.6f_y$，相应的，$\lambda = \sqrt{1/0.6} = 1.29$，考虑到腹板局部屈曲受残余应力影响不如整体屈曲大，故取 $\lambda_b = 1.25$。该曲线由三段组成，AB 段表示弹性阶段的临界应力，CD 段为 $\sigma_{cr} = f$ 的水平线，BC 段为弹性阶段过渡到强度设计值的直线。对应于图中曲线，规范中 σ_{cr} 的计算公式如下：

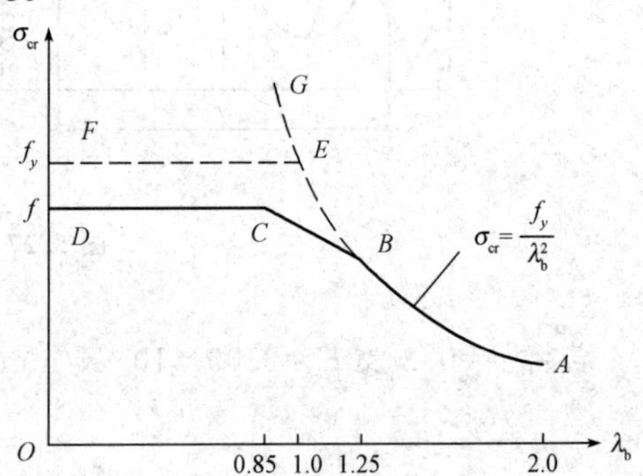

图 5.28　临界应力与通用高厚比的关系曲线

当 $\lambda_b \leqslant 0.85$ 时

$$\sigma_{cr} = f \tag{5.79a}$$

当 $0.85 < \lambda_b \leqslant 1.25$ 时，有

$$\sigma_{cr} = [1 - 0.75(\lambda_b - 0.85)]f \tag{5.79b}$$

当 $\lambda_b \geqslant 1.25$ 时，有

$$\sigma_{cr} = \frac{1.1f}{\lambda_b^2} \tag{5.79 c}$$

当受压翼缘扭转受到约束时，通用高厚比为

$$\lambda_b = \frac{2h_c/t_w}{177}\sqrt{\frac{f_y}{235}} \tag{5.80a}$$

当受压翼缘扭转未受到约束时，通用高厚比为

$$\lambda_b=\frac{2h_c/t_w}{153}\sqrt{\frac{f_y}{235}} \tag{5.80b}$$

式中　h_c——梁腹板弯曲受压区高度，对双轴对称截面 $2h_c=h_0$。

这里应该注意：虽然临界应力的三个公式在形式上都与钢材强度设计值 f 相关，但式(5.79)中的 f 乘以 1.1 后相当于 f_y，即不计抗力分项系数。弹性和非弹性范围不同的原因在于：当板处于弹性范围时存在较大的屈曲后强度(将在后面介绍)，安全系数可以小一些。另外，由式(5.75)可以看出，在纯弯作用下临界应力与 t_w/h_0 相关，但与 a/h_0 无关。

(2)腹板区格在纯剪切作用下的临界应力。在剪切应力的单独作用下，腹板的屈曲情况如图 5.29(a)所示，产生大约 45°倾斜的凸凹波形。弹性屈曲时的剪切临界应力的形式仍可表示为

$$\tau_{cr}=\frac{\chi K\pi^2E}{12(1-v^2)}\left(\frac{t_w}{h_0}\right)^2 \tag{5.81}$$

式中，嵌固系数取 $\chi=1.23$；屈曲系数 K 可以按如下方式取近似值：

当 $a/h_0\leqslant1.0$ 时

$$K=4+5.34\left(\frac{h_0}{a}\right)^2 \tag{5.82a}$$

当 $a/h_0>1.0$ 时

$$K=5.34+4\left(\frac{h_0}{a}\right)^2 \tag{5.82b}$$

与纯弯曲时类似，引入通用高厚比：

$$\lambda_s=\sqrt{\frac{f_{vy}}{\tau_{cr}}}=\sqrt{\frac{f_y}{\sqrt{3}\tau_{cr}}} \tag{5.83}$$

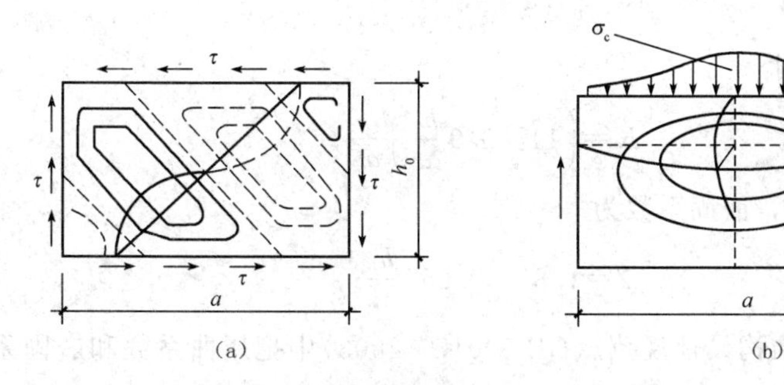

图 5.29　腹板在纯剪和局部压力作用下的局部屈曲

(a)纯剪作用下的屈曲；(b)局部压力作用下的屈曲

同弯曲临界应力类似，《钢结构设计规范》(GB 50017—2003)中剪切临界应力的曲线与图 5.28 相似，仅仅是过渡段直线的上下分界点不同，其计算公式为

当 $\lambda_s\leqslant0.8$ 时

$$\tau_{cr}=f_v \tag{5.84a}$$

当 $0.8<\lambda_s\leqslant1.2$ 时

$$\tau_{cr}=[1-0.59(\lambda_s-0.8)]f_v \tag{5.84b}$$

当 $\lambda_s > 1.2$ 时

$$\tau_{cr} = \frac{1.1 f_v}{\lambda_s^2} \tag{5.84c}$$

式中，通用高厚比的计算公式为

当 $a/h_0 \leqslant 1.0$ 时

$$\lambda_s = \frac{h_0/t_w}{41\sqrt{4+5.34\,(h_0/a)^2}}\sqrt{\frac{f_y}{235}} \tag{5.85a}$$

当 $a/h_0 > 1.0$ 时

$$\lambda_s = \frac{h_0/t_w}{41\sqrt{5.34+4\,(h_0/a)^2}}\sqrt{\frac{f_y}{235}} \tag{5.85b}$$

当腹板不设加劲肋时，近似取 $a/h_0 = \infty$，则 $K = 5.34$。若要求 $\tau_{cr} = f_v$，则 λ_s 不应超过 0.8，由式(5.85b)可得：高厚比限值为 $\frac{h_0}{t_w} = 0.8 \times 41\sqrt{5.34} \times \sqrt{\frac{235}{f_y}} = 75.8\sqrt{\frac{235}{f_y}}$，考虑到平均剪应力一般低于 f_v，《钢结构设计规范》(GB 50017—2003)规定的限值为 $80\sqrt{235/f_y}$。

(3)腹板区格在局部压力作用下的临界应力。当梁上承受比较大的集中荷载而无支承加劲肋时，腹板的屈曲情况如图 5.29(b)所示，在板的纵向和横向都只出现一个半波。其临界应力的表达式仍为

$$\sigma_{c,cr} = \frac{\chi K \pi^2 E}{12(1-v^2)}\left(\frac{t_w}{h_0}\right)^2 \tag{5.86}$$

式中，屈曲系数 K 可按如下方式取近似值：

当 $0.5 \leqslant a/h_0 \leqslant 1.5$ 时

$$K = \left(7.4 + 4.5\,\frac{h_0}{a}\right)\frac{h_0}{a} \tag{5.87a}$$

当 $1.5 < a/h_0 \leqslant 2.0$ 时

$$K = \left(11 - 0.9\,\frac{h_0}{a}\right)\frac{h_0}{a} \tag{5.87b}$$

对局部压力下的腹板，嵌固系数为

$$\chi = 1.81 - 0.255\,\frac{h_0}{a} \tag{5.88}$$

为了简化计算，《钢结构设计规范》(GB 50017—2003)中把屈曲系数和嵌固系数的乘积简化为

当 $0.5 \leqslant a/h_0 \leqslant 1.5$ 时

$$\chi K = 10.9 + 13.4\left(1.83 - \frac{a}{h_0}\right)^3 \tag{5.89a}$$

当 $1.5 < a/h_0 \leqslant 2.0$ 时

$$\chi K = 18.9 - 5\,\frac{a}{h_0} \tag{5.89b}$$

引入局部压力的通用高厚比 $\lambda_c = \sqrt{f_y/\sigma_{c,cr}}$，我国《钢结构设计规范》(GB 50017—2003)给出的临界应力公式为

当 $\lambda_c \leqslant 0.9$ 时

$$\sigma_{c,cr}=f \tag{5.90a}$$

当 $0.9<\lambda_c \leqslant 1.2$ 时

$$\sigma_{c,cr}=[1-0.79(\lambda_c-0.9)]f \tag{5.90b}$$

当 $\lambda_c>1.2$ 时

$$\sigma_{c,cr}=\frac{1.1f}{\lambda_c^2} \tag{5.90c}$$

式中，通用高厚比的计算公式为

当 $0.5 \leqslant a/h_0 \leqslant 1.5$ 时

$$\lambda_s=\frac{h_0/t_w}{28\sqrt{10.9+13.4\ (1.83-a/h_0)^3}}\sqrt{\frac{f_y}{235}} \tag{5.91a}$$

当 $1.5<a/h_0 \leqslant 2.0$ 时

$$\lambda_s=\frac{h_0/t_w}{28\sqrt{18.9-5\ a/h_0}}\sqrt{\frac{f_y}{235}} \tag{5.91b}$$

2. 各种应力共同作用下的局部稳定验算

当梁腹板高厚比 $h_0/t_w>80\sqrt{235/f_y}$ 时，还应对配置加劲肋的腹板进行稳定计算，其方法如下。

(1)仅配置横向加劲肋的腹板区格。如图 5.30(a)所示，仅配置横向加劲肋的腹板各区格的局部稳定应按式(5.92)计算：

$$\left(\frac{\sigma}{\sigma_{cr}}\right)^2+\left(\frac{\tau}{\tau_{cr}}\right)^2+\left(\frac{\sigma_c}{\sigma_{c,cr}}\right)\leqslant 1 \tag{5.92}$$

式中 σ——所计算腹板区格内，由平均弯矩产生的腹板计算高度边缘的弯曲压应力；

τ——所计算腹板区格内，由平均剪力产生的腹板平均剪应力，应按 $\tau=\frac{V}{h_w t_w}$ 计算，h_w 为腹板高度；

σ_c——腹板计算高度边缘的局部压应力，应按式(5.10)计算，但式中取 $\psi=1.0$；

σ_{cr}、τ_{cr}、$\sigma_{c,cr}$——各种应力单独作用下的临界应力，应按上述中的公式计算。

(2)同时配置横向和纵向加劲肋的腹板区格。如图 5.30(b)所示，同时配置横向和纵向加劲肋的腹板，被纵向加劲肋分成 I 和 II 两种区格。我国规范中的局部稳定验算公式如下。

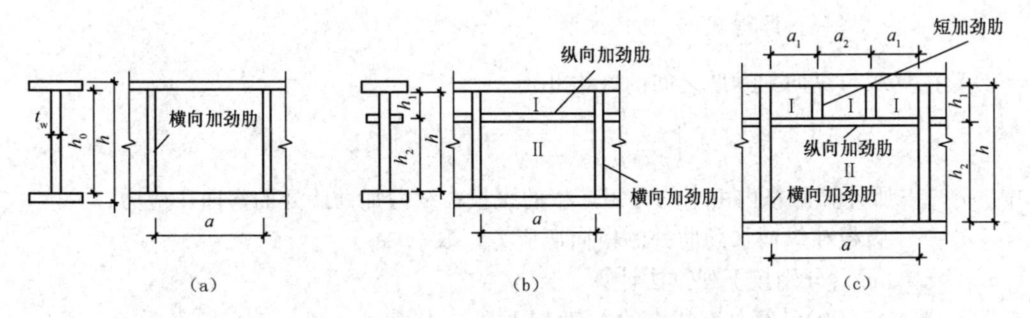

图 5.30　腹板加劲肋的布置

1)受压翼缘与纵向加劲肋之间的区格Ⅰ：

$$\left(\frac{\sigma}{\sigma_{cr1}}\right)+\left(\frac{\tau}{\tau_{cr1}}\right)^2+\left(\frac{\sigma_c}{\sigma_{c,cr1}}\right)\leqslant 1 \tag{5.93}$$

式中，σ_{cr1}、τ_{cr1}、$\sigma_{c,cr1}$分别按下列方法计算：

①σ_{cr1}按式(5.79)计算，但式中的λ_b改用下列λ_{b1}代替：

当梁受压翼缘扭转受到约束时

$$\lambda_{b1}=\frac{h_1/t_w}{75}\sqrt{\frac{f_y}{235}} \tag{5.94a}$$

当梁受压翼缘扭转未受到约束时

$$\lambda_{b1}=\frac{h_1/t_w}{64}\sqrt{\frac{f_y}{235}} \tag{5.94b}$$

式中　h_1——纵向加劲肋至腹板计算高度受压边缘的距离。

②τ_{cr1}按式(5.84)计算，将式中的h_0改为h_1。

③$\sigma_{c,cr1}$按式(5.79)计算，但式中的λ_b改用下列λ_{c1}代替：

当梁受压翼缘扭转受到约束时

$$\lambda_{c1}=\frac{h_1/t_w}{56}\sqrt{\frac{f_y}{235}} \tag{5.95a}$$

当梁受压翼缘扭转未受到约束时

$$\lambda_{c1}=\frac{h_1/t_w}{40}\sqrt{\frac{f_y}{235}} \tag{5.95b}$$

注意：$\sigma_{c,cr1}$的计算是借用纯弯条件下临界应力公式，而非单纯局部受压临界应力公式。由于图5.30所示的区格Ⅰ为一狭长形板条，在上端局部承压时，可近似地把该区格看作竖向中心受压的板条，宽度近似取$l_z+h_1\approx 2h_1$(设板条顶端截面的承压宽度为$l_z\approx h_1$并按45°分布传至区格半高处的宽度)。当上翼缘扭转受到约束时，把该板条上端视为固定端，下端为简支端；当上翼缘扭转未受到约束时，假定上、下端均为简支。于是由欧拉公式可得两种情况下的临界应力分别如下：

$$\sigma_{c,cr1}=\frac{\pi^2 E(2h_1t_w^3)}{12(1-v^2)(0.7h_1)^2}\frac{1}{h_1t_w}=\frac{4\pi^2E}{12(1-v^2)}\left(\frac{t_w}{h_1}\right)^2$$

和

$$\sigma_{c,cr1}=\frac{4\pi^2E}{12(1-v^2)}\left(\frac{t_w}{h_1}\right)^2$$

再由$\lambda_{c1}=\sqrt{\dfrac{f_y}{\sigma_{c,cr}}}$，即得式(5.95)。

2)受拉翼缘与纵向加劲肋之间的区格Ⅱ：

$$\left(\frac{\sigma_2}{\sigma_{cr2}}\right)^2+\left(\frac{\tau}{\tau_{cr2}}\right)^2+\left(\frac{\sigma_{c2}}{\sigma_{c,cr2}}\right)\leqslant 1 \tag{5.96}$$

式中　σ_2——所计算区格内由平均弯矩产生的腹板在纵向加劲肋处的弯曲压应力；

　　σ_{c2}——腹板在纵向加劲肋处的横向压应力，取$0.3\sigma_c$。

σ_{cr2}、τ_{cr2}、$\sigma_{c,cr2}$分别按下列方法计算。

①σ_{cr2}按式(5.79)计算，但式中的λ_b改用下列λ_{b2}代替：

$$\lambda_{b2}=\frac{h_2/t_w}{194}\sqrt{\frac{f_y}{235}} \tag{5.97}$$

式中，$h_2=h_0-h_1$。

②τ_{cr2}按式(5.84)计算，将式中的 h_0 改为 h_2。

③$\sigma_{c,cr2}$按式(5.90)计算，但式中的 h_0 改为 h_2，当 $a/h_2>2$ 时，取 $a/h_2=2$。

(3)在受压翼缘与纵向加劲肋之间设有短加劲肋的腹板区格。如图 5.30(c)所示，腹板区格分为Ⅰ和Ⅱ两种。其中区格Ⅱ的稳定计算与(2)中区格Ⅱ的完全相同。区格Ⅰ的稳定计算仍按式(5.93)进行。该式中的 σ_{cr1}，仍按 a 的规定计算；τ_{cr1} 按式(5.84)计算，将式中的 h_0 和 a 改为 h_1 和 a_1，a_1 为短加劲肋的间距；σ_{cr1} 仍借用式(5.79)计算，但式中的 λ_b 改用下列 λ_{c1} 代替：

当梁受压翼缘扭转受到约束时

$$\lambda_{c1}=\frac{a_1/t_w}{87}\sqrt{\frac{f_y}{235}} \tag{5.98a}$$

当梁受压翼缘扭转未受到约束时

$$\lambda_{c1}=\frac{a_1/t_w}{73}\sqrt{\frac{f_y}{235}} \tag{5.98b}$$

对于 $a_1/h_1>1.2$ 的区格，式(5.98)的右边应乘以$\dfrac{1}{\sqrt{0.4+0.5a_1/h_1}}$。

5.5.3 梁腹板的加劲肋设计

1. 腹板加劲肋的配置规定

加劲肋的设置主要是用来保证腹板的局部稳定性。承受静力荷载和间接承受动力荷载的组合梁宜考虑腹板屈曲后强度，具体计算方法见 5.9 节，而直接承受动力荷载的类似构件或其他不考虑屈曲后强度的组合梁，则应按下列规定配置加劲肋：

(1)当$\dfrac{h_0}{t_w}\leqslant 80\sqrt{\dfrac{235}{f_y}}$时，对有局部压应力(即 $\sigma_c\neq 0$)的梁，应按构造要求配置横向加劲肋；但对无局部压应力(即 $\sigma_c=0$ 的梁)可不配置加劲肋。

(2)当$\dfrac{h_0}{t_w}>80\sqrt{\dfrac{235}{f_y}}$时，应配置横向加劲肋。其中，当$\dfrac{h_0}{t_w}>170\sqrt{\dfrac{235}{f_y}}$(受压翼缘扭转受到约束，如连有刚性铺板、制动板或焊有钢轨时)或$\dfrac{h_0}{t_w}>150\sqrt{\dfrac{235}{f_y}}$(受压翼缘扭转未受到约束时)，或按计算需要时，应在弯曲应力较大区格的受压区增加配置纵向加劲肋。局部压应力很大的梁，必要时还应在受压区配置短加劲肋。

任何情况下，h_0/t_w 均不应超过 250。此处的 h_0 为腹板的计算高度(对单轴对称梁，当确定是否要配置纵向加劲肋时，h_0 应取腹板受压区高度 h_c 的 2 倍)，t_w 为腹板的厚度。

(3)梁的支座处和上翼缘受有较大固定集中荷载处，宜设置支承加劲肋。

2. 腹板加劲肋的构造要求

加劲肋可以用钢板或型钢做成，焊接梁一般常用钢板。钢材常采用 Q235，因为加劲肋主要是加强其刚度，使用高强度钢并不经济。加劲肋宜在腹板两侧成对布置，如图 5.31(a)与图 5.32 所示，对于仅受静荷载作用或受动荷载作用较小的梁腹板，为了节省钢材和减轻制造工作量，其横向和纵向加劲肋也可考虑单侧布置，如图 5.31(b)所示，但支承加劲肋、重级工作制吊车梁的加劲肋不应单侧配置。

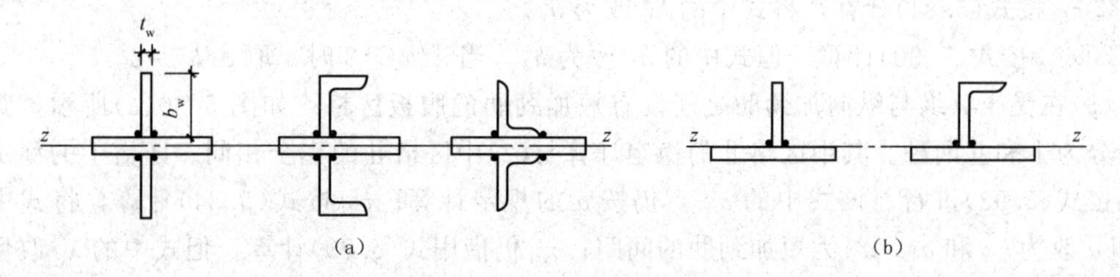

图 5.31　加劲肋的截面形式

横向加劲肋的最小间距应为 $0.5h_0$，最大间距应为 $2h_0$（对无局部压应力的梁，当 $h_0/t_w \leqslant 100$ 时，可采用 $2.5h_0$）。纵向加劲肋至腹板计算高度受压翼缘的距离应在 $\frac{h_c}{2.5} \sim \frac{h_c}{2}$ 范围内。加劲肋应有足够的刚度才能作为腹板的可靠支承，所以，《钢结构设计规范》(GB 50017—2003)对加劲肋的截面尺寸和截面惯性矩有一定的要求。

(1)在腹板两侧成对配置的钢板横向加劲肋，其截面尺寸应符合下列公式要求：

外伸宽度

$$b_s \geqslant \frac{h_0}{30} + 40 \text{ mm} \tag{5.99}$$

厚度

$$t_s \geqslant \frac{b_s}{15} \tag{5.100}$$

仅在腹板一侧配置的钢板横向加劲肋，其外伸宽度应大于按式(5.99)算得的 1.2 倍，厚度不应小于其外伸宽度的 1/15。这里的 1.2 倍，是由加劲肋单侧配置和双侧布置的刚度相同得到的。当采用型钢截面加劲肋时，也应具有相应钢板加劲肋相同的惯性矩 I_z。在腹板两侧成对配置的加劲肋，其惯性矩 I_z 应按梁腹板的中心线进行计算。在腹板单侧配置的加劲肋，其惯性矩 I_z 应按与加劲肋相连的腹板表面为轴线进行计算，如图 5.31 所示。

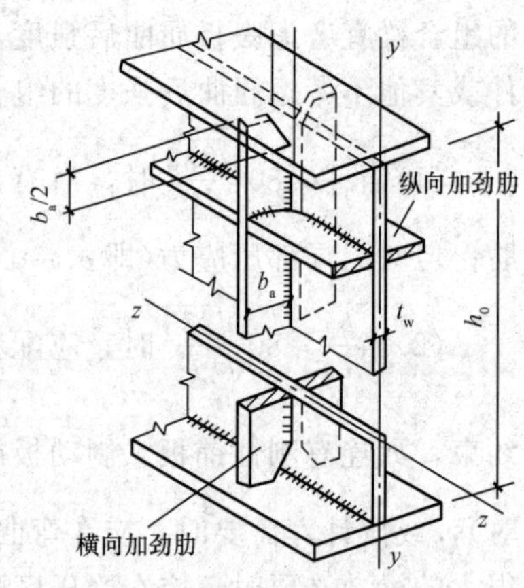

图 5.32　加劲肋配置示意

(2)在同时用横向加劲肋和纵向加劲肋加强的腹板中，应在其相交处将纵向加劲肋断开，横向加劲肋保持连续，如图 5.32 与图 5.33(a)所示。此时横向加劲肋的截面尺寸除应满足上述要求外，其惯性矩 I_z 还应符合下列要求：

$$I_z \geqslant 3h_0 t_w^3 \tag{5.101}$$

纵向加劲肋截面绕 y 轴的惯性矩 I_y，应符合下列公式的要求：

当 $a/h_0 \leqslant 0.85$ 时

$$I_y = 1.5h_0 t_w^3 \tag{5.102a}$$

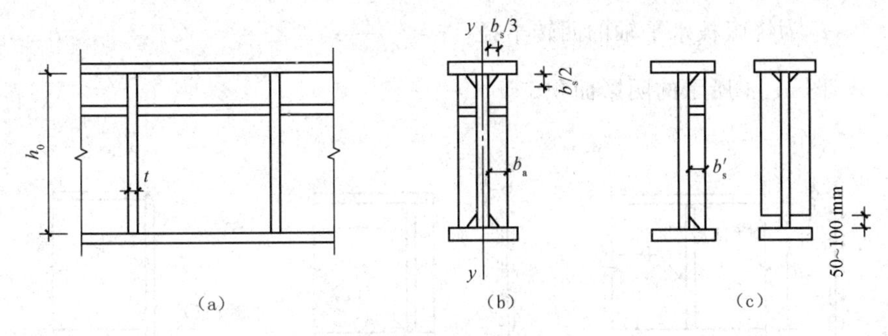

图 5.33　加劲肋的构造

当 $a/h_0>0.85$ 时

$$I_y=\left(2.5-0.45\frac{a}{h_0}\right)\left(\frac{a}{h_0}\right)^2 h_0 t_w^3 \tag{5.102b}$$

(3)当采用短加劲肋时，短加劲肋的最小间距为 $0.75h_1$。短加劲肋外伸宽度应取横向加劲肋外伸宽度的 0.7～1.0 倍，厚度不应小于短加劲肋外伸宽度的 1/15。

(4)为了减少焊接应力，避免焊缝的过分集中，横向加劲肋的端部应切去宽约 $b_s/3$(但不大于 40 mm)、高约 $b_s/2$(但不大于 60 mm)的斜角，以使梁的翼缘焊缝连续通过，如图 5.33(b)所示。在纵向加劲肋与横向加劲肋相交处，应将纵向加劲肋两端切去相应的斜角，使横向加劲肋与腹板连接的焊缝连续通过。横向加劲肋的端部与焊接梁的受压翼缘宜用角焊缝连接，以增加加劲肋的稳定性，同时，还可增加对翼缘的转动约束。中间横向加劲肋的下端一般在距受拉翼缘 50～100 mm 处断开，如图 5.33(c)所示，不应与受拉翼缘焊接，以改善梁的抗疲劳性能。

3. 支承加劲肋的计算

支承加劲肋是指承受固定集中荷载或梁支座反力的横向加劲肋，这种加劲肋必须在腹板两侧成对配置，不应单侧配置。支承加劲肋不仅要满足横向加劲肋的尺寸要求，还应对其进行计算。

支承加劲肋截面的计算主要包含以下三个内容：

(1)支承加劲肋的稳定性计算。梁的支承加劲肋应按承受梁支座反力或固定集中荷载的轴心受压构件计算其在腹板平面外的稳定性。当支承加劲肋在腹板平面外屈曲时，腹板对其有一定的约束作用，因此在计算受压构件稳定性时，支承加劲肋的截面除本身截面外，还应计入与其相邻的部分腹板的截面。我国《钢结构设计规范》(GB 50017—2003)规定，此受压构件截面应包括加劲肋和加劲肋每侧 $15t_w\sqrt{235/f_y}$ 范围内的腹板面积，如图 5.34 所示，当加劲肋一侧的腹板实际宽度小于此值时，则用实际宽度，构件的计算长度取 h_0。稳定计算公式为

$$\frac{N}{\varphi A}\leqslant f \tag{5.103}$$

式中　N——固定集中荷载或梁支座反力；

φ——轴心受压构件的整体稳定系数，由 $\lambda=\frac{h_0}{i_z}$ 按 b 类或 c 类(突缘式加劲肋)确定，

i_z 为绕腹板水平轴的回转半径，$i_z=\sqrt{\dfrac{I_z}{A}}$；

A——图 5.34 所示的阴影面积。

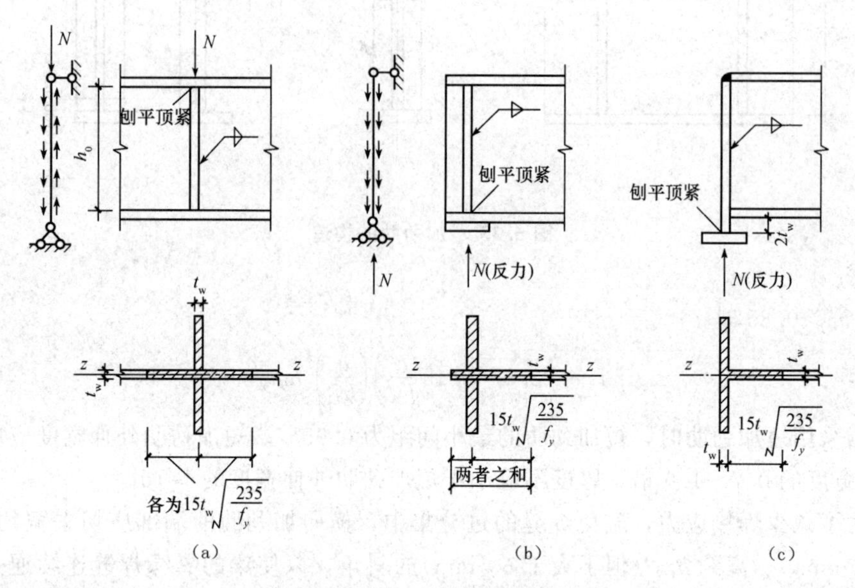

图 5.34　支承加劲肋

(2)端面承压强度计算。梁支承加劲肋的端部应按所承受的固定集中荷载或支座反力计算，当加劲肋的端部刨平顶紧时，应按式(5.104)计算其端面承压应力：

$$\sigma=\frac{N}{A_{ce}}\leqslant f_{ce} \tag{5.104}$$

式中　A_{ce}——支承加劲肋与翼缘板或柱顶相接触的面积，要考虑加劲肋端面的切角；

　　　f_{ce}——钢材端面承压的强度设计值。

(3)焊缝计算。支承加劲肋与钢梁腹板的角焊缝连接应满足：

$$\frac{N}{0.7h_f\sum l_w}\leqslant f_f^w \tag{5.105}$$

式中　h_f——焊脚尺寸，应满足构造要求；

　　　l_w——焊缝计算长度，因焊缝所受内力可看作沿焊缝全长均布，故不必考虑 l_w 是否大于限值 $60h_f$。

【例题 5.3】　钢梁的受力如图 5.35(a)所示，荷载均为设计值，梁截面尺寸如图 5.35(d)、(e)所示，在距离支座 1.5 m 处梁翼缘的宽度改变一次(280 mm 变为 140 mm)，钢材为 Q235 钢。试进行梁腹板稳定性计算和加劲肋的设计。

【解】　(1)梁的内力和截面特性的计算。

经计算，梁所受的弯矩 M 和剪力 V 如图 5.35(b)、(c)所示。

支座附近截面的惯性矩：$I_{x1}=9.91\times10^8$ mm^4

跨中附近截面的惯性矩：$I_{x2}=1.64\times10^9$ mm^4

(2)加劲肋的布置。

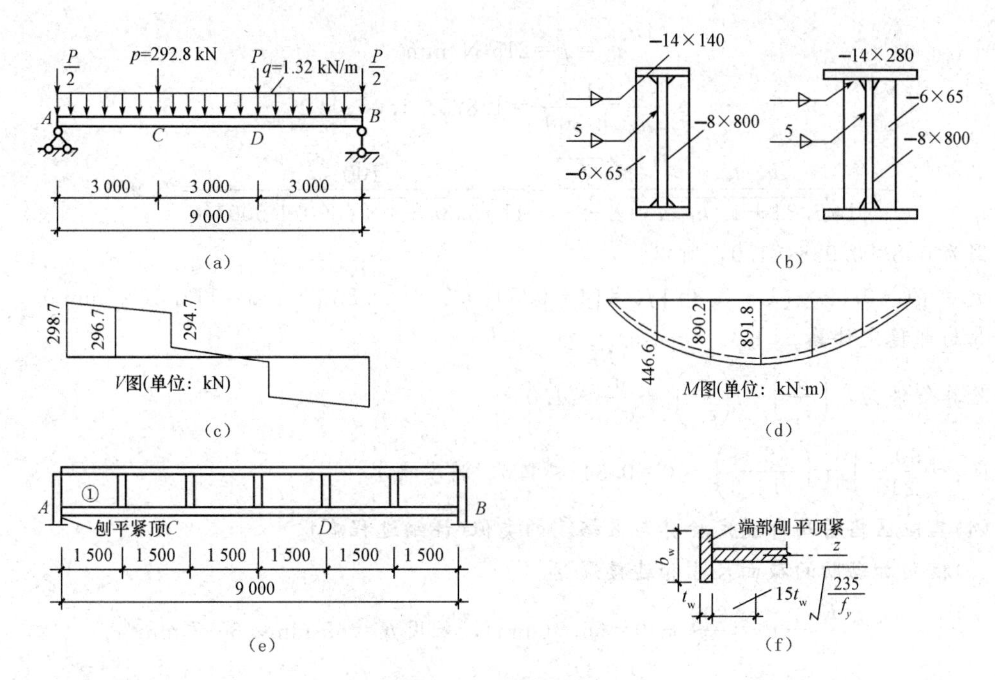

图 5.35　例题 5.3 图

$$\frac{h_0}{t_w}=\frac{800}{8}=100>80\sqrt{\frac{235}{f_y}}\text{，需设横向加劲肋}$$

$$\frac{h_0}{t_w}=100<150\frac{235}{f_y}\text{，不需设纵向加劲肋}$$

因为 1/3 跨处有集中荷载，所以该处应设置支承加劲肋，又因为横向加劲肋的最大间距为 $2.5h_0=2.5\times800=2\ 000$ mm，故最后取横向加劲肋的间距为 1 500 mm，布置如图 5.35(e)所示。

(3)区格①的局部稳定验算。

①区格所受应力。

区格两边的弯矩：

$$M_1=0,\ M_2=298.7\times1.5-\frac{1}{2}\times1.32\times1.5^2=446.6(\text{kN}\cdot\text{m})$$

区格所受正应力：

$$\sigma=\frac{M_1+M_2}{2}\cdot\frac{y_1}{I_x}=\frac{1}{2}\times(0+446.6\times10^3)\times\frac{400}{9.91\times10^8}=90.2(\text{N/mm}^2)$$

区格两边的剪力：

$$V_1=298.7\ \text{kN},\ V_2=298.7-1.32\times1.5=296.7(\text{kN})$$

区格所受剪应力：

$$\tau=\frac{V_1+V_2}{2}\cdot\frac{1}{h_w t_w}=\frac{1}{2}\times\frac{(298.7+296.7)\times10^3}{800\times8}=46.5(\text{N/mm}^2)$$

②区格的临界应力。

$$\lambda_b=\frac{h_0/t_w}{153}\sqrt{\frac{f_y}{235}}=\frac{100}{153}=0.654<0.85$$

$$\sigma_{cr}=f=215\ \text{N/mm}^2$$

$$\frac{a}{h_0}=\frac{1\ 500}{800}=1.875>1.0$$

$$\lambda_s=\frac{h_0/t_w}{41\sqrt{5.34+4\ (h_0/a)^2}}\sqrt{\frac{f_y}{235}}=\frac{100}{41\sqrt{5.34+4\times(800/1\ 500)^2}}=0.958$$

因为 $0.8<0.958<1.0$，所以：

$\tau_{cr}=[1-0.59\times(\lambda_s-0.8)]f_v=[1-0.59(0.958-0.8)]\times125=113.3(\text{N/mm}^2)$

③局部稳定计算。

验算条件为：$\left(\frac{\sigma}{\sigma_{cr}}\right)^2+\left(\frac{\tau}{\tau_{cr}}\right)^2+\frac{\sigma_c}{\sigma_{c,cr}}\leqslant1.0$

即：$\left(\frac{90.2}{215}\right)^2+\left(\frac{46.5}{113.3}\right)^2+0=0.344<1.0$，满足要求。

(4)其他区格的局部稳定验算与区格①的类似(详细过程略)。

(5)横向加劲肋的截面尺寸和连接焊缝。

$$b_s\geqslant\frac{h_0}{30}+40=\frac{800}{30}+40=66.7(\text{mm})，采用\ b_s=65\ \text{mm}\approx66.7\ \text{mm}$$

$$t_s=\frac{b_s}{15}=\frac{65}{15}=4.33，采用\ t_s=6\ \text{m}$$

这里选用 $b_s=65$ mm，主要是使加劲肋外边缘不超过翼缘板的边缘，如图 5.35(d)所示。加劲肋与腹板的角焊缝连接，按构造要求确定：

$h_f\geqslant1.5\sqrt{t}=1.5\sqrt{8}=4.24(\text{mm})$，采用 $h_f=5$ mm。

(6)支座处支承加劲肋的设计。采用突缘式支承加劲肋，如图 5.35(e)所示。

1)按端面承压强度试选加劲肋厚度。

已知 $f_{ce}=325\ \text{N/mm}^2$，支座反力为：$N=\frac{3}{2}\times292.8+\frac{1}{2}\times1.32\times9=445.1(\text{kN})$

$$b_s=14\ \text{mm}(与翼缘板等宽)，则需要：t_s\geqslant\frac{N}{b_s\cdot f_{ce}}=\frac{445.1\times10^3}{140\times325}=9.78(\text{mm})$$

考虑到支座支承加劲肋是主要传力构件，为保证其使梁在支座处有较强的刚度，取加劲肋厚度与梁翼缘板厚度接近，采用 $t_w=12$ mm。加劲肋端面刨平顶紧，突缘伸出板梁下翼缘底面的长度为 20 mm，小于构造要使 $2t_s=24$ mm。

2)按轴心受压构件验算加劲肋在腹板平面外的稳定。

支承加劲肋的截面积，如图 5.35(f)所示。

$$A_s=b_st_s+15t_w^2\sqrt{\frac{235}{f_y}}=140\times12+15\times8^2\times1=2.64\times10^3(\text{mm}^2)$$

$$I_z=\frac{1}{12}t_sb_s^3=\frac{1}{12}\times12\times140^3=2.74\times10^6(\text{mm})$$

$$i_z=\sqrt{\frac{I_z}{A_z}}=\sqrt{\frac{2.74\times10^6}{2.64\times10^3}}=32.2(\text{mm})$$

$$\lambda_z=\frac{h_0}{i_z}=\frac{800}{32.2}=24.8$$

查附表 4.3(适用于 Q235 钢，c 类截面)，得轴心受压稳定系数 $\varphi=0.935$。

$$\frac{N}{\varphi A_s}=\frac{445.1\times10^3}{0.935\times2.64\times10^3}=180.3(\text{N/mm}^2)<f=215\ \text{N/mm}^2\text{，满足要求。}$$

3)加劲肋与腹板的为焊缝连接计算。

$$l_w=2(h_0-2h_f)\approx2\times(800-10)=1\ 580(\text{mm})$$

$$f_f^w=160\ \text{N/mm}^2$$

则需要：$h_f\geqslant\dfrac{N}{0.7\sum l_w\cdot f_f^w}=\dfrac{445.1\times10^3}{0.7\times1\ 580\times160}=2.5(\text{mm})$

构造要求：$h_{\min}=1.5\sqrt{t_s}=1.5\sqrt{12}=5.2(\text{mm})$，采用 $h_f=6$ mm。

5.6 型钢梁的设计

型钢梁包括热轧普通工字形钢梁、热轧 H 型钢梁和热轧普通槽钢梁等。型钢梁的设计主要包括两个方面，即截面初选和截面验算。型钢有国家标准，其尺寸和截面特性都可按标准查取，因此，其截面的选取比较容易。由于型钢截面的翼缘和腹板厚度较大，除热轧 H 型钢外，不必验算局部稳定性。

5.6.1 单向弯曲型钢梁的设计

单向弯曲型钢梁的设计比较简单，通常在明确结构的布置形式后，可以根据梁的抗弯强度和整体稳定求出必需的截面模量，其中，当梁的整体稳定性有保证时，可直接按梁的抗弯强度进行选取，然后在型钢表中初选合适的截面，最后就选取的截面进行强度、整体稳定性和刚度验算。在初选截面时，应取下面两式中的较大值：

抗弯强度需要的截面模量

$$W_{nx}\geqslant\frac{M_{\max}}{\gamma_x f}\tag{5.106}$$

整体稳定性需要的截面模量

$$W_x>\frac{M_{\max}}{\varphi_b f}\tag{5.107}$$

式中的整体稳定系数 φ_b 需要预先假定。根据计算的截面模量在型钢规格表中(一般为 H 型钢或普通工字钢)选择合适的型钢，然后验算其他项目。由于型钢截面的翼缘和腹板的厚度较大，不必验算局部稳定，端部无过大的削弱时，也不必验算剪应力；也不验算折算应力，而局部压应力也只在有较大集中荷载或支座反力处才验算。

【例题 5.4】 图 5.36 所示为某车间工作平台平面布置简图，平台上作用静力荷载标准值：$g_k=1.5\ \text{kN/m}^2$(不包梁自重)，$q_k=9\ \text{kN/m}^2$。试分别按①平台铺板与次梁连牢；②平台铺板与次梁未连牢两种情况选择中间次梁 A 的热轧普通工字钢规格 Q235 钢。

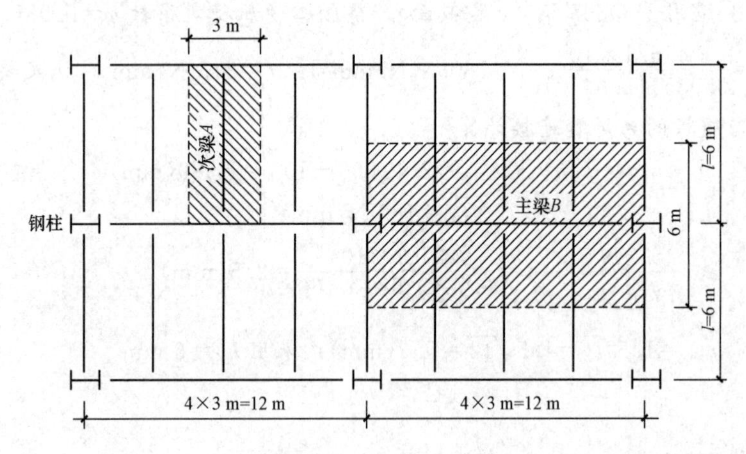

图 5.36　例题 5.4 图

【解】　作用在次梁 A 上的荷载设计值为可变荷载效应控制的组合：

$$p=(1.2\times1.5+1.3\times9)\times3=40.5(\text{kN/m})$$

弯矩：
$$M_x=\frac{pl^2}{8}=\frac{40.5\times6^2}{8}=182.25(\text{kN}\cdot\text{m})$$

剪力：
$$V=\frac{pl}{2}=\frac{40.5\times6}{2}=121.5(\text{kN})$$

所需净截面模量：
$$W_{nx}=\frac{M_x}{\gamma_x f}=\frac{182.25\times10^6}{1.05\times215}=807\ 309.0(\text{mm}^3)=807.3\ \text{cm}^3$$

由附表 7.1 选用普通热轧普通工字钢 I36a：$W_x=877.6\ \text{cm}^3>807.3\ \text{cm}^3$，梁重力 $60\ \text{kg/m}=60\times9.80=588\ \text{N/m}\approx0.6\ \text{kN/m}$，$I_x=15\ 796\ \text{cm}^4$，$S_x=508.8\ \text{cm}^3$，$t_w=10\ \text{mm}$，$A=76.44\ \text{cm}^2$。

考虑梁自重后的总弯矩：

$$M_x=182.25+\frac{1}{8}\times1.2\times0.6\times6^2=185.49(\text{kN}\cdot\text{m})$$

(1)平台铺板与次梁连牢，不必验算次梁的整体稳定性。

弯曲正应力：

$$\sigma=\frac{M_x}{\gamma_x W_{nx}}=\frac{185.49}{1.05\times877.6\times10^3}=201.3(\text{N/mm}^2)<f=215\ \text{N/mm}^2$$

剪应力：

$$\tau=\frac{VS_x}{I_x t_w}=\frac{(121.5+1.2\times0.6\times3)\times10^3\times508.8\times10^3}{15\ 796\times10^4\times10}=39.8(\text{N/mm}^2)<f_v=125\ \text{N/mm}^2$$

型钢腹板较厚，一般不验算抗剪强度。

挠度：

在全部荷载标准值：$p_k'=g_k'+q_k'=(1.5\times3+0.6)+9\times3=32.1(\text{kN/m})$作用下的梁挠度：

$$v_p=\frac{5p_k'l^4}{384EI_x}=\frac{5\times32.1\times10^3\times6\times6\ 000^3}{384\times206\times10^3\times15\ 796\times10^4}=16.6(\text{mm})$$

$$<[v_{pk}]=\frac{1}{250}=\frac{6\times10^3}{250}=24(\text{mm})$$

在活载标准值：$q_k=9\times3=27$ kN/m 作用下的梁挠度：

$$v_q=\frac{27}{32.1}\times16.6=14(\text{mm})<[v_{qk}]=\frac{1}{300}=\frac{6\times10^3}{300}=20(\text{mm})$$

($[v_{pk}]$和$[v_{qk}]$由附录 2.1 查得)

(2)平台铺板与次梁未连牢，必须补充计算梁 A 的整体稳定性。

可假定 $\varphi_x=0.6$，从而计算得所需截面模量：

$$W_x=\frac{M_x}{\varphi_x f}=\frac{182.25\times10^6}{0.6\times215}=1\,412\,791(\text{mm}^3)\approx1\,413\text{ cm}^3$$

由附表 7.1 选用 I45a：$W_x=1\,432.9\text{ cm}^3$，$i_y=2.89$ cm，梁重力 80.4 kg/m=80.4×9.80=78.79 N/m≈0.8 kN/m，$A=102.4\text{ cm}^2$，$b_1=150$ mm，$t_1=18$ mm。

考虑梁自重后的总弯矩：

$$M_x=182.25+\frac{1}{8}\times1.2\times0.8\times6^2=186.57(\text{kN}\cdot\text{m})$$

由附表 3.1 得：$\zeta=\frac{l_1t_1}{b_1h}=\frac{6\times10^3\times18}{150\times450}=1.6<2.0$

$$\beta_b=0.69+0.13\times1.6=0.898,\ \lambda_y=l/i_y=6\times10^2/2.89=207.6$$

则

$$\varphi_b=\beta_b\frac{4\,320}{\lambda_y^2}\cdot\frac{Ah}{W_x}\left[\sqrt{1+\left(\frac{\lambda_yt_1}{4.4\,h}\right)^2}+\eta_b\right]\frac{235}{f_y}$$

$$=0.898\times\frac{4\,320}{207.6^2}\times\frac{102.4\times45}{1\,432.9}\times\left[\sqrt{1+\left(\frac{207.6\times18}{4.4\times450}\right)^2}+0\right]\times\frac{235}{235}=0.618>0.6$$

梁进入弹塑性阶段，则

$$\varphi_b'=1.07-\frac{0.282}{0.615}=0.611$$

验算梁的整体稳定性：

$$\frac{M_x}{\varphi_x' W_{1x}}=\frac{186.57\times10^6}{0.611\times1\,432.9\times10^3}=213.1(\text{N/mm}^2)<f=215\text{ N/mm}^2$$

所以满足要求。

由以上计算可见，若按整体稳定条件选择截面，截面需要增大较多，用钢量约增加$\frac{102.4-76.44}{76.44}=0.34=34\%$。因此，应尽可能将平台铺板与次梁连牢，用以提高梁的承载力。

5.6.2 双向弯曲型钢梁的设计

双向弯曲型钢梁承受两个主平面方向的荷载，与单向弯曲型钢梁的设计方法类似，可以先按双向抗弯强度等条件试选截面，然后再进行强度、整体稳定性和刚度方面的验算。设计时，应尽量满足不需计算整体稳定的条件，这样，可以按照抗弯强度条件初选型钢截面，由双向抗弯强度公式(5.6)可得：

$$W_{nx}\geqslant\frac{1}{\gamma_x f}\left(M_x+\frac{\gamma_x}{\gamma_y}\frac{W_{nx}}{W_{ny}}M_y\right)=\frac{M_x+\alpha M_y}{\gamma_x f}\tag{5.108}$$

式中　$\alpha=\frac{W_{nx}}{W_{ny}}$——根据型钢表近似假定。

双向弯曲型钢梁最常用于檩条，檩条的截面形式最常用的是热轧槽钢，当檩条跨度和荷载较大时可用H型钢，当跨度不大且为轻型屋面时可用冷成型Z型钢或C型钢等，如图5.37所示。檩条所受荷载主要有屋面重量、檩条自重、屋面可变荷载、积灰荷载或雪荷载等，其方向都是垂直于地面。檩条在布置时，腹板垂直于屋面，因而竖向荷载q在设计时，应分解成与檩条截面两主轴方向一致的分量$q_x=q\cos\alpha$和$q_y=q\sin\alpha$，从而引起双向弯曲。α为荷载q与主轴$y-y$的夹角。对于槽形和H形截面，q_y平行于屋面，q_x垂直于屋面，φ角等于屋面坡角α，如图5.37(a)、(b)所示；对于Z形截面，q_y与屋面有一夹角θ，φ角等于$|\alpha-\theta|$，如图5.37(c)所示。

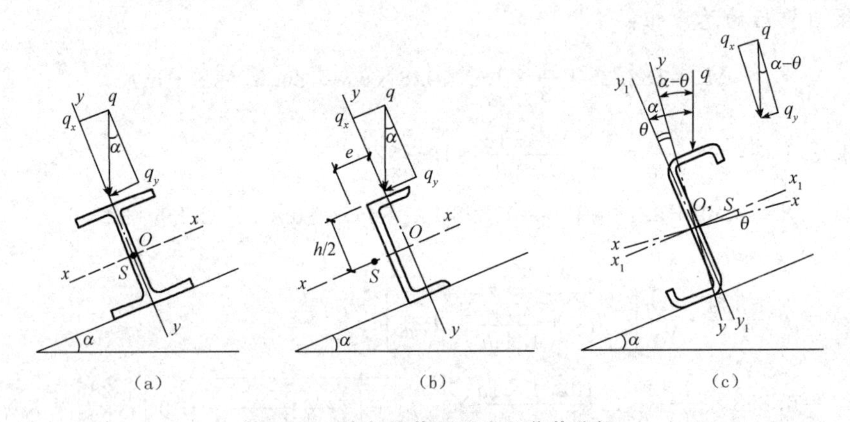

图5.37　檩条的截面形式和荷载分解

槽钢截面的剪切中心位于其腹板外侧一定距离的对称轴上，若横向荷载不通过剪切中心，则檩条受荷后将发生扭转变形。为了简化计算和在檩条设计中不考虑其扭转变形，就应尽量使横向荷载接近剪切中心，因而，槽钢在屋架上的放置方向应使翼缘指向屋脊，如图5.37(b)所示。此时槽钢顶面荷载的两个分力q_x和q_y，对剪切中心S的扭矩方向相反，可以相互抵消一部分，近似按照双向弯曲梁进行设计。

檩条的设计通常包括三个内容：抗弯强度、整体稳定性和刚度。在抗弯强度计算中，M_x为简支梁跨内的最大弯矩，M_y则视拉条的布置而按连续梁计算。在整体稳定计算中，当屋面材料与檩条有较好的连接和檩条中间按常规设置拉条时，可不必验算整体稳定性；当檩条跨度较大、拉条设置较稀时，一般应按双向受弯进行整体稳定性验算。在刚度验算中，当檩条未设拉条时，其挠度应分别根据荷载分量q_x和q_y求出同一点的挠度分量v和u，而后合成总挠度，使其小于设计规范规定的容许挠度值；当檩条设有拉条时，就只需验算q_x作用下的挠度u(垂直于屋面方向)，使其小于容许值。

【例题5.5】　已知热轧普通槽钢檩条(Q335)，檩条上活载标准值为600 N/m。跨中设有一道拉条(图5.38)，试选择檩条截面。

【解】　设檩条重力10 kg/m＝10×9.81≈100(N/m)，从而可得：

标准值：$p_k=100+600=700$(N/m)

设计值：$p=1.2\times100+1.4\times600=960$(N/m)

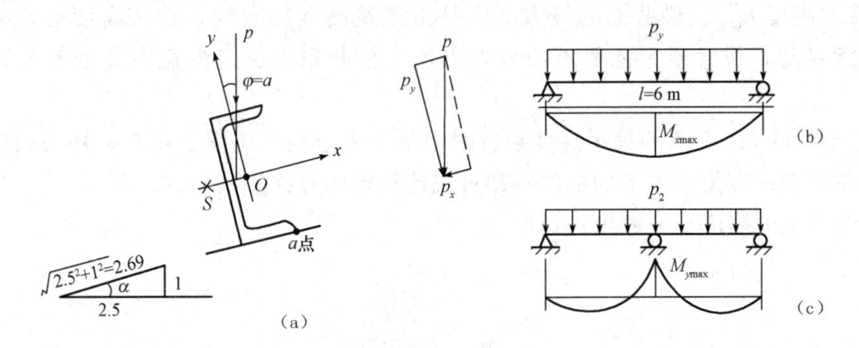

图 5.38　例题 5.5 图

$$p_y=p\cos\varphi=960\times\frac{2.5}{2.69}=892.2(\mathrm{N/m}),\ p_{yk}=892.2\times\frac{700}{960}=650.56(\mathrm{N/m})$$

$$p_x=p\sin\varphi=960\times\frac{1}{2.69}=356.9(\mathrm{N/m})$$

$$M_x=\frac{1}{8}\times892.2\times6^2=4\ 014.9(\mathrm{N\cdot m})$$

$$M_y=-\frac{1}{32}\times356.9\times6^2=-401.5(\mathrm{N\cdot m})$$

由附表 7.3 可得：试选 [10，重力 10 kg/m，$W_x=39.7\ \mathrm{cm}^3$，$W_y=7.8\ \mathrm{cm}^3$，$I_x=198.3\ \mathrm{cm}^4$。

验算檩条跨中 a 点的强度[图 5.38(a)]：

$$\sigma=\frac{4\ 014.9\times10^3}{1.05\times39.7\times10^3}+\frac{401.5\times10^3}{1.2\times7.8\times10^3}=96.3+42.9=139.2(\mathrm{N/mm^2})<f=215\ \mathrm{N/mm^2}$$

验算刚度：

$$v_{pk}=\frac{5}{384}\times\frac{650.56\times6\times(6\times10^3)^3}{206\times10^3\times198.3\times10^4}=26.9(\mathrm{mm})<[v_{pk}]=40\ \mathrm{mm}$$

5.7 焊接组合梁的设计

焊接组合梁的设计主要包括截面试选、截面验算、截面沿长度的改变和焊缝计算四大部分。

5.7.1 截面试选与验算

截面尺寸的选择相当重要，包括梁截面高度、腹板厚度与高度和翼缘板的宽度与厚度。截面验算包括强度验算、稳定性验算和刚度验算。

1. 梁的截面高度

要确定焊接截面的尺寸，首先要确定出梁截面的高度，其高度应根据建筑条件、刚度条件和经济性条件三方面来确定。

(1)最大高度 h_{max}。梁截面的最大高度是由建筑高度决定的，建筑高度必须满足净空要求，即满足建筑设计或工艺要求的容许限值。依此条件决定的截面高度就是截面的最大高度。

(2)最小高度 h_{min}。梁的最小高度是由刚度条件决定的，应满足正常使用极限状态的要求，使梁在荷载标准值作用下的挠度不超过规范规定的容许值$[v]$。

简支梁的最大挠度 v 一般可近似取为

$$v=\frac{1}{10}\frac{M_{xk}l^2}{EI_x}$$

即

$$\frac{v}{l}=\frac{1}{10}\frac{M_{xk}l}{EI_x}$$

单向弯曲梁的强度充分利用时，应满足：

$$M_x=\gamma_x f W_x$$

由于挠度计算要用标准值，因而近似取荷载分项系数为 1.3，则上式变为

$$M_{xk}=\frac{\gamma_x f W_x}{1.3}=\frac{2\gamma_x I_x f}{1.3h}$$

代入挠度公式，使$\dfrac{v}{l}\leqslant\dfrac{[v]}{l}$，并取 $E=2.06\times10^3$，则

$$\frac{h_{min}}{l}=\frac{\gamma_x f}{1.34\times10^6}\frac{l}{[v]} \tag{5.109}$$

(3)经济高度 h_e。梁的经济高度是指满足一定条件(强度、刚度、整体稳定和局部稳定)、用钢量最少的梁高度。对楼盖和平台结构来说，组合梁一般用做主梁。由于主梁的侧向有次梁支撑，整体稳定不是最主要的，所以，梁的截面一般由抗弯强度控制。

下面根据经济条件，以等截面对称工字形组合梁(图 5.39)为例介绍经济梁高的推导方法。

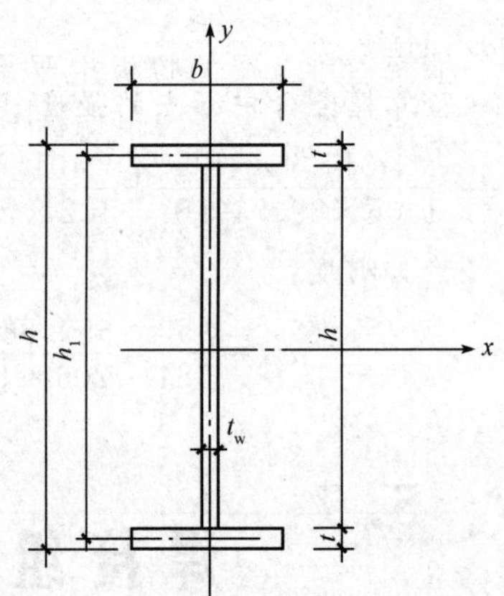

图 5.39 焊接组合梁的截面尺寸

梁的单位长度用钢量 g 是翼缘用钢量 g_f 与腹板及加劲肋用钢量 g_w 之和，即

$$g=g_f+g_w=\gamma_g(2A_f+1.2A_w) \tag{5.110}$$

式中 A_f——翼缘截面面积，$A_f=b_f t_f$；

A_w——腹板截面面积，$A_w=h_w t_w$；

γ_g——钢材的重度；

1.2——考虑腹板有加劲肋等构造的增大系数。

截面惯性矩：

$$I_x=W_x\frac{h}{2}=2A_f\left(\frac{h_1}{2}\right)^2+\frac{1}{12}h_w^3 t_w \tag{5.111}$$

式中 h_1——上下翼缘中心之间的距离。

考虑到 $h\approx h_1\approx h_w$，则每个翼缘需要的截面面积：

$$A_f=\frac{W_x}{h_w}-\frac{1}{6}h_w t_w \tag{5.112}$$

代入式(5.110)，并根据经验取 $t_w=\sqrt{h_w}/11$(式中 t_w、h_w 均以 cm 为单位)，得

$$g=\gamma_g\left(\frac{2W_x}{h_w}+0.079\sqrt{h_w^3}\right) \tag{5.113}$$

g 为最小的条件为 $\frac{dg}{dh_w}=0$，即

经济梁高：

$$h_e \approx h_w=(16.9W_x)^{2/5}\approx 3W_x^{2/5} \tag{5.114}$$

经济梁高也可按经验公式计算：

$$h_e=7\sqrt[3]{W_x}-30 \tag{5.115}$$

上述两式中的 h_e 的单位为 cm，W_x 的单位为 cm^3。对一般单向受弯构件，W_x 可按式(5.116)估算：

$$W_x=\frac{M_x}{\gamma_x f} \tag{5.116}$$

实际采用的梁高应小于由建筑高度决定的最大梁高 h_{max}，大于由刚度条件决定的最小梁 h_{min}，而且接近于经济梁高 h_e。同时，腹板的高度宜符合钢板宽度规格，取 50 mm 的倍数。

2. 腹板尺寸

腹板高度：选定梁高度后，可以确定腹板高度 h_w。h_w 应略小于梁高，宜取 50 mm 的倍数。

腹板厚度：梁的腹板主要承受剪力，因此，腹板厚度应保证梁具有一定的抗剪强度，同时，应满足局部稳定的要求。初选截面时，可近似地假定最大剪应力为腹板平均剪应力的1.2倍，即

$$\tau_{max}\approx 1.2\frac{V_{max}}{h_w t_w}\leqslant f_v \tag{5.117}$$

于是

$$t_w \geqslant 1.2\frac{V_{max}}{h_w f_v} \tag{5.118}$$

考虑局部稳定、经济和构造等因素，腹板厚度一般用下列经验公式进行估算：

$$t_w \geqslant \sqrt{h_w}/11 \tag{5.119}$$

式中，h_w 和 t_w 的单位均为 cm。实际采用的腹板厚度应考虑钢板的现有规格，一般为 2 mm 的倍数。对于考虑腹板屈曲后强度的梁，腹板厚度可取得小一些。考虑腹板厚度太小会因锈蚀而降低承载能力以及制造过程中易产生焊接翘曲变形，因此，要求腹板厚度不得小于 6 mm，也不宜使高厚比超过 $250\sqrt{235/f_y}$。

3. 翼缘尺寸

确定翼缘尺寸时，常先估算每个翼缘的所需截面面积 A_f。已知腹板尺寸，就可依据需要的截面抵抗矩得出翼缘板尺寸。由图 5.39 所示的截面可以写出梁的截面模量：

$$W_x=\frac{2I_x}{h}=\frac{1}{6}t_w\frac{h_w^3}{h}+A_f\frac{h_1^2}{h} \tag{5.120}$$

由此得到每个翼缘的面积：

$$A_f=W_x\frac{h}{h_1^2}-\frac{1}{6}t_w\frac{h_w^3}{h_1^2} \tag{5.121}$$

近似取 $h \approx h_w \approx h_1$。则翼缘面积变为

$$A_f = bt = \frac{W_x}{h_w} - \frac{1}{6} t_w h_w \tag{5.122}$$

翼缘板的宽度通常为 $b=(1/6 \sim 1/2.5)h$，厚度为 $t=A_f/b$。确定翼缘板的尺寸时，应满足局部稳定要求，使受压翼缘的外伸宽度 b_1 与其厚度 t 之比 $\frac{b_1}{t} \leqslant 15\sqrt{\frac{235}{f_y}}$（弹性设计取 $\gamma_x=1.0$ 时）或 $\frac{b_1}{t} \leqslant 13\sqrt{\frac{235}{f_y}}$ 考虑塑性发展，取 $\gamma_x=1.05$。

选择翼缘尺寸时，同样应符合钢板规格，宽度取 10 mm 的倍数，厚度取 2 mm 的倍数。翼缘板常用单层板做成，当厚度较大时，可采用双层板，内外层板的厚度之比宜为 0.5～1.0，且外层板宽度应小于内层板，以便设置角焊缝。

4. 截面验算

根据初选的截面尺寸，求出截面的各种几何数据，如惯性矩、截面模量等各种几何特征参数的准确值，然后进行验算。梁的截面验算包括强度、整体稳定、局部稳定和刚度几个方面。其中，腹板的局部稳定通常是采用配置加劲肋来保证的。

【例题 5.6】 某跨度 6 m 的简支梁承受均布荷载作用(作用在梁的上翼缘)，其中，永久荷载标准值为 20 kN/m，可变荷载标准值为 25 kN/m。该梁拟采用 Q235 钢制成的焊接组合工字钢截面，试设计该梁。

【解】 (1)荷载标准值：$q_k=20+25=45(\text{kN/m})$

荷载设计值：$q=1.2\times20+1.4\times25=59(\text{kN/m})$

梁跨中最大弯矩：$M_{max}=59\times6^2/8=265.5(\text{kN}\cdot\text{m})$

由附表 2.1 查得$[v_T]$为 $l/400$，由式(5.109)得梁的最小高度为

$$h_{min}=\frac{\gamma_x f l}{1.34\times10^6}\left[\frac{l}{v_T}\right]=\frac{1.05\times215\times6\times10^3}{1.34\times10^6}\times\left[\frac{6\times10^3}{6\times10^3/400}\right]=404.3(\text{mm})$$

需要的净截面抵抗矩为

$$W_x=\frac{M_{max}}{\gamma_x f}=\frac{265.5\times10^6}{1.05\times215}=1.18\times10^6(\text{mm}^3)=1.18\times10^3(\text{cm}^3)$$

由式(5.115)得梁的经济高度为：$h_e=7\sqrt[3]{W_x}-30=44(\text{cm})$

因此，取梁腹板高 450 mm。

支座处最大剪力为：$V_{max}=59\times6/2=177(\text{kN})$

由式(5.118)得：$t_w \geqslant \frac{1.2V_{max}}{h_w f_v}=\frac{1.2\times177\times10^3}{450\times125}=3.8(\text{mm})$

由式(5.119)得：$t_w=\frac{\sqrt{h_w}}{11}=\frac{\sqrt{45}}{11}=0.61(\text{cm})=6.1\ \text{mm}$

取腹板厚为：$t_w=8$ mm，故腹板采用—450×8 的钢板。

假设梁高为 500 mm，需要的净截面惯性矩为

$$I_x=W_x\frac{h}{2}=\frac{1.18\times10^6\times500}{2}=2.95\times10^8(\text{mm})=2.95(\text{cm}^4)$$

腹板惯性矩为：$I_w=\frac{t_w h_0^3}{12}=\frac{0.8\times45^3}{12}=6\ 075(\text{cm}^4)$

由公式(5.122)得：

$$A_f = bt = \frac{W_x}{h_w} - \frac{1}{6}t_w h_w = \frac{1.18\times10^6}{500} - \frac{1}{6}\times8\times500 = 1\ 693.3(\text{mm}^2) = 16.93(\text{cm}^2)$$

翼缘板的宽度为：$b=(1/6\sim1/2.5)h=(1/6\sim1/2.5)\times500=83.3\sim200$，翼缘宽度取150 mm。

翼缘厚度 $t=1\ 693/150=11.3$，取18 mm。所选截面尺寸如图5.40所示。

截面惯性矩为

$$I_x = \frac{t_w h_0^3}{12} + 2bt\left[\frac{1}{2}(h_0+t)\right]^2 = \frac{0.8\times45^3}{12} + 2\times15\times1.8\times\left[\frac{1}{2}\times(45+1.8)\right]^2 = 35\ 643(\text{cm}^4)$$

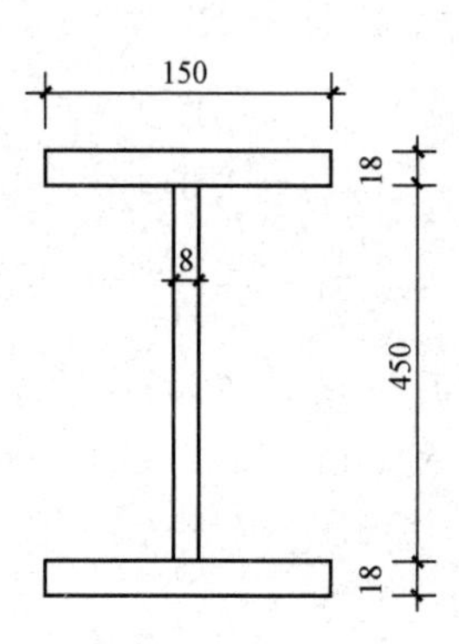

图5.40 梁的截面尺寸

$$W_x = \frac{I_x}{h/2} = \frac{35\ 643}{(45+3.6)/2} = 1\ 467(\text{cm}^3)$$

$$A = 2bt + t_w h_0 = 2\times15\times1.8 + 0.8\times45 = 90(\text{cm}^2)$$

强度验算：

梁自重：$g=A\gamma=0.009\times7.85\times9.8=0.69(\text{kN/m})$

荷载设计值：

$$q = 1.2\times(0.69+20) + 1.4\times25 = 59.83(\text{kN/m})$$

$$M_{\max} = \frac{ql^2}{8} = \frac{59.83\times6^2}{8} = 269.2(\text{kN}\cdot\text{m})$$

$$\sigma = \frac{M_{\max}}{\gamma_x W_x} = \frac{269.2\times10^6}{1.05\times1\ 467} = 174.8(\text{N/mm}) < f = 205\ \text{N/mm}^2$$

剪应力、刚度不需验算，因为选腹板尺寸和梁高时已得到满足。

支座处如不设支承加劲肋，则应验算局部压应力，但一般主梁均设置支座加劲肋，需按本章5.6节设计加劲肋。

整体稳定验算：

$$I_y = 2\times1.8\times15^3/12 = 1\ 012.5(\text{cm}^4)$$

$$i_y = \frac{l_1}{i_y} = \frac{600}{3.35} = 179$$

$\xi = \dfrac{l_1 t_1}{b_1 h} = \dfrac{6\times0.018}{0.15+0.486} = 1.481$，由附表3.1查得

$$\beta_b = 0.69 + 0.13\xi = 0.69 + 0.13\times1.481 = 0.883$$

$$\varphi_b=\beta_b\frac{4\ 320}{\lambda_y^2}\cdot\frac{Ah}{W_x}\left[\sqrt{1+\left(\frac{\lambda_y t_1}{4.4h}\right)^2}+\eta_b\right]\frac{235}{f_y}$$

$$=0.883\times\frac{4\ 320}{179^2}\times\frac{90\times 48.6}{1\ 467}\times\left(\sqrt{1+\left(\frac{179\times 1.8}{4.4\times 48.6}\right)^2}+0\right)=0.642$$

当 $\varphi_b>0.6$ 时，应对 φ_b 进行如下修正：

$$\varphi_b'=1.07-\frac{0.282}{\varphi_b}=0.631$$

$$\sigma=\frac{M_{\max}}{W_x}=\frac{269.2\times 10^6}{1\ 467\times 10^3}=183.5(\text{N/mm}^2)>\varphi_b' f=129.4(\text{N/mm}^2)$$

所以，不满足要求。

在跨中设置一道侧向支承点，则

$$\varphi_b=2.314$$

$$\varphi_b'=1.07-\frac{0.282}{2.314}=0.948$$

$$\varphi_b' f=0.948\times 205=194.3$$

$$\sigma=183.5\ \text{N/mm}^2<\varphi_b' f=194.3(\text{N/mm}^2)$$

所以，满足要求。

局部稳定验算：

翼缘板： $b/t\approx 8.3<26$

腹板： $h_0/t_{\text{w}}=\frac{450}{8}\approx 56<80$

满足局部稳定要求。

5.7.2 组合梁截面沿长度的改变

梁的弯矩通常是沿梁的长度变化的，梁的截面如能随着弯矩变化，则可节约钢材。如果仅从弯矩产生的正应力考虑，梁的最优形状是将净截面抵抗矩按照弯矩图形变化，使梁各截面的强度充分发挥作用，但实际上由于受到抗剪强度和加工等方面的限制，焊接梁截面沿长度的改变常采用以下两种方式。

1. 翼缘板面积的改变

翼缘板面积的改变是最常用的一种方式。对于单层翼缘板，改变截面时宜改变翼缘板的宽度而不改变其厚度，因为改变厚度时，将导致该处应力集中，且使梁顶部不平，有时使梁不便支承其他构件。根据设计经验，梁改变一次截面可节约10%～20%的钢材，改变次数增多，其经济效果并不显著，反而增加建造工作量。因此一般情况下，一根梁的每端只宜改变一次。对于双层翼缘板的焊接梁，可切断其外层翼缘板，不使其延伸至支座处。

(1)焊接梁翼缘板宽度的改变。首先应根据节省钢材最多的原则，确定翼缘板宽度改变的位置。以图5.41(a)所示均布荷载作用简支梁为例，设其截面理论改变点距支座为 $x=\alpha l$，上、下翼缘板宽度由 b 改为 b_1，翼缘板的截面面积由 A_f 变为 A_{f1}。梁的左右两端，上、下翼缘板改变截面后理论上共节省钢材的体积为

$$V_s=4(A_f-A_{f1})\alpha l \tag{5.123}$$

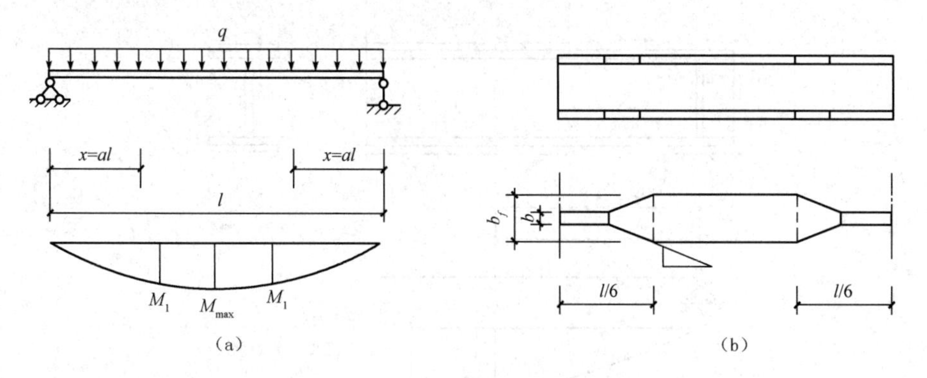

图 5.41　翼缘板宽度的改变

梁在跨中所需的截面模量为

$$W_x=\frac{M_{\max}}{\gamma_x f}=\frac{1/8ql^2}{\gamma_x f}$$

截面改变处的弯矩及截面模量为

$$M_1=\frac{1}{2}qlx-\frac{1}{2}qx^2=\frac{1}{2}ql^2(\alpha-\alpha^2)$$

$$W_1=\frac{M_1}{\gamma_x f}=\frac{\frac{1}{2}ql^2(\alpha-\alpha^2)}{\gamma_x f}$$

利用近似公式(5.112)可得：

$$A_f=\frac{W_x}{h_w}-\frac{1}{6}t_w h_w=\frac{ql^2}{8\gamma_x f h_w}-\frac{1}{6}t_w h_w$$

$$A_{f1}=\frac{ql^2(\alpha-\alpha^2)}{2\gamma_x f h_w}-\frac{1}{6}t_w h_w$$

故

$$V_s=\frac{ql^3}{2\gamma_x f h_w}(\alpha-4\alpha^2+4\alpha^3)$$

由$\frac{\mathrm{d}V_s}{\mathrm{d}\alpha}=0$，解得$\alpha=\frac{1}{6}$，即在均布荷载的作用下，工字形截面简支梁翼缘截面理论改变点应在距支座$\frac{l}{6}$处。设计实践中，对其他荷载，如吊车荷载等情况下往往也采用此值。

初步确定改变截面的位置后，就可根据该处的弯矩由式(5.122)近似确定截面改变后的翼缘板宽度 b_1。因为式(5.122)是近似的，所以确定 A_{f1} 和 b 还要对其精确的截面特性进行抗弯强度和折算应力的验算。为了减少应力集中，我国规范规定应将宽板由截面改变位置以小于 1∶2.5 的斜角向弯矩较小侧过渡，与宽度为 b_1 的窄板对接(需要进行疲劳验算的梁，斜角应不大于 1∶4)，如图 5.41(b)所示。

(2)焊接梁翼缘板厚度的改变。对于双层翼缘板的梁，采用切断外层翼缘板的方法来改变梁的截面。如图 5.42 所示，假设切断后单层翼缘板截面的最大抵抗弯矩为 M_1，则可根据此弯矩值求得翼缘板的理论切断点 x。为了保证在理论切断点处，外层翼缘板能够立即参加工作，则实际切断点位置应向弯矩较小一侧延长 l_1，并应具有足够的焊缝。我国相关规范规定，理论切断点的延伸长度 l_1 应符合下列要求。

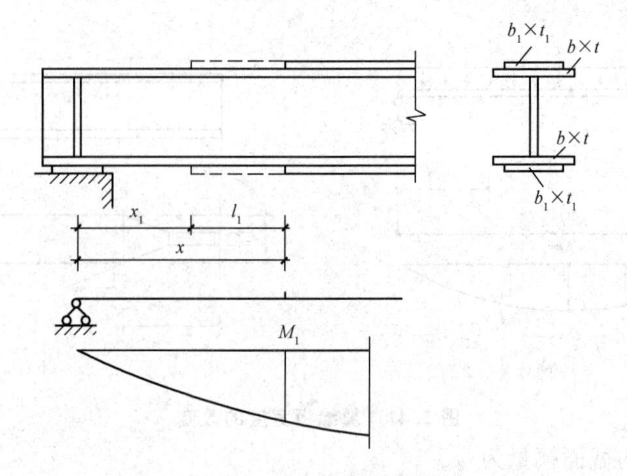

图 5.42　双层翼缘板的切断

当外层翼缘板的端部有正面焊缝时，焊脚高度：

$$h_f \geqslant 0.75t_1 \text{ 时}，l_1 \geqslant b_1$$

$$h_f < 0.75t_1 \text{ 时}，l_1 \geqslant 1.5b_1$$

当外层翼缘板的端部无正面焊缝时，取 $l_1 \geqslant 2b_1$。其中，b_1 和 t_1 分别为外层翼缘板的宽度和厚度。

2. 腹板高度的改变

有时为了降低梁的建筑高度或满足支座处的构造要求，简支梁可以在支座附近减小其高度，而保持翼缘面积不变。其中，图 5.43(a)所示的构造简单、制作方便，梁端部高度应根据抗剪强度要求确定，但不宜小于跨中高度的 1/2。图 5.43(b)所示为逐步改变腹板高度，此时在下翼缘开始由水平转为倾斜的两处均需设置腹板加劲肋，梁端部的高度也应满足上述要求。

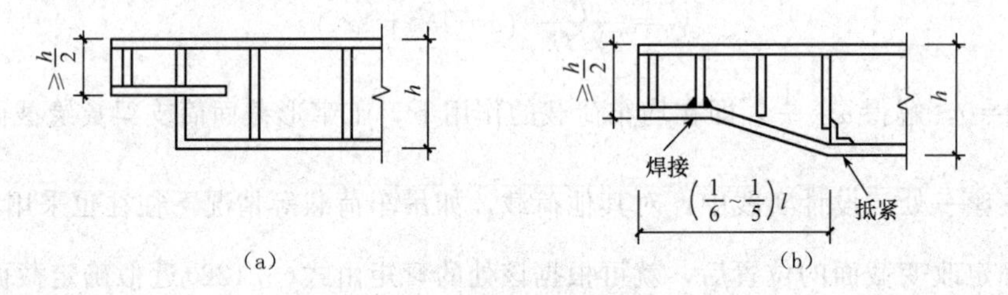

图 5.43　梁腹板高度的变化

上述有关梁截面变化的分析是仅从梁的强度需要来考虑的，适合于有刚性铺板而无须考虑整体稳定的梁。由整体稳定控制的梁，如果它的截面向两端逐渐变小，特别是受压翼缘变窄，梁整体稳定承载力将受到较大削弱。因此，由整体稳定控制设计的梁，不宜沿长度改变截面。

【例题 5.7】 试设计图 5.44 中所示的平台主梁，已知荷载设计值 F 为 552.9 kN，采用焊接工字形截面组合梁，改变翼缘宽度一次。钢材为 Q345B，E50 系列焊条。

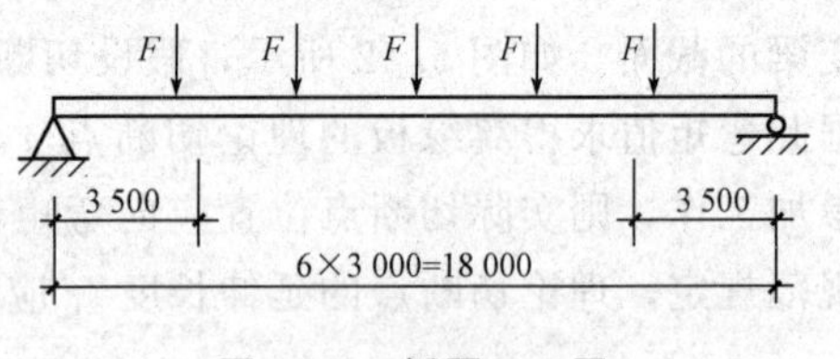

图 5.44　例题 5.7 图

【解】 (1)跨中截面选择。

最大剪力设计值(不包括自重)：

$$V_{\max}=2.5\times552.9=1\ 382(\text{kN})$$

最大弯矩设计值(不包括自重)：

$$M_{\max}=\frac{1}{2}\times5\times552.9\times9-552.9\times(6+3)=7\ 464(\text{kN}\cdot\text{m})$$

需要的截面抵抗矩：设翼缘厚度 t 为 16～40 mm，查材性表取第二组钢材 $f=300\ \text{N/mm}^2$，则：

$$W_x=\frac{M_{\max}}{\gamma_x f}=\frac{7\ 464\times10^6}{1.05\times300}=23\ 695(\text{cm}^3)$$

①梁高。

最小的梁高度：

查附表 2.1，得主梁容许挠度$[v]/l=1/400$，由式(5.109)可得简支梁的 $h_{\min}$：

$$h_{\min}=\frac{\gamma_x fl}{1.34\times10^6}\left[\frac{l}{v_T}\right]=\frac{1.05\times300\times18\times10^3}{1.34\times10^6}\times\left[\frac{18\times10^3}{18\times10^3/400}\right]=1\ 692.5(\text{mm})$$

梁的经济高度：

$$h_c=7\sqrt[3]{W_z}-30=7\times\sqrt[3]{23\ 695}-30=171.06(\text{cm})$$

取腹板高度 $h_0=1\ 700$ mm，梁高约为 1 750 mm。

②腹板厚度。

假定腹板最大剪应力为腹板平均剪应力的 1.2 倍，则：

$$t_w=1.2\frac{V_{\max}}{h_0 f_v}=1.2\times\frac{1\ 382\times10^3}{1\ 700\times175}=5.6(\text{mm})$$

和

$$t_w=\frac{\sqrt{h_0}}{3.5}=\frac{\sqrt{1\ 700}}{3.5}=11.8(\text{mm})$$

取 $t_w=12$ mm。

③翼缘尺寸。

近似取 $h\approx h_1\approx h_0$，则一个翼缘的截面面积为

$$A_1=bt=\frac{W_x}{h_0}-\frac{t_w h_0}{6}=\frac{23\ 695\ 000}{1\ 700}-\frac{12\times1\ 700}{6}=10\ 538(\text{mm}^2)$$

$$b=\left(\frac{1}{2.6}\sim\frac{1}{6}\right)h=\left(\frac{1}{2.5}\sim\frac{1}{6}\right)\times1\ 750=700\sim292(\text{mm})\text{，取 }b=450\text{ mm。}$$

$$t=\frac{10\ 538}{450}=23.4(\text{mm})\text{，取 }t=24\text{ mm。}$$

选取梁截面如图 5.45 所示。

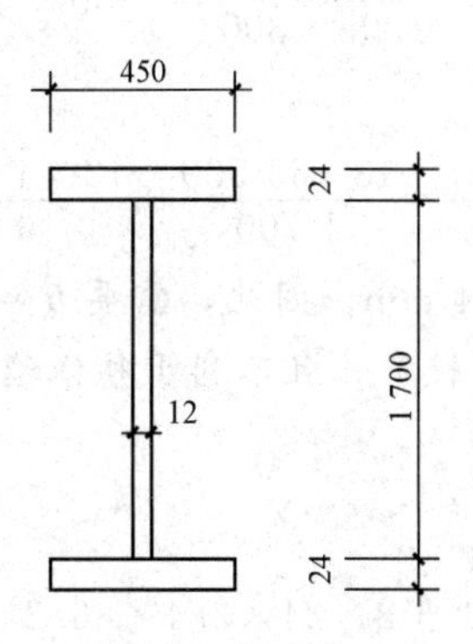

图 5.45　所选梁截面

翼缘外伸宽度与其厚度之比为

$$\frac{b_1}{t}=\frac{255-6}{24}=10.4<13\times\sqrt{\frac{235}{345}}=11$$

抗弯强度计算可考虑部分截面发展塑性。

(2)跨中截面验算。

截面面积：$A=170\times1.2+2\times45\times2.4=420(\text{cm}^2)$

梁自重：$g_0=1.1\times420\times10^{-4}\times76.98=3.56(\text{kN/m})$

式中　1.1——考虑加劲肋等的重量而采用的构造系数；

　76.98——钢的重度。

最大剪力设计值(加上自重后)：$V_{\max}=1\ 382+1.2\times3.56\times9=1\ 420(\text{kN})$

最大弯矩设计值(加上自重后)：

$$M_{\max}=7\ 464+\frac{1}{8}\times1.2\times3.56\times18^2=7\ 637(\text{kN}\cdot\text{m})$$

$$I_x=\frac{1}{2}\times1.2\times170^3+2\times45\times2.4\times86.2^2=2\ 096\ 275(\text{cm}^4)$$

$$W_x=\frac{2\ 096\ 275}{87.4}=23\ 984.8(\text{cm}^3)$$

①抗弯强度。

$$\frac{M_x}{\gamma_x W_x}=\frac{7\ 637\times10^6}{1.05\times239\ 848\ 000}=303.2(\text{N/mm}^2)\approx f=300\ \text{N/mm}^2(\text{满足要求})$$

②整体稳定。次梁可作为主梁的侧向支承，因此 $l_1=300$ cm，$l_1/b=300/45=6.7<13$，故不需计算整体稳定。

③抗剪强度、刚度等的验算待截面改变后进行。

(3)改变截面计算。

①改变截面的位置和截面的尺寸。

设改变截面的位置与支座的距离 $a=\frac{l}{6}=\frac{18}{6}=3(\text{m})$

改变截面处的弯矩设计值：

$$M_1=1\ 420\times3-\frac{1}{2}\times1.2\times3.56\times3^2=4\ 241(\text{kN}\cdot\text{m})$$

需要的截面抵抗矩：

$$W_1=\frac{M_1}{\gamma_x f}=\frac{4\ 241\times10^6}{1.05\times300}=13\ 463\ 500(\text{mm}^3)$$

翼缘尺寸：

$$A_1'=b't=\frac{W_x}{h_0}-\frac{t_w h_0}{6}=\frac{13\ 463\ 500}{1\ 700}-\frac{12\times1\ 700}{6}=4\ 520(\text{mm}^2)$$

不改变翼缘厚度，即仍然为 24 mm，因此，需要 $b'=4\ 520/24=188$ mm。若按此值取 $b'=200$ mm，约为梁高的 1/9，则较窄，且不利于整体稳定，故取 $b=240$ mm(图 5.46)。

现求其位置：

截面特性如下：

$$I_1=\frac{1}{12}\times1.2\times170^3+2\times24\times2.4\times86.2^2=1\ 347\ 287(\text{cm}^4)$$

$$W_1=\frac{1\ 347\ 287}{87.4}=15\ 415.2(\text{cm}^3)$$

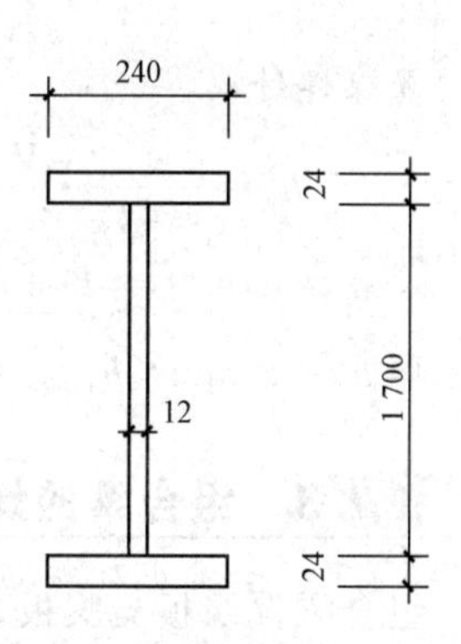

图 5.46 改变截面处的截面

可承受弯矩：

$$M_x=1.05\times16\ 154.5\times10^3\times300=4\ 857\times10^6(\text{N}\cdot\text{mm})$$

改变截面的理论位置：

$$1\ 420x-552.9(x-3)-\frac{1}{2}\times1.2\times3.56x^2=4\ 857$$

解之得：$x=3.72$ m，取 $x=3.5$ m。从此处开始将跨中截面的翼缘按 1∶4 的斜度向两支座端缩小与改变截面的翼缘对接，故改变截面的实际位置为距支座 $3.5-4\times0.105=3.08$(m)。

②改变截面后梁的验算。

抗弯强度(改变截面处)：

$$M_1=1\ 420\times3.5-552.9\times0.5-\frac{1}{2}\times1.2\times3.56\times3.5^2=4\ 667(\text{kN}\cdot\text{m})$$

$$\sigma_1=\frac{M_1}{\gamma_x W_1}=\frac{4\ 667\times10^6}{1.05\times15\ 415.2\times10^3}=288.3(\text{N/mm}^2)<f=300\ \text{N/mm}^2(\text{满足要求})$$

折算应力(改变截面的腹板计算高度边缘处)：

$$V_1=1\ 420-552.9-1.2\times3.56\times3.5=852.1(\text{kN})$$

$$\sigma_1'=\sigma_1\ \frac{h_0}{h}=288.3\times\frac{170}{174.8}=280.4(\text{N/mm}^2)$$

$$S_1=24\times2.4\times86.2=4\ 965(\text{cm}^3)$$

$$\tau_1=\frac{V_1S_1}{I_1t_\text{w}}=\frac{852.1\times10^3\times4\ 965\times10^3}{1\ 347\ 300\times10^4\times12}=26.2(\text{N/mm}^2)$$

$$\sqrt{(\sigma_1')^2+3\tau^2}=\sqrt{280.4^2+3\times26.2^2}=284.0(\text{N/mm}^2)<\beta_1 f=1.1\times300=330(\text{N/mm}^2)(\text{满足要求})$$

抗剪强度(支座处)：

$$S=S_1+S_\text{w}=4\ 965+85\times1.2\times42.5=9\ 300(\text{cm}^3)$$

$$\tau=\frac{V_\text{max}S}{I_1t_\text{w}}=\frac{1\ 420\times10^3\times9\ 300\times10^3}{1\ 347\ 300\times10^4\times12}=81.7(\text{N/mm}^2)<f_\text{v}=175\ \text{N/mm}^2(\text{满足要求})$$

整体稳定(改变截面处)：

$$\frac{l_1}{b}=\frac{300}{24}=12.5<13(\text{满足要求})$$

刚度：

弯矩标准值：

$$F_\text{k}=6\times(66+0.79)=400.7(\text{kN/m})$$

$$M_\text{k}=\frac{1}{2}\times5\times400.7\times9-400.7\times(6+3)+\frac{1}{8}\times3.56\times18^2=5\ 553.6(\text{kN}\cdot\text{m})$$

$$\frac{v}{l}=\frac{M_\text{k}l}{10EI_x}\left(1+\frac{3}{25}\times\frac{I_x-I_1}{I_x}\right)=\frac{5\ 550\times10^6\times18\times10^3}{10\ 206\times10^3\times2\ 096\ 300\times10^4}\times$$

$$\left(1+\frac{3}{25}\times\frac{2\ 096\ 300-1\ 347\ 300}{2\ 096\ 300}\right)=\frac{1}{415}<\frac{[v]}{l}=\frac{1}{400}(\text{满足要求})$$

翼缘焊缝

$$h_f=\frac{1}{1.4f_f^w}\cdot\frac{V_{\max}S_1}{I_z}=\frac{1}{1.4\times200}\times\frac{1\ 420\times10^3\times4\ 965\times10^3}{1\ 347\ 300\times10^4}=1.9(\mathrm{mm})$$

$$h_{f,\min}=1.5\sqrt{t_{\max}}=1.5\sqrt{24}=7.3(\mathrm{mm})$$

取 $h_f=8\ \mathrm{mm}<h_{f,\max}=1.2t_{\max}=14.4\ \mathrm{mm}$

5.7.3 组合梁的焊缝计算

组合梁翼缘板与腹板之间的焊缝连接，主要是承担由于弯矩变化引起的纵向水平剪力，以使梁在弯曲时翼缘板与腹板间不产生相对滑移而保持共同工作。当梁上有竖向压力时，焊缝还要承受此处的局部压力。

1. 仅承受水平剪力时的计算

当梁弯曲时，由于相邻截面中的翼缘截面受到的弯曲正应力有差值，翼缘与腹板之间将产生水平剪应力，如图 5.47 所示。沿梁单位长度的水平剪力为

$$V_h=\tau_1 t_w=\frac{VS_1}{I_x t_w}t_w=\frac{VS_1}{I_x}\tag{5.124}$$

式中 τ_1——腹板与翼缘交界处的水平剪应力(根据剪应力互等定理，与竖向剪应力相等)；

S_1——翼缘截面对梁中和轴的面积矩。

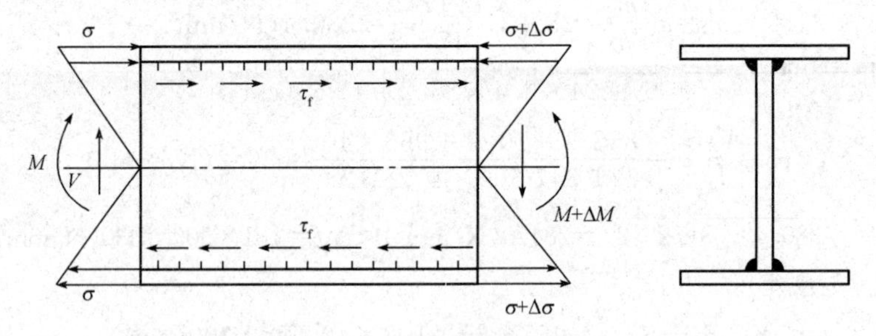

图 5.47 翼缘焊缝的水平剪力

为了保证翼缘板与腹板的整体工作，应使两条角焊缝的剪应力 τ_1，不超过角焊缝的强度设计值 f_f^w，则

$$\tau_1=\frac{V_h}{2\times0.7h_f}=\frac{VS_1}{1.4h_f I_x}\leqslant f_f^w\tag{5.125}$$

根据式(5.125)得需要的焊脚尺寸为

$$h_f\leqslant\frac{VS_1}{1.4I_x f_f^w}\tag{5.126}$$

具有双层翼缘板的梁，当计算外层翼缘板与内层翼缘之间的连接焊缝时，式(5.126)中的 S_1 应取外层翼缘板对梁中和轴的面积矩；计算内层翼缘板与腹板之间的连接焊缝时，则 S_1 应取内外两层翼缘板面积对梁中和轴的面积矩之和。

2. 水平剪力与局部压力共同作用时的计算

当梁的上翼缘承受有固定集中荷载而未设置支承加劲肋或承受有移动荷载时，则翼缘与腹板间的连接焊缝不仅承受水平剪应力 τ_f 的作用，同时还承受集中荷载所产生的垂直于焊缝长度方向的局部压应力的作用。局部压应力的表达式为

$$\sigma_c=\frac{\psi F}{2h_e l_z}=\frac{\psi F}{1.4h_f l_z} \tag{5.127}$$

式中　l_z——集中荷载在腹板上的假定分布长度；

　　ψ——集中荷载增大系数。

因此，受有局部压应力的上翼缘与腹板之间的连接焊缝应按式(5.128)计算强度：

$$\frac{1}{1.4h_f}\sqrt{\left(\frac{\psi F}{\beta_f l_z}\right)^2+\left(\frac{VS_1}{I_x}\right)^2}\leqslant f_f^w$$

即

$$h_f\geqslant\frac{1}{1.4f_f^w}\sqrt{\left(\frac{\psi F}{\beta_f l_z}\right)^2+\left(\frac{VS_1}{I_x}\right)^2} \tag{5.128}$$

式中，对直接承受动力荷载的梁 $\beta_f=1.0$；对其他梁 $\beta_f=1.22$，F、ψ、l_z 各符号的意义同式(5.10)。

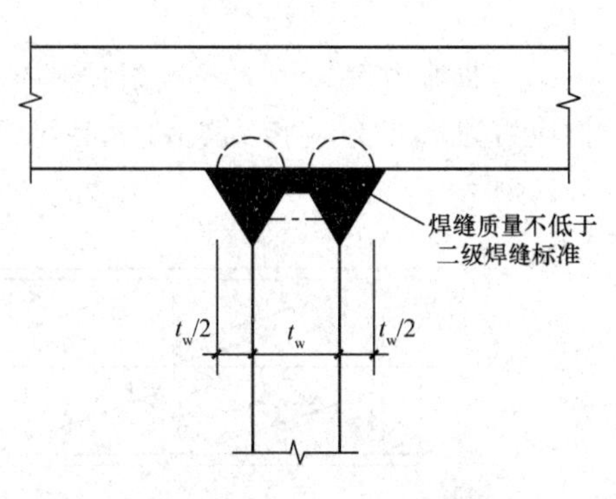

图 5.48　焊透的 K 形对接焊缝

对承受动力荷载的梁(如重级工作制吊车梁和大吨位中级工作制吊车梁)，腹板与上翼缘的连接焊缝常采用焊透的 K 形对接，如图 5.48 所示，此种焊缝与基本金属等强，不用进行验算。

5.8 焊接组合梁腹板考虑屈曲后强度的设计

对于四边支承的理想平板而言，屈曲后还有很大的承载能力，一般称之为屈曲后强度。板件的屈曲后强度主要来自于平板中间的横向张力，它能牵制纵向受压变形的发展，因而板件屈曲后还能继续承受荷载。因此，承受静力荷载和间接承受动力荷载的焊接组合梁宜考虑利用腹板屈曲后强度，可在支座处和固定集中荷载处设置支承加劲肋，或再设置中间横向加劲肋，其高厚比达到 $250\sqrt{235/f_y}$，而不必设置纵向加劲肋。这样，腹板可以做得更薄，以获得更好的经济效果。

5.8.1 梁腹板屈曲后的工作性能

梁腹板屈曲后强度的计算采用张力场的概念。基本假定：①屈曲后腹板中的剪力一部分由小挠度理论计算出的抗剪力承担；②由斜张力场作用(薄膜效应)承担，而翼缘的弯曲刚度小，不能承担腹板斜张力场产生的垂直分力作用。这样，腹板屈曲后的实腹式受弯构件如同一桁架，如图 5.49 所示，翼缘可视为弦杆，张力场带如同桁架的斜拉杆，而横向加劲肋则起到竖杆的作用。

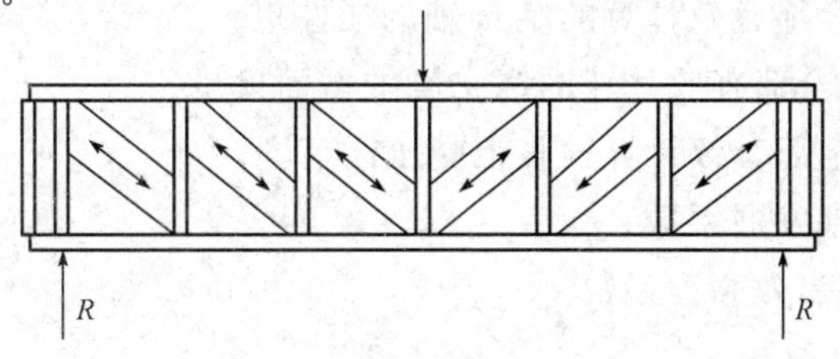

图 5.49　腹板的张力场作用

1. 腹板屈曲后的抗剪承载力

由基本假定①可知，腹板屈曲后的抗剪承载力 V_u 应为屈曲剪力 V_{cr} 和张力场剪力 V_t 之和，即

$$V_u = V_{cr} + V_t \tag{5.129}$$

屈曲剪力 $V_{cr} = h_0 t_w \tau_{cr}$。根据基本假定②，可以认为力是通过宽度为 s 的带形张力场以拉应力为 σ_t 的效应传到加劲肋上的(事实上，带形场以外部分也有少量薄膜应力)，如图 5.50 所示。

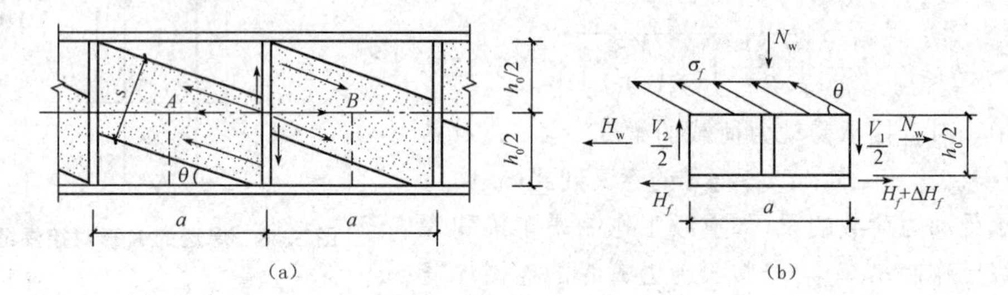

图 5.50 张力场作用下的剪力

这些拉应力对屈曲后腹板的变形起到牵制作用，从而提高了承载能力。拉应力所提供的剪力，即张力场剪力就是腹板屈曲后的抗剪承载能力 V_u 的提高部分。

根据上述理论分析和试验研究，我国《钢结构设计规范》(GB 50017—2003)规定，抗剪承载力设计值 V_u 应按下列公式计算：

当 $\lambda_s \leqslant 0.8$ 时 $$V_u = h_0 t_w f_v \tag{5.130a}$$

当 $0.8 < \lambda_s \leqslant 1.2$ 时 $$V_u = h_0 t_w f_v [1 - 0.5(\lambda_s - 0.8)] \tag{5.130b}$$

当 $\lambda_s > 1.2$ 时 $$V_u = 0.95 h_0 t_w f_v / \lambda_s^{1.2} \tag{5.130c}$$

式中 λ_s——用于腹板受剪计算时的通用高厚比，见式(5.85)。

2. 腹板屈曲后的抗弯承载力 M_{eu}

由上述内容可知，腹板屈曲后考虑张力场的作用，抗剪承载力比按弹性理论计算的承载力有所提高。但由于弯矩作用下的受压区屈曲后不能承担弯曲压应力，使梁的抗弯承载力有所下降，但下降不多。我国《钢结构设计规范》(GB 50017—2003)建议采用下列近似公式计算抗弯承载力设计值 M_{eu}：

$$M_{eu} = \gamma_x \alpha_e W_x f \tag{5.131}$$

$$\alpha_e = 1 - \frac{(1-\rho) h_c^3 t_w}{2 I_x} \tag{5.132}$$

式中 α_e——梁截面模量折减系数；

I_x——按梁截面全部有效计算的绕 x 轴的惯性矩；

W_x——按梁截面全部有效计算的绕 x 轴的截面模量；

h_c——按梁截面全部有效计算的腹板受压区高度；

γ_x——梁截面塑性发展系数；

ρ——腹板受压区有效高度系数。

当 $\lambda_b \leqslant 0.85$ 时 $$\rho = 1.0 \tag{5.133a}$$

当 $0.85<\lambda_b\leqslant 1.25$ 时　　$\rho=1-0.82(\lambda_b-0.85)$　　(5.133b)

当 $\lambda_b>1.25$ 时　　$\rho=\dfrac{1-0.2/\lambda_b}{\lambda_b}$　　(5.133c)

式中　λ_b——用于腹板受弯计算时的通用高厚比，按式(5.78)计算。

5.8.2　组合梁考虑腹板屈曲后强度的计算

承受静力荷载和间接承受动力荷载的组合梁宜考虑腹板屈曲后强度，腹板在横向加劲肋之间的各区段，通常同时承受弯矩和剪力。此时，腹板屈曲后对梁的承载力影响比较复杂，剪力 V 和弯矩 M 的相关性可以用某种曲线表达。我国《钢结构设计规范》(GB 50017—2003)采用如图 5.51 所示的剪力 V 和弯矩 M 无量纲化相关曲线。

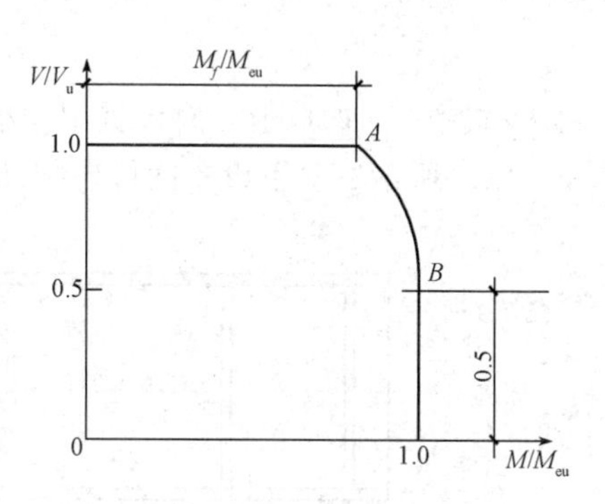

图 5.51　剪力 V 和弯矩 M 无量纲化相关曲线

用数学表达式描述图 5.51 中曲线段 AB，即得到考虑腹板屈曲后强度的计算公式：

$$\left(\frac{V}{0.5V_{\mathrm{u}}}-1\right)^2+\frac{M-M_f}{M_{eu}-M_f}\leqslant 1.0 \tag{5.134}$$

$$M_f=\left(A_{f1}\frac{h_1^2}{h_2}+A_{f2}h_2\right)f \tag{5.135}$$

式中　M、V——梁的同一截面上同时产生的弯矩和剪力设计值，当 $V<0.5V_{\mathrm{u}}$ 时，取 $V=0.5V_{\mathrm{u}}$，当 $M<M_f$ 时，取 $M=M_f$；V_{u}、M_{eu} 为梁的抗剪和抗弯承载力设计值，按式(5.130)和式(5.131)计算；

M_f——梁两翼缘所承担的弯矩设计值；

A_{f1}、h_1——较大翼缘的截面面积及其形心至梁中和轴的距离；

A_{f2}、h_2——较小翼缘的截面面积及其形心至梁中和轴的距离。

5.8.3　考虑腹板屈曲后强度梁的加劲肋设计

考虑腹板屈曲后强度的梁，即使腹板高厚比超过 $170\sqrt{235/f_y}$，也只设置横向加劲肋。通常先布置支承加劲肋，当仅布置支承加劲肋不能满足式(5.134)要求时，应在两侧成对布置中间横向加劲肋。横向加劲肋的间距应满足考虑腹板屈曲后的强度条件式(5.134)的要求，同时也应满足构造要求，一般可采用 $a=(1.0\sim1.5)h_0$。

中间横向加劲肋和上端有集中荷载作用的中间支承加劲肋的截面尺寸应满足式(5.99)和式(5.100)的要求。同时，中间加劲肋还受到斜向张力场的竖向分力 N_s 和水平分力 H_{w} 的作用[图 5.50(b)]，而水平分力 H_{w} 可以认为由翼缘承担，即图 5.50(b)中 ΔH_f 已将 H_{w} 考虑在内，因此，这类加劲肋只按轴心受力构件计算其在腹板平面外的稳定性。事实上，我国《钢结构设计规范》(GB 50017—2003)在计算中间加劲肋所受轴心力时，考虑了张力场拉力的水平分力的影响，规定按下式计算：

中间横向加劲肋　　$N_s=V_{\mathrm{u}}-h_0t_{\mathrm{w}}\tau_{\mathrm{cr}}$　　(5.136a)

中间支撑加劲肋　　$N_s=V_{\mathrm{u}}-h_0t_{\mathrm{w}}\tau_{\mathrm{cr}}+F$　　(5.136b)

式中，V_u 按式(5.130)计算；τ_{cr} 按式(5.84)计算；h_0 为腹板高度，F 为作用在中间支承加劲肋上端的集中荷载。

对于梁支座加劲肋，当腹板在支座旁的区格利用屈曲后强度，除承受梁支座反力外，还必须考虑张力场斜拉力的水平分力的作用：

$$H=(V_u-h_0t_w\tau_{cr})\sqrt{1+\left(\frac{a}{h_0}\right)^2} \tag{5.137}$$

式中，a 的取值：对设置中间横向加劲肋的梁，取支座端区格的加劲肋间距 a_1，如图 5.52(a)所示；对不设中间横向加劲肋的腹板，取支座至跨内剪力为零点的距离。

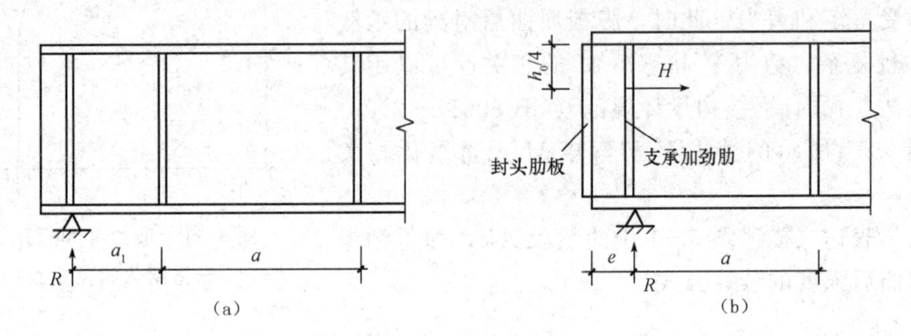

图 5.52　梁端构造

H 的作用点在距腹板计算高度上边缘 $h_0/4$ 处，如图 5.52(b)所示。因此，应按压弯构件计算支座加劲肋的强度和在腹板平面外的稳定性。此压弯构件的截面和计算长度同一般支座加劲肋。

当支座加劲肋在梁外延的端部加设封头肋板[图 5.52(b)]时可以简化，将支座加劲肋按承受支座反力的轴心压杆计算，封头肋板的截面面积则不应小于按式(5.138)计算的数值：

$$A_c=\frac{3h_0H}{16ef} \tag{5.138}$$

式中，e 为支座加劲肋与封头肋板的距离，如图 5.52(b)所示；f 为钢材强度设计值。

【例题 5.8】 某焊接工字形截面简支梁，跨度 $l=12.0$ m，承受均布荷载设计值 $q=235$ kN/m(包括梁自重)，Q235B 钢。已知截面为翼缘板 2－20×400，腹板 1－10×2 000。跨中有足够侧向支撑点，保证其不会整体失稳，但梁的上翼缘扭转变形不受约束。截面的惯性矩和截面抵抗矩已算出，如图 5.53 所示。试考虑腹板屈服后强度验算其抗剪和抗弯承载力。验算是否需要设置中间横向加劲肋，如需设置，则其间距及截面尺寸又为多大，其支承加劲肋又应如何设置。

【解】 (1)截面尺寸几何特性及 M_x 和 V 值。

此按照常规设计，腹板高度 $h_0=h_w=2\ 000$ mm，则其腹板厚度应当取：

$$t_w=\frac{\sqrt{h_w}}{3.5}=12.8(\text{mm})$$

若使 $t_w=10$ mm，显然减小了厚度。又因 $h_0/t_w=200$，按常规就需要设置加劲肋。考虑腹板屈曲后强度，可不设纵向加劲肋。算得弯矩和剪力，如图 5.43 所示。

(2)假设不设置中间横向加劲肋，验算腹板抗剪承载力是否足够。

梁端截面 $V=1\ 410$ kN，$M_x=0$。

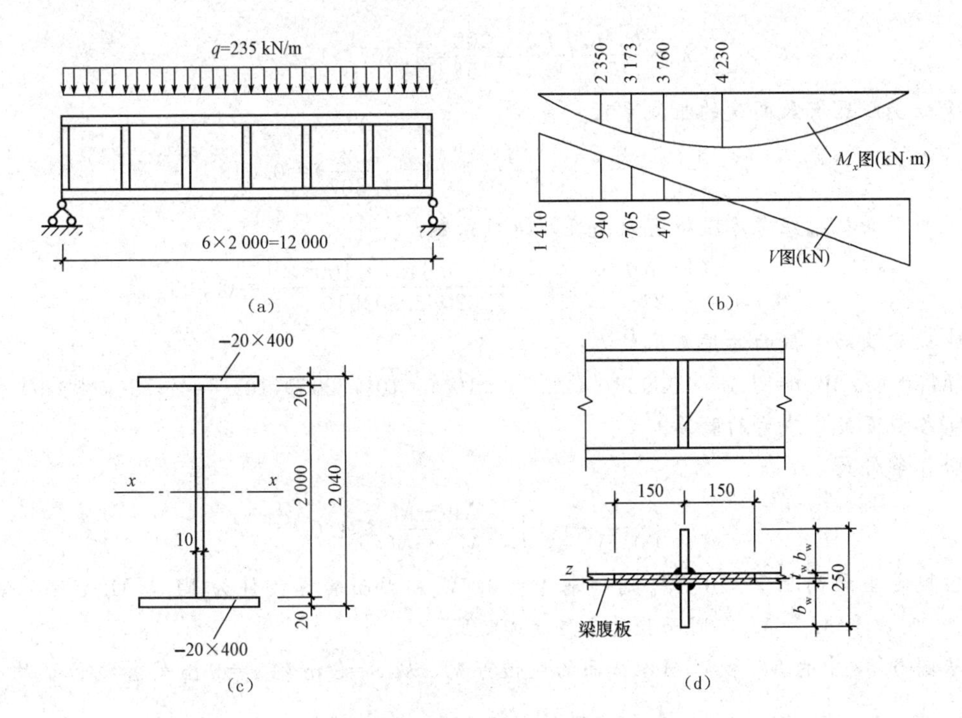

图 5.53　例题 5.8 图

不设中间加劲肋时剪切通用高厚比：

$$\lambda_s=\frac{h_0/t_w}{41\sqrt{5.34}}\sqrt{\frac{f_y}{235}}=\frac{200}{41\sqrt{5.34}}\times 1=2.11$$

$$V_u=\frac{h_0 t_w f_v}{\lambda_s^{1.2}}=\frac{2\ 000\times 10\times 125}{2.11^{1.2}}\times 10^{-3}=1\ 020(\text{kN})$$

$V=1\ 410>V_u$，不满足

应设置中间横向加劲肋。经试算，取加劲肋间距 $a=2\ 000$ mm，如图 5.53 所示。

(3)设中间横向加劲肋($a=2$ m)后的截面抗剪和抗弯承载力验算。

①梁翼缘能承受的弯矩 M_f。

$$M_f=2A_{f1}h_1 f=2\times 400\times 20\times 1\ 010\times 205\times 10^{-6}=3\ 313(\text{kN}\cdot\text{m})$$

②区格的抗剪承载力 V_u 和屈曲临界应力 τ_{cr}。

剪切通用高厚比($a/h_0=1.0$)：

$$\lambda_s=\frac{h_0/\tau_u}{41\sqrt{5.34+4(h_0/a)^2}}=\frac{200}{41\times\sqrt{5.34+4}}=1.596$$

$$V_u=\frac{h_0 t_w f_v}{\lambda_s^{1.2}}=\frac{2\ 000\times 10\times 125}{1.596^{1.2}}\times 10^{-3}=1\ 427(\text{kN})$$

$$\tau_{cr}=\frac{1.1 f_v}{\lambda_s^2}=\frac{1.1\times 125}{1.596^2}=54(\text{N/mm}^2)$$

③腹板屈曲后梁截面的抗弯承载力 M_{eu}。

受压翼缘扭转未受到约束的受弯腹板通用高厚比：

$$\lambda_b=\frac{h_0/t_w}{153}\sqrt{\frac{f_y}{235}}=\frac{200}{153}=1.307>1.25$$

腹板受压区有效高度的折减系数：

$$\rho=\frac{1}{\lambda_b}\left(1-\frac{0.2}{\lambda_b}\right)=\frac{1}{1.307}\times(1-\frac{0.2}{1.307})=0.648$$

梁的截面抵抗矩考虑腹板有效高度的折减系数：

$$\alpha_g=1-\frac{(1-\rho)h_0^3t_w}{2I_x}=1-\frac{(1-0.648)\times100^3\times1}{2\times2.30\times10^6}=0.923$$

腹板屈曲后梁截面的抗弯承载力：

$$M_{eu}=\gamma_x\alpha_e W_x f=1.05\times0.923\times(22.54\times10^3)\times10^3\times205\times10^{-6}=4\ 478(\text{kN}\cdot\text{m})$$

④各截面处承载力的验算。

验算条件为

$$\left(\frac{V}{0.5V_u}-1\right)^2+\frac{M_x-M_f}{M_{eu}-M_f}\leqslant1.0$$

按规定当截面上 $V<0.5V_u$ 时，取 $V=0.5V_u$，因而验算条件为 $M_x\leqslant M_{eu}$；当截面上 $M_z<M_f$时，取 $M_z=M_f$，因而验算条件为 $V\leqslant V_u$。

从图 5.53 中的 M_z 和 V 图各截面的数值可见，从 $z=3$ m 到 $z=6$ m 处各截面 V 均小于 $\frac{1}{2}V_u=\frac{1}{2}\times1\ 427=713.5(\text{kN})$，而 M_x 均小于 $M_f=3\ 313(\text{kN}\cdot\text{m})$，各截面 V 均小于 $V_u=1\ 427(\text{kN})$，因而承载力条件满足 $V\leqslant V_u$。

各截面均满足承载力条件。本梁剪力的控制截面在梁端($z=0$ 处)，弯矩的控制截面在跨度中点($z=6$ m 处)。

(4)中间横向加劲肋设计。

①横向加劲肋中的轴压力：

$$N_s=V_u-\tau_{cr}h_w t_w=1\ 427-54\times2\ 000\times10\times10^{-3}=347(\text{kN})$$

②加劲肋的截面尺寸[图 5.54(d)]：

$$b\geqslant\frac{h_0}{30}+40=\frac{2\ 000}{30}+40=106.7(\text{mm})$$

采用 $b_s=120$ mm

$$t_s\geqslant\frac{b_s}{15}=\frac{120}{15}=8(\text{mm})\text{采用 } t_s=8\text{ mm}$$

③验算加劲肋在梁腹板平面外的稳定性。验算加劲肋在梁腹板平面外稳定性时，按规定考虑加劲肋每侧 $15t_w\sqrt{235/f_y}$范围的腹板面积计入加劲肋的面积，如图 5.53(d)所示。

截面积：$$A=2\times120\times8+2\times15\times10^2=4\ 920(\text{mm}^2)$$

惯性矩：$$I_x=\frac{1}{12}\times8\times(2\times120+10)^3=10.42\times10^6(\text{mm}^4)$$

回转半径：$$i_z=\sqrt{\frac{I_z}{A}}=\sqrt{\frac{10.42\times10^6}{4\ 920}}=46(\text{mm})$$

长细比：$$\lambda_z=\frac{h_0}{i_z}=\frac{2\ 000}{46}=43.5$$

按 b 类截面，查附表 4.2，得 $\varphi=0.885$。

稳定条件：

$$\frac{N_s}{\varphi A}=\frac{347\times10^3}{0.885\times4\ 920}=79.7(\mathrm{N/mm^2})<f=215\ \mathrm{N/mm^2}(\text{可以满足})$$

④加劲肋与腹板的连接角焊缝。因 N_s 不大，焊缝尺寸按构造要求确定，采用 $h_f=5$ mm，大于 $1.5\sqrt{t}=1.5\sqrt{10}=4.74$ mm。

(5)支座处支承加劲肋设计。经初步计算，采用单根支座加劲肋不能满足验算条件，因而，采用图 5.53 所示的构造形式。

①由张力场引起的水平力 H(或称为锚固力)。

$$\begin{aligned}H&=(V_\mathrm{u}-\tau_\mathrm{cr}h_\mathrm{w}t_\mathrm{w})\sqrt{1+(a/h_0)}=(1\ 427-54\times2\ 000\times10\times10^{-3})\times\sqrt{1+1}\\&=347\times1.414=491(\mathrm{kN})\end{aligned}$$

②把加劲肋 1 和封头肋板 2 及两者间的大梁腹板看成竖向工字形简支梁，水平力 H 作用在此竖梁的 1/4 跨度处，因而得梁顶截面水平反力为

$$V_h=0.75H=0.75\times491=368(\mathrm{kN})$$

按竖梁腹板的抗剪强度确定加劲肋 1 和封头 2 的间距 e：

$$e=\frac{V_h}{f_\mathrm{v}t_\mathrm{w}}=\frac{368\times10^3}{125\times10}=294(\mathrm{mm})\text{，取 }e=300\ \mathrm{mm}$$

③所需封头肋板截面积为

$$A_\mathrm{c}=\frac{3h_0H}{16ef}=\frac{3\times2\ 000\times491\times10^3}{16\times300\times215}=2\ 855(\mathrm{mm^2})$$

采用封头肋板截面为-4×400(宽度取与大梁翼缘板相同)，取厚度 $t\geqslant\frac{1}{15}(\frac{b_\mathrm{c}}{2})=\frac{1}{15}\times200=13.3(\mathrm{mm})$，采用 14 mm，满足 A_c 的要求。

④支撑加劲肋按承受大梁支座反力 $R=1\ 410$ kN 计算，计算内容包括腹板平面外的稳定性和端部承压强度等，计算方法见本章第 5.6 节，此处省略。

习题

5.1　梁的强度计算包括哪几项内容？

5.2　截面塑性发展系数的意义是什么？与截面形状系数有何联系？

5.3　受弯构件为什么要计算变形？轴压构件为何只需控制长细比？

5.4　梁的整体失稳与轴心压杆的失稳有何不同？

5.5　梁的强度破坏与失去整体稳定破坏有何不同？整体失稳与局部失稳又有何不同？

5.6　采用高强度钢对提高梁的稳定性有无好处？

5.8　影响梁整体稳定的主要因素有哪些？

5.7　什么叫作板件的通用高厚比？这种表达方法有何优点？

5.8　腹板加劲肋有哪几种形式？主要针对哪些失稳形式？

5.9　工字形截面组合梁中的腹板张力场是如何产生的？张力场可提高梁的哪种承载力？

5.10　焊接简支工字形梁如图 5.54 所示，跨度为 10 m。跨中 5 m 处梁上翼缘有简支侧

向支承。钢材为 Q345 钢。集中荷载标准值 F 为 300 kN，间接动力荷载，试验算梁的刚度和强度是否满足要求。

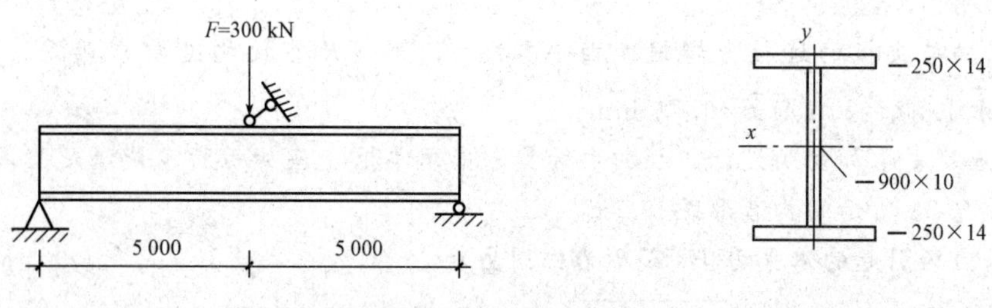

图 5.54　习题 5.10 图

5.11　验算习题 5.10 中工字形钢梁的整体稳定性和局部稳定性。

5.12　图 5.55 所示为一工作平台主梁的受力简图，次梁传来的集中荷载标准值 F_k 为 320 kN，设计值为 420 kN。试设计此主梁，钢材为 Q235B。

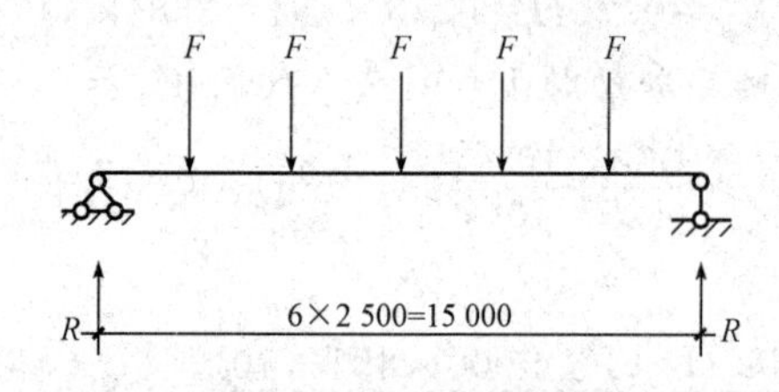

图 5.55　习题 5.12 图

5.13　一简支梁跨度为 6 m，梁上翼缘承受均布静荷载作用。恒载标准值为 15 kN/m（不包括梁自重），活载标准值为 30 kN/m，钢材为 Q235。

(1)假定梁的受压翼缘设置可靠的侧向支承，可以保证梁的整体稳定，试选择其最经济型钢截面，梁的容许挠度为 $l/250$。

(2)假定梁的受压翼缘无可靠的侧向支承，试按整体稳定条件选择梁的截面。

(3)假设梁的跨度中点处受压翼缘设置一可靠的侧向支承，此梁的整体稳定能否保证？选出其所需截面。

5.14　一平台的梁格布置如图 5.56 所示，铺板为预制钢筋混凝土板，焊于次梁上。设平台恒荷载的标准值(不包括梁自重)为 2.0 kN/m²，静力活荷载的标准值为 20 kN/m²。钢材为 Q345，焊条为 E50 型，手工焊。

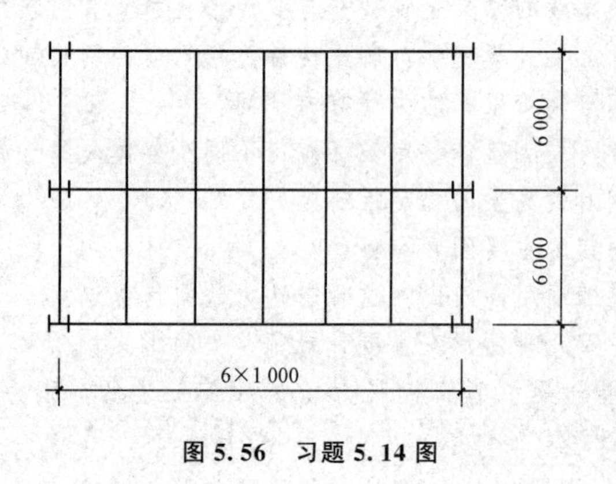

图 5.56　习题 5.14 图

(1)试选择次梁截面；
(2)分别考虑和不考虑腹板屈曲后强度，设计中间主梁截面；
(3)计算主梁翼缘连接焊缝；
(4)考虑按板屈曲后强度，设计主梁加劲肋。

第6章　拉弯和压弯构件

学习要点

本章主要介绍了拉弯构件与压弯构件的概念；拉弯构件与压弯构件的强度、刚度计算；实腹式压弯构件在弯矩作用平面内和弯矩作用平面外的整体稳定计算方法；实腹式压弯构件局部稳定的计算；实腹式压弯构件的截面设计和计算；格构式压弯构件的计算特点。

学习重点与难点

重点：掌握实腹式压弯构件的整体稳定计算；掌握实腹式压弯构件局部稳定的计算。

难点：压弯构件在弯矩作用平面内和平面外的整体稳定计算。

6.1 概述

同时承受弯矩和轴心拉力或轴心压力的构件称为拉弯构件或压弯构件。从严格意义上说，钢结构中的构件均不可避免地同时受到轴心力和弯矩作用，均应为拉弯或压弯构件。为有效解决这类构件的主要矛盾，弯矩影响可以忽略时按轴心受力构件分析设计，而轴心力较小时可按受弯构件分析设计。

1. 拉弯及压弯构件特性

拉弯及压弯构件与轴心受力构件和受弯构件的主要区别在于同时承受轴心力和弯矩。不同轴心力和弯矩组合情况下构件的特性也不同，其基本规律为：当弯矩较小时构件特性接近轴心受力构件，当轴心力较小时构件特性接近受弯构件。

典型拉弯及压弯构件如图6.1(a)～(d)所示。构件中的弯矩可分别由纵向荷载不通过构件截面形心的偏心所引起，由横向荷载引起或由构件端部转角约束产生的端部弯矩引起。

如图 6.1(e)所示，框架柱是钢结构中最常见的压弯构件，也称为梁—柱。

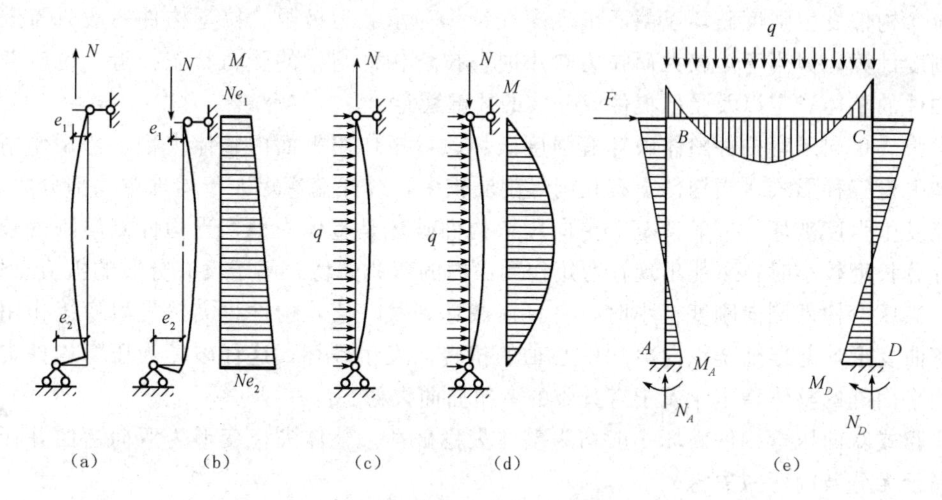

图 6.1 典型拉弯及压弯构件

(a)端部偏心轴向拉力作用；(b)端部偏心轴向压力作用；

(c)横向荷载和轴拉力作用；(d)横向荷载和轴压力作用；(e)框架

当弯矩只绕截面一个形心主轴作用时，称为单向拉弯构件或压弯构件。绕截面两个形心主轴都有弯矩时，称为双向拉弯构件或压弯构件。

拉弯和压弯构件是钢结构中常用的构件形式，尤其是压弯构件应用非常广泛。单层厂房的柱、多高层框架柱、承受不对称荷载的工作平台柱，以及支架柱、塔架主杆等通常均是压弯构件。承受节间荷载的桁架杆件则是压弯或拉弯构件。

2. 拉弯及压弯构件截面形式

根据拉弯及压弯构件的特性和破坏形式可以推论，其合适截面可在轴心受力构件和受弯构件合适截面基础上适当变化得到。常用截面形式如图 6.2 所示，分为实腹式和格构式两大类。通常做成在弯矩作用方向具有较大的截面尺寸，使在该方向有较大的截面抵抗矩、回转半径和抗弯刚度，以便更好地承受弯矩。在格构式构件中，通常使虚轴垂直于弯矩作用平面，以便根据承受弯矩的需要，更好、更灵活地调整两分肢间的距离。当弯矩较小和正负弯矩绝对值大致相等，或使用上有特殊要求时，常采用双轴对称截面；当构件的正负弯矩绝对值相差较大时，为了节省钢材，常采用单轴对称截面。

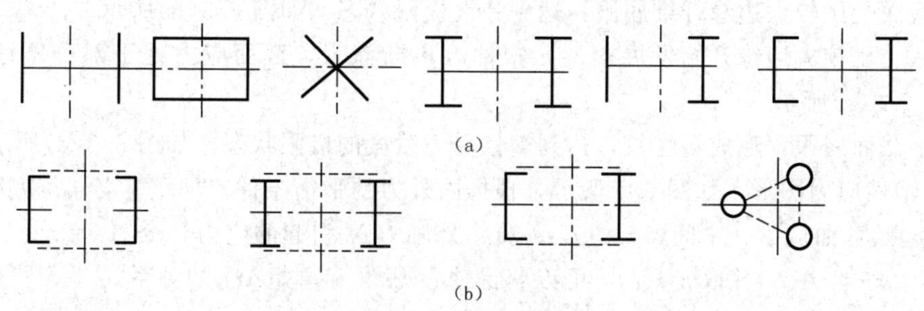

图 6.2 拉弯及压弯构件的截面形式

(a)实腹式截面；(b)格构式截面

3. 拉弯及压弯构件破坏形式

拉弯构件发生强度破坏以截面出现塑性铰作为承载力极限。拉弯构件一般只需进行强度和刚度计算，但当弯矩较大而拉力较小时，拉弯构件与梁的受力状态接近，也应考虑和计算构件的整体稳定以及受压板件或分肢的局部稳定。

实腹式单向压弯构件整体破坏有强度破坏、弯矩作用平面内整体失稳、弯矩作用平面外整体失稳三种形式。当构件上有孔洞等削弱较多，或杆端弯矩大于构件中间部分弯矩时，有可能发生强度破坏。一般情况下单向压弯构件破坏是整体失稳，当构件侧向刚度较大或侧向计算长度较小时，可能出现在弯矩作用面内的弯曲失稳，属于没有分肢的极值点失稳；反之，当压弯构件侧向刚度较小时，一旦荷载达到某一值，构件将突然发生弯矩作用平面外的弯曲变形，并伴随绕纵向剪切中心轴的扭转而发生破坏，这种破坏为压弯构件丧失弯矩作用平面外的整体稳定，属于有分肢的弯扭屈曲失稳。

实腹式双向压弯构件破坏一般均为整体失稳破坏。整体失稳变形为双向弯曲并伴随扭转，属于无分肢的弯扭失稳。

组成压弯构件的板件可能部分或全部受压，若受压板件发生屈曲，将导致压弯构件整体稳定承载力降低或出现破坏。

格构式压弯构件可能出现整体失稳破坏，也可能出现单肢失稳破坏，还可能出现连接单肢的缀材及连接破坏。

6.2 拉弯、压弯构件的强度及刚度

6.2.1 拉弯及压弯构件的强度

考虑钢材的塑性性能，拉弯和压弯构件是以截面出现塑性铰时的应力作为其强度极限。在轴心压力及弯矩的共同作用下，工字形截面上应力的发展过程如图 6.3 所示(在轴心拉力及弯矩的共同作用下与此类似)。随着荷载的增加，构件截面上的应力分布将经历以下四种状态：

(1)全截面处于弹性状态，如图 6.3(a)所示，任意一点的应力均小于屈服极限。

(2)截面受压较大边缘纤维屈服，达到弹性极限状态，如图 6.3(b)所示。

(3)从受压较大边缘开始发展塑性，塑性区不断深入，截面应力处于部分塑性发展状态，如图 6.3(c)所示。

(4)全截面屈服，形成塑性铰，达到塑性受力阶段的极限状态，如图 6.3(d)所示。

由全塑性应力图形，如图 6.4 所示，根据内外力的平衡条件，即上下各 ηh 范围为外弯矩 M_x 引起的弯曲应力，中间 $(1-2\eta)h$ 部分为外轴力 N 引起的应力，令 $A_f=aA_w$，全截面面积 $A=(2a+1)A_w$，并取 $h\approx h_w$，可以获得轴心力 N 和弯矩 M_x 的关系式。

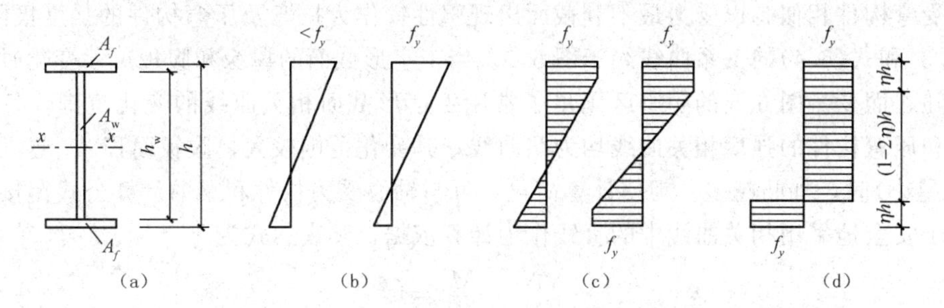

图 6.3　拉弯和压弯构件截面应力发展过程

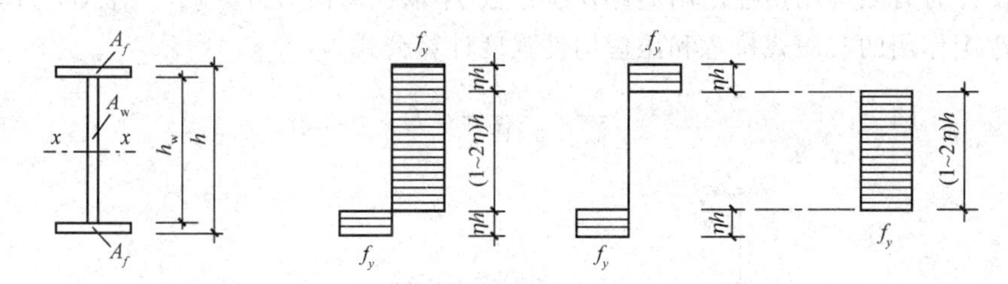

图 6.4　压弯构件截面全塑性应力图形

内力的计算分以下两种情况：

(1)当中和轴在腹板范围内($N \leqslant A_w f_y$)时：

$$N=(1-2\eta)ht_w f_y=(1-2\eta)A_w f_y \tag{6.1}$$

$$M_x=A_f h f_y+\eta A_w f_y(1-\eta)h=A_w h f_y(a+\eta-\eta^2) \tag{6.2}$$

解式(6.1)和式(6.2)，消去 η，并令

$$N=Af_y=(2a+1)A_w f_y$$

$$M_{px}=W_{px}f_y=\left(aA_w h+\frac{1}{4}A_w h\right)f_y=\left(a+\frac{1}{4}\right)A_w h f_y$$

则得 N 和 M_x 的相关公式：

$$\frac{(2a+1)^2}{4a+1}\frac{N^2}{N_p^2}+\frac{M_x}{M_{px}}=1 \tag{6.3}$$

(2)当中和轴在翼缘范围内(即 $N \geqslant A_w f_y$)时：

$$\frac{N}{N_p}+\frac{4a+1}{2(2a+1)}\frac{M_x}{M_{px}}=1 \tag{6.4}$$

式中　N_p——轴力 N 单独作用时，构件净截面屈服承载力，$N_p=f_y A_n$；

A_n——构件净截面面积；

M_p——弯矩 M 单独作用时，构件净截面塑性铰弯矩，$M_p=W_{pnx}f_y=\gamma_F W_{nx}f_y$；

W_{pnx}——构件净截面塑性模量；

γ_F——构件截面形常数。

与受弯构件相似，以受力最不利截面出现塑性铰作为拉弯及压弯构件的强度极限状态。将式(6.3)和式(6.4)的关系曲线绘于图6.5。当工字形截面的翼缘和腹板尺寸变化时，相关曲线也随之而变。图6.5的阴影区画出了常用工字形截面相关曲线的变化范围。各种截面的拉弯和压弯构件的强度相关曲线均为凸曲线，其变化范围较大，腹板面积 A_w 越大(即 $a=A_f/A_w$ 越小)时，外凸越多。为使计算简化，可与轴心受力构件和梁的计算公式衔接，设计规范偏于安全地采用相关曲线中的直线作为计算依据，其表达式为

$$\frac{N}{N_p}+\frac{M}{M_p}=1 \tag{6.5}$$

考虑构件因形成塑性铰而变形过大，以及截面上剪应力等的不利影响，与梁的强度计算类似，设计时有限利用塑性，用塑性发展系数 γ_x 取代截面形常数 γ_F。引入抗力分项系数后，单向弯矩作用的实腹式拉弯和压弯构件强度计算公式为

$$\frac{N}{A_n}\pm\frac{M_x}{\gamma_x W_{nx}}\leqslant f \tag{6.6}$$

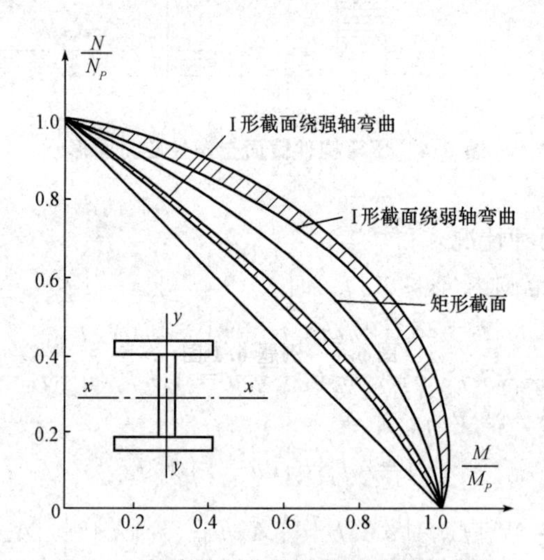

图6.5　拉弯及压弯构件的强度相关曲线

式(6.6)为单向受弯的拉弯、压弯构件强度计算公式。对于承受双向弯矩作用的拉弯和压弯构件，考虑与式(6.6)相衔接，《钢结构设计规范》(GB 50017—2003)采用如下公式：

$$\frac{N}{A_n}\pm\frac{M_x}{\gamma_x W_{nx}}\pm\frac{M_y}{\gamma_y W_{ny}}\leqslant f \tag{6.7}$$

式中　M_x、M_y——作用在拉弯和压弯构件截面的 x 轴和 y 轴方向的弯矩；

A_n——净截面面积；

W_{nx}——对 x 轴和 y 轴的净截面模量；

γ_x，γ_y——截面塑性发展系数，其取值见第5章中表5.1。

下列情况，要按弹性设计，即不考虑截面的塑性发展。

(1)当压弯构件受压翼缘的自由外伸宽度与其厚度之比 $b_1/t>13\sqrt{235/f_y}$(但不超过 $15\sqrt{235/f_y}$ 时，取 $\gamma_x=1.0$)。

(2)对需要计算疲劳的拉弯和压弯构件，不考虑截面塑性发展，宜取 $\gamma_x=\gamma_y=1.0$。

(3)弯矩绕虚轴(x 轴)作用的格构式拉弯和压弯构件，相应截面塑性发展系数 $\gamma_x=1.0$。

6.2.2 拉弯和压弯构件的刚度

与轴心受力构件相同，拉弯和压弯构件的刚度也是通过限制长细比来保证的。《钢结构设计规范》(GB 50017—2003)规定，拉弯和压弯构件的容许长细比取轴心受拉或轴心受压构件的容许长细比值，即

$$\lambda \leqslant [\lambda] \tag{6.8}$$

一般情况下，拉弯及压弯构件的刚度计算公式与轴心受力构件相同，确定构件计算长度系数、计算长度、长细比和容许长细比的原则也与轴心受力构件相同。但应注意，如拉弯或压弯构件的作用与梁类似，应进行变形计算，容许变形参考梁确定。

【例题 6.1】 如图 6.6 所示的拉弯构件，承受轴心拉力设计值 $N=220$ kN，杆中点横向集中荷载设计值 $F=30$ kN，均为静力荷载。构件的截面为 2∟140 mm×90 mm×10 mm，钢材为 Q235，$[\lambda]=350$。试验算该拉弯构件的强度和刚度。

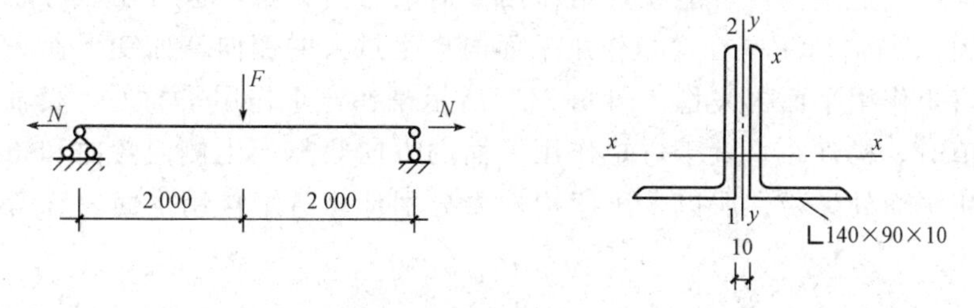

图 6.6 例题 6.1 图

【解】 (1)截面几何特性。

由附表 7.5 查得 2∟140 mm×90 mm×10 mm 的截面几何特性为

$$A=44.52\text{cm}^2,\ W_{1x}=194.54\ \text{cm}^2,\ W_{2x}=94.62\ \text{cm}^2$$

(2)构件的内力设计值。

轴心拉力设计值：$N=220$ kN

最大弯矩：

$$M_x=\frac{1}{4}Fl=\frac{1}{4}\times 30\times 4=30(\text{kN}\cdot\text{m})(\text{不计杆自重})$$

(3)强度验算。

查附录 1.1 得 $f=215$ N/mm²，查表 5.1 得 $\gamma_{1x}=1.05$，$\gamma_{2x}=1.2$。

肢背处(1 边缘)：

$$\frac{N}{A}+\frac{M_{\max}}{\gamma_{1x}W_{1x}}=\frac{220\times 10^3}{44.52\times 10^2}+\frac{30\times 10^6}{1.05\times 194.54\times 10^3}=196.3(\text{N/mm}^2)<f=215\ \text{N/mm}^2$$

(满足要求)

肢尖处(2 边缘)：

$$\frac{N}{A}-\frac{M_{\max}}{\gamma_{2x}W_{2x}}=\frac{220\times 10^3}{44.52\times 10^2}-\frac{30\times 10^6}{1.2\times 94.62\times 10^3}$$

$$=-214.8(\text{N/mm}^2)<f=215\ \text{N/mm}^2(\text{满足要求})$$

(4)刚度验算。

由于$i_x > i_y$，故：

$$\lambda_{max}=\lambda_{0y}=\frac{l_{0y}}{i_y}=\frac{400}{3.7}=108.1<[\lambda]=350(满足要求)$$

6.3 压弯构件的整体稳定

6.3.1 压弯构件整体失稳破坏特征

在工程设计中，压弯构件一般选择双轴对称或单轴对称截面，这类构件截面关于两个主轴的刚度差别较大，双轴对称截面多将弯矩绕强轴作用，单轴对称截面则将弯矩作用在对称平面内。这些构件可能在弯矩作用平面内弯曲失稳，也可能在弯矩作用平面外弯扭失稳。图 6.7(a)所示是在弯矩作用平面内产生过大的侧向弯曲变形而失去整体稳定的，称之为弯矩作用平面内失稳；图 6.7(b)所示是在弯矩作用平面外，当轴心压力或弯矩达到一定值时，构件在垂直于弯矩作用平面的方向突然产生侧向弯曲和扭转变形，称之为弯矩作用平面外失稳。所以，压弯构件要分别计算弯矩作用平面内和弯矩作用平面外的整体稳定。

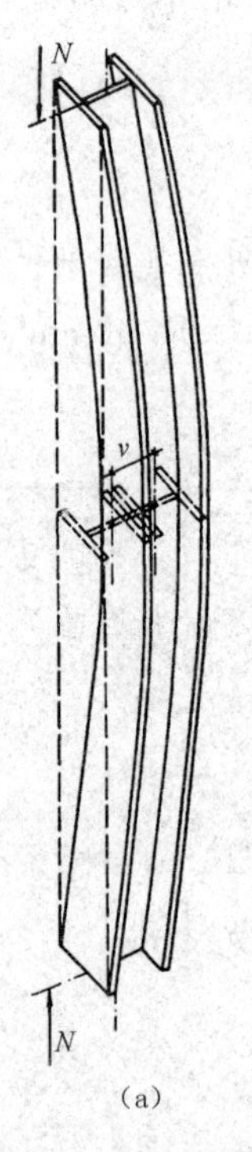

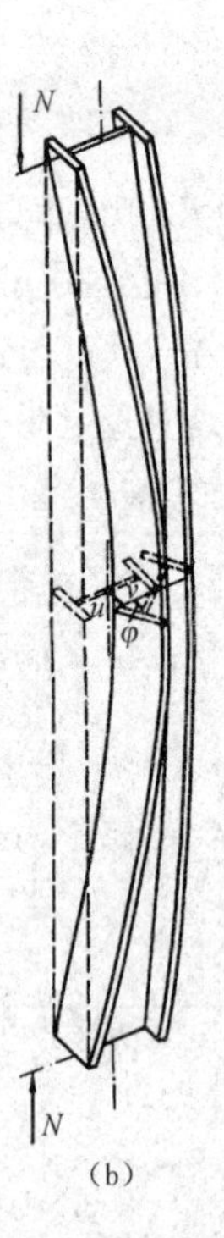

图 6.7 压弯构件整体失稳形式

应特别注意，相对于轴心受压构件，虽然压弯构件受力更为复杂，但压弯构件失去整体稳定的形态种类却比轴压构件少，单向压弯构件只有面内弯曲失稳和面外弯扭失稳两种形态，而理想轴压构件有弯曲、扭转和弯扭三种可能失稳形态。

典型格构式压弯构件弯矩绕虚轴作用，面内整体失稳破坏与实腹式类似，面外失稳破坏受单肢失稳破坏控制。

6.3.2 实腹式压弯构件整体稳定分析

实腹式压弯构件也存在残余应力、初弯曲等缺陷。确定压弯构件面内、外整稳承载力时，需要考虑不同缺陷、不同截面形式和不同尺寸的影响，无论采用解析法还是数值积分法，计算过程都很烦琐，难以直接用于工程设计。我国《钢结构设计规范》(GB 50017—2003)中，通过对边缘纤维屈服准则得到的承载力公式进行相应修正，作为面内整体稳定承载力实用计算公式；由于考虑初始缺陷的压弯构件弯扭屈曲弹塑性分析过于复杂，我国规范通过对理想压弯构件弯扭失稳的相关曲线进行修正，得到面外整体稳定承载力实用计算公式。

1. 实腹式单向压弯构件面内整体失稳

(1)边缘纤维屈服准则。边缘纤维屈服准则是以构件截面边缘纤维最大应力开始屈服的荷载作为压弯构件的稳定承载能力。如图 6.8 所示为两端等值弯矩作用的单向压弯构件，构件的平衡微分方程为

$$EI\frac{\mathrm{d}^2 y}{\mathrm{d}z^2}+Ny=-M \tag{6.9}$$

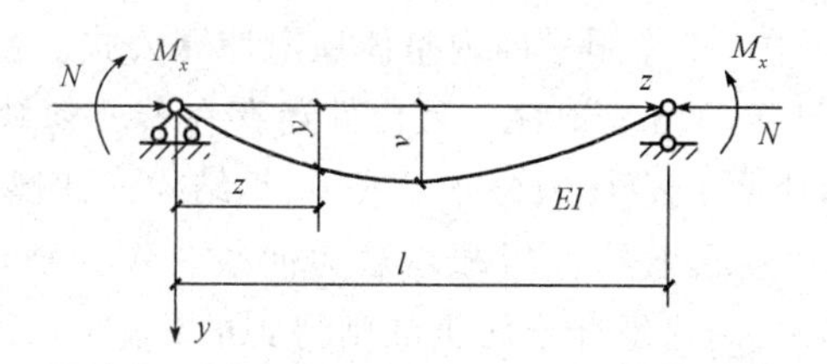

图 6.8 两端等值弯矩作用的单向压弯构件

解方程并利用边界条件 $Z=0$ 和 $Z=l$ 处，$y=0$，可求出构件中点的最大挠度为

$$v_m=\frac{M_x}{N}\left(\sec\frac{\pi}{2}\sqrt{\frac{N}{N_{Ex}}}-1\right) \tag{6.10}$$

由工程力学可知，在两端弯矩 M_x 作用下的简支梁跨度中点的最大挠度 v_0 为

$$v_0=\frac{M_x l^2}{8EI} \tag{6.11}$$

式(6.10)可写为

$$v_m=\alpha_v v_0 \tag{6.12}$$

式中 α_v——挠度放大系数。

$\alpha_v=\dfrac{8\left(\sec\dfrac{\pi}{2}\sqrt{N/N_{Ex}}-1\right)}{\pi^2 N/N_{Ex}}$，将 $\sec\left(\dfrac{\pi}{2}\sqrt{\dfrac{N}{N_{Ex}}}\right)$展开成幂级数后代入可得：

$$\alpha_v=1+1.028\frac{N}{N_{Ex}}+1.032\left(\frac{N}{N_{Ex}}\right)^2+\cdots\approx 1+\frac{N}{N_{Ex}}+\left(\frac{N}{N_{Ex}}\right)^2+\cdots=\frac{1}{1-N/N_{Ex}} \tag{6.13}$$

计算分析表明：当 $N/N_{Ex}<0.6$ 时，上式误差不超过 2%。

考虑轴心压力 N 对跨中弯矩的影响，压弯构件中最大弯矩 M_{max} 可表示为

$$M_{max}=M_x+Nv_m=M_x+\frac{Nv_0}{1-N/N_{Ex}}=\frac{\beta_{mx}M_x}{1-N/N_{Ex}} \tag{6.14}$$

式中 M_x——将构件看作简支梁时由荷载产生的跨中最大弯矩，称为一阶弯矩；

Nv_m——轴心压力引起的附加弯矩，称为二阶弯矩；

β_{mx}——等效弯矩系数，随荷载变化而变化。

构件的初始缺陷种类较多，为简化分析，引入轴心压力等效偏心距 e_0 来综合考虑各种初始缺陷，构件边缘纤维屈服条件为

$$\sigma=\frac{N}{A}+\frac{\beta_{mx}M+Ne_0}{W_x\left(1-\frac{N}{N_E}\right)}=f_y \tag{6.15}$$

初始缺陷主要是由加工制作安装及构造方式引起的，可认为压弯构件与轴心受压构件的初始缺陷相同。当 $M=0$ 时，压弯构件转化为带有综合缺陷 e_0 的轴心受压构件，此时稳定承载力为 $N=N_x=Af_y\varphi_x=N_p\varphi_x$，将 N 代入式(6.15)得：

$$\frac{e_0}{W_x}=\frac{(N_p-N_x)}{N_xA}\left(1-\frac{N_x}{N_E}\right) \tag{6.16}$$

将式(6.16)代入式(6.15)，可得压弯构件按边缘纤维屈服准则确定的承载力公式为

$$\sigma=\frac{N}{\varphi_x}+\frac{\beta_{mx}M}{W_x\left(1-\varphi_x\frac{N}{N_E}\right)}=f_y \tag{6.17}$$

(2)实腹式单向压弯构件弯矩作用平面内整体稳定计算公式。实腹式压弯构件丧失弯矩作用平面内的整体稳定时可能已出现塑性，且构件还存在着几何缺陷和残余应力。取构件存在 $l/1\ 000$ 的初弯曲和实测的残余应力分布，我国《钢结构设计规范》(GB 50017—2003)采用数值计算方法计算得到大量压弯构件极限承载力曲线，作为确定实用计算公式的依据。将数值计算方法得到的 N_{ux} 与用边缘纤维屈服准则得到的公式(6.17)中的轴心压力 N 进行对比，考虑截面部分塑性，采用 γ_xW_{1x} 取代 W_x；用 0.8 代替式(6.17)第二项分母中的 φ_x，并将欧拉临界力除以平均抗力分项系数 1.1，计算结果与数值计算法的结果最为接近。考虑抗力分项系数后，得到实腹式单向压弯构件弯矩作用平面内的整体稳定计算公式为

$$\frac{N}{\varphi_xA}+\frac{\beta_{mx}M_x}{\gamma_xW_{1x}\left(1-0.8\frac{N}{N'_{Ex}}\right)}\leqslant f \tag{6.18}$$

式中 N——压弯构件的轴心压力；

φ_x——弯矩作用平面内的轴心受压构件稳定系数；

M_x——所计算构件段范围内的最大弯矩；

N'_{Ex}——参数，大体相当于欧拉力除以分项系数，$N'_{Ex}=\pi^2\frac{EA}{1.1\lambda_x^2}$；

W_{1x}——弯矩作用平面内受压最大纤维的毛截面模量；

γ_x——截面塑性发展系数，按表 5.1 采用。

等效弯矩系数 β_{mx} 按下列规定采用：

1)悬臂构件和分析内力未考虑二阶效应的无支承纯框架和弱支承框架 $\beta_{mx}=1.0$；

2)框架柱和两端支承的构件。

①无横向荷载作用时，$\beta_{mx}=0.65+0.35\,M_2/M_1$，其中 M_1 和 M_2 为端弯矩，使构件产生同向曲率(无反弯点)时取同号，使构件产生反向曲率(有反弯点)时取异号，且 $|M_1|\geqslant|M_2|$。

②有端弯矩和横向荷载同时作用时，使构件产生同向曲率时，β_{mx} 使构件产生反向曲率时，$\beta_{mx}=0.85$。

③无端弯矩但有横向荷载作用时，$\beta_{mx}=1$。

对于T形、双角钢T形、槽形这些单轴对称截面的压弯构件，当弯矩作用于对称轴平面内且使较大翼缘受压时，构件失稳时可能出现受压区屈服、受压和受拉区同时屈服两种情况外，还可能在受拉区首先出现屈服而导致构件失去承载能力，故除按式(6.18)计算外，还应按式(6.19)计算。

$$\left|\frac{N}{A}-\frac{\beta_{mx}M_x}{\gamma_x W_{2x}\left(1-1.25\dfrac{N}{N'_{Ex}}\right)}\right|\leqslant f \tag{6.19}$$

式中 W_{2x}——对受拉外侧的毛截面模量；

γ_x——与 W_{2x} 相应的截面塑性发展系数。

其余符号同式(6.18)，上式第二项分母中的1.25也是经过与理论计算结果比较后引进的修正系数。

(3)实腹式单向压弯构件弯矩作用面外整体分析。根据弹性稳定理论，实腹式单向压弯构件在弯矩作用平面外丧失稳定的临界条件为

$$\left(1-\frac{N}{N_y}\right)\left(1-\frac{N}{N_w}\right)-\left(\frac{M_x}{M_{cr}}\right)^2=0 \tag{6.20}$$

式中 N_y——轴心受压构件绕截面 y 轴的弯曲屈曲临界力，$N_y=\pi^2 EI_y/l_{0y}^2$，l_{0y} 为构件侧向弯曲的自由长度；

N_w——构件的扭转屈曲临界力，$N_w=\left(GI_t+\pi^2\dfrac{EI_w}{l_w^2}\right)/i_0^2$，$i_0$ 为截面的极回转半径，$i_0^2=\dfrac{I_x+I_y}{A}$，l_w 为构件的扭转自由长度；

M_{cr}——纯弯曲梁的临界弯矩。

图6.9所示为不同$\dfrac{N_w}{N_y}$对应的$\dfrac{N}{N_y}-\dfrac{M}{M_{cr}}$曲线。一般情况下 N_w 大于 N_y，因而曲线均为上凸曲线，偏于安全。直线关系的表达式为

$$\frac{N}{N_y}+\frac{M}{M_{cr}}=1 \tag{6.21}$$

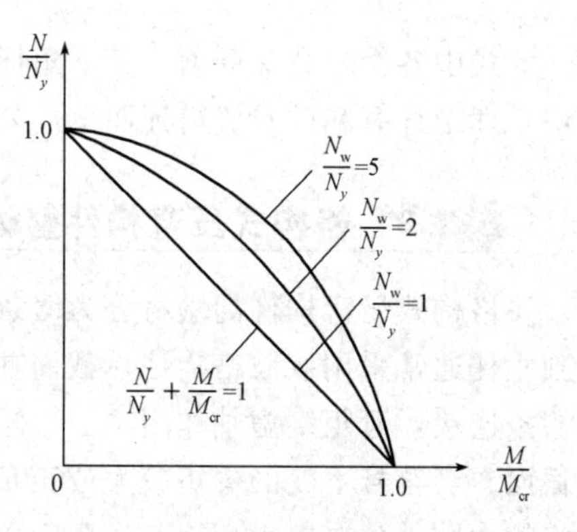

图6.9 侧扭屈曲时的相关曲线

式(6.21)是根据弹性工作状态的双轴对称截面导出的理论公式简化得来的。理论分析和试验研究表明：对于单轴对称截面的压弯构件，用该单轴对称截面轴心受压构件的弯扭屈曲临界力 N_{yz} 代替式中的 N_y，公式仍然适用。为使它也适用于弹塑性压弯构件的弯矩

作用平面外稳定性计算，取 $N_y=\varphi_y A f_y$ 和 $M_{cr}=\varphi_b W_x f_y$，代入式(6.21)，并考虑实际荷载情况不一定都是均匀弯曲，而引入非均匀弯矩作用时弯扭屈曲的等效弯矩系数 β_{tx}，且引入不同截面形式时的截面影响系数 η，以及抗力分项系数后，即得关于单向压弯构件弯矩作用平面外的稳定计算公式：

$$\frac{N}{\varphi_y A}+\eta\frac{\beta_{tx}M_x}{\varphi_b W_{1x}}\leqslant f \tag{6.22}$$

式中 φ_y——弯矩作用平面外的轴心受压构件稳定系数，对单轴对称截面应按考虑扭转效应的换算长细比 λ_{yz} 确定；

φ_b——均匀弯曲的受弯构件整体稳定系数，对工字形截面和T形截面可采用第5章中求 φ_b 的近似公式进行计算；对于闭口截面，由于其抗扭刚度特别大，可取 $\varphi_b=1.0$；

M_x——所计算构件段范围内的最大弯矩设计值；

η——截面影响系数，箱型截面 $\eta=0.7$，其他截面 $\eta=1.0$。

等效弯矩系数 β_{tx} 的取值，对在弯矩作用平面外有侧向支承的构件，应根据两相邻侧向支承点间构件段内的荷载和内力情况确定，β_{tx} 与 β_{mx} 的计算方法相同。

式(6.22)虽然是以理想压弯构件的弹性弯扭屈曲为基础得出的，但理论分析和试验结果都证实此式可用于弹塑性工作的压弯构件。

2. 实腹式双向压弯构件整体分析

双向压弯构件的稳定承载力与 N、M_x 和 M_y 三者的相对大小有关，考虑各种缺陷影响时无法给出解析。我国《钢结构设计规范》(GB 50017—2003)对单向压弯构件稳定计算公式进行组合，实现双向压弯构件稳定计算与轴心受压构件、受弯构件、单向压弯构件整体稳定计算的衔接。对弯矩作用在两个主平面内的双轴对称实腹式工字形截面和箱形截面的压弯构件，规定其整体稳定性按下列两公式计算：

$$\frac{N}{\varphi_x A}+\frac{\beta_{mx}M_x}{\gamma_x W_{1x}\left(1-0.8\dfrac{N}{N'_{Ex}}\right)}+\eta\frac{\beta_{ty}M_y}{\varphi_{by}W_{1y}}\leqslant f \tag{6.23a}$$

$$\frac{N}{\varphi_y A}+\eta\frac{\beta_{tx}M_x}{\varphi_{bx}W_{1x}}+\frac{\beta_{my}M_y}{\gamma_y W_{1y}\left(1-0.8\dfrac{N}{N'_{Ey}}\right)}\leqslant f \tag{6.23b}$$

式中各符号意义同前，其下角标 x 和 y 分别关于截面强轴 x 和截面弱轴 y。

理论计算和试验资料证明上述公式是偏于安全的。

6.3.3 格构式压弯构件整体稳定分析

格构式压弯构件的缀材分为缀条式和缀板式两种。如图6.10所示，厂房框架柱和大型独立柱通常采用双肢格构柱，截面在弯矩作用平面内的宽度较大，构件肢件基本上都采用缀条连接，弯矩绕虚轴作用。当弯矩不大或正负弯矩的绝对值相差较小时，常用双轴对称截面。当符号不变的弯矩较大或正负弯矩的绝对值相差较大时，可采用单轴对称截面，并将较大肢件放在较大弯矩产生压应力的一侧。

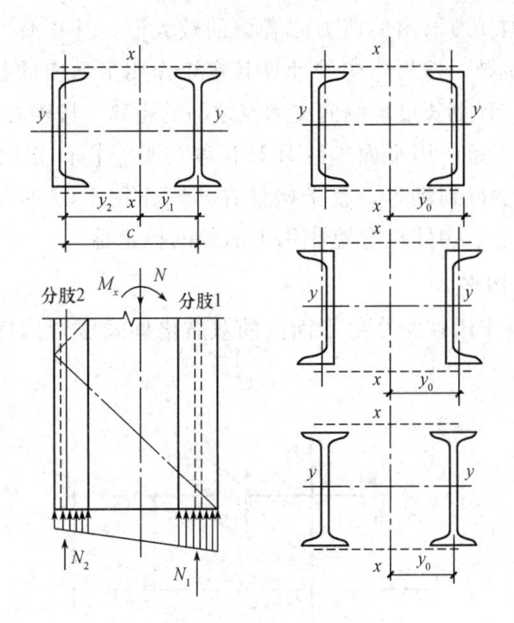

图 6.10　格构式压弯构件截面

1. 弯矩绕实轴(y 轴)作用的格构式压弯构件

弯矩绕实轴作用的格构式压弯构件，其弯矩作用平面内和平面外的稳定性计算方法与实腹式构件相同。但在计算平面外的稳定性时，关于虚轴应取换算长细比(计算方法同格构式轴压构件)来确定 φ_x 值，稳定系数 φ_y 应取 1.0。

2. 弯矩绕虚轴(x 轴)作用的格构式压弯构件

单向压弯双肢格构柱一般是以虚轴作为弯曲轴，绕虚轴的截面模量较大。在弯矩作用平面内失稳以考虑初始缺陷的截面边缘纤维屈服作为计算依据，面内整体稳定计算公式为

$$\frac{N}{\varphi_x A}+\frac{\beta_{mx}M_x}{W_{1x}\left(1-\varphi_x\dfrac{N}{N'_{Ex}}\right)}\leqslant f \tag{6.24}$$

式中　$W_{1x}=I_x/y_0$——截面对 x 轴的毛截面抵抗矩；

y_0——由 x 轴到压力较大分肢的轴线距离，或到压力较大分肢腹板边缘的距离，取两者中较大者，参见图 6.10；

φ_x——由换算长细比 λ_{0x} 确定。

格构式压弯构件两分肢受力不等，受压较大分肢上的平均应力大于整个截面的平均应力，因而还需对分肢进行稳定性计算。如图 6.10 所示，将分肢视作桁架的弦杆来计算每个分肢的轴心力：

分肢 1：
$$N_1=\frac{Ny_2+M_x}{c} \tag{6.25}$$

分肢 2：
$$N_2=N-N_1 \tag{6.26}$$

缀条式压弯构件的单肢按轴心受压构件计算。单肢的计算长度在缀材平面内取缀条体系的节间长度，而在缀材平面外则取侧向支承点之间的距离。

缀板式压弯构件的单肢除承受轴心力 N_1 或 N_2 作用外，还承受由剪力引起的局部弯矩，

剪力取实际剪力和按式(4.91)求出的剪力二者中的较大值。计算肢件在弯矩作用平面内的稳定性时，取一个节间的单肢，按压弯构件计算其弯矩作用平面内的稳定性。计算肢件在弯矩作用平面外的稳定性时，计算长度取侧向支承点之间的距离，按轴心受压构件计算。

受压较大的分肢在弯矩作用平面外的计算长度与整个构件相同，只要受压较大分肢在其两个主轴方向的稳定性得到满足，整个构件在弯矩作用平面外的整体稳定性就可以得到保证，因此不必再计算整个构件在弯矩作用平面外的稳定性。

3. 双向压弯格构式构件

图 6.11 所示为弯矩作用在两个主平面内的双肢格构式压弯构件，其整体稳定性按下列规定计算。

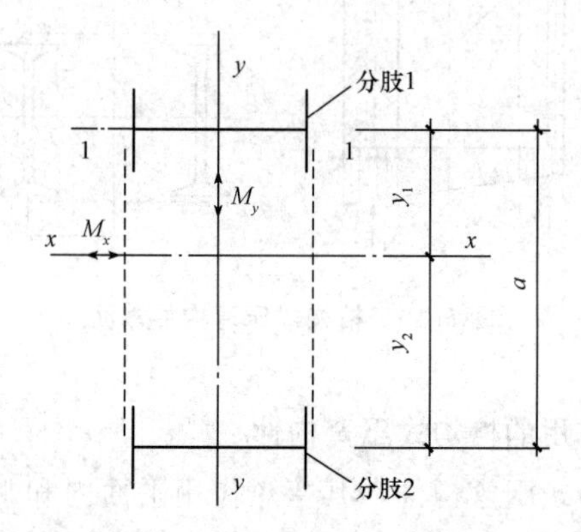

图 6.11　双向压弯格构式构件

(1)整体稳定计算。采用与边缘屈服准则导出的弯矩绕虚轴作用的格构式压弯构件平面内整体稳定计算式(6.24)相衔接的直线式进行计算：

$$\frac{N}{\varphi_x A}+\frac{\beta_{mx}M_x}{W_{1x}\left(1-\varphi_x\frac{N}{N'_{Ex}}\right)}+\frac{\beta_{1y}M_y}{W_{1y}}\leqslant f \tag{6.27}$$

式中　φ_x、N'_{Ex}——由换算长细比确定。

(2)分肢的稳定计算。分肢按实腹式压弯构件计算，将分肢作为桁架弦杆计算其在轴力和弯矩共同作用下产生的内力：

分肢 1

$$N_1=N\frac{y_2}{a}+\frac{M_x}{a} \tag{6.28}$$

$$M_{y1}=\frac{I_1/y_1}{I_1/y_1+I_2/y_2}M_y \tag{6.29}$$

分肢 2：

$$N_2=N-N_1 \tag{6.30}$$

$$M_{y2}=\frac{I_2/y_2}{I_1/y_1+I_2/y_2}M_y \tag{6.31}$$

式中　I_1、I_2——分肢 1 和分肢 2 对 y 轴的惯性矩；

y_1、y_2——M_y 作用的主轴平面至分肢 1 和分肢 2 轴线的距离。

4. 缀材计算

格构式压弯构件缀材的计算方法与格构式轴心受压构件相同，但剪力取构件的实际剪力和按式(4.91)计算得到的剪力中的较大值。

【例题 6.2】 图 6.12 所示为某焊接工字形截面压弯构件，承受轴心压力设计值为 800 kN，构件中央的集中荷载设计值为 160 kN。钢材为 Q235B·F，构件的两端铰支并在中央有一侧向支撑点。翼缘为火焰切割边。要求验算构件的整体稳定性。

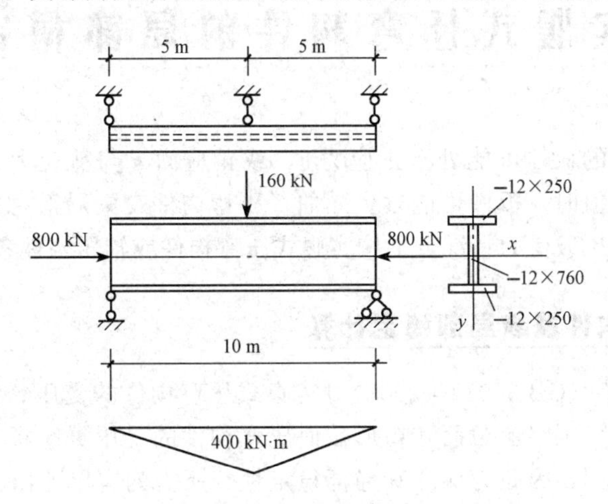

图 6.12 例题 6.2

【解】 (1)截面特性。

$$A=2\times250\times12+760\times12=15\ 120(\text{mm}^2)$$

$$I_x=2\times250\times12\times386^2+\frac{1}{12}\times12\times760^3=1.332\ 95\times10^9(\text{mm}^4)$$

$$i_x=\sqrt{I_x/A}=\sqrt{1.332\ 95\times10^9/15\ 120}=296.9(\text{mm})$$

$$W_x=2I_x/h=1.332\ 95\times10^9/392=3.400\times10^6(\text{mm}^3)$$

$$I_y=2\times12\times250^3/12=3.125\times10^7(\text{mm}^4)$$

$$i_y=\sqrt{I_y/A}=\sqrt{3.125\times10^7/15\ 120}=45.5(\text{mm})$$

(2)验算构件在弯矩作用平面内的稳定性。

$\lambda_x=l_x/i_x=10\ 000/296.9=33.7$ 按 b 类截面查附表 4.2 得 $\varphi_x=0.923$。

$$N'_{Ex}=\frac{\pi^2 E}{1.1\lambda_x^2}A=\frac{\pi^2\times2.06\times10^5}{1.1\times33.7^2}\times15\ 100=24\ 549\ 970.6(\text{N})=24\ 550(\text{kN})$$

$$\beta_{mx}=1-0.2N/N'_{Ex}=1-0.2\times800/24\ 500=0.993$$

$$\frac{N}{\varphi_x A}+\frac{\beta_{mx}M_x}{\gamma_x W_x(1-0.8N/N'_{Ex})}=\frac{800\times10^3}{0.923\times15\ 100}+\frac{0.993\times400\times10^6}{1.05\times3.400\times10^6\times(1-0.8\times800/24\ 550)}$$

$$=120.0(\text{N/mm}^2)<f=215\ \text{N/mm}^2$$

(3)验算构件在弯矩作用平面外的稳定性。

$\lambda_y=l_y/i_y=5\ 000/45.5=110$，按 b 类截面查附表 4.2 得 $\varphi_y=0.493$。

在侧向支撑点范围内，杆段一端的弯矩为 400 kN·m，另一端为零，$\beta_{tx}=0.65$。

$$\varphi_b=1.07-\lambda_y^2/44\ 000=1.07-110^2/44\ 000=0.795$$

$$\frac{N}{\varphi_y A}+\frac{\beta_{tx}M_x}{\varphi_b W_x}=\frac{800\times10^3}{0.493\times15\ 100}+\frac{0.65\times400\times10^6}{0.795\times3.400\times10^6}$$

$$=203.7(\mathrm{N/mm^2})<f=215\ \mathrm{N/mm^2}$$

满足整体稳定要求。

6.4 实腹式压弯构件的局部稳定

实腹式压弯构件的板件可能处于正应力 σ，或正应力 σ 与剪应力 τ 共同作用的受力状态，当应力达到一定值时，板件可能发生屈曲，压弯构件丧失局部稳定性。格构式压弯构件局部稳定，应根据单肢受力情况分别按实腹式压弯构件或轴压构件考虑。

6.4.1 压弯构件翼缘局部稳定计算

《钢结构设计规范》(GB 50017—2003)对实腹式压弯构件的受压翼缘板采用不允许发生局部失稳的设计准则。工字形截面和箱形截面压弯构件的受压翼缘板，受力情况与相应梁的受压翼缘板基本相同，因此为保证其局部稳定性，所需的宽厚比限值可直接采用有关梁中的规定。

(1)翼缘板自由外伸宽度 b_1 与其厚度 t 之比应符合下式条件：

$$\frac{b_1}{t}\leqslant 13\sqrt{\frac{235}{f_y}} \tag{6.32}$$

当强度和稳定计算中取截面塑性发展系数 $\gamma_x=1.0$ 时，b_1/t 可放宽至 $15\sqrt{235/f_y}$。

(2)箱形截面受压翼缘板在两腹板间的宽度 b_0 与其厚度 t 之比应符合下式条件：

$$\frac{b_0}{t}\leqslant 40\sqrt{\frac{235}{f_y}} \tag{6.33}$$

6.4.2 压弯构件腹板局部稳定计算

1. 工字形截面的腹板

工字形截面压弯构件腹板的应力状态如图 6.13 所示，腹板承受不均匀正应力 σ 和剪应力 τ 的联合作用，其临界压应力可表达为

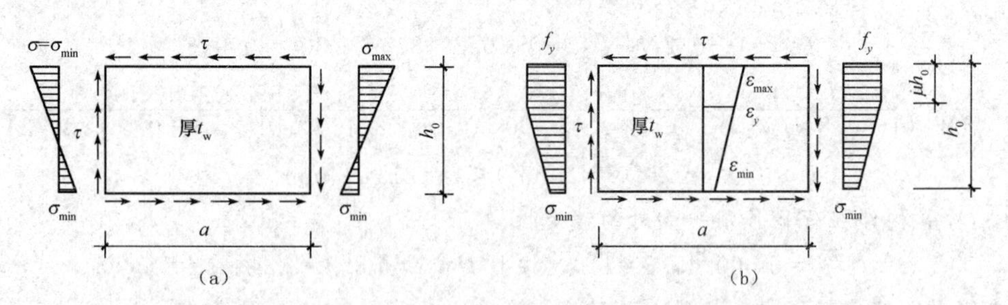

图 6.13 四边简支矩形腹板边缘的应力分布和纵向压应变

(a)弹性阶段应力分布；(b)弹塑性阶段应力及应变分布

弹性阶段

$$\sigma_{cr}=K_e \frac{\pi^2 E}{12(1-v^2)}\left(\frac{t_w}{h_0}\right)^2 \tag{6.34}$$

弹塑性阶段

$$\sigma_{cr}^2=K_p \frac{\pi^2 E}{12(1-v^2)}\left(\frac{t_w}{h_0}\right) \tag{6.35}$$

式中 K_e——弹性屈曲系数，其值与 τ/σ、应力梯度 $\alpha_0=(\sigma_{max}-\sigma_{min})/\sigma_{max}$ 有关；

σ_{max}，σ_{min}——腹板计算高度边缘的最大压应力和腹板另一边缘相应的应力，计算时不考虑构件的稳定系数和截面塑性发展系数，取压应力为正，拉应力为负；根据压弯构件的设计资料可取 $\tau/\sigma=0.15\alpha_0$，此时 K_e 值见表 6.1；

K_p——弹塑性屈曲系数，其值与 τ/σ，应变梯度 $\alpha=(\varepsilon_{max}-\varepsilon_{min})/\varepsilon_{max}$，塑性变形发展深度 μh_0 等有关；取 $\mu h_0=0.25h_0$，将 σ 换算成弹性板的应力梯度 α_0，K_p 值见表 6.1。

表 6.1 K_e 和 K_p 值

α_0	0	0.2	0.4	0.6	0.8	1.0	1.2	1.4	1.6	1.8	2.0
K_e	4.00	4.44	4.99	5.69	6.60	7.81	9.50	11.87	15.18	19.52	23.92
K_p	4.00	3.91	3.87	4.24	4.68	5.21	5.89	6.68	7.58	9.74	11.30

经分析，取 $\tau/\sigma=0.15\alpha_0$，$\mu=0.25$。令式(6.35)中 $\sigma_{cr}=f_y$，可解得并绘出 h_0/t_w 随应力梯度而变化的曲线，如图 6.14 所示。为了便于应用，我国《钢结构设计规范》(GB 50017—2003)中用以 $\alpha_0=1.6$ 为分界点的两段折线代替该曲线。塑性区的深度实际上是随构件在弯矩作用平面内的长细比 λ 而变化的：当 λ 较大时，塑性区深度较小，可能小于 $0.25h_0$，甚至也可能不出现塑性区；当 λ 较小时，塑性区深度就较大，可能大于 $0.25h_0$。因而 h_0/t_w 的限值既与 α_0 有关，也与 λ 有关。设计规范中对工字形截面压弯构件腹板的高厚比限值规定为

当 $0\leqslant\alpha_0\leqslant1.6$ 时

$$\frac{h_0}{t_w}\leqslant(16\alpha_0+0.5\lambda+25)\sqrt{\frac{235}{f_y}} \tag{6.36}$$

当 $1.6<\alpha_0\leqslant2.0$ 时

$$\frac{h_0}{t_w}\leqslant(48\alpha_0+0.5\lambda-26.2)\sqrt{\frac{235}{f_y}} \tag{6.37}$$

式中 λ——构件在弯矩作用平面内的长细比。当 $\lambda<30$ 时，取 $\lambda=30$；当 $\lambda>100$ 时，取 $\lambda=100$。

当 $\alpha_0=0$ 时，式(6.36)符合对轴心受压构件中腹板高厚比的要求；当 $\alpha_0=2$ 时，式(6.37)符合梁腹板在弯曲应力和剪应力联合作用下对高厚比的要求。

2. 箱形截面的腹板

箱形截面压弯构件腹板高厚比限值的计算方法与工字形截面相同，但考虑其腹板边缘的嵌固程度比工字形截曲弱，因而，其腹板 h_0/t_w 不应超过式(6.36)或式(6.37)右侧乘以 0.8 后的值，当此值小于 $40\sqrt{235/f_y}$，应采用 $40\sqrt{235/f_y}$。

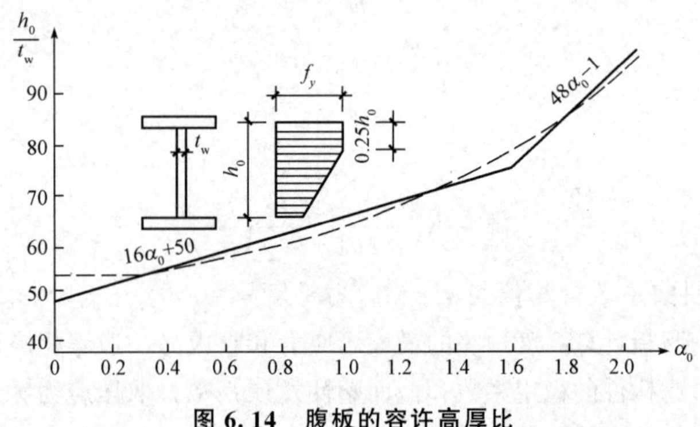

图 6.14 腹板的容许高厚比

当工字形和箱形截面压弯构件腹板的高厚比不能满足上述要求时，可采用下列方法之一来处理：

(1)加大腹板厚度，使其满足要求。但当 h_0 较大时，此法可能导致钢材浪费。

(2)在腹板两侧设置纵向加劲肋，使加劲肋与翼缘间腹板高厚比满足上述要求。此法将导致制造工作量增加。每侧加劲肋的外伸宽度不应小于 $10t_w$，厚度不应小于 $0.75t_w$。

(3)在计算构件的强度和稳定性时，利用腹板屈曲后强度的概念，对腹板仅考虑其计算高度两侧各 $20t_w\sqrt{235/f_y}$ 的宽度范围为有效截面，不计腹板的中间部分(但在计算构件的稳定系数时，仍采用全部截面)。当 h_0 较大时，考虑屈曲后强度比较经济。

3. T 形截面的腹板

对于 T 形截面压弯构件，当弯矩使翼缘受压时，腹板此时比轴心受压有利，可采用与轴心受压相同的高厚比限值。当弯矩使腹板自由边受压时，如果 $\alpha_0 \leqslant 1.0$，此时弯矩较小，腹板中压应力分布不均的有利作用影响不大，腹板高厚比限值与翼缘相同；如果 $\alpha_0 > 1.0$，此时弯矩较大，腹板中压应力分布不均的有利作用影响较大，腹板高厚比限值提高 20%。腹板高厚比应满足：

当 $\alpha_0 \leqslant 1.0$ 时

$$\frac{h_0}{t_w} \leqslant 15\sqrt{\frac{235}{f_y}} \tag{6.38}$$

当 $\alpha_0 > 1.0$ 时

$$\frac{h_0}{t_w} \leqslant 18\sqrt{\frac{235}{f_y}} \tag{6.39}$$

4. 圆管压弯构件

一般圆管压弯构件弯矩不大，截面压应力分布较均匀，局部稳定要求与轴心受压构件相同。

【例题 6.3】 试验算例题 6.2 中构件的局部稳定。

【解】 (1)验算翼缘的自由外伸宽度 b_1 与其厚度 t 之比。

$$\frac{b_1}{t} = \frac{119}{12} = 9.92 < 15\sqrt{\frac{235}{f_y}} = 15\text{(满足要求)}$$

(2)验算腹板的高厚比。

在腹板的上边缘：

$$\sigma_{\max}=\frac{N}{A_n}+\frac{M_x}{I_x}\cdot\frac{h_w}{2}=\frac{800\times10^3}{151.2\times10^2}+\frac{400\times10^6\times380}{133\,295.2\times10^4}=52.9+114.0=166.9(\text{N/mm}^2)$$

对于下边缘：

$$\sigma_{\min}=\frac{N}{A_n}-\frac{M_x}{I_x}\frac{h_w}{2}=52.9-114.0=-61.1(\text{N/mm}^2)$$

应力梯度：

$$\alpha_0=\frac{\sigma_{\max}-\sigma_{\min}}{\sigma_{\max}}=\frac{166.9-(-61.1)}{166.9}=1.366<1.6$$

腹板高厚比的容许值：

$$\frac{h_0}{t_w}=16\alpha_0+0.5\lambda_x+25=16\times1.366+0.5\times33.68+25=63.7$$

截面实际高厚比：

$$\frac{h_0}{t_w}=\frac{76}{1.2}=63.3<63.7(\text{满足要求})$$

综上所述，构件的局部稳定满足要求。

6.5 偏心受力构件的设计

6.5.1 拉弯及压弯构件设计原则与要求

拉弯及压弯构件设计应保证满足强度、刚度、整体稳定和局部稳定要求。拉弯构件设计主要考虑强度和刚度要求；格构式压弯构件还应满足分肢稳定要求，并需对缀材进行设计。压弯构件的加劲肋、横隔和纵向连接焊缝的构造要求与相应轴心受压构件相同。设计时应遵循以下几个原则：

(1)合理选择钢材种类和规格。

(2)合理选择截面形式。一般要求截面分布应尽量远离主轴，即尽量加大截面轮廓尺寸而减小板厚，以增加截面的惯性矩和回转半径，从而提高构件的整体稳定性和刚度。

(3)尽量使两个主轴方向的整体稳定承载力更加接近，即两轴稳定，以取得较好的经济效果。

(4)构造简单，便于制作。

(5)便于与其他构件连接。

压弯构件设计要求较复杂，在明确设计要求的基础上，一般先参考有关资料初步选定截面，然后验算各项要求，根据验算结果适当修改，直至满足所有要求且较为经济。

6.5.2 拉弯构件设计

拉弯构件设计主要需考虑强度要求和刚度要求，相对简单。设计步骤如下：

(1)明确设计要求，确定设计参数。

(2)选择钢材种类和截面形式。

(3)按强度公式(6.6)和式(6.7)要求确定截面尺寸。

(4)验算刚度要求。

(5)其他构造和连接设计。

6.5.3 实腹式压弯构件设计

实腹式压弯构件截面设计可按下列步骤进行：

(1)确定构件承受的荷载设计值。

(2)确定弯矩作用平面内和平面外的计算长度。

(3)选择钢材及确定钢材强度设计值。

(4)选择截面形式。

(5)根据经验或已有资料初选截面尺寸。

(6)初选截面验算及修改：

①强度验算；

②刚度验算；

③弯矩作用平面内整体稳定验算；

④弯矩作用平面外整体稳定验算；

⑤局部稳定验算。

如果验算不满足或富余过大，则对初选截面进行修改，重新进行验算，直至满意为止。

(7)其他构造和连接设计。

6.5.4 格构式压弯构件设计

格构式压弯构件设计主要需解决以下四个方面的问题：

(1)确定合理的截面形式。

(2)确定单肢截面尺寸。

(3)确定单肢间距。

(4)确定缀材及连接。

弯矩绕格构式双肢单向压弯构件虚轴作用时，其设计步骤如下：

(1)确定构件承受的荷载设计值。

(2)确定弯矩作用平面内和平面外的计算长度。

(3)选择钢材及确定钢材强度设计值。

(4)确定构件形式。

(5)初选截面：按构造要求或凭经验初选图 6.10 所示两分肢轴线间距离或两肢背面间距离。无其他参考资料时一般可取 $c \approx (1/22 \sim 1/15)H$，$H$ 为压弯构件面内计算长度；按式(6.25)、式(6.26)求两分肢所受轴力 N_1 和 N_2，按轴心受压构件确定两分肢截面尺寸。

(6)初选截面验算及修改：

①强度验算；

②刚度验算；

③局部稳定验算；

④弯矩作用平面内整体稳定验算；

⑤分肢稳定验算。

如果验算不满足或富余过大，对初选截面进行修改，重新进行验算，直至满意为止。

(7)缀材设计和连接设计。

(8)其他构造和连接设计。

其他格构式压弯构件的设计可参照上述步骤进行。

【例题 6.4】 图 6.15 所示为偏心受压悬臂柱，柱底与基础刚接，柱高 $H=6.5$ m，每柱承受静压力荷载设计值 $N=1\ 200$ kN(标准值 $N_k=900$ kN，包括自重)，偏心距为 0.5 m。在弯矩作用平面外设支撑系统作为侧向支承点，支承点处按铰接考虑。悬臂端容许水平位移 $[v]=\frac{2H}{300}$。钢材为 Q235。试按焊接工字形截面设计此柱(翼缘为焰切边)。

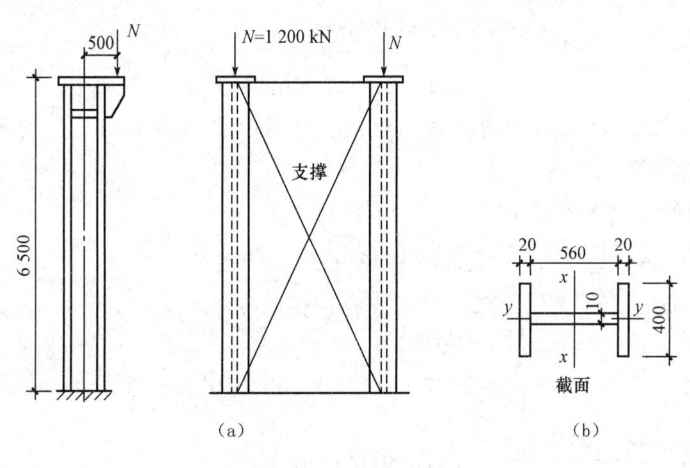

图 6.15　例题 6.4 图

【解】 (1)计算内力。

内力设计值 $N=1\ 200$ kN，$M_x=1\ 200\times0.5=600(\text{kN}\cdot\text{m})$

内力标准值 $N_k=900$ kN，$M_{kx}=900\times0.5=450(\text{kN}\cdot\text{m})$

钢材为 Q235，$f=205\ \text{N/mm}^2$(估计翼缘 $t>16$ mm)。

(2)确定计算长度。

弯矩作用平面内(悬臂构件)：$H_{0x}=\mu H=2\times6.5=13(\text{m})$

弯矩作用平面外(支承点间距离)：$H_{0y}=H=6.5$ m

(3)选择截面。

柱受弯矩，$H_{0x}=2H_{0y}$，柱截面宜选用较大 h_0，初选截面 $h=600$ mm，$b=400$ mm。

首先按弯矩作用平面内和平面外的整体稳定估算所需截面面积(截面回转半径近似值按附录 5 采用)。

$i_x\approx0.43h=25.8(\text{cm})$，$\lambda_x=\frac{1\ 300}{25.8}=50.4$，$\varphi_x=0.854$(b 类截面)

$\frac{W_x}{A}=\frac{i_x^2}{h/2}=\frac{258^2}{300}=222(\text{mm})=22.2(\text{cm})$，$\left(1-0.8\frac{N}{N'_{Ex}}\right)=0.9$(估计值)

$i_y \approx 0.24b = 9.6(\mathrm{cm})$，$\lambda_y = \dfrac{650}{9.6} = 67.7$，$\varphi_y = 0.765$(b 类截面)

$$\lambda_y < 120,\ \varphi_b = 1.07 - \frac{\lambda_y^2}{44\ 000} = 1.07 - \frac{67.7^2}{44\ 000} = 0.966$$

构件承受均匀弯矩，$\beta_{mx} = \beta_{tx} = 1.0$，$\gamma_x = 1.05$。

$$\sigma = \frac{N}{\varphi_x A} + \frac{\beta_{mx} M_x}{\gamma_x W_{1x}\left(1 - 0.8\dfrac{N}{N'_{Ex}}\right)} = \frac{1\ 200 \times 10^3}{0.854A} + \frac{1 \times 600 \times 10^6}{1.05 \times (222A) \times 0.9}$$

$$= \frac{4.27 \times 10^6}{A} \leqslant f = 205\ \mathrm{N/mm^2}$$

则
$$A \geqslant 20\ 829(\mathrm{mm^2})$$

$$\sigma = \frac{N}{\varphi_y A} + \eta \frac{\beta_{tx} M_x}{\varphi_b W_x} = \frac{1\ 200 \times 10^3}{0.765\ A} + 1.0 \times \frac{1.0 \times 600 \times 10^6}{0.966 \times (222A)}$$

$$= \frac{4.37 \times 10^6}{A} \leqslant f = 205\ \mathrm{N/mm^2}$$

则
$$A \geqslant 21\ 317\ \mathrm{mm^2}$$

初选截面如图 6.15(b)(由于两个方向稳定性计算结果大致相当，所得板件宽厚比较合适，故认可此初选截面)。

(4)初选截面的几何特征。

截面面积：$A = 2 \times 40 \times 2 + 56 \times 1 = 216(\mathrm{cm^2})$

截面惯性矩：$I_x = \dfrac{40 \times 60^3 - 39 \times 56^3}{12} = 1.492 \times 10^5(\mathrm{cm^4})$

$$I_y = \frac{1}{12} \times 2 \times 2 \times 40^3 = 2.133 \times 10^4(\mathrm{cm^4})$$

截面模量：$W_x = \dfrac{1.492 \times 10^3}{30} = 4.973 \times 10^3(\mathrm{cm^3})$

回转半径：$i_x = \sqrt{\dfrac{1.492 \times 10^5}{216}} = 26.3(\mathrm{cm})$

$$i_y = \sqrt{\frac{2.133 \times 10^4}{216}} = 9.9(\mathrm{cm})$$

(5)截面验算。

①强度验算。

$$\sigma = \frac{N}{A_n} + \frac{M_x}{\gamma_x W_x} = \frac{1\ 200 \times 10^3}{21\ 600} + \frac{600 \times 10^6}{1.05 \times 4.973 \times 10^6} = 55.6 + 114.9$$
$$= 170.5(\mathrm{N/mm^2}) < f = 205\ \mathrm{N/mm^2}$$

②长细比验算。

$$\lambda_x = \frac{H_{0x}}{i_x} = \frac{1\ 300}{26.3} = 49.4 < [\lambda] = 150$$

$$\lambda_y = \frac{H_{0y}}{i_y} = \frac{650}{9.9} = 65.7 < [\lambda] = 150$$

③弯矩作用平面内稳定验算。

$\lambda_x = 49.4$，$\varphi_x = 0.859$(b 类截面)，$\gamma_x = 1.05$，$\beta_{mx} = 1$(悬臂结构)

$$N'_{Ex}=\frac{\pi^2 EA}{1.1\lambda_x^2}=\frac{3.14^2\times206\times10^3\times21\ 600}{1.1\times49.4^2}=1.634\times10^7\,(\mathrm{N})$$

$$\sigma=\frac{N}{\varphi_x A}+\frac{\beta_{mx}M_x}{\gamma_x W_{kx}\left(1-0.8\frac{N}{N'_{Ex}}\right)}=\frac{1\ 200\times10^3}{0.859\times21\ 600}+\frac{1\times600\times10^6}{1.05\times4.973\times10^6\times\left(1-0.8\times\frac{1\ 200\times10^3}{1.634\times10^7}\right)}$$

$$=64.7+122.1=186.8\,(\mathrm{N/mm^2})<f=205\ \mathrm{N/mm^2}$$

④弯矩作用平面外稳定验算。

$\lambda_y=65.7$，$\varphi_y=0.776$（b 类截面），$\beta_{tx}=1$（支承段两端弯矩相等，无横向荷载）$\lambda_y<120$，则

$$\varphi_b=1.07-\frac{\lambda_y^2}{44\ 000}=1.07-\frac{65.7^2}{44\ 000}=0.972$$

$$\sigma=\frac{N}{\varphi_y A}+\eta\frac{\beta_{tx}M_x}{\varphi_b W_x}=\frac{1\ 200\times10^3}{0.776\times21\ 600}+1.0\times\frac{1.0\times600\times10^6}{0.972\times4.973\times10^6}$$

$$=71.6+124.1=195.7\,(\mathrm{N/mm^2})<f=205\ \mathrm{N/mm^2}$$

⑤水平位移验算。

$$v=\frac{M_{kx}H^2}{2EI_x}\cdot\frac{1}{1-\frac{N_k}{N_{Ex}}}=\frac{450\times10^6\times6\ 500^2}{2\times206\times10^3\times1.492\times10^9}\times\frac{1}{1-\frac{900\times10^3}{1.797\times10^7}}$$

$$=32.6\,(\mathrm{mm})<[v]=\frac{2H}{300}=\frac{2\times6\ 500}{300}=43.3\,(\mathrm{mm})$$

⑥局部稳定验算。

翼缘：$\frac{b}{t}=\frac{195}{20}=9.75<13\sqrt{\frac{235}{f_y}}=13$

腹板：$\sigma_{\max}=\frac{N}{A}+\frac{M_x}{I_x}\frac{h_0}{2}=\frac{1\ 200\times10^3}{21\ 600}+\frac{600\times10^6}{1.492\times10^9}\times280$

$$=55.6+112.6=168.2\,(\mathrm{N/mm^2})$$

$$\sigma_{\min}=55.6-112.6=-57.0\,(\mathrm{N/mm^2})$$

$$\alpha_0=\frac{\sigma_{\max}-\sigma_{\min}}{\sigma_{\max}}=\frac{168.2+57.0}{168.2}=1.34<1.6$$

$$\frac{h_0}{t_w}=\frac{560}{10}=56<(16\alpha_0+0.5\lambda_x+25)\sqrt{\frac{235}{f_y}}=(16\times1.34+0.5\times49.4+25)\times1=71.1$$

所以截面满足要求。

【例题 6.5】 设计如图 6.16(a)所示单向压弯格构式双肢缀条柱，柱高为 6 m，两端铰接，在柱高中心处沿虚轴 x 方向有一侧向支承，截面无削弱。钢材为 Q235B・F，柱顶承受静力荷载设计值为轴心压力 $N=600$ kN，弯矩 $M_x=\pm150$ kN・m，柱底无弯矩，弯矩分布如图 6.16(b)所示。

【解】 本题为格构式单向压弯构件设计题。设计步骤如下：

(1)确定构件承受的内力设计值。

$$N=600\ \mathrm{kN},\ M_x=\pm150\ \mathrm{kN\cdot m}$$

(2)确定弯矩作用平面外的计算长度。

弯矩作用平面内：$H_{0x}=H=6$ m

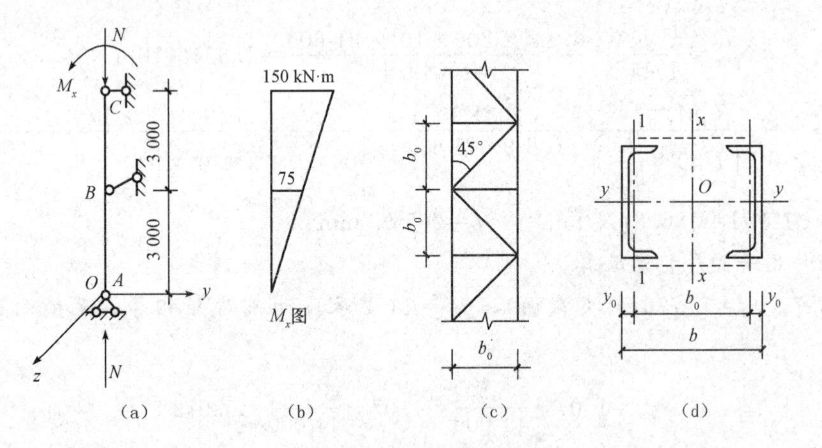

图 6.16　例题 6.5 图

(a)柱简图；(b)柱弯矩分布图；(c)缀条布置简图；(d)截面简图

弯矩作用平面外：$H_{0y}=H/2=3$ m

(3)选择钢材及确定钢材强度设计值。

钢材为 Q235B·F，初估板件 $t<16$ mm，$f=215$ N/mm^2。

(4)确定构件形式。柱子承受等值正、负弯矩，宜用双轴对称截面，采用格构式双肢缀条柱。缀条布置如图 6.15(c)所示。分肢截面采用热轧槽钢，如图 6.15(d)所示。

(5)初选截面。按构件和刚度要求 $b\approx(1/15\sim1/22)H=(1/15\sim1/22)\times6\ 000=400\sim273$ mm，初选用 $b=400$ mm。

设槽钢横截面形心线 1—1 距腹板外表面的距离 $y_0=20$ mm，则两分肢轴线间距离为

$$b_0=b-2y_0=400-2\times20=360(\text{mm})$$

分肢中最大轴心压力：$N_1=\dfrac{N}{2}+\dfrac{M_x}{b_0}=\dfrac{600}{2}+\dfrac{150}{0.36}=716.7(\text{kN})$

分肢的计算长度：

对 y 轴：$l_{0y}=\dfrac{H}{2}=\dfrac{6\ 000}{2}=3\ 000$ mm，斜缀条与分肢轴线间夹角45°，分肢对 1—1 轴的计算长度 $l_{01}=b_0=360$ mm。

槽钢关于 1—1 轴和 y 轴都属于 b 类截面，设分肢 $\lambda_y=\lambda_1=35$，查附表 4.2 得$\varphi=0.918$。

需要分肢截面面积：$A_1=\dfrac{N_1}{\varphi f}=\dfrac{716.7\times10^3}{0.918\times215}=3\ 631(\text{mm}^2)$

需要回转半径：$i_y=\dfrac{l_{0y}}{\lambda_y}=\dfrac{3\ 000}{35}=85.7(\text{mm})$

$$i_1=\frac{l_{0y}}{\lambda_1}=\frac{360}{35}=10.3(\text{mm})$$

根据需要的 A_1、i_y 和 i_1，查附表 7.3，[25b 可同时满足要求，其截面特性为：

$$A_1=3\ 992\ \text{mm}^2,\ I_y=3.530\times10^7\ \text{mm}^4,\ i_y=94.1\ \text{mm}$$

$$I_1=1.96\times10^6\ \text{mm}^4,\ i_1=22.2\ \text{mm},\ y_0=19.8\ \text{mm}$$

选用斜缀条截面为 1∟45×4(最小角钢)，$A_d=349$ mm^2，$i_{\min}=i_{y0}=8.9$ mm

(6)初选截面验算及修改。

①截面参数计算。

$$A=2A_1=2\times 3\ 992=7\ 984(\mathrm{mm}^2)$$

$$I_x=2\times[1.96\times 10^6+3\ 992\times(200-19.8)^2]=2.631\ 8\times 10^8(\mathrm{mm}^4)$$

$$i_x=\sqrt{\frac{2.631\ 8\times 10^8}{7\ 984}}=181.6(\mathrm{mm})$$

$$W_{1x}\approx W_{nx}=\frac{I_x}{b/2}=\frac{26\ 318\times 10^8}{200}=1.316\times 10^6(\mathrm{mm}^3)$$

②强度验算。

$$\frac{N}{A_n}+\frac{M_x}{\gamma_x W_{nx}}=\frac{600\times 10^3}{7\ 984}+\frac{150\times 10^6}{1.0\times 1.316\times 10^6}=189.2(\mathrm{N/mm^2})<215\ \mathrm{N/mm^2}$$

③刚度验算。

$$\lambda_x=\frac{l_{0x}}{i_x}=\frac{6\ 000}{181.6}=33.0<[\lambda]=150(\text{满足要求})$$

$$\lambda_{0x}=\frac{l_{0y}}{i_y}=\frac{3\ 000}{94.1}=31.9<[\lambda]=150(\text{满足要求})$$

④局部稳定验算。分肢采用热轧槽钢，不用验算局部稳定性。

⑤弯矩作用平面内整体稳定验算。

$$\lambda_{0x}=\sqrt{\lambda_x^2+27\frac{A}{A_{1x}}}=\sqrt{33.0^2+27\times\frac{7\ 984}{2\times 349}}=37.4$$

属于 b 类截面，查附表 4.2 得 $\varphi_x=0.909$。

$$N'_{Ex}=\frac{\pi^2 EA}{1.1\lambda_{0x}^2}=\frac{\pi^2\times 206\times 10^3\times 7\ 984\times 10^{-3}}{1.1\times 37.4^2}=10\ 550(\mathrm{kN})$$

$$M_1=150\ \mathrm{kN\cdot m},\ M_2=0,\ \beta_{mx}=0.65+0.35\frac{M_2}{M_1}=0.65$$

$$\frac{N}{\varphi_x A}+\frac{\beta_{mx}M_x}{W_{1x}\left(1-\varphi_x\frac{N}{N'_{Ex}}\right)}=\frac{600\times 10^3}{0.909\times 7\ 984}+\frac{0.65\times 150\times 10^6}{1.316\times 10^6\left(1-0.909\times\frac{600}{10\ 550}\right)}$$

$$=160.8(\mathrm{N/mm^2})<f=215\ \mathrm{N/mm^2}(\text{满足})$$

⑥分肢稳定验算。

$$N_1=\frac{N}{2}+\frac{M_x}{b_0}=\frac{600}{2}+\frac{150\times 10^3}{400-2\times 19.8}=716.2(\mathrm{kN})$$

$$\lambda_1=\frac{b_0}{i_1}=\frac{400-2\times 19.8}{22.2}=16.2$$

$$\lambda_y=\frac{l_{0y}}{i_y}=\frac{3\ 000}{94.1}=31.9>\lambda_1=16.2$$

当槽形截面用于格构式构件的分肢，计算分肢绕对称轴(y 轴)的稳定性时，不考虑扭效应，直接用 λ_y 查出稳定系数 φ_y。按 $\lambda_y=31.9$ 查附表 4.2，b 类截面，得 $\varphi_y=0.929$。

$$\frac{N_1}{\varphi_y A_1}=\frac{716.2\times 10^3}{0.929\times 3\ 992}=193.1(\mathrm{N/mm^2})<f=215\ \mathrm{N/mm^2}(\text{满足要求})$$

验算表明：各项要求均满足，且富余度合适，初选截面合适。

(7)缀材设计和连接设计。

柱中实际剪力：$V_{\max}=\dfrac{M_x}{H}=\dfrac{150}{6}=25(\text{kN})$

按公式 $V=\dfrac{Af}{85}\sqrt{\dfrac{f_y}{235}}=\dfrac{2\times 3\ 992\times 215}{85}\times 1\times 10^{-3}=20.2(\text{kN})$

采用较大值 $V_{\max}=25$ kN。

一根斜缀条中的内力：$N_d=\dfrac{V_{\max}/2}{\sin 45°}=\dfrac{25}{2\times 0.707}=17.7(\text{kN})$

斜缀条长度：$l_d=\dfrac{b_0}{\cos 45°}=\dfrac{400-2\times 19.8}{0.707}=510(\text{mm})$

选用斜缀条截面为∟45×4(最小角钢)，$A_d=349\ \text{mm}^2$，$i_{\min}=i_{y0}=8.9$ mm。

缀条关于最小回转半径轴丧失稳定为斜平面弯曲，缀材作为柱肢丧失稳定性时的支撑，应考虑柱肢对它的约束作用，计算系度为1.0。

长细比：$\lambda_d=\dfrac{l_d}{i_{\min}}=\dfrac{510}{8.9}=57.3<150$

按b类截面查附表4.2，得 $\varphi=0.822$。

单面连接等边单角钢按轴心受压验算稳定时的强度设计值折减系数为：

$$\eta_f=0.6+0.001\ 5\lambda=0.6+0.001\ 5\times 57.3=0.686$$

考虑折减系数后，可不再考虑扭效应。斜缀条稳定验算如下：

$\dfrac{N_d}{\varphi A_d}=\dfrac{17.7\times 10^3}{0.822\times 349}=61.7(\text{N/mm}^2)<\eta_f f=0.686\times 215=147.5(\text{N/mm}^2)$(满足要求)

缀条与柱分肢的角焊接连接计算从略。

(8)其他构造和连接设计。用10 mm厚钢板座横隔，横隔间距应不大于柱截面较大宽度的9倍(9×0.4=3.6 m)和8 m。在柱上、下端和中高处隔设一道横隔，横隔间距为3 m，即满足要求。

习题

6.1　拉弯构件和压弯构件是以哪种极限状态为依据进行强度计算的?

6.2　怎样保证压弯构件的强度和刚度要求?

6.3　哪些情况下压弯构件既可能在弯矩作用平面内失稳，也可能在弯矩作用平面外失稳?

6.4　计算实腹式压弯构件在弯矩作用平面内稳定和平面外稳定公式中的弯矩取值是否一样? 若弯矩作用平面外设有侧向支承，取值是否不一样?

6.5　面内整体失稳和面外整体失稳的概念是什么? 为什么要这样区分? 为何在轴压构件和受弯构件中未采用这样的概念?

6.6　当弯矩绕虚轴作用时，为什么不需计算格构式压弯构件在弯矩作用平面外的稳定性? 它的分肢稳定性如何计算?

6.7　对实腹式单轴对称截面的压弯构件，当弯矩作用在对称轴平面内且使较大翼缘受压时，其整体稳定性应如何计算?

6.8 试比较工字形、箱形、T形截面压弯构件与轴心受压构件的腹板高厚比限值计算公式，各有哪些不同?

6.9 验算如图6.17所示拉弯构件的强度和刚度。轴心拉力设计值$N=150$ kN，横向集中荷载设计值$F=10$ kN。构件截面为2∟100×10，钢材为Q235，$f=215$ N/mm²，$[\lambda]=350$。不计构件自重。

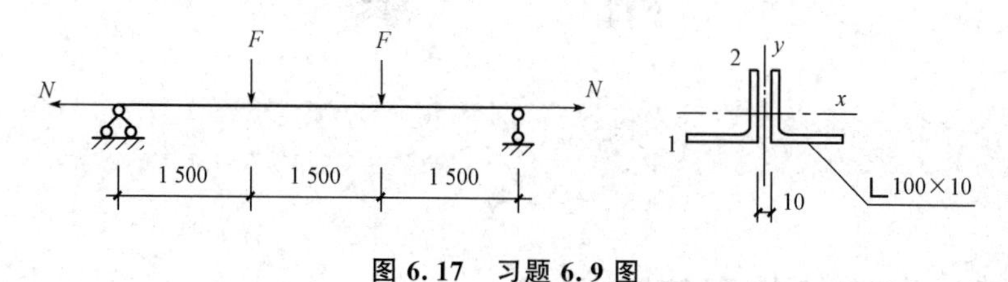

图6.17 习题6.9图

6.10 单向压弯构件如图6.18所示，两端铰接。已知承受轴心压力设计值$N=$ 400 kN，端弯矩设计值$M_A=120$ kN·m，$M_B=50$ kN·m，顺时针方向作用在构件端部，均为静力荷载。构件长$l=6.2$ m，在构件两端及跨度中点各有一侧向支承点。构件截面为I40a，钢材为Q235。试验算此构件的稳定和截面强度，并说明构件承载力由何种条件控制。

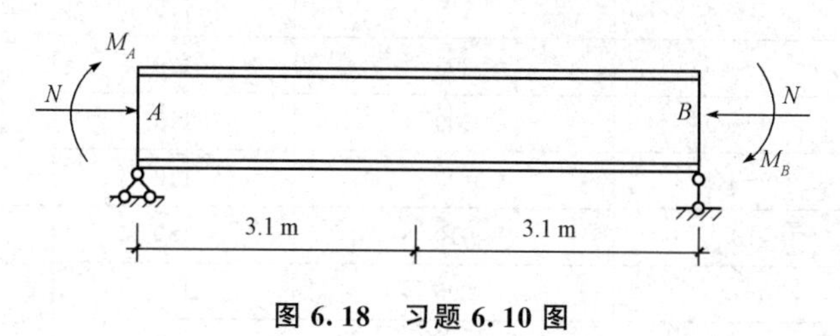

图6.18 习题6.10图

6.11 试验算图6.19所示的厂房柱下柱截面。柱的计算长度$l_{0x}=19.8$ m，$l_{0y}=$ 6.6 m，承受荷载设计值如下：轴力$N=1\,800$ kN，弯矩$M_x=\pm 2\,000$ kN·m。缀条倾角为45°，且设有横缀条，钢材为Q235。

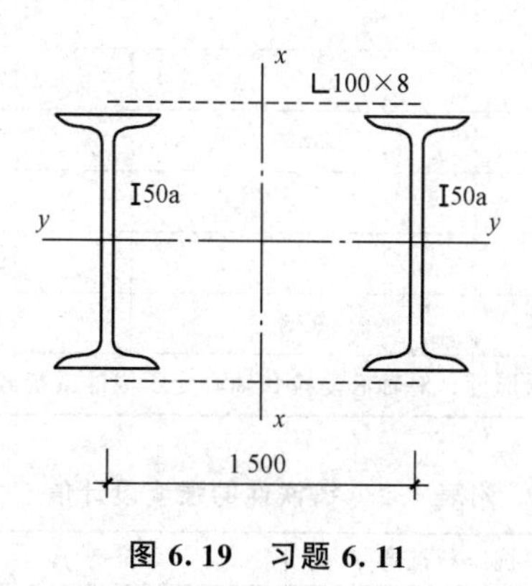

图6.19 习题6.11

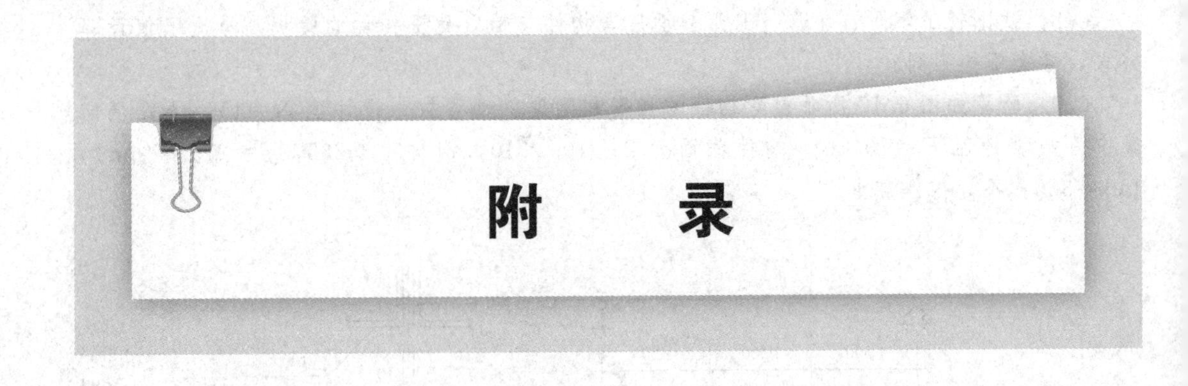

附录 1 钢材和连接的强度设计值

附表 1.1 钢材的强度设计值

钢材		抗拉、抗压和抗弯	抗剪	端面承压(刨平顶紧)
牌号	厚度或直径/mm	f	f_v	f_{ce}
Q235 钢	≤16	215	125	325
	>16～40	205	120	
	>40～60	200	115	
	>60～100	190	110	
Q345 钢	≤16	310	180	400
	>16～40	295	170	
	>40～60	265	155	
	>60～100	250	145	
Q390 钢	≤16	350	205	415
	>16～40	335	190	
	>40～60	315	180	
	>60～100	295	170	
Q420 钢	≤16	380	220	440
	>16～40	360	210	
	>40～60	340	195	
	>60～100	325	185	
注：附表中厚度是指计算点的钢材厚度，对轴心受拉和轴心受压构件系指截面中较厚板件的厚度。				

附表 1.2 铸铁件的强度设计值

N/mm²

钢号	抗拉、抗压和抗弯 f	抗剪 f_v	端面承压(刨平顶紧)f_{ce}
ZG200－400	155	90	260
ZG230－450	180	105	290
ZG270－500	210	120	325
ZG310－570	240	140	370

附表 1.3　焊缝的强度设计值　N/mm²

焊接方法和焊条型号	构件钢材		对接焊缝				角焊缝
	牌号	厚度或直径/mm	抗压 f_c^w	焊接质量为下列等级时，抗拉 f_t^w		抗剪 f_v^w	抗拉、抗压和抗剪 f_f^w
				一级、二级	三级		
自动焊、半自动焊和 E43 型焊条的手工焊	Q235 钢	≤16	215	215	185	125	160
		>16～40	205	205	175	120	
		>40～60	200	200	170	115	
		>60～100	190	190	160	110	
自动焊、半自动焊和 E50 型焊条的手工焊	Q345 钢	≤16	310	310	265	180	200
		>16～35	295	295	250	170	
		>35～50	265	265	225	155	
		>50～100	250	250	210	145	
自动焊、半自动焊和 E55 型焊条的手工焊	Q390 钢	≤16	350	350	300	205	220
		>16～35	335	335	285	190	
		>35～50	315	315	270	180	
		>50～100	295	295	250	170	
	Q420 钢	≤16	380	380	320	220	220
		>16～35	360	360	305	210	
		>35～50	340	340	290	195	
		>50～100	325	325	275	185	

注：1. 自动焊和半自动焊所采用的焊丝和焊剂，应保证其熔敷金属的力学性能不低于现行国家标准《埋弧焊用碳钢焊丝和焊剂》(GB/T 5293—1999)和《埋弧焊用低合金钢焊丝和焊剂》(GB/T 12470—2003)中相关的规定。

2. 焊缝质量等级应符合现行国家标准《钢结构工程施工质量验收规范》(GB 50205—2001)的规定。其中，厚度小于 8 mm 钢材的对接焊缝，不应采用超声波探伤确定焊缝质量等级。

3. 对接焊缝在受压区的抗弯强度设计值取 f_c^w，在受拉区的抗弯强度设计值取 f_t^w。

4. 附表中厚度是指计算点的钢材厚度，对轴心受拉和轴心受压构件是指截面中较厚板件的厚度。

附表 1.4　螺栓连接的强度设计值　N/mm²

螺栓的性能等级、锚栓和构件钢材的牌号		普通螺栓						锚栓	承压型连接高强度螺栓		
		C 级螺栓			A 级、B 级螺栓						
		抗拉 f_t^b	抗剪 f_v^b	承压 f_c^b	抗拉 f_t^b	抗剪 f_v^b	承压 f_c^b	抗拉 f_t^a	抗拉 f_t^b	抗剪 f_v^b	承压 f_c^b
普通螺栓	4.6 级、4.8 级	170	140	—	—	—	—	—	—	—	—
	5.6 级	—	—	—	210	190	—	—	—	—	—
	8.8 级	—	—	—	400	320	—	—	—	—	—
锚栓	Q235 钢	—	—	—	—	—	—	140	—	—	—
	Q345 钢	—	—	—	—	—	—	180	—	—	—

续表

螺栓的性能等级、锚栓和构件钢材的牌号		普通螺栓						锚栓	承压型连接高强度螺栓		
		C级螺栓			A级、B级螺栓						
		抗拉 f_t^b	抗剪 f_v^b	承压 f_c^b	抗拉 f_t^b	抗剪 f_v^b	承压 f_c^b	抗拉 f_t^b	抗拉 f_t^b	抗剪 f_v^b	承压 f_c^b
承压型连接高强度螺栓	8.8级	—	—	—	—	—	—	—	400	250	—
	10.9级	—	—	—	—	—	—	—	500	310	—
构件	Q235钢	—	—	305	—	—	405	—	—	—	470
	Q345钢	—	—	385	—	—	510	—	—	—	590
	Q390钢	—	—	400	—	—	530	—	—	—	615
	Q420钢	—	—	425	—	—	560	—	—	—	655

注：1. A级螺栓用于 $d \leqslant 24$ mm 和 $l \leqslant 10d$ 或 $l \leqslant 150$ mm(按较小值)的螺栓；B级螺栓用于 $d > 24$ mm 和 $l > 10d$ 或 $l > 150$ mm(按较小值)的螺栓。d 为公称直径，l 为螺杆公称长度。

2. A、B级螺栓孔的精度和孔壁表面粗糙度，C级螺栓孔的允许偏差和孔壁表面粗糙度，均应符合现行国家标准《钢结构工程施工质量验收规范》(GB 50205—2001)的要求。

附表1.5　铆钉连接的强度设计值　　N/mm²

铆钉钢号和构件钢材牌号		抗拉(钉头脱落) f_t^r	抗剪 f_v^r		承压 f_c^r	
			Ⅰ类孔	Ⅱ类孔	Ⅰ类孔	Ⅱ类孔
铆钉	BL2或BL3	120	185	155	—	—
构件	Q235钢	—	—	—	450	365
	Q345钢	—	—	—	565	460
	Q390钢	—	—	—	590	480

注：1. 属于下列情况者为Ⅰ类孔：

(1)在装配好的构件上按设计孔径钻成的孔；

(2)在单个零件和构件上按设计孔径分别用钻模钻成的孔；

(3)在单个零件上先钻成或冲成较小的孔径，然后在装配好的构件上再扩钻至设计孔径的孔。

2. 在单个零件上一次冲成或不用钻模钻成设计孔径的孔属于Ⅱ类孔。

附录2　结构或构件的变形容许值

2.1　受弯构件的挠度容许值

2.1.1　吊车梁、楼盖梁、屋盖梁、工作平台梁以及墙架构件的挠度不宜超过附表2.1所列的容许值。

附表 2.1　受弯构件挠度容许值

项次	构件类别	挠度容许值	
		$[v_T]$	$[v_Q]$
1	吊车梁和吊车桁架(按自重和起重量最大的一台吊车计算挠度)		
	(1)手动吊车和单梁吊车(含悬挂吊车)	$l/500$	—
	(2)轻级工作制桥式吊车	$l/800$	
	(3)中级工作制桥式吊车	$l/1\ 000$	
	(4)重级工作制桥式吊车	$l/1\ 200$	
2	手动或电动葫芦的轨道梁	$l/400$	—
3	有重轨(质量等于或大于 38 kg/m)轨道的工作平台梁	$l/600$	—
	有轻轨(质量等于或小于 24 kg/m)轨道的工作平台梁	$l/400$	
4	楼(屋)盖梁或桁架、工作平台梁(第 3 项除外)和平台板		
	(1)主梁或桁架(包括设有悬挂起重设备的梁和桁架)	$l/400$	$l/500$
	(2)抹灰顶棚的次梁	$l/250$	$l/350$
	(3)除(1)、(2)款外的其他梁(包括楼梯梁)	$l/250$	$l/300$
	(4)屋盖檩条		
	支承无积灰的瓦楞铁和石棉瓦屋面者	$l/150$	—
	支承压型金属板、有积灰的瓦楞铁和石棉瓦等屋面者	$l/200$	—
	支承其他屋面材料者	$l/200$	—
	(5)平台板	$l/150$	—
5	墙架构件(风荷载不考虑阵风系数)		
	(1)支柱	—	$l/400$
	(2)抗风桁架(作为连续支柱的支承时)	—	$l/1\ 000$
	(3)砌体墙的横梁(水平方向)	—	$l/300$
	(4)支承压型金属板、瓦楞铁和石棉瓦墙面的横梁(水平方向)	—	$l/200$
	(5)带有玻璃窗的横梁(竖直和水平方向)	$l/200$	$l/200$

注：1. l 为受弯构件的跨度(对悬臂梁和伸臂梁为悬伸长度的 2 倍)。

2. $[v_T]$为永久和可变荷载标准值产生的挠度(如有起拱应减去拱度)的容许值；$[v_Q]$为可变荷载标准值产生的挠度的容许值。

2.1.2　冶金工厂或类似车间中设有工作级别为 A7、A8 级吊车的车间，其跨间每侧吊车梁或吊车桁架的制动结构，由一台最大吊车横向水平荷载(按荷载规范取值)所产生的挠度不宜超过制动结构跨度的 1/2 200。

2.2　框架结构的水平位移容许值

2.2.1　在风荷载标准值作用下，框架柱顶水平位移和层加相对位移不宜超过下列数值：

1 无桥式吊车的单层框架的柱顶位移　　$H/150$

2 有桥式吊车的单层框架的柱顶位移　　$H/400$

3 多层框架的柱顶位移　　$H/500$

4 多层框架的层加相对位移　　$h/400$

H 为自基础顶面至柱顶的总高度；h 为层高。

注：1. 对室内装修要求较高的民用建筑多层框架结构，层间相对位移宜适当减小。无

墙壁的多层框架结构，层间相对位移可适当放宽。

2. 对轻型框架结构的柱顶水平位移和层间位移均可适当放宽。

2.2.2　在冶金工厂或类似车间中设有 A7、A8 级吊车的厂房柱和设有中级和重级工作制吊车的露天栈桥柱，在吊车梁或吊车桁架的顶面标高处，由一台最大吊车水平荷载(按荷载规范取值)所产生的计算变形值，不宜超过附表 2.2 所列的容许值。

附表 2.2　柱顶水平位移(计算值)的容许值

项次	位移的种类	按平面结构图形计算	按空间结构图形计算
1	厂房柱的横向位移	$H_c/1\ 250$	$H_c/2\ 000$
2	露天栈桥柱的横向位移	$H_c/2\ 500$	—
3	厂房和露天栈桥柱的纵向位移	$H_c/4\ 000$	—

注：1. H_c 为基础顶面至吊车梁或吊车桁架顶面的高度。

2. 计算厂房或露天栈桥柱的纵向位移时，可假设吊车的纵向水平制动力分配在温度区段内所有柱间支撑或纵向框架上。

3. 在设有 A8 级吊车的厂房中，厂房柱的水平位移容许值宜减小 10%。

4. 设有 A6 级吊车的厂房柱的纵向位移宜符合表中的要求。

附录 3　梁的整体稳定系数

3.1　等截面焊接工字形和轧制 H 型钢简支梁

等截面焊接工字形和轧制 H 型钢(附图 3.1)简支梁的整体稳定系数 φ_b 应按下式计算：

$$\varphi_b=\beta_b\frac{4\ 320}{\lambda_y^2}\cdot\frac{Ah}{W_x}\left[\sqrt{1+\left(\frac{\lambda_y t_1}{4.4h}\right)^2}+\eta_b\right]\frac{235}{f_y}\qquad 附(3.1)$$

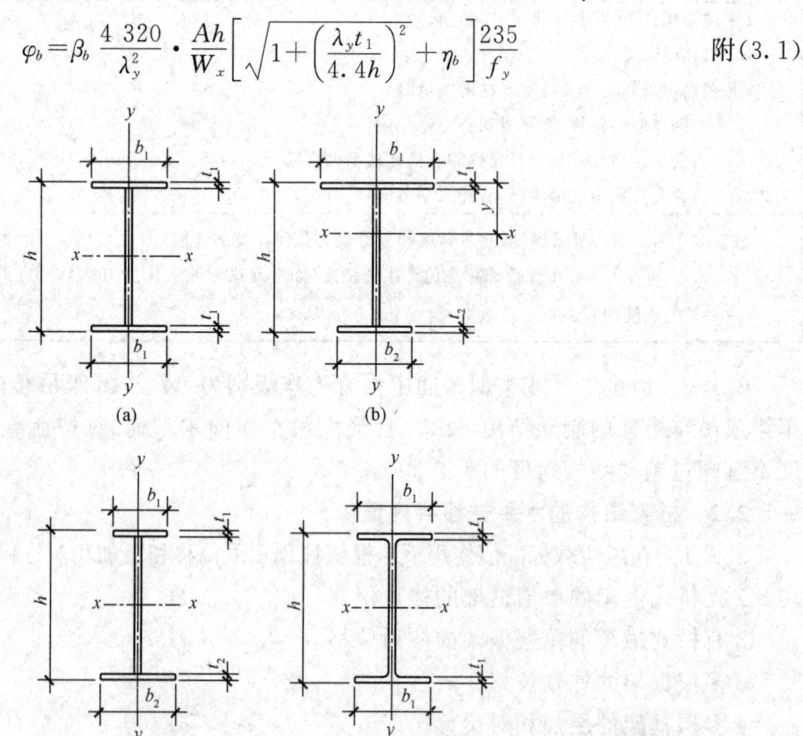

附图 3.1　焊接工字形和轧制 H 型钢截面

式中 β_b——梁整体稳定的等效临界弯矩系数，按附表3.1采用；

λ_y——梁在侧向支撑点间对截面弱轴 $y-y$ 的长细比，$\lambda_y = l_1/i_y$，l_1 为侧向支承点间的距离，i_y 为梁毛截面对 y 轴的截面回转半径；

A——梁的毛截面面积；

h、t_1——梁截面的全高和受压翼缘厚度；

η_b——截面不对称影响系数；对双轴对称截面[附图3.1(a)、(d)]：$\eta_b=0$；对单轴对称工字形截面[附图3.1(b)、(c)]：加强受压翼缘：$\eta_b=0.8(2\alpha_b-1)$；加强受拉翼缘：$\eta_b=2\alpha_b-1$；$\alpha_b=\dfrac{I_1}{I_1+I_2}$，式中 I_1 和 I_2 分别为受压翼缘和受拉翼缘对 y 轴的惯性矩。

当按公式附(3.1)算得的 φ_b 值大于0.6时，应用下式计算的 φ_b' 代替 φ_b 值：

$$\varphi_b' = 1.07 - \frac{0.282}{\varphi_b} \leqslant 1.0 \qquad 附(3.2)$$

注：公式附(3.1)也适用于等截面铆接(或高强度螺栓连接)简支梁，其受压翼缘厚度 t_1 包括翼缘角钢厚度在内。

附表3.1　H型钢和等截面工字形简支梁的系数 β_b

项次	侧向支承	荷载		$\xi\leqslant2.0$	$\xi>2.0$	适用范围
1	跨中无侧向支承	均布荷载作用在	上翼缘	$0.69+0.13\xi$	0.95	附图3.1(a)、(b)和(d)的截面
2			下翼缘	$1.73-0.20\xi$	1.33	
3		集中荷载作用在	上翼缘	$0.73+0.18\xi$	1.09	
4			下翼缘	$2.23-0.28\xi$	1.67	
5	跨度中点有一个侧向支承点	均布荷载作用在	上翼缘	1.15		附图3.1中的所有截面
6			下翼缘	1.40		
7		集中荷载作用在截面高度上任意位置		1.75		
8	跨中有不少于两个等距离侧向支承点	任意荷载作用在	上翼缘	1.20		
9			下翼缘	1.40		
10	梁端有弯矩，但跨中无荷载作用			$1.75-1.05\left(\dfrac{M_2}{M_1}\right)+0.3\left(\dfrac{M_2}{M_1}\right)^2$，但$\leqslant2.3$		

注：1. ξ 为参数，$\xi=\dfrac{l_1t_1}{b_1h}$，其中 l_1 和 b_1 分别为H型钢或等截面工字形简支梁受压翼缘的自由长度和宽度。

2. M_1、M_2 为梁的端弯矩，使梁产生同向曲率时 M_1 和 M_2 取同号，产生反向曲率时取异号，$|M_1|\geqslant|M_2|$。

3. 附表中项次3、4和7的集中荷载是指一个和少数几个集中荷载位于跨中央附近的情况，对其他情况的集中荷载，应按附表中项次1、2、5、6内的数值采用。

4. 附表中项次8、9的 β_b，当集中荷载作用在侧向支承点处时，取 $\beta_b=1.20$。

5. 荷载作用在上翼缘系指荷载作用点在翼缘表面，方向指向截面形心；荷载作用在下翼缘系指荷载作用点在翼缘表面，方向背向截面形心。

6. 对 $\alpha_b>0.8$ 的加强受压翼缘工字形截面，下列情况的 β_b 值应乘以相应的系数：

项次1：当 $\xi\leqslant1.0$ 时，乘以0.95；

项次3：当 $\xi\leqslant0.5$ 时，乘以0.90；当 $0.5<\xi\leqslant1.0$ 时，乘以0.95。

3.2 轧制普通工字钢简支梁

轧制普通工字钢简支梁的整体稳定系数 φ_b 应按附表 3.2 采用，当所得的 φ_b 值大于 0.6 时，应按公式附(3.2)算得相应的 φ_b'代替 φ_b 值。

附表 3.2　轧制普通工字钢简支梁的 φ_b

<table>
<tr><th rowspan="2">项次</th><th colspan="3" rowspan="2">荷载情况</th><th rowspan="2">工字钢型号</th><th colspan="9">自由长度 l_1/m</th></tr>
<tr><th>2</th><th>3</th><th>4</th><th>5</th><th>6</th><th>7</th><th>8</th><th>9</th><th>10</th></tr>
<tr><td rowspan="3">1</td><td rowspan="12">跨中无侧向支承点的梁</td><td rowspan="6">集中荷载作用于</td><td rowspan="3">上翼缘</td><td>10～20</td><td>2.00</td><td>1.30</td><td>0.99</td><td>0.80</td><td>0.68</td><td>0.58</td><td>0.53</td><td>0.48</td><td>0.43</td></tr>
<tr><td>22～32</td><td>2.40</td><td>1.48</td><td>1.09</td><td>0.86</td><td>0.72</td><td>0.62</td><td>0.54</td><td>0.49</td><td>0.45</td></tr>
<tr><td>36～63</td><td>2.80</td><td>1.60</td><td>1.07</td><td>0.83</td><td>0.68</td><td>0.56</td><td>0.50</td><td>0.45</td><td>0.40</td></tr>
<tr><td rowspan="3">2</td><td rowspan="3">下翼缘</td><td>10～20</td><td>3.10</td><td>1.95</td><td>1.34</td><td>1.01</td><td>0.82</td><td>0.69</td><td>0.63</td><td>0.57</td><td>0.52</td></tr>
<tr><td>22～40</td><td>5.50</td><td>2.80</td><td>1.84</td><td>1.37</td><td>1.07</td><td>0.86</td><td>0.73</td><td>0.64</td><td>0.56</td></tr>
<tr><td>45～63</td><td>7.30</td><td>3.60</td><td>2.30</td><td>1.62</td><td>1.20</td><td>0.96</td><td>0.80</td><td>0.69</td><td>0.60</td></tr>
<tr><td rowspan="3">3</td><td rowspan="6">均布荷载作用于</td><td rowspan="3">上翼缘</td><td>10～20</td><td>1.70</td><td>1.12</td><td>0.84</td><td>0.68</td><td>0.57</td><td>0.50</td><td>0.45</td><td>0.41</td><td>0.37</td></tr>
<tr><td>22～40</td><td>2.10</td><td>1.30</td><td>0.93</td><td>0.73</td><td>0.60</td><td>0.51</td><td>0.45</td><td>0.40</td><td>0.36</td></tr>
<tr><td>45～63</td><td>2.60</td><td>1.45</td><td>0.97</td><td>0.73</td><td>0.59</td><td>0.50</td><td>0.44</td><td>0.38</td><td>0.35</td></tr>
<tr><td rowspan="3">4</td><td rowspan="3">下翼缘</td><td>10～20</td><td>2.50</td><td>1.55</td><td>1.08</td><td>0.83</td><td>0.68</td><td>0.56</td><td>0.52</td><td>0.47</td><td>0.42</td></tr>
<tr><td>22～40</td><td>4.00</td><td>2.20</td><td>1.45</td><td>1.10</td><td>0.85</td><td>0.70</td><td>0.60</td><td>0.52</td><td>0.46</td></tr>
<tr><td>45～63</td><td>5.60</td><td>2.80</td><td>1.80</td><td>1.25</td><td>0.95</td><td>0.78</td><td>0.65</td><td>0.55</td><td>0.49</td></tr>
<tr><td rowspan="3">5</td><td colspan="3" rowspan="3">跨中有侧向支承点的梁（不论荷载作用点在截面高度上的位置）</td><td>10～20</td><td>2.20</td><td>1.39</td><td>1.01</td><td>0.79</td><td>0.66</td><td>0.57</td><td>0.52</td><td>0.47</td><td>0.42</td></tr>
<tr><td>22～40</td><td>3.00</td><td>1.80</td><td>1.24</td><td>0.96</td><td>0.76</td><td>0.65</td><td>0.56</td><td>0.49</td><td>0.43</td></tr>
<tr><td>45～63</td><td>4.00</td><td>2.20</td><td>1.38</td><td>1.01</td><td>0.80</td><td>0.66</td><td>0.56</td><td>0.49</td><td>0.43</td></tr>
<tr><td colspan="14">注：1. 同附表 3.1 的注 3、5。
2. 附表中的 φ_b 适用于 Q235 钢。对其他钢号，附表中数值应乘以 $235/f_y$。</td></tr>
</table>

3.3 轧制槽钢简支梁

轧制槽钢简支梁的整体稳定系数，不论荷载的形式和荷载作用点在截面高度上的位置，均可按下式计算：

$$\varphi_b=\frac{570bt}{l_1h}\times\frac{235}{f_y} \tag{附(3.3)}$$

式中　h、b、t——槽钢截面的高度、翼缘宽度和平均厚度。

按公式附(3.3)算得的 φ_b 大于 0.6 时，应按公式附(3.2)算得相应的 φ_b'代替 φ_b 值。

3.4 双轴对称工字形等截面(含 H 型钢)悬臂梁

双轴对称工字形等截面(含 H 型钢)悬臂梁的整体稳定系数，可按公式附(3.1)计算，但式中系数 β_b 应按附表 3.3 查得，$\lambda_y=l_1/i_y$（l_1 为悬臂梁的悬伸长度）。当求得的 φ_b 大于 0.6 时，应按公式附(3.2)算得相应的 φ_b'代替 φ_b 值。

附表 3.3　双轴对称工字形等截面(含 H 型钢)悬臂梁的系数 β_b

项次	荷载形式		$0.60 \leqslant \xi \leqslant 1.24$	$1.24 < \xi \leqslant 1.96$	$1.96 < \xi \leqslant 3.10$
1	自由端一个集中荷载作用在	上翼缘	$0.21+0.67\xi$	$0.72+0.26\xi$	$1.17+0.03\xi$
2		下翼缘	$2.94-0.65\xi$	$2.64-0.40\xi$	$2.15-0.15\xi$
3	均布荷载作用在上翼缘		$0.62+0.82\xi$	$1.25+0.31\xi$	$1.66+0.10\xi$

注：1. 本附表是按支承端为固定的情况确定的，当用于由邻跨延伸出来的伸臂梁时，应在构造上采取措施加强支承处的抗扭能力。

2. 附表中 ξ 见附表 3.1 注 1。

3.5　受弯构件整体稳定系数的近似计算

均匀弯曲的受弯构件，当 $\lambda_y \leqslant 120\sqrt{235/f_y}$ 时，其整体稳定系数 φ_b 可按下列近似公式计算：

1. 工字形截面(含 H 型钢)

双轴对称时：

$$\varphi_b = 1.07 - \frac{\lambda_y^2}{44\ 000} \times \frac{f_y}{235} \tag{附(3.4)}$$

单轴对称时：

$$\varphi_b = 1.07 - \frac{W_x}{(2\alpha_b + 0.1)Ah} \cdot \frac{\lambda_y^2}{14\ 000} \cdot \frac{f_y}{235} \tag{附(3.5)}$$

2. T 形截面(弯矩作用在对称轴平面，绕 x 轴)

(1)弯矩使翼缘受压时：

双角钢 T 形截面：

$$\varphi_b = 1 - 0.001\ 7\lambda_y\sqrt{f_y/235} \tag{附(3.6)}$$

部分 T 型钢和两板组合 T 形截面：

$$\varphi_b = 1 - 0.002\ 2\lambda_y\sqrt{f_y/235} \tag{附(3.7)}$$

(2)弯矩使翼缘受拉且腹板宽厚比不大于 $18\sqrt{235/f_y}$ 时：

$$\varphi_b = 1 - 0.000\ 5\lambda_y\sqrt{f_y/235} \tag{附(3.8)}$$

按公式附(3.4)至公式附(3.8)所得的 φ_b 值大于 0.6 时，不需按公式附(3.2)换算成 φ_b' 值；当按公式附(3.4)和公式附(3.5)算得的 φ_b 值大于 1.0 时，取 $\varphi_b = 1.0$。

附录 4　轴心受压构件的稳定系数

附表 4.1　a 类截面轴心受压构件的稳定系数 φ

$\lambda\sqrt{\frac{f_y}{235}}$	0	1	2	3	4	5	6	7	8	9
0	1	1	1	1	0.999	0.999	0.998	0.998	0.997	0.996
10	0.995	0.994	0.993	0.992	0.991	0.989	0.988	0.986	0.985	0.983

续表

$\lambda\sqrt{\frac{f_y}{235}}$	0	1	2	3	4	5	6	7	8	9
20	0.981	0.979	0.977	0.976	0.974	0.972	0.97	0.968	0.966	0.964
30	0.963	0.961	0.959	0.957	0.955	0.952	0.95	0.948	0.946	0.944
40	0.941	0.939	0.937	0.934	0.932	0.929	0.927	0.924	0.921	0.919
50	0.916	0.913	0.91	0.907	0.904	0.9	0.897	0.894	0.89	0.886
60	0.883	0.879	0.875	0.871	0.867	0.863	0.858	0.854	0.849	0.844
70	0.839	0.834	0.829	0.824	0.818	0.813	0.807	0.801	0.795	0.789
80	0.783	0.776	0.77	0.763	0.757	0.75	0.743	0.736	0.728	0.721
90	0.714	0.706	0.699	0.691	0.684	0.676	0.668	0.661	0.653	0.645
100	0.638	0.63	0.622	0.615	0.607	0.6	0.592	0.585	0.577	0.57
110	0.563	0.555	0.548	0.541	0.534	0.527	0.52	0.514	0.507	0.5
120	0.494	0.488	0.481	0.475	0.469	0.463	0.457	0.451	0.445	0.44
130	0.434	0.429	0.423	0.418	0.412	0.407	0.402	0.397	0.392	0.387
140	0.383	0.378	0.373	0.369	0.364	0.36	0.356	0.351	0.347	0.343
150	0.339	0.335	0.331	0.327	0.323	0.32	0.316	0.312	0.309	0.305
160	0.302	0.298	0.295	0.292	0.289	0.285	0.282	0.279	0.276	0.273
170	0.27	0.267	0.264	0.262	0.259	0.256	0.253	0.251	0.248	0.246
180	0.243	0.241	0.238	0.236	0.233	0.231	0.229	0.226	0.224	0.222
190	0.22	0.218	0.215	0.213	0.211	0.209	0.207	0.205	0.203	0.201
200	0.199	0.198	0.196	0.194	0.192	0.19	0.189	0.187	0.185	0.183
210	0.182	0.18	0.179	0.177	0.175	0.174	0.172	0.171	0.169	0.168
220	0.166	0.165	0.164	0.162	0.161	0.159	0.158	0.157	0.155	0.154
230	0.153	0.152	0.15	0.149	0.148	0.147	0.146	0.144	0.143	0.142
240	0.141	0.14	0.139	0.138	0.136	0.135	0.134	0.133	0.132	0.131
250	0.13	—	—	—	—	—	—	—	—	—

注：见附表 4.4 注。

附表 4.2　b 类截面轴心受压构件的稳定系数 φ

$\lambda\sqrt{\frac{f_y}{235}}$	0	1	2	3	4	5	6	7	8	9
0	1	1	1	0.999	0.999	0.998	0.997	0.996	0.995	0.994
10	0.992	0.991	0.989	0.987	0.985	0.983	0.981	0.978	0.976	0.973
20	0.97	0.967	0.963	0.96	0.957	0.953	0.95	0.946	0.943	0.939
30	0.936	0.932	0.929	0.925	0.922	0.918	0.914	0.91	0.906	0.903
40	0.899	0.895	0.891	0.887	0.882	0.878	0.874	0.87	0.865	0.861
50	0.856	0.852	0.847	0.842	0.838	0.833	0.828	0.823	0.818	0.813
60	0.807	0.802	0.797	0.791	0.786	0.78	0.774	0.769	0.763	0.757
70	0.751	0.745	0.739	0.732	0.726	0.72	0.714	0.707	0.701	0.694
80	0.688	0.681	0.675	0.668	0.661	0.655	0.648	0.641	0.635	0.628
90	0.621	0.614	0.608	0.601	0.594	0.588	0.581	0.575	0.568	0.561
100	0.555	0.549	0.542	0.536	0.529	0.523	0.517	0.511	0.505	0.499
110	0.493	0.487	0.481	0.475	0.47	0.464	0.458	0.453	0.447	0.442
120	0.437	0.432	0.426	0.421	0.416	0.411	0.406	0.402	0.397	0.392
130	0.387	0.383	0.378	0.374	0.37	0.365	0.361	0.357	0.353	0.349
140	0.345	0.341	0.337	0.333	0.329	0.326	0.322	0.318	0.315	0.311
150	0.308	0.304	0.301	0.298	0.295	0.291	0.288	0.285	0.282	0.279
160	0.276	0.273	0.27	0.267	0.265	0.262	0.259	0.256	0.254	0.251
170	0.249	0.246	0.244	0.241	0.239	0.236	0.234	0.232	0.229	0.227
180	0.225	0.223	0.22	0.218	0.216	0.214	0.212	0.21	0.208	0.206
190	0.204	0.202	0.2	0.198	0.197	0.195	0.193	0.191	0.19	0.188
200	0.186	0.184	0.183	0.181	0.18	0.178	0.176	0.175	0.173	0.172
210	0.17	0.169	0.167	0.166	0.165	0.163	0.162	0.16	0.159	0.158
220	0.156	0.155	0.154	0.153	0.151	0.15	0.149	0.148	0.146	0.145
230	0.144	0.143	0.142	0.141	0.14	0.138	0.137	0.136	0.135	0.134
240	0.133	0.132	0.131	0.13	0.129	0.128	0.127	0.126	0.125	0.124
250	0.123	—	—	—	—	—	—	—	—	—

注：见附表 4.4 注。

附表 4.3　c 类截面轴心受压构件的稳定系数 φ

$\lambda\sqrt{\frac{f_y}{235}}$	0	1	2	3	4	5	6	7	8	9
0	1	1	1	0.999	0.999	0.998	0.997	0.996	0.995	0.993
10	0.992	0.99	0.988	0.986	0.983	0.981	0.978	0.976	0.973	0.97
20	0.966	0.959	0.953	0.947	0.94	0.934	0.928	0.921	0.915	0.909
30	0.902	0.896	0.89	0.884	0.877	0.871	0.865	0.858	0.852	0.846
40	0.839	0.833	0.826	0.82	0.814	0.807	0.801	0.794	0.788	0.781
50	0.775	0.768	0.762	0.755	0.748	0.742	0.735	0.729	0.722	0.715
60	0.709	0.702	0.695	0.689	0.682	0.676	0.669	0.662	0.656	0.649
70	0.643	0.636	0.629	0.623	0.616	0.61	0.604	0.597	0.591	0.584
80	0.578	0.572	0.566	0.559	0.553	0.547	0.541	0.535	0.529	0.523
90	0.517	0.511	0.505	0.5	0.494	0.488	0.483	0.477	0.472	0.467
100	0.463	0.458	0.454	0.449	0.445	0.441	0.436	0.432	0.428	0.423
110	0.419	0.415	0.411	0.407	0.403	0.399	0.395	0.391	0.387	0.383
120	0.379	0.375	0.371	0.367	0.364	0.36	0.356	0.353	0.349	0.346
130	0.342	0.339	0.335	0.332	0.328	0.325	0.322	0.319	0.315	0.312
140	0.309	0.306	0.303	0.3	0.297	0.249	0.291	0.288	0.285	0.282
150	0.28	0.277	0.274	0.271	0.269	0.266	0.264	0.261	0.258	0.256
160	0.254	0.251	0.249	0.246	0.244	0.242	0.239	0.237	0.235	0.233
170	0.23	0.228	0.226	0.224	0.222	0.22	0.218	0.216	0.214	0.212
180	0.21	0.208	0.206	0.205	0.203	0.201	0.199	0.197	0.196	0.194
190	0.192	0.19	0.189	0.187	0.186	0.184	0.182	0.181	0.179	0.178
200	0.176	0.175	0.173	0.172	0.17	0.169	0.168	0.166	0.165	0.163
210	0.162	0.161	0.159	0.158	0.157	0.156	0.154	0.153	0.152	0.151
220	0.15	0.148	0.147	0.146	0.145	0.144	0.143	0.142	0.14	0.139
230	0.138	0.137	0.136	0.135	0.134	0.133	0.132	0.131	0.13	0.129
240	0.128	0.127	0.126	0.125	0.124	0.124	0.123	0.122	0.121	0.12
250	0.119	—	—	—	—	—	—	—	—	—

注：见附表 4.4 注。

附表 4.4　d 类截面轴心受压构件的稳定系数 φ

$\lambda\sqrt{\frac{f_y}{235}}$	0	1	2	3	4	5	6	7	8	9
0	1	1	0.999	0.999	0.998	0.996	0.994	0.992	0.99	0.987
10	0.984	0.981	0.978	0.974	0.969	0.965	0.96	0.955	0.949	0.944
20	0.937	0.927	0.918	0.909	0.9	0.891	0.883	0.874	0.865	0.857
30	0.848	0.84	0.831	0.823	0.815	0.807	0.799	0.79	0.782	0.774
40	0.766	0.759	0.751	0.743	0.735	0.728	0.72	0.712	0.705	0.697
50	0.69	0.683	0.675	0.668	0.661	0.654	0.646	0.639	0.632	0.625
60	0.618	0.612	0.605	0.598	0.591	0.585	0.578	0.572	0.565	0.559
70	0.552	0.546	0.54	0.534	0.528	0.522	0.516	0.51	0.504	0.498
80	0.493	0.487	0.481	0.476	0.47	0.465	0.46	0.454	0.449	0.444
90	0.439	0.434	0.429	0.424	0.419	0.414	0.41	0.405	0.401	0.397
100	0.394	0.39	0.387	0.383	0.38	0.376	0.373	0.37	0.366	0.363
110	0.359	0.356	0.353	0.35	0.346	0.343	0.34	0.337	0.334	0.331
120	0.328	0.325	0.322	0.319	0.316	0.313	0.31	0.307	0.304	0.301
130	0.299	0.296	0.293	0.29	0.288	0.285	0.282	0.28	0.277	0.275
140	0.272	0.27	0.267	0.265	0.262	0.26	0.258	0.255	0.253	0.251
150	0.248	0.246	0.244	0.242	0.24	0.237	0.235	0.233	0.231	0.229
160	0.227	0.225	0.223	0.221	0.219	0.217	0.215	0.213	0.212	0.21
170	0.208	0.206	0.204	0.203	0.201	0.199	0.197	0.196	0.194	0.192
180	0.191	0.189	0.188	0.186	0.184	0.183	0.181	0.18	0.178	0.177
190	0.176	0.174	0.173	0.171	0.17	0.168	0.167	0.166	0.164	0.163
200	0.162	—	—	—	—	—	—	—	—	—

注：1. 附表 4.1 至附表 4.4 中的 φ 值按下列公式算得：

当 $\lambda_n=\frac{\lambda}{\pi}\sqrt{f_y/E}\leqslant 0.215$ 时：

$$\varphi=1-\alpha_1\lambda_n^2$$

当 $\lambda_n\geqslant 0.215$ 时：

$$\varphi=\frac{1}{2\lambda_n^2}\left[(\alpha_2+\alpha_3\lambda_n+\lambda_n^2)-\sqrt{(\alpha_2+\alpha_3\lambda_n+\lambda_n^2)^2-4\lambda_n^2}\right]$$

式中，α_1、α_2、α_3 为系数，根据截面的分类，按附表 4.5 采用。

2. 当构件的 $\lambda\sqrt{f_y/235}$ 值超出附表 4.1 至附表 4.4 的范围时，则 φ 值按注 1 所列的公式计算。

附表 4.5　系数 α_1、α_2、α_3

截面类型		α_1	α_2	α_3
a类		0.41	0.986	0.152
b类		0.65	0.965	0.300
c类	$\lambda_n \leqslant 1.05$	0.73	0.906	0.595
	$\lambda_n > 1.05$		1.216	0.302
d类	$\lambda_n \leqslant 1.05$	1.35	0.868	0.915
	$\lambda_n > 1.05$		1.375	0.432

附录 5　各种截面回转半径的近似值

附表 5.1　各种截面回转半径的近似值

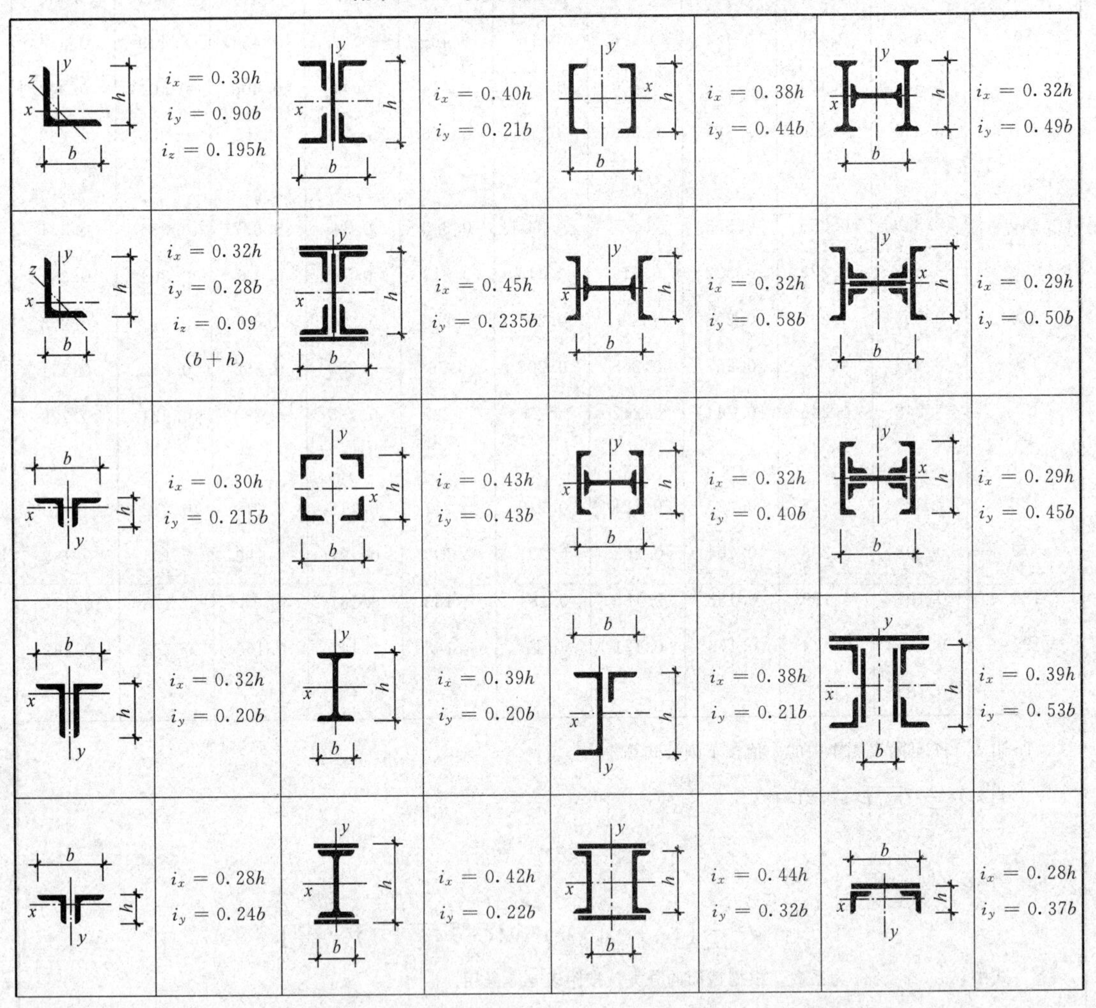

	$i_x = 0.30h$ $i_y = 0.90b$ $i_z = 0.195h$		$i_x = 0.40h$ $i_y = 0.21b$		$i_x = 0.38h$ $i_y = 0.44b$		$i_x = 0.32h$ $i_y = 0.49b$
	$i_x = 0.32h$ $i_y = 0.28b$ $i_z = 0.09(b+h)$		$i_x = 0.45h$ $i_y = 0.235b$		$i_x = 0.32h$ $i_y = 0.58b$		$i_x = 0.29h$ $i_y = 0.50b$
	$i_x = 0.30h$ $i_y = 0.215b$		$i_x = 0.43h$ $i_y = 0.43b$		$i_x = 0.32h$ $i_y = 0.40b$		$i_x = 0.29h$ $i_y = 0.45b$
	$i_x = 0.32h$ $i_y = 0.20b$		$i_x = 0.39h$ $i_y = 0.20b$		$i_x = 0.38h$ $i_y = 0.21b$		$i_x = 0.39h$ $i_y = 0.53b$
	$i_x = 0.28h$ $i_y = 0.24b$		$i_x = 0.42h$ $i_y = 0.22b$		$i_x = 0.44h$ $i_y = 0.32b$		$i_x = 0.28h$ $i_y = 0.37b$

续表

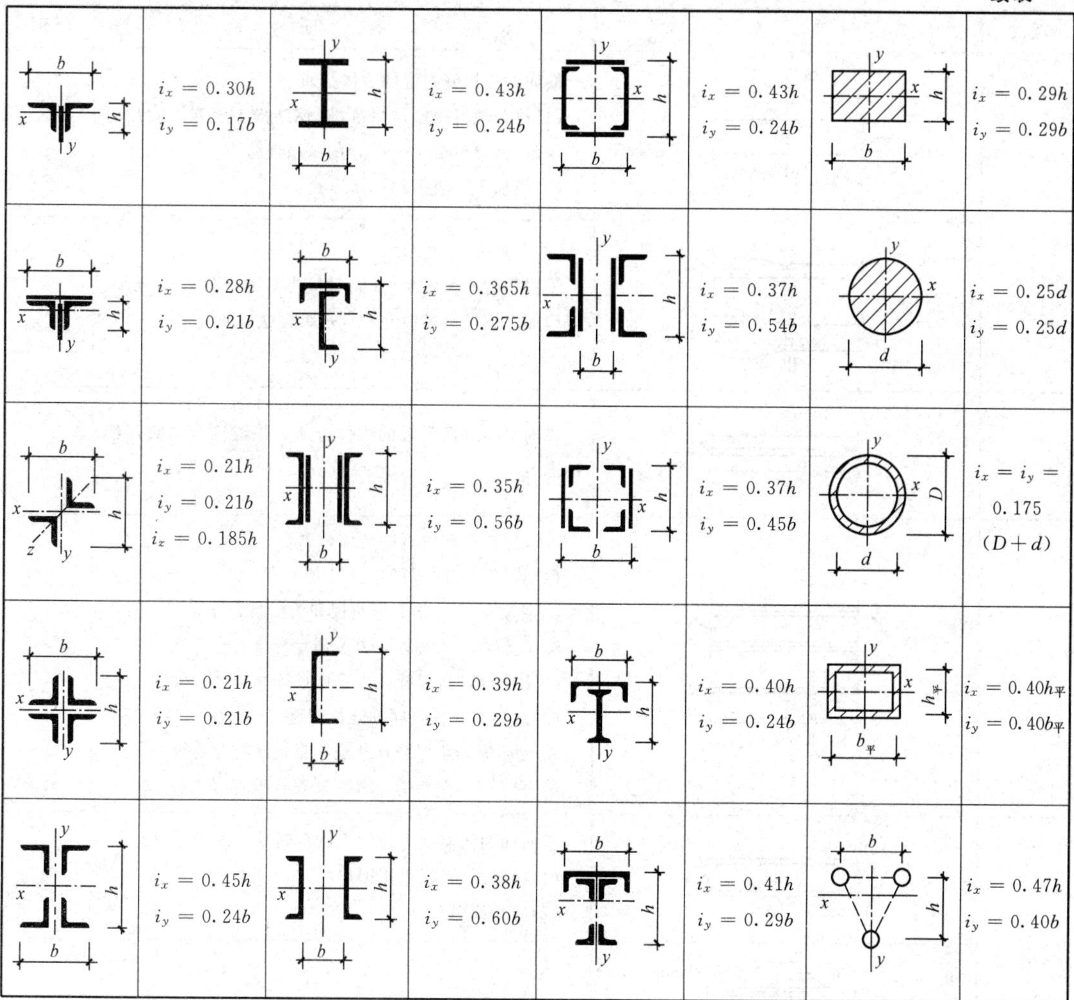

	$i_x=0.30h$ $i_y=0.17b$		$i_x=0.43h$ $i_y=0.24b$		$i_x=0.43h$ $i_y=0.24b$		$i_x=0.29h$ $i_y=0.29b$
	$i_x=0.28h$ $i_y=0.21b$		$i_x=0.365h$ $i_y=0.275b$		$i_x=0.37h$ $i_y=0.54b$		$i_x=0.25d$ $i_y=0.25d$
	$i_x=0.21h$ $i_y=0.21b$ $i_z=0.185h$		$i_x=0.35h$ $i_y=0.56b$		$i_x=0.37h$ $i_y=0.45b$		$i_x=i_y=$ 0.175 $(D+d)$
	$i_x=0.21h$ $i_y=0.21b$		$i_x=0.39h$ $i_y=0.29b$		$i_x=0.40h$ $i_y=0.24b$		$i_x=0.40h_{平}$ $i_y=0.40b_{平}$
	$i_x=0.45h$ $i_y=0.24b$		$i_x=0.38h$ $i_y=0.60b$		$i_x=0.41h$ $i_y=0.29b$		$i_x=0.47h$ $i_y=0.40b$

附录 6　疲劳计算的构件和连接分类

附表 6.1　疲劳计算的构件和连接分类

项次	简　　图	说　　明	类别
1		无连接处的主体金属 (1)轧制型钢 (2)钢板 a. 两边为轧制边或刨边 b. 两边为自动、半自动切割边(切割质量标准应符合现行国家标准《钢结构工程施工质量验收规范》GB 50205—2001)	 1 1 2

续表

项次	简　图	说　明	类别
2	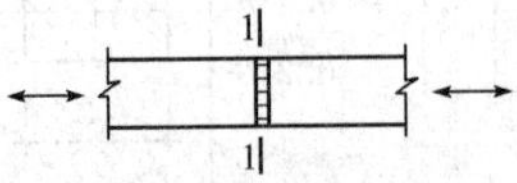	横向对接焊缝附近的主体金属 (1)符合现行国家质量标准《钢结构工程施工质量验收规范》(GB 50205—2001)的一级焊缝 (2)经加工、磨平的一级焊缝	3 2
3	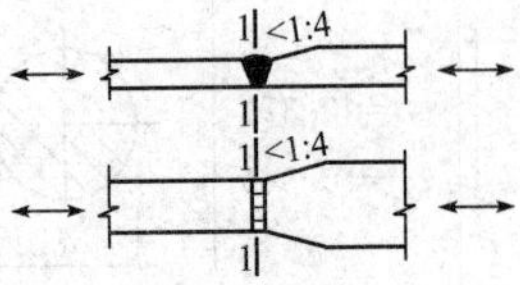	不同厚度(或宽度)横向对接焊缝附近的主体金属，焊缝加工成平滑过渡并符合一级焊缝标准	2
4	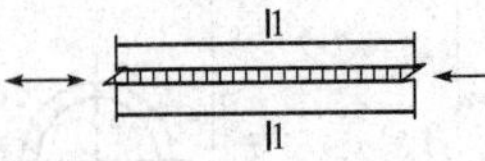	纵向对接焊缝附近的主体金属，焊缝符合二级焊缝标准	2
5	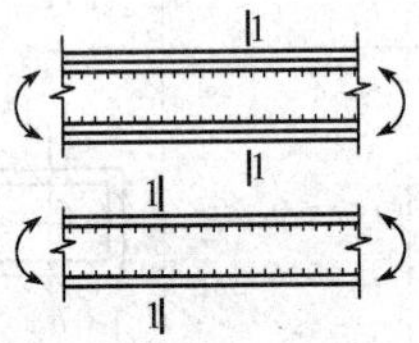	翼缘连接焊缝附近的主体金属 (1)翼缘板与腹板的连接焊缝 a. 自动焊，二级 T 形对接和角接组合焊缝 b. 自动焊，角焊缝，外观质量标准符合二级 c. 手工焊，角焊缝，外观质量标准符合二级 (2)双层翼缘板之间的连接焊缝 a. 自动焊，角焊缝，外观质量标准符合二级 b. 手工焊，角焊缝，外观质量标准符合二级	2 3 4 3 4
6		横向加劲肋端部附近的主体金属 (1)肋端不断弧(采用回焊) (2)肋端断弧	4 5
7	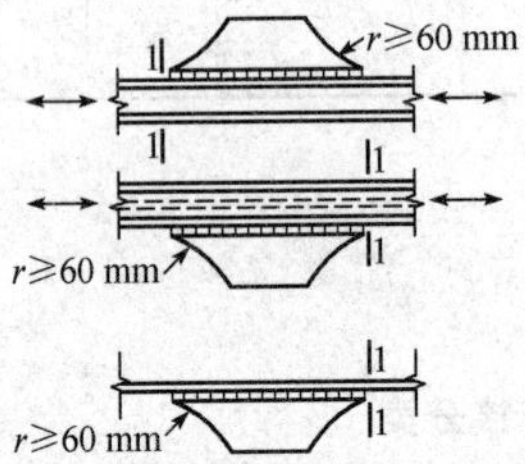	梯形节点板用对接焊缝焊于梁翼缘、腹板以及桁架构件处的主体金属，过渡处在焊后铲平、磨光、圆弧过渡，不得有焊接起弧、灭弧缺陷	5
8	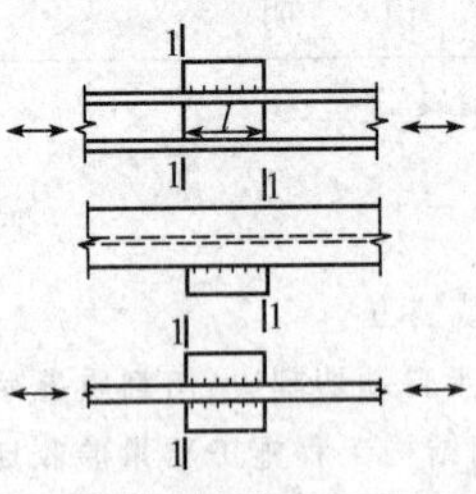	矩形节点板焊接于构件翼缘或腹板处的主体金属，$l>150$ mm	7
9	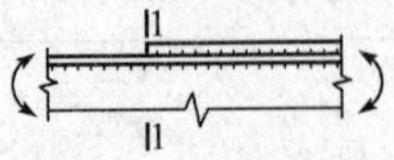	翼缘板中断处的主体金属(板端有正面焊缝)	7

续表

项次	简　图	说　明	类别
10	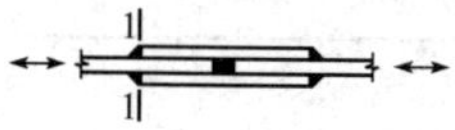	向正面角焊缝过渡处的主体金属	6
11	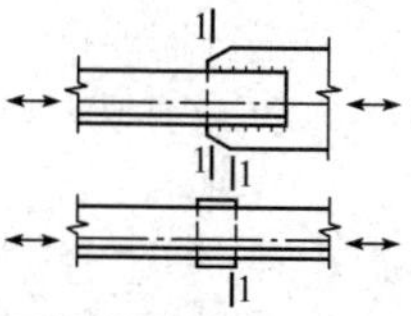	两侧面角焊缝连接端部的主体金属	8
12	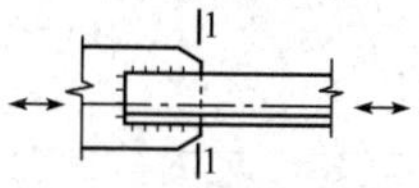	三面围焊的角焊缝端部主体金属	7
13	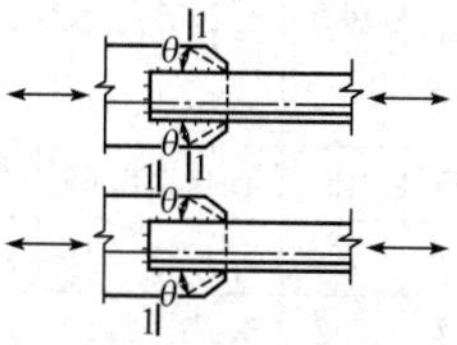	三面围焊或两侧面角焊缝连接的节点板主体金属（节点板计算宽度按应力扩散角 $\theta=30°$ 考虑）	7
14	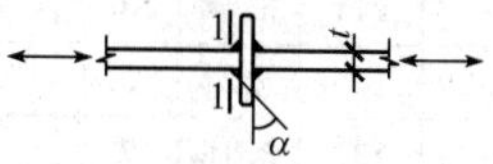	K形坡口T形对接与角接组合焊缝处的主体金属，两板轴线偏离小于 $0.15t$，焊缝为二级，焊趾角 $\alpha\leqslant45°$	5
15	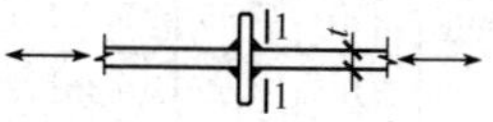	十字接头角焊缝处的主体金属，两板轴线偏离小于 $0.15t$	7
16	角焊缝	按有效截面确定的剪应力幅计算	8
17	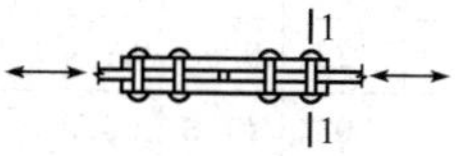 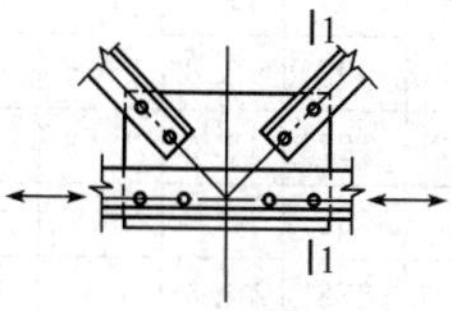	铆钉连接处的主体金属	3
18	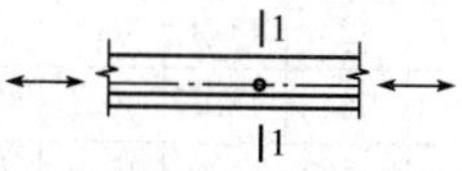	连系螺栓和虚孔处的主体金属	3
19	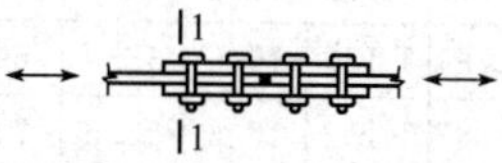	高强度螺栓摩擦型连接处的主体金属	2

注：1. 所有对接焊缝及T形对接和铰接组合焊缝均需焊透。

2. 角焊缝应符合《钢结构设计规范》(GB 50017—2003)中8.2.7条和8.2.8条的要求。

3. 项次16中的剪应力幅 $\Delta\tau=\tau_{max}-\tau_{min}$，其中 τ_{min} 的正负值为：与 τ_{max} 同方向时，取正值；与 τ_{max} 反方向时，取负值。

4. 第17、18项中的应力应以净截面面积计算，第19项应以毛截面面积计算。

附录 7　常用型钢规格表

附表 7.1　普通工字钢

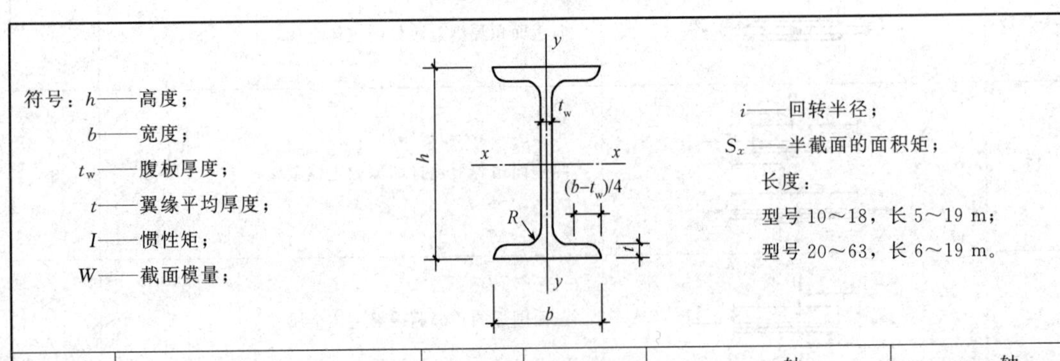

型号		尺寸/mm h /mm	b /mm	t_w /mm	t /mm	R /mm	截面面积 /cm^2	理论质量 /(kg·m^{-1})	$x-x$ 轴 I_x /cm^4	W_x /cm^3	i_x /cm	I_x/S_x /cm	$y-y$ 轴 I_y /cm^4	W_y /cm^3	i_y /cm
10		100	68	4.5	7.6	6.5	14.3	11.2	245	49	4.14	8.69	33	9.6	1.51
12.6		126	74	5	8.4	7	18.1	14.2	488	77	5.19	11	47	12.7	1.61
14		140	80	5.5	9.1	7.5	21.5	16.9	712	102	5.75	12.2	64	16.1	1.73
16		160	88	6	9.9	8	26.1	20.5	1 127	141	6.57	13.9	93	21.1	1.89
18		180	94	6.5	10.7	8.5	30.7	24.1	1 699	185	7.37	15.4	123	26.2	2.00
20	a	200	100	7	11.4	9	35.5	27.9	2 369	237	8.16	17.4	158	31.6	2.11
	b		102	9			39.5	31.1	2 502	250	7.95	17.1	169	33.1	2.07
22	a	220	110	7.5	12.3	9.5	42.1	33	3 406	310	8.99	19.2	226	41.1	2.32
	b		112	9.5			46.5	36.5	3 583	326	8.78	18.9	240	42.9	2.27
25	a	250	116	8	13	10	48.5	38.1	5 017	401	10.2	21.7	280	48.4	2.40
	b		118	10			53.5	42	5 278	422	9.93	21.4	297	50.4	2.36
28	a	280	122	8.5	13.7	10.5	55.4	43.5	7 115	508	11.3	24.3	344	56.4	2.49
	b		124	10.5			61	47.9	7 481	534	11.1	24	364	58.7	2.44
32	a	320	130	9.5	15	11.5	67.1	52.7	11 080	692	12.8	27.7	459	70.6	2.62
	b		132	11.5			73.5	57.7	11 626	727	12.6	27.3	484	73.3	2.57
	c		134	13.5			79.9	62.7	12 173	761	12.3	26.9	510	76.1	2.53
36	a	360	136	10	15.8	12	76.4	60	15 796	878	14.4	31	555	81.6	2.69
	b		138	12			83.6	65.6	16 574	921	14.1	30.6	584	84.6	2.64
	c		140	14			90.8	71.3	17 351	964	13.8	30.2	614	87.7	2.60
40	a	400	142	10.5	16.5	12.5	86.1	67.6	21 714	1 086	15.9	34.4	660	92.9	2.77
	b		144	12.5			94.1	73.8	22 781	1 139	15.6	33.9	693	96.2	2.71
	c		146	14.5			102	80.1	23 847	1 192	15.3	33.5	727	99.7	2.67
45	a	450	150	11.5	18	13.5	102	80.4	32 241	1 433	17.7	38.5	855	114	2.89
	b		152	13.5			111	87.4	33 759	1 500	17.4	38.1	895	118	2.84
	c		154	15.5			120	94.5	35 278	1 568	17.1	37.6	938	122	2.79
50	a	500	158	12	20	14	119	93.6	46 472	1 859	19.7	42.9	1 122	142	3.07
	b		160	14			129	101	48 556	1 942	19.4	42.3	1 171	146	3.01
	c		162	16			139	109	50 639	2 026	19.1	41.9	1 224	151	2.96

续表

<table>
<tr><td rowspan="2" colspan="2">型号</td><td colspan="5">尺寸/mm</td><td rowspan="2">截面面积
/cm²</td><td rowspan="2">理论质量
/(kg·m⁻¹)</td><td colspan="4">x—x 轴</td><td colspan="3">y—y 轴</td></tr>
<tr><td>h
/mm</td><td>b
/mm</td><td>t_w
/mm</td><td>t
/mm</td><td>R
/mm</td><td>I_x
/cm⁴</td><td>W_x
/cm³</td><td>i_x
/cm</td><td>I_x/S_x
/cm</td><td>I_y
/cm⁴</td><td>W_y
/cm³</td><td>i_y
/cm</td></tr>
<tr><td rowspan="3">56</td><td>a</td><td rowspan="3">560</td><td>166</td><td>12.5</td><td rowspan="3">21</td><td rowspan="3">14.5</td><td>135</td><td>106</td><td>65 576</td><td>2 342</td><td>22</td><td>47.9</td><td>1 366</td><td>165</td><td>3.18</td></tr>
<tr><td>b</td><td>168</td><td>14.5</td><td>147</td><td>115</td><td>68 503</td><td>2 447</td><td>21.6</td><td>47.3</td><td>1 424</td><td>170</td><td>3.12</td></tr>
<tr><td>c</td><td>170</td><td>16.5</td><td>158</td><td>124</td><td>71 430</td><td>2 551</td><td>21.3</td><td>46.8</td><td>1 485</td><td>175</td><td>3.07</td></tr>
<tr><td rowspan="3">63</td><td>a</td><td rowspan="3">630</td><td>176</td><td>13</td><td rowspan="3">22</td><td rowspan="3">15</td><td>155</td><td>122</td><td>94 004</td><td>2 984</td><td>24.7</td><td>53.8</td><td>1 702</td><td>194</td><td>3.32</td></tr>
<tr><td>b</td><td>178</td><td>15</td><td>167</td><td>131</td><td>98 171</td><td>3 117</td><td>24.2</td><td>53.2</td><td>1 771</td><td>199</td><td>3.25</td></tr>
<tr><td>c</td><td>780</td><td>17</td><td>180</td><td>141</td><td>102 339</td><td>3 249</td><td>23.9</td><td>52.6</td><td>1 842</td><td>205</td><td>3.2</td></tr>
</table>

附表 7.2 H 型钢

符号：h——高度；

b——宽度；

t_1——腹板厚度；

t_2——翼缘厚度；

I——惯性矩；

W——截面模量；

i——回转半径；

S_x——半截面的面积矩。

<table>
<tr><td rowspan="2">类别</td><td rowspan="2">H 型钢规格
(h×b×t₁×t₂)
/(mm×mm×mm×mm)</td><td rowspan="2">截面面积
A
/cm²</td><td rowspan="2">质量
q
/(kg·m⁻¹)</td><td colspan="3">x—x 轴</td><td colspan="3">y—y 轴</td></tr>
<tr><td>I_x
/cm⁴</td><td>W_x
/cm³</td><td>i_x
/cm</td><td>I_y
/cm⁴</td><td>W_y
/cm³</td><td>i_y
/cm</td></tr>
<tr><td rowspan="23">HW</td><td>100×100×6×8</td><td>21.9</td><td>17.22</td><td>383</td><td>76.5</td><td>4.18</td><td>134</td><td>26.7</td><td>2.47</td></tr>
<tr><td>125×125×6.5×9</td><td>30.31</td><td>23.8</td><td>847</td><td>136</td><td>5.29</td><td>294</td><td>47</td><td>3.11</td></tr>
<tr><td>150×150×7×10</td><td>40.55</td><td>31.9</td><td>1 660</td><td>221</td><td>6.39</td><td>564</td><td>75.1</td><td>3.73</td></tr>
<tr><td>175×175×7.5×11</td><td>51.43</td><td>40.3</td><td>2 900</td><td>331</td><td>7.5</td><td>984</td><td>112</td><td>4.37</td></tr>
<tr><td>200×200×8×12</td><td>64.28</td><td>50.5</td><td>4 770</td><td>477</td><td>8.61</td><td>1 600</td><td>160</td><td>4.99</td></tr>
<tr><td>#200×204×12×12</td><td>72.28</td><td>56.7</td><td>5 030</td><td>503</td><td>8.35</td><td>1 700</td><td>167</td><td>4.85</td></tr>
<tr><td>250×250×9×14</td><td>92.18</td><td>72.4</td><td>10 800</td><td>867</td><td>10.8</td><td>3 650</td><td>292</td><td>6.29</td></tr>
<tr><td>#250×255×14×14</td><td>104.7</td><td>82.2</td><td>11 500</td><td>919</td><td>10.5</td><td>3 880</td><td>304</td><td>6.09</td></tr>
<tr><td>#294×302×12×12</td><td>108.3</td><td>85</td><td>17 000</td><td>1 160</td><td>12.5</td><td>5 520</td><td>365</td><td>7.14</td></tr>
<tr><td>300×300×10×15</td><td>120.4</td><td>94.5</td><td>20 500</td><td>1 370</td><td>13.1</td><td>6 760</td><td>450</td><td>7.49</td></tr>
<tr><td>300×305×15×15</td><td>135.4</td><td>106</td><td>2 1600</td><td>1 440</td><td>12.6</td><td>7 100</td><td>466</td><td>7.24</td></tr>
<tr><td>#344×348×10×16</td><td>146</td><td>115</td><td>33 300</td><td>1 940</td><td>15.1</td><td>11 200</td><td>646</td><td>8.78</td></tr>
<tr><td>350×350×12×19</td><td>173.9</td><td>137</td><td>40 300</td><td>2 300</td><td>15.2</td><td>13 600</td><td>776</td><td>8.84</td></tr>
<tr><td>#388×402×15×15</td><td>179.2</td><td>141</td><td>49 200</td><td>2 540</td><td>16.6</td><td>16 300</td><td>809</td><td>9.52</td></tr>
<tr><td>#394×398×11×18</td><td>187.6</td><td>147</td><td>56 400</td><td>2 860</td><td>17.3</td><td>18 900</td><td>951</td><td>10</td></tr>
<tr><td>400×400×13×21</td><td>219.5</td><td>172</td><td>66 900</td><td>3 340</td><td>17.5</td><td>22 400</td><td>1 120</td><td>10.1</td></tr>
<tr><td>#400×408×21×21</td><td>251.5</td><td>197</td><td>71 100</td><td>3 560</td><td>16.8</td><td>23 800</td><td>1 170</td><td>9.73</td></tr>
<tr><td>#414×405×18×28</td><td>296.2</td><td>233</td><td>93 000</td><td>4 490</td><td>17.7</td><td>31 000</td><td>1 530</td><td>10.2</td></tr>
<tr><td>#428×407×20×35</td><td>361.4</td><td>284</td><td>119 000</td><td>5 580</td><td>18.2</td><td>39 400</td><td>1 930</td><td>10.4</td></tr>
</table>

续表

类别	H型钢规格 ($h \times b \times t_1 \times t_2$) /(mm×mm×mm×mm)	截面面积 A /cm^2	质量 q /($kg \cdot m^{-1}$)	$x-x$ 轴			$y-y$ 轴		
				I_x /cm^4	W_x /cm^3	i_x /cm	I_y /cm^4	W_y /cm^3	i_y /cm
HM	148×100×6×9	27.25	21.4	1 040	140	6.17	151	30.2	2.35
	194×150×6×9	39.76	31.2	2 740	283	8.3	508	67.7	3.57
	244×175×7×11	56.24	44.1	6 120	502	10.4	985	113	4.18
	294×200×8×12	73.03	57.3	11 400	779	12.5	1 600	160	4.69
	340×250×9×14	101.5	79.7	21 700	1 280	14.6	3 650	292	6
	390×300×10×16	136.7	107	38 900	2 000	16.9	7 210	481	7.26
	440×300×11×18	157.4	124	56 100	2 550	18.9	8 110	541	7.18
	482×300×11×15	146.4	115	60 800	2 520	20.4	6 770	451	6.8
	488×300×11×18	164.4	129	71 400	2 930	20.8	8 120	541	7.03
	582×300×12×17	174.5	137	103 000	3 530	24.3	7 670	511	6.63
	588×300×12×20	192.5	151	118 000	4 020	24.8	9 020	601	6.85
	#594×302×14×23	222.4	175	137 000	4 620	24.9	10 600	701	6.9
HN	100×50×5×7	12.16	9.54	192	38.5	3.98	14.9	5.96	1.11
	125×60×6×8	17.01	13.3	417	66.8	4.95	29.3	9.75	1.31
	150×75×5×7	18.16	14.3	679	90.6	6.12	49.6	13.2	1.65
	175×90×5×8	23.21	18.2	1 220	140	7.26	97.6	21.7	2.05
	198×99×4.5×7	23.59	18.5	1 610	163	8.27	114	23	2.2
	200×100×5.5×8	27.57	21.7	1 880	188	8.25	134	26.8	2.21
	248×124×5×8	32.89	25.8	3 560	287	10.4	255	41.1	2.78
	250×125×6×9	37.87	29.7	4 080	326	10.4	294	47	2.79
	298×149×5.5×8	41.55	32.6	6 460	433	12.4	443	59.4	3.26
	300×150×6.5×9	47.53	37.3	7 350	490	12.4	508	67.7	3.27
	346×174×6×9	53.19	41.8	11 200	649	14.5	792	91	3.86
	350×175×7×11	63.66	50	13 700	782	14.7	985	113	3.93
	#400×150×8×13	71.12	55.8	18 800	942	16.3	734	97.9	3.21
	396×199×7×11	72.16	56.7	20 000	1 010	16.7	1 450	145	4.48
	400×200×8×13	84.12	66	23 700	1 190	16.8	1 740	174	4.54
	#450×150×9×14	83.41	65.5	27 100	1 200	18	793	106	3.08
	446×199×8×12	84.95	66.7	29 000	1 300	18.5	1 580	159	4.31
	450×200×9×14	97.41	76.5	33 700	1 500	18.6	1 870	187	4.38
	#500×150×10×16	98.23	77.1	38 500	1 540	19.8	907	121	3.04
	496×199×9×14	101.3	79.5	41 900	1 690	20.3	1 840	185	4.27
	500×200×10×16	114.2	89.6	47 800	1 910	20.5	2 140	214	4.33
	#506×201×11×19	131.3	103	56 500	2 230	20.8	2 580	257	4.43
	596×199×10×15	121.2	95.1	69 300	2 330	23.9	1 980	199	4.04
	600×200×11×17	135.2	106	78 200	2 610	24.1	2 280	228	4.11
	#606×201×12×20	153.3	120	91 000	3 000	24.4	2 720	271	4.21
	#692×300×13×20	211.5	166	172 000	4 980	28.6	9 020	602	6.53
	700×300×13×24	235.5	185	201 000	5 760	29.3	10 800	722	6.78

注："#"表示的规格为非常用规格。

附表 7.3　普通槽钢

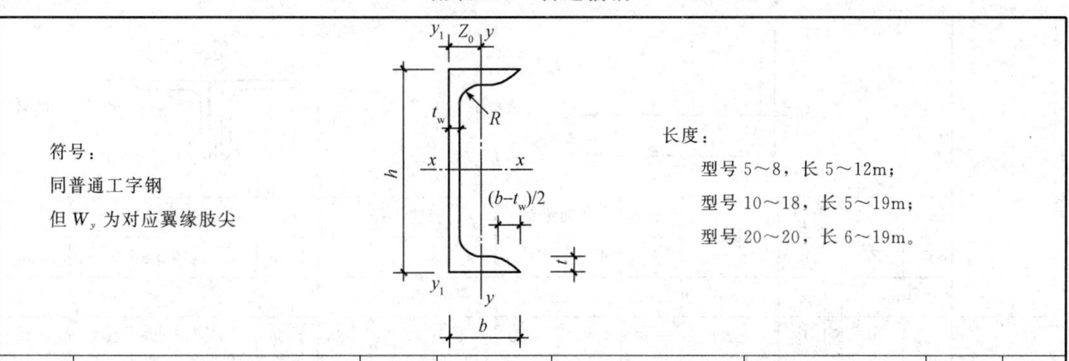

符号：
同普通工字钢
但 W_y 为对应翼缘肢尖

长度：
型号 5～8，长 5～12m；
型号 10～18，长 5～19m；
型号 20～20，长 6～19m。

型号		尺寸/mm h	b	t_w	t	R	截面面积 /cm²	理论质量 /(kg·m⁻¹)	$x-x$ 轴 I_x /cm⁴	W_x /cm³	i_x /cm	$y-y$ 轴 I_y /cm⁴	W_y /cm³	i_y /cm	$y-y_1$ 轴 I_{y1} /cm⁴	Z_0 /cm
5		50	37	4.5	7	7	6.92	5.44	26	10.4	1.94	8.3	3.5	1.1	20.9	1.35
6.3		63	40	4.8	7.5	7.5	8.45	6.63	51	16.3	2.46	11.9	4.6	1.19	28.3	1.39
8		80	43	5	8	8	10.24	8.04	101	25.3	3.14	16.6	5.8	1.27	37.4	1.42
10		100	48	5.3	8.5	8.5	12.74	10	198	39.7	3.94	25.6	7.8	1.42	54.9	1.52
12.6		126	53	5.5	9	9	15.69	12.31	389	61.7	4.98	38	10.3	1.56	77.8	1.59
14	a	140	58	6	9.5	9.5	18.51	14.53	564	80.5	5.52	53.2	13	1.7	107.2	1.71
	b		60	8	9.5	9.5	21.31	16.73	609	87.1	5.35	61.2	14.1	1.69	120.6	1.67
16	a	160	63	6.5	10	10	21.95	17.23	866	108.3	6.28	73.4	16.3	1.83	144.1	1.79
	b		65	8.5	10	10	25.15	19.75	935	116.8	6.1	83.4	17.6	1.82	160.8	1.75
18	a	180	68	7	10.5	10.5	25.69	20.17	1 273	141.4	7.04	98.6	20	1.96	189.7	1.88
	b		70	9	10.5	10.5	29.29	22.99	1 370	152.2	6.84	111	21.5	1.95	210.1	1.84
20	a	200	73	7	11	11	28.83	22.63	1 780	178	7.86	128	24.2	2.11	244	2.01
	b		75	9	11	11	32.83	25.77	1 914	191.4	7.64	143.6	25.9	2.09	268.4	1.95
22	a	220	77	7	11.5	11.5	31.84	24.99	2 394	217.6	8.67	157.8	28.2	2.23	298.2	2.1
	b		79	9	11.5	11.5	36.24	28.45	2 571	233.8	8.42	176.5	30.1	2.21	326.3	2.03
25	a	250	78	7	12	12	34.91	27.4	3 359	268.7	9.81	175.9	30.7	2.24	324.8	2.07
	b		80	9	12	12	39.91	31.33	3 619	289.6	9.52	196.4	32.7	2.22	355.1	1.99
	c		82	11	12	12	44.91	35.25	3 880	310.4	9.3	215.9	34.6	2.19	388.6	1.96
28	a	280	82	7.5	12.5	12.5	40.02	31.42	4 753	339.5	10.9	217.9	35.7	2.33	393.3	2.09
	b		84	9.5	12.5	12.5	45.62	35.81	5 118	365.6	10.59	241.5	37.9	2.3	428.5	2.02
	c		86	11.5	12.5	12.5	51.22	40.21	5 484	391.7	10.35	264.1	40	2.27	467.3	1.99
32	a	320	88	8	14	14	48.5	38.07	7 511	469.4	12.44	304.7	46.4	2.51	547.5	2.24
	b		90	10	14	14	54.9	43.1	8 057	503.5	12.11	335.6	49.1	2.47	592.9	2.16
	c		92	12	14	14	61.3	48.12	8 603	537.7	11.85	365	51.6	2.44	642.7	2.13
36	a	360	96	9	16	16	60.89	47.8	11 874	659.7	13.96	455	63.6	2.73	818.5	2.44
	b		98	11	16	16	68.09	53.45	12 652	702.9	13.63	496.7	66.9	2.7	880.5	2.37
	c		100	13	16	16	75.29	59.1	13 429	746.1	13.36	536.6	70	2.67	948	2.34
40	a	400	100	10.5	18	18	75.04	58.91	17 578	878.9	15.3	592	78.8	2.81	1 057.9	2.49
	b		102	12.5	18	18	83.04	65.19	18 644	932.2	14.98	640.6	82.6	2.78	1 135.8	2.44
	c		104	14.5	18	18	91.04	71.47	19 711	985.6	14.71	687.8	86.2	2.75	1 220.3	2.42

附表 7.4 等边角钢

型号		单角钢										双角钢				
		圆角	重心距	截面面积	质量	惯性矩	截面模量		回转半径			i_y，当 a 为下列数值				
		R	Z_0	A		I_x	$W_{x\max}$	$W_{x\min}$	i_x	i_{x0}	i_{y0}	6 mm	8 mm	10 mm	12 mm	14 mm
		/mm		/cm²	/(kg·m⁻¹)	/cm⁴	/cm³		/cm			/cm				
20×	3	3.5	6	1.13	0.89	0.40	0.66	0.29	0.59	0.75	0.39	1.08	1.17	1.25	1.34	1.43
	4		6.4	1.46	1.15	0.50	0.78	0.36	0.58	0.73	0.38	1.11	1.19	1.28	1.37	1.46
∟25×	3	3.5	7.3	1.43	1.12	0.82	1.12	0.46	0.76	0.95	0.49	1.27	1.36	1.44	1.53	1.61
	4		7.6	1.86	1.46	1.03	1.34	0.59	0.74	0.93	0.48	1.30	1.38	1.47	1.55	1.64
∟30×	3	4.5	8.5	1.75	1.37	1.46	1.72	0.68	0.91	1.15	0.59	1.47	1.55	1.63	1.71	1.80
	4		8.9	2.28	1.79	1.84	2.08	0.87	0.90	1.13	0.58	1.49	1.57	1.65	1.74	1.82
∟36×	3	4.5	10	2.11	1.66	2.58	2.59	0.99	1.11	1.39	0.71	1.70	1.78	1.86	1.94	2.03
	4		10.4	2.76	2.16	3.29	3.18	1.28	1.09	1.38	0.70	1.73	1.8	1.89	1.97	2.05
	5		10.7	2.38	2.65	3.95	3.68	1.56	1.08	1.36	0.70	1.75	1.83	1.91	1.99	2.08
∟40×	3	5	10.9	2.36	1.85	3.59	3.28	1.23	1.23	1.55	0.79	1.86	1.94	2.01	2.09	2.18
	4		11.3	3.09	2.42	4.60	4.05	1.60	1.22	1.54	0.79	1.88	1.96	2.04	2.12	2.20
	5		11.7	3.79	2.98	5.53	4.72	1.96	1.21	1.52	0.78	1.90	1.98	2.06	2.14	2.23
∟45×	3	5	12.2	2.66	2.09	5.17	4.25	1.58	1.39	1.76	0.90	2.06	2.14	2.21	2.29	2.37
	4		12.6	3.49	2.74	6.65	5.29	2.05	1.38	1.74	0.89	2.08	2.16	2.24	2.32	2.40
	5		13	4.29	3.37	8.04	6.20	2.51	1.37	1.72	0.88	2.10	2.18	2.26	2.34	2.42
	6		13.3	5.08	3.99	9.33	6.99	2.95	1.36	1.71	0.88	2.12	2.2	2.28	2.36	2.44
∟50×	3	5.5	13.4	2.97	2.33	7.18	5.36	1.96	1.55	1.96	1.00	2.26	2.33	2.41	2.48	2.56
	4		13.8	3.90	3.06	9.26	6.70	2.56	1.54	1.94	0.99	2.28	2.36	2.43	2.51	2.59
	5		14.2	4.80	3.77	11.21	7.90	3.13	1.53	1.92	0.98	2.30	2.38	2.45	2.53	2.61
	6		14.6	5.69	4.46	13.05	8.95	3.68	1.51	1.91	0.98	2.32	2.4	2.48	2.56	2.64
∟56×	3	6	14.8	3.34	2.62	10.19	6.86	2.48	1.75	2.2	1.13	2.50	2.57	2.64	2.72	2.80
	4		15.3	4.39	3.45	13.18	8.63	3.24	1.73	2.18	1.11	2.52	2.59	2.67	2.74	2.82
	5		15.7	5.42	4.25	16.02	10.22	3.97	1.72	2.17	1.10	2.54	2.61	2.69	2.77	2.85
	8		16.8	8.37	6.57	23.63	14.06	6.03	1.68	2.11	1.09	2.60	2.67	2.75	2.83	2.91
∟63×	4	7	17	4.98	3.91	19.03	11.22	4.13	1.96	2.46	1.26	2.79	2.87	2.94	3.02	3.09
	5		17.4	6.14	4.82	23.17	13.33	5.08	1.94	2.45	1.25	2.82	2.89	2.96	3.04	3.12
	6		17.8	7.29	5.72	27.12	15.26	6.00	1.93	2.43	1.24	2.83	2.91	2.98	3.06	3.14
	8		18.5	9.51	7.47	34.45	18.59	7.75	1.90	2.39	1.23	2.87	2.95	3.03	3.10	3.18
	10		19.3	11.66	9.15	41.09	21.34	9.39	1.88	2.36	1.22	2.91	2.99	3.07	3.15	3.23
∟70×	4	8	18.6	5.57	4.37	26.39	14.16	5.14	2.18	2.74	1.4	3.07	3.14	3.21	3.29	3.36
	5		19.1	6.88	5.40	32.21	16.89	6.32	2.16	2.73	1.39	3.09	3.16	3.24	3.31	3.39
	6		19.5	8.16	6.41	37.77	19.39	7.48	2.15	2.71	1.38	3.11	3.18	3.26	3.33	3.41
	7		19.9	9.42	7.40	43.09	21.68	8.59	2.14	2.69	1.38	3.13	3.2	3.28	3.36	3.43
	8		20.3	10.67	8.37	48.17	23.79	9.68	2.13	2.68	1.37	3.15	3.22	3.30	3.38	3.46

续表

型号		圆角	重心距	截面面积	质量	惯性矩	截面模量		回转半径			i_y，当 a 为下列数值				
		R	Z_0	A		I_x	$W_{x\max}$	$W_{x\min}$	i_x	i_{x0}	i_{y0}	6 mm	8 mm	10 mm	12 mm	14 mm
		/mm		/cm²	/(kg·m⁻¹)	/cm⁴	/cm³		/cm			/cm				
∟75×	5	9	20.3	7.41	5.82	39.96	19.73	7.30	2.32	2.92	1.5	3.29	3.36	3.43	3.5	3.58
	6		20.7	8.80	6.91	46.91	22.69	8.63	2.31	2.91	1.49	3.31	3.38	3.45	3.53	3.6
	7		21.1	10.16	7.98	53.57	25.42	9.93	2.30	2.89	1.48	3.33	3.4	3.47	3.55	3.63
	8		21.5	11.50	9.03	59.96	27.93	11.2	2.28	2.87	1.47	3.35	3.42	3.50	3.57	3.65
	10		22.2	14.13	11.09	71.98	32.40	13.64	2.26	2.84	1.46	3.38	3.46	3.54	3.61	3.69
∟80×	5	9	21.5	7.91	6.21	48.79	22.70	8.34	2.48	3.13	1.6	3.49	3.56	3.63	3.71	3.78
	6		21.9	9.40	7.38	57.35	26.16	9.87	2.47	3.11	1.59	3.51	3.58	3.65	3.73	3.8
	7		22.3	10.86	8.53	65.58	29.38	11.37	2.46	3.1	1.58	3.53	3.60	3.67	3.75	3.83
	8		22.7	12.30	9.66	73.50	32.36	12.83	2.44	3.08	1.57	3.55	3.62	3.70	3.77	3.85
	10		23.5	15.13	11.87	88.43	37.68	15.64	2.42	3.04	1.56	3.58	3.66	3.74	3.81	3.89
∟90×	6	10	24.4	10.64	8.35	82.77	33.99	12.61	2.79	3.51	1.8	3.91	3.98	4.05	4.12	4.2
	7		24.8	12.3	9.66	94.83	38.28	14.54	2.78	3.5	1.78	3.93	4	4.07	4.14	4.22
	8		25.2	13.94	10.95	106.5	42.3	16.42	2.76	3.48	1.78	3.95	4.02	4.09	4.17	4.24
	10		25.9	17.17	13.48	128.6	49.57	20.07	2.74	3.45	1.76	3.98	4.06	4.13	4.21	4.28
	12		26.7	20.31	15.94	149.2	55.93	23.57	2.71	3.41	1.75	4.02	4.09	4.17	4.25	4.32
∟100×	6	12	26.7	11.93	9.37	115	43.04	15.68	3.1	3.91	2	4.3	4.37	4.44	4.51	4.58
	7		27.1	13.8	10.83	131	48.57	18.1	3.09	3.89	1.99	4.32	4.39	4.46	4.53	4.61
	8		27.6	15.64	12.28	148.2	53.78	20.47	3.08	3.88	1.98	4.34	4.41	4.48	4.55	4.63
	10		28.4	19.26	15.12	179.5	63.29	25.06	3.05	3.84	1.96	4.38	4.45	4.52	4.6	4.67
	12		29.1	22.8	17.9	208.9	71.72	29.47	3.03	3.81	1.95	4.41	4.49	4.56	4.64	4.71
	14		29.9	26.26	20.61	236.5	79.19	33.73	3	3.77	1.94	4.45	4.53	4.6	4.68	4.75
	16		30.6	29.63	23.26	262.5	85.81	37.82	2.98	3.74	1.93	4.49	4.56	4.64	4.72	4.8
∟110×	7	12	29.6	15.2	11.93	177.2	59.78	22.05	3.41	4.3	2.2	4.72	4.79	4.86	4.94	5.01
	8		30.1	17.24	13.53	199.5	66.36	24.95	3.4	4.28	2.19	4.74	4.81	4.88	4.96	5.03
	10		30.9	21.26	16.69	242.2	78.48	30.6	3.38	4.25	2.17	4.78	4.85	4.92	5	5.07
	12		31.6	25.2	19.78	282.6	89.34	36.05	3.35	4.22	2.15	4.82	4.89	4.96	5.04	5.11
	14		32.4	29.06	22.81	320.7	99.07	41.31	3.32	4.18	2.14	4.85	4.93	5	5.08	5.15
∟125×	8	14	33.7	19.75	15.5	297	88.2	32.52	3.88	4.88	2.5	5.34	5.41	5.48	5.55	5.62
	10		34.5	24.37	19.13	361.7	104.8	39.97	3.85	4.85	2.48	5.38	5.45	5.52	5.59	5.66
	12		35.3	28.91	22.7	423.2	119.9	47.17	3.83	4.82	2.46	5.41	5.48	5.56	5.63	5.7
	14		36.1	33.37	26.19	481.7	133.6	54.16	3.8	4.78	2.45	5.45	5.52	5.59	5.67	5.74
∟140×	10	14	38.2	27.37	21.49	514.7	134.6	50.58	4.34	5.46	2.78	5.98	6.05	6.12	6.2	6.27
	12		39	32.51	25.52	603.7	154.6	59.8	4.31	5.43	2.77	6.02	6.09	6.16	6.23	6.31
	14		39.8	37.57	29.49	688.8	173	68.75	4.28	5.4	2.75	6.06	6.13	6.2	6.27	6.34
	16		40.6	42.54	33.39	770.2	189.9	77.46	4.26	5.36	2.74	6.09	6.16	6.23	6.31	6.38

续表

型号		圆角 R /mm	重心距 Z_0 /mm	截面面积 A /cm^2	质量 /$(kg \cdot m^{-1})$	惯性矩 I_x /cm^4	截面模量 $W_{x\max}$ /cm^3	截面模量 $W_{x\min}$ /cm^3	回转半径 i_x /cm	回转半径 i_{x0} /cm	回转半径 i_{y0} /cm	i_y，当 a 为下列数值 6 mm /cm	8 mm	10 mm	12 mm	14 mm
∟160×	10	16	43.1	31.5	24.73	779.5	180.8	66.7	4.97	6.27	3.2	6.78	6.85	6.92	6.99	7.06
	12		43.9	37.44	29.39	916.6	208.6	78.98	4.95	6.24	3.18	6.82	6.89	6.96	7.03	7.1
	14		44.7	43.3	33.99	1 048	234.4	90.95	4.92	6.2	3.16	6.86	6.93	7	7.07	7.14
	16		45.5	49.07	38.52	1 175	258.3	102.6	4.89	6.17	3.14	6.89	6.96	7.03	7.1	7.18
∟180×	12	16	48.9	42.24	33.16	1 321	270	100.8	5.59	7.05	3.58	7.63	7.7	7.77	7.84	7.91
	14		49.7	48.9	38.38	1 514	304.6	116.3	5.57	7.02	3.57	7.67	7.74	7.81	7.88	7.95
	16		50.5	55.47	43.54	1 701	336.9	131.4	5.54	6.98	3.55	7.7	7.77	7.84	7.91	7.98
	18		51.3	61.95	48.63	1 881	367.1	146.1	5.51	6.94	3.53	7.73	7.8	7.87	7.95	8.02
∟200×	14	18	54.6	54.64	42.89	2 104	385.1	144.7	6.2	7.82	3.98	8.47	8.54	8.61	8.67	8.75
	16		55.4	62.01	48.68	2 366	427	163.7	6.18	7.79	3.96	8.5	8.57	8.64	8.71	8.78
	18		56.2	69.3	54.4	2 621	466.5	182.2	6.15	7.75	3.94	8.53	8.6	8.67	8.75	8.82
	20		56.9	76.5	60.06	2 867	503.6	200.4	6.12	7.72	3.93	8.57	8.64	8.71	8.78	8.85
	24		58.4	90.66	71.17	3 338	571.5	235.8	6.07	7.64	3.9	8.63	8.71	8.78	8.85	8.92

附表 7.5 不等边角钢

角钢型号 $B \times b \times t$		单角钢 圆角 R /mm	重心距 Z_x /mm	重心距 Z_y /mm	截面面积 A /cm^2	质量 /$(kg \cdot m^{-1})$	回转半径 i_x /cm	回转半径 i_y /cm	回转半径 i_{y0} /cm	双角钢（y_1）i_y，当 a 为下列数值 6 mm /cm	8 mm	10 mm	12 mm	双角钢（y_2）i_y，当 a 为下列数值 6 mm /cm	8 mm	10 mm	12 mm
∟25×16×	3	3.5	4.2	8.6	1.16	0.91	0.44	0.78	0.34	0.84	0.93	1.02	1.11	1.4	1.48	1.57	1.65
	4		4.6	9.0	1.50	1.18	0.43	0.77	0.34	0.87	0.96	1.05	1.14	1.42	1.51	1.6	1.68
∟32×20×	3	3.5	4.9	10.8	1.49	1.17	0.55	1.01	0.43	0.97	1.05	1.14	1.23	1.71	1.79	1.88	1.96
	4		5.3	11.2	1.94	1.52	0.54	1	0.43	0.99	1.08	1.16	1.25	1.74	1.82	1.9	1.99
∟40×25×	3	4	5.9	13.2	1.89	1.48	0.7	1.28	0.54	1.13	1.21	1.3	1.38	2.07	2.14	2.23	2.31
	4		6.3	13.7	2.47	1.94	0.69	1.26	0.54	1.16	1.24	1.32	1.41	2.09	2.17	2.25	2.34
∟45×28×	3	5	6.4	14.7	2.15	1.69	0.79	1.44	0.61	1.23	1.31	1.39	1.47	2.28	2.36	2.44	2.52
	4		6.8	15.1	2.81	2.2	0.78	1.43	0.6	1.25	1.33	1.41	1.5	2.31	2.39	2.47	2.55
∟50×32×	3	5.5	7.3	16	2.43	1.91	0.91	1.6	0.7	1.38	1.45	1.53	1.61	2.49	2.56	2.64	2.72
	4		7.7	16.5	3.18	2.49	0.9	1.59	0.69	1.4	1.47	1.55	1.64	2.51	2.59	2.67	2.75
∟56×36×	3	6	8.0	17.8	2.74	2.15	1.03	1.8	0.79	1.51	1.59	1.66	1.74	2.75	2.82	2.9	2.98
	4		8.5	18.2	3.59	2.82	1.02	1.79	0.78	1.53	1.61	1.69	1.77	2.77	2.85	2.93	3.01
	5		8.8	18.7	4.42	3.47	1.01	1.77	0.78	1.56	1.63	1.71	1.79	2.8	2.88	2.96	3.04

续表

角钢型号 $B\times b\times t$		圆角	重心距		截面面积	质量	回转半径			i_y，当 a 为下列数值				i_y，当 a 为下列数值			
		R	Z_x	Z_y	A		i_x	i_y	i_{y0}	6 mm	8 mm	10 mm	12 mm	6 mm	8 mm	10 mm	12 mm
		/mm			/cm²	/(kg·m⁻¹)	/cm			/cm				/cm			
∟63×40×	4	7	9.2	20.4	4.06	3.19	1.14	2.02	0.88	1.66	1.74	1.81	1.89	3.09	3.16	3.24	3.32
	5		9.5	20.8	4.99	3.92	1.12	2	0.87	1.68	1.76	1.84	1.92	3.11	3.19	3.27	3.35
	6		9.9	21.2	5.91	4.64	1.11	1.99	0.86	1.71	1.78	1.86	1.94	3.13	3.21	3.29	3.37
	7		10.3	21.6	6.8	5.34	1.1	1.96	0.86	1.73	1.8	1.88	1.97	3.15	3.23	3.3	3.39
∟70×45×	4	7.5	10.2	22.3	4.55	3.57	1.29	2.25	0.99	1.84	1.91	1.99	2.07	3.39	3.46	3.54	3.62
	5		10.6	22.8	5.61	4.4	1.28	2.23	0.98	1.86	1.94	2.01	2.09	3.41	3.49	3.57	3.64
	6		11.0	23.2	6.64	5.22	1.26	2.22	0.97	1.88	1.96	2.04	2.11	3.44	3.51	3.59	3.67
	7		11.3	23.6	7.66	6.01	1.25	2.2	0.97	1.9	1.98	2.06	2.14	3.46	3.54	3.61	3.69
∟75×50×	5	8	11.7	24.0	6.13	4.81	1.43	2.39	1.09	2.06	2.13	2.2	2.28	3.6	3.68	3.76	3.83
	6		12.1	24.4	7.26	5.7	1.42	2.38	1.08	2.08	2.15	2.23	2.3	3.63	3.7	3.78	3.86
	8		12.9	25.2	9.47	7.43	1.4	2.35	1.07	2.12	2.19	2.27	2.35	3.67	3.75	3.83	3.91
	10		13.6	26.0	11.6	9.1	1.38	2.33	1.06	2.16	2.24	2.31	2.4	3.71	3.79	3.87	3.96
∟80×50×	5	8	11.4	26.0	6.38	5	1.42	2.57	1.1	2.02	2.09	2.17	2.24	3.88	3.95	4.03	4.1
	6		11.8	26.5	7.56	5.93	1.41	2.55	1.09	2.04	2.11	2.19	2.27	3.9	3.98	4.05	4.13
	7		12.1	26.9	8.72	6.85	1.39	2.54	1.08	2.06	2.13	2.21	2.29	3.92	4	4.08	4.16
	8		12.5	27.3	9.87	7.75	1.38	2.52	1.07	2.08	2.15	2.23	2.31	3.94	4.02	4.1	4.18
∟90×56×	5	9	12.5	29.1	7.21	5.66	1.59	2.9	1.23	2.22	2.29	2.36	2.44	4.32	4.39	4.47	4.55
	6		12.9	29.5	8.56	6.72	1.58	2.88	1.22	2.24	2.31	2.39	2.46	4.34	4.42	4.5	4.57
	7		13.3	30.0	9.88	7.76	1.57	2.87	1.22	2.26	2.33	2.41	2.49	4.37	4.44	4.52	4.6
	8		13.6	30.4	11.2	8.78	1.56	2.85	1.21	2.28	2.35	2.43	2.51	4.39	4.47	4.54	4.62
∟100×63×	6	10	14.3	32.4	9.62	7.55	1.79	3.21	1.38	2.49	2.56	2.63	2.71	4.77	4.85	4.92	5
	7		14.7	32.8	11.1	8.72	1.78	3.2	1.37	2.51	2.58	2.65	2.73	4.8	4.87	4.95	5.03
	8		15	33.2	12.6	9.88	1.77	3.18	1.37	2.53	2.6	2.67	2.75	4.82	4.9	4.97	5.05
	10		15.8	34	15.5	12.1	1.75	3.15	1.35	2.57	2.64	2.72	2.79	4.86	4.94	5.02	5.1
∟100×80×	6	10	19.7	29.5	10.6	8.35	2.4	3.17	1.73	3.31	3.38	3.45	3.52	4.54	4.62	4.69	4.76
	7		20.1	30	12.3	9.66	2.39	3.16	1.71	3.32	3.39	3.47	3.54	4.57	4.64	4.71	4.79
	8		20.5	30.4	13.9	10.9	2.37	3.15	1.71	3.34	3.41	3.49	3.56	4.59	4.66	4.73	4.81
	10		21.3	31.2	17.2	13.5	2.35	3.12	1.69	3.38	3.45	3.53	3.6	4.63	4.7	4.78	4.85
∟110×70×	6	10	15.7	35.3	10.6	8.35	2.01	3.54	1.54	2.74	2.81	2.88	2.96	5.21	5.29	5.36	5.44
	7		16.1	35.7	12.3	9.66	2	3.53	1.53	2.76	2.83	2.9	2.98	5.24	5.31	5.39	5.46
	8		16.5	36.2	13.9	10.9	1.98	3.51	1.53	2.78	2.85	2.92	3	5.26	5.34	5.41	5.49
	10		17.2	37	17.2	13.5	1.96	3.48	1.51	2.82	2.89	2.96	3.04	5.3	5.38	5.46	5.53
∟125×80×	7	11	18	40.1	14.1	11.1	2.3	4.02	1.76	3.11	3.18	3.25	3.33	5.9	5.97	6.04	6.12
	8		18.4	40.6	16	12.6	2.29	4.01	1.75	3.13	3.2	3.27	3.35	5.92	5.99	6.07	6.14
	10		19.2	41.4	19.7	15.5	2.26	3.98	1.74	3.17	3.24	3.31	3.39	5.96	6.04	6.11	6.19
	12		20	42.2	23.4	18.3	2.24	3.95	1.72	3.21	3.28	3.35	3.43	6	6.08	6.16	6.23

续表

角钢型号 $B\times b\times t$		圆角	重心距		截面面积	质量	回转半径			i_y，当 a 为下列数值				i_y，当 a 为下列数值			
		R	Z_x	Z_y	A		i_x	i_y	i_{y0}	6 mm	8 mm	10 mm	12 mm	6 mm	8 mm	10 mm	12 mm
		/mm			/cm²	/(kg·m⁻¹)	/cm			/cm				/cm			
∟140×90×	8	12	20.4	45	18	14.2	2.59	4.5	1.98	3.49	3.56	3.63	3.7	6.58	6.65	6.73	6.8
	10		21.2	45.8	22.3	17.5	2.56	4.47	1.96	3.52	3.59	3.66	3.73	6.62	6.7	6.77	6.85
	12		21.9	46.6	26.4	20.7	2.54	4.44	1.95	3.56	3.63	3.7	3.77	6.66	6.74	6.81	6.89
	14		22.7	47.4	30.5	23.9	2.51	4.42	1.94	3.59	3.66	3.74	3.81	6.7	6.78	6.86	6.93
∟160×100×	10	13	22.8	52.4	25.3	19.9	2.85	5.14	2.19	3.84	3.91	3.98	4.05	7.55	7.63	7.7	7.78
	12		23.6	53.2	30.1	23.6	2.82	5.11	2.18	3.87	3.94	4.01	4.09	7.6	7.67	7.75	7.82
	14		24.3	54	34.7	27.2	2.8	5.08	2.16	3.91	3.98	4.05	4.12	7.64	7.71	7.79	7.86
	16		25.1	54.8	39.3	30.8	2.77	5.05	2.15	3.94	4.02	4.09	4.16	7.68	7.75	7.83	7.9
∟180×110×	10	14	24.4	58.9	28.4	22.3	3.13	8.56	5.78	2.42	4.16	4.23	4.3	4.36	8.49	8.72	8.71
	12		25.2	59.8	33.7	26.5	3.1	8.6	5.75	2.4	4.19	4.33	4.33	4.4	8.53	8.76	8.75
	14		25.9	60.6	39	30.6	3.08	8.64	5.72	2.39	4.23	4.26	4.37	4.44	8.57	8.63	8.79
	16		26.7	61.4	44.1	34.6	3.05	8.68	5.81	2.37	4.26	4.3	4.4	4.47	8.61	8.68	8.84
∟200×125×	12	14	28.3	65.4	37.9	29.8	3.57	6.44	2.75	4.75	4.82	4.88	4.95	9.39	9.47	9.54	9.62
	14		29.1	66.2	43.9	34.4	3.54	6.41	2.73	4.78	4.85	4.92	4.99	9.43	9.51	9.58	9.66
	16		29.9	67.8	49.7	39	3.52	6.38	2.71	4.81	4.88	4.95	5.02	9.47	9.55	9.62	9.7
	18		30.6	67	55.5	43.6	3.49	6.35	2.7	4.85	4.92	4.99	5.06	9.51	9.59	9.66	9.74

注：一个角钢的惯性矩 $I_x=Ai_x^2$，$I_y=Ai_y^2$；一个角钢的截面个角钢的截面模量 $W_{x\max}=I_x/Z_x$，$W_{x\min}=I_x/(b-Z_x)$；$W_y^{ax}=I_yZ_yW_{x\min}=I_y(b-Z_y)$。

附录 8　锚栓和螺栓规格

附表 8.1　螺栓螺纹处的有效截面积

公称直径	12	14	16	18	20	22	24	27	30
螺栓有效截面面积 A_r/cm³	0.84	1.15	1.57	1.92	2.45	3.03	3.53	4.59	5.61
公称直径	33	36	39	42	45	48	52	56	60
A_r/cm³	6.94	8.17	9.76	11.2	18.1	14.7	17.6	20.3	23.6
公称直径	64	68	72	75	80	85	50	95	100
A_r/cm³	26.8	30.6	34.6	38.9	43.4	49.5	55.9	62.7	70.0

附表 8.2　锚栓规格

	Ⅰ				Ⅱ				Ⅲ		
型式	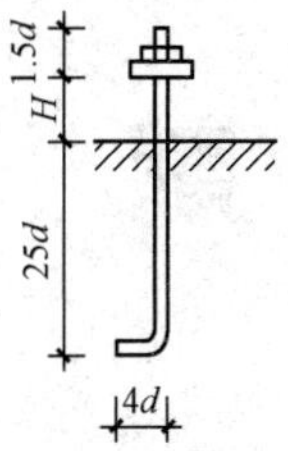				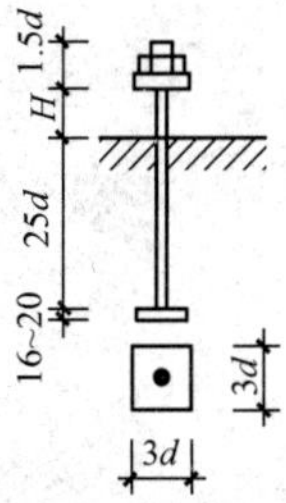				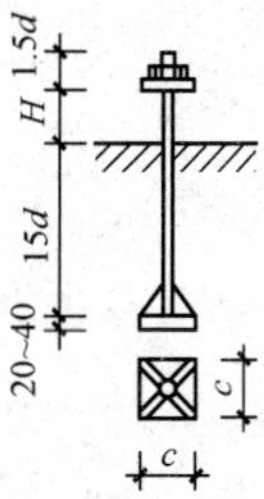		
锚栓直径 d/mm	20	24	30	36	42	48	56	64	72	80	90
锚栓有效面积/cm^3	2.45	3.53	5.61	8.17	11.2	14.7	20.3	26.8	24.5	43.4	55.9
锚栓设计抗力/kN	34.3	49.4	78.5	114.7	156.9	206.2	284.2	375.2	484.4	608.2	782.7
工型锚栓 锚板宽度 c/mm					140	200	200	240	280	350	400
工型锚栓 锚板厚度/mm					20	20	20	25	30	40	40

附表 8.3　普通螺栓规格

公称直径 d/mm	12	14	16	18	20	22	24	27	30
螺距 t/mm	1.75	2.0	2.0	2.5	2.5	2.5	3.0	3.0	3.5
中径 d_2/mm	10.863	12.701	14.701	16.376	18.376	20.376	22.052	25.052	27.727
内径 d_1/mm	10.106	11.835	13.835	15.294	17.294	19.294	20.752	23.752	26.211
计算净截面面积 A_n/cm^2	0.84	1.15	1.57	1.92	2.45	3.03	3.53	4.59	5.61

注：计算净截面面积按下式算得：$A_n=\frac{\pi}{4}\left(\frac{d_2+d_3}{2}\right)^2$，式中 $d_3=d_1-0.1444t$

参考文献

[1] 中华人民共和国国家标准.GB 50017—2003 钢结构设计规范[S]. 北京：中国计划出版社，2003.

[2] 中华人民共和国国家标准.GB 50068—2001 建筑结构可靠度设计统一标准[S]. 北京：中国建筑工业出版社，2001.

[3] 中华人民共和国国家标准.GB 50009—2012 建筑结构荷载规范[S]. 北京：中国建筑工业出版社，2012.

[4] 中华人民共和国国家标准.GB 50205—2001 钢结构工程施工质量验收规范[S]. 北京：中国计划出版社，2001.

[5] 中华人民共和国国家标准.GB 50018—2002 冷弯薄壁型钢结构技术规范[S]. 北京：中国计划出版社，2002.

[6] 沈祖炎，陈扬骥，陈以一. 钢结构基本原理[M]. 北京：中国建筑工业出版社，2005.

[7] 张耀春，周绪红. 钢结构设计原理[M]. 北京：高等教育出版社，2011.

[8] 曹平周，朱召泉. 钢结构[M]. 北京：中国电力出版社，2016.

[9] 姚谏，夏志斌. 钢结构——原理与设计[M]. 北京：中国建筑工业出版社，2011.

[10] 雷宏刚. 钢结构设计基本原理[M]. 北京：科学出版社，2016.

[11] 齐永胜，赵风华. 钢结构设计原理[M]. 重庆：重庆大学出版社，2016.

[12] 董军. 钢结构基本原理[M]. 重庆：重庆大学出版社，2011.

[13] 赵顺波. 钢结构设计原理[M]. 郑州：郑州大学出版社 2011.

[14] 魏明钟. 钢结构[M]. 武汉：武汉理工大学出版社，2002.

[15] 陈绍蕃，顾强. 钢结构——钢结构基础[M]. 北京：中国建筑工业出版社，2007.

[16] 唐红元. 钢结构基本原理[M]. 重庆：重庆大学出版社，2016.

[17] 戴国欣. 钢结构[M]. 武汉：武汉理工大学出版社，2012.